现代智能建筑技术

张公忠　郭维钧
苏　斌　濮容生　毛剑瑛　编著

中国建筑工业出版社

图书在版编目（CIP）数据

现代智能建筑技术/张公忠等编著．—北京：中国建筑工业出版社，2004
ISBN 7-112-06671-9

Ⅰ．现…　Ⅱ．张…　Ⅲ．智能建筑　Ⅳ．TU243

中国版本图书馆 CIP 数据核字（2004）第 055080 号

现代智能建筑技术

张公忠　郭维钧
苏　斌　濮容生　毛剑瑛　编著

*

中国建筑工业出版社出版、发行（北京西郊百万庄）
新　华　书　店　经　销
北京建筑工业印刷厂印刷

*

开本：787×1092 毫米　1/16　印张：21¾　插页：2　字数：530 千字
2004 年 10 月第一版　2004 年 10 月第一次印刷
印数：1—3,500 册　定价：**36.00** 元
ISBN 7-112-06671-9
TU·5825(12625)

本社网址：http://www.china-abp.com.cn
网上书店：http://www.china-building.com.cn

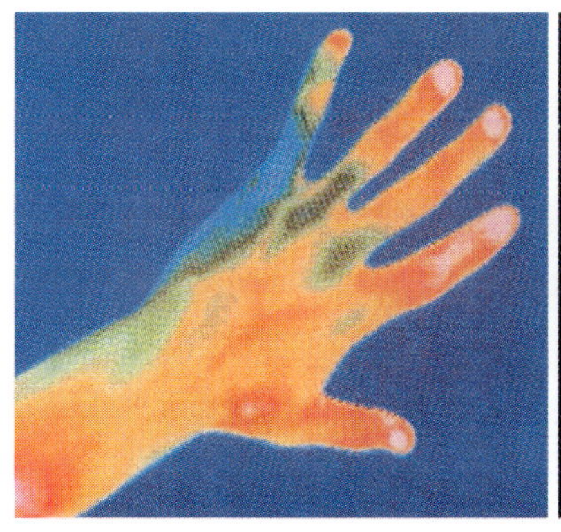

彩图 9-1　手掌温度分布图

上图是系统的探测器使用非接触式红外温度热感技术探测到的人手掌温度分布图像

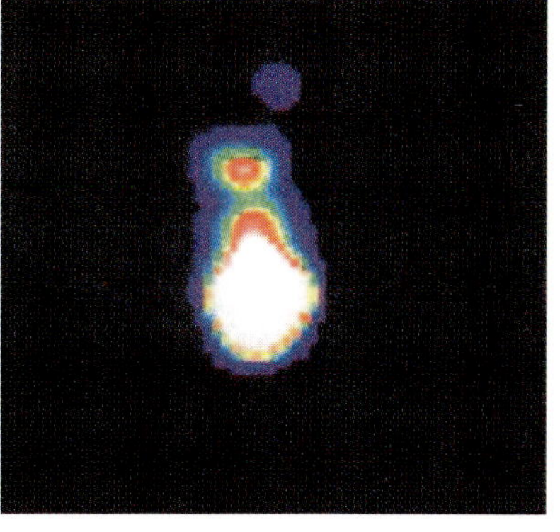

彩图 9-2　着火点与温度分布图像

(左)是使用木垛在实验现场燃烧时见到的着火点图像。

(右)是系统红外线热感探测器利用温度感应分析技术判明并在电脑上显示的火灾温度分布图像。

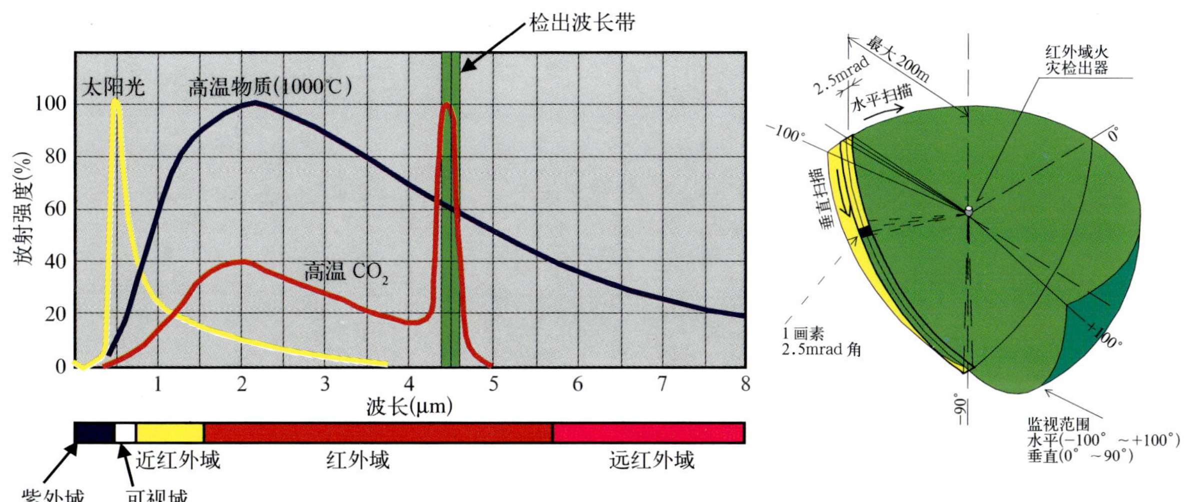

彩图 9-3　波长分波图

彩图 9-4　动作示意图

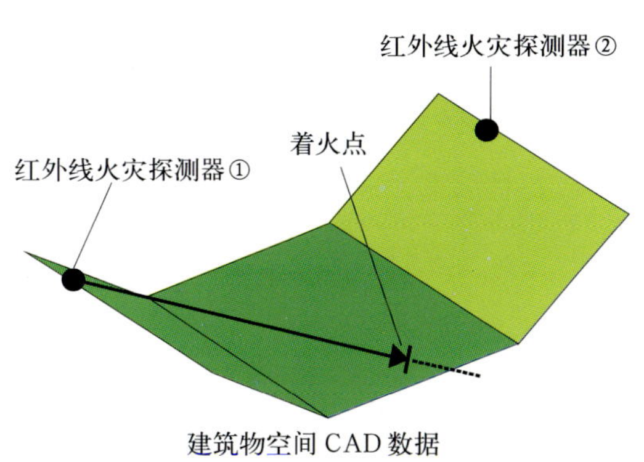

彩图 9-5　使用 1 台探测器

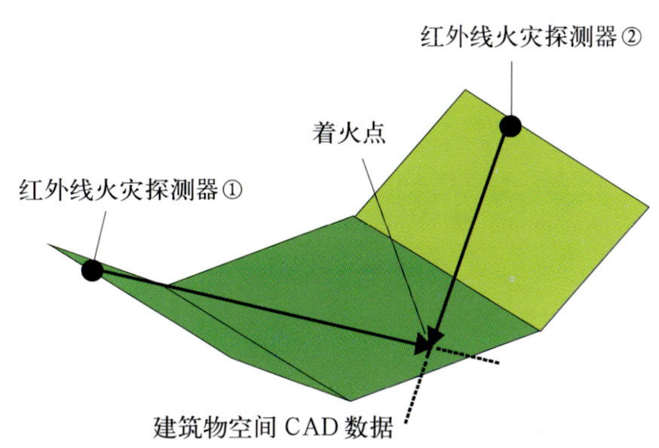

彩图 9-6　使用 2 台探测器

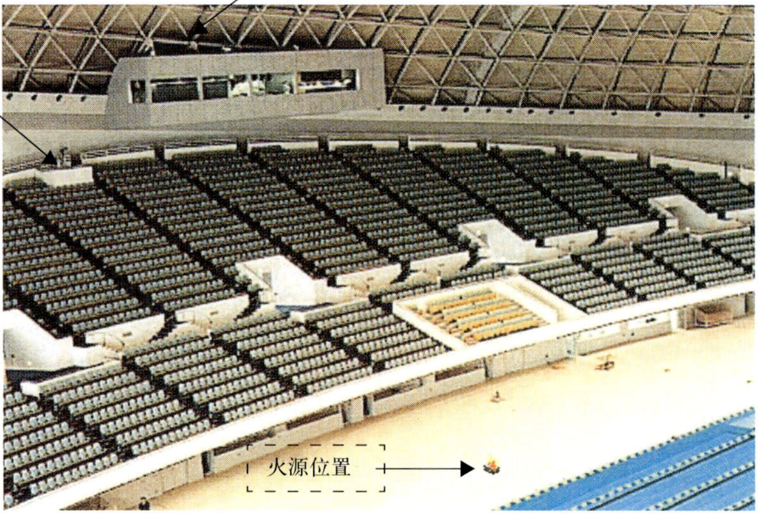

红外线火灾探测器
水炮
火源位置

彩图 9-7　在 ITV 彩色监视器上显示图像

彩图 9-8　探测到火灾时及确认火灾程度及状况

彩图 9-9　自动喷水方式和手动喷水方式

编写委员会

本书内容基本上包括了当前建筑智能化领域中的常用技术，且部分内容具有一定的前瞻性。本书共分10章，第1、2两章为概述性内容，涉及智能建筑发展现状以及城市数字化问题；第3章较详细地讨论了现代以太网技术及其在智能建筑中的应用；第4、5两章着重叙述了现场总线和LonWorks技术在控制领域的应用；第6章全面概述了无线通信技术及其在智能建筑中的应用，着重叙述了无线局域网和蓝牙技术；第7章重点讨论系统集成技术；第8章内容主要包括视频技术及其应用；第9章内容为火灾自动报警和消防系统；第10章则是一些在技术上有一定特点的产品和系统的介绍。

本书适用于建筑智能化以及相关领域，可作为设计院所、房地产开发商、系统集成商、产品供应商、物业管理部门等有关工程技术人员的培训教材和参考资料，也可用作高等院校相关专业的教学参考书。

* * *

责任编辑：时咏梅　周世明
责任设计：崔兰萍
责任校对：李志瑛　王　莉

序

我国的建筑以秦砖汉瓦发展了几千年，形成了历史悠久的传统建筑业。随着社会经济的发展和技术的进步，每一个时代的建筑艺术与技术的有机结合，体现了建筑新的艺术内涵和功能，为人们提供了不同时代的工作、生活空间。20世纪90年代以来，随着经济、科技的高速发展，人们对公共建筑、住宅建筑在舒适、安全、节能、便捷等方面提出了一系列新的要求。空调、通讯、安防、消防等机电设备系统与计算机技术、控制技术和通讯技术的紧密结合，实现智能化管理，就形成了智能建筑技术，构成了人们俗称“水泥加鼠标”的智能建筑。智能建筑技术赋予了现代建筑新的生命与活力，大大提升了建筑科技含量和价值，能为满足和丰富人们的生产、生活的舒适、安全、节能、便捷等方面发挥作用。

近十年来，在政府主管部门的引导和业内同行的共同努力下，智能建筑技术已在建设行业得到广泛应用，智能建筑发展初具规模，智能化系统已成为建筑物的必配系统，大大提高了建筑和住宅小区的科技含量，在降低建筑能耗和改善人们的工作、生活环境等方面发挥了作用，尤其在智能小区以及数字社区方面作用更为突出，已成为百姓生活需求的重要部分，数字社区的舒适、安全、便捷被人们所认同。同时，在工程实践中也锻炼出了一批经验丰富、工程能力强的专业技术队伍，智能建筑产品的国产化程度也在逐年提高。

但是，我们也应该看到在智能建筑的发展中还存在很多问题。一些工程项目智能化系统存在开通率低，方案优化和系统集成水平低，产品质量差，行业标准不完善、管理不规范等。

目前，正是我国经济建设高峰时期，建筑市场规模很大，智能建筑颇具发展潜力，面对智能建筑行业发展和广阔的市场需求，如何进一步促进智能建筑在为人们提供节能、舒适、安全、便捷等方面的作用，尤其是在提高建筑节能水平方面发挥作用，是当前智能建筑行业应当充分关注的重要问题。

智能建筑的发展，需要政策、规范和技术的保障，不失时机地进行技术提升和经验总结是非常必要的。由张公忠、郭维钧等专家编撰的《现代智能建筑技术》一书，是他们多年来从事智能建筑研究和技术服务经验的总结，值得大家借鉴。今后，让我们积极关注我国智能建筑的发展，共同携手为我国经济建设快速发展做出贡献。

2004年9月8日

前　言

智能建筑是IT与建筑技术相结合的一种新型建筑，近十余年来，IT的高速发展，IT的应用渗透到各个行业，并改造了各个行业，也促进智能建筑获得了空前的发展。智能建筑为人们提供了一个安全舒适、节能、便捷、高效的工作和生活环境。在进入21世纪的今天，人们对工作和生活环境有了许多新的需求，并提出了数字化地球、数字化城市的新理念。智能建筑是数字化城市的基本单元，数字化城市与智能建筑密不可分。数字化就是依靠信息技术，围绕如何为保护环境、节省资源、降低能耗、改善人类社会生产和生活条件等方面发挥作用，以满足社会不同层次的需求。

传统的建筑弱电系统融合了IT后，构成了“建筑智能化系统”，并形成了一个新的智能建筑产业。近几年来，建筑智能化技术不仅在新建的公共建筑中获得广泛的应用，而且在全国已经建成的数以千计的建筑物中都程度不同地提出了建筑智能化的需求，而且这种需求和理念，也逐步向住宅小区移植和延伸，逐渐形成了一个广阔的、全球最大的、符合中国国情的智能建筑市场。近几年来建筑智能化技术的发展促进了我国IT产业的发展，不仅对于一般的IT产品，而且有着建筑智能化特征的具有自主产权的IT产品也应运而生。

智能建筑在我国蓬勃发展起始于20世纪90年代中后期。近几年来，在产品、系统以及设计理念上不断地发展。IT的主流技术已经在建筑智能化系统中起着主导作用，网络、数字化、系统集成和融合、多媒体应用等技术越来越多地反映在建筑智能化各个方面，引导着智能建筑发展的方向。为促进智能建筑技术的进一步发展，中国建筑业协会智能建筑专业委员会组织协会内资深专家编写了《现代智能建筑技术》一书。

本书编写的目的是想跟上技术发展的潮流，内容汇集了当前建筑智能化系统中一些主要技术和设计理念。

本书共分10章。第1、2、3、6各章主要由张公忠、苏斌、蒋大林编写；第4、5两章主要由郭维钧、俞洪编写；第7章主要由毛剑瑛编写；第8章主要由汪友生编写；第9章主要由濮容生编写。第10章由德国KRONE、美国Delta公司、美国奥莱斯、广州安居宝科技有限公司、北京力坚贸易消防设备有限公司分别供稿。全书由张公忠、郭维钧和苏斌统一编审。

本书适用于建筑智能化以及相关领域，可作为设计院所、房地产开发商、系统集成商、产品供应商、物业管理部门等有关工程技术人员的培训教材和参考资料，也可用作高等院校相关专业的教学参考书。

由于时间仓促，加之作者的知识面和资料的局限，书中内容难免有误，也可能遗漏一些重要的内容。敬请读者批评指正。

目　录

第1章　智能建筑的现状与发展

1.1　智能建筑发展

智能建筑是通信技术、计算机技术、控制技术与建筑技术相结合的一种新型建筑，为人们提供了一个安全舒适、节能、便捷、高效的工作和生活环境。随着人类从工业社会进入到信息社会，从工业经济发展到知识经济，人们对工作和生活的环境有了许多新的需求，在进入21世纪的今天，人们提出了数字化地球、数字化城市的新理念，而智能建筑是数字化城市的基本单元。数字化就是依靠信息技术，围绕如何为保护环境、节省资源、降低能耗、改善人类社会生产和生活条件等方面发挥作用，以满足社会不同层次的需求。传统建筑业与信息业相结合后，形成一个新的智能建筑产业。近几年来，智能建筑技术不仅在新建的公共建筑中获得广泛的应用，而且在全国已经建成的数以千计的建筑物中都程度不同地提出了建筑智能化的需求，而且这种需求和理念，也逐步向住宅小区移植和延伸，逐渐形成了一个广阔的符合中国国情的智能建筑市场。近几年来智能建筑的发展促进了我国信息产业的发展，不仅对于一般的信息产品，而且有着智能建筑特征的具有自主产权的信息产品也应运而生。

1.1.1　我国智能建筑发展历程

自1984年美国建成第一座智能建筑以来的十几年中，智能建筑以一种崭新的面貌和技术，迅速在世界各地展开。尤其是亚洲的日本、新加坡等国家和台湾地区，为了适应智能建筑的发展，进行了大量的研究和实践，相继建成了一批具有智能化的建筑。我国在20世纪80年代末着手编制建设部的《民用建筑电气设计规范》（JGJ/T 16—92）时，也开始涉及到智能建筑的理念，也提到了楼宇自动化和办公自动化。1996年初，建设部设计司在上海佘山召开了第一次“智能建筑研讨会”。1996年2月建设部科技委成立智能建筑技术开发推广中心，当年由中心牵头组织专家对北京市60多座具有一定智能化系统的饭店、写字楼的建设、运行、管理现状进行摸底调查，获得了宝贵参考资料；1997年5月建设部科技委组织专家对上海博物馆智能化系统进行了评审，获得了成功的经验和推广价值。1997年秋建设部科技委智能建筑技术开发推广中心在北京西山召开的全国智能建筑技术研讨会，为政府管理和技术政策引导智能建筑发展做了舆论准备，标志着建设行业开始关注智能建筑的发展，有效地解决“有市无章”和“有市无业”的局面。1997年底针对智能建筑市场发展，建设部颁布了《智能建筑系统工程设计管理暂行规定》和1998年底颁布的《智能建筑设计及系统集成资质管理规定》，为加强行业管理和规范市场行为，促进我国智能建筑健康有序的发展发挥了积极作用。

在标准规范制定方面，上海华东建筑设计院首先编制了《智能建筑设计规范》，被上海市建设委员会指定为地方标准，受到业界欢迎并在全国各地的智能建筑工程建设和地方标准制定中得到广泛的推广应用。以后江苏、四川、山东、深圳等省市陆续颁布地方的智能建筑设计标准。1995 年为规范智能建筑的布线标准，中国工程建设标准化协会通信工程委员会制定了《建筑与建筑群综合布线系统工程设计规范》，2000 年在此标准基础上，由信息产业部负责修编并颁布了《建筑与建筑群综合布线系统工程设计规范》（GB/T 50311—2000）及《建筑与建筑群综合布线系统工程验收规范》（GB/T 50312—2000）。2000 年 12 月中国工程建设标准化协会通信工程委员会制定了《城市住宅建筑综合布线系统工程设计规范》（CECS 119：2000），2000 年 8 月建设部颁发了《建筑物防雷设计规范》（GB 50057—94）的局部修改条文，重点就是解决在建筑中大量电子产品的防雷和防止浪涌对设备的破坏问题。这为智能建筑各种电子设备的安全提出了安全的措施。2000 年 7 月由建设部负责编制的《智能建筑设计标准》（GB/T 50314—2000），结束了多年来智能建筑设计处于无章可循、无标准可依的状况，这无疑为我国智能建筑健康有序地发展奠定了基础。2001 ~ 2002 年间，由建设部领导，清华同方会同其他参编单位共同编写了《智能建筑工程质量验收规范》（GB 50307—2002），为建筑智能化系统的工程质量控制和验收做了规定。

1999 年 7 月建设部科技委智能建筑技术开发推广中心根据智能建筑技术的发展和市场需求，在北京召开了首届全国住宅小区智能化技术研讨会，为启动住宅小区智能化市场、规范市场行为、技术导向及产品国产化等方面做了引导性的工作。1999 年底建设部住宅产业促进中心颁布了《全国住宅小区智能化系统示范工程建设要点与技术导则》（试行稿），标志着建设部对住宅小区智能化建设工程在全国启动，以后上海、天津等省市陆续颁布了指导性文件和地方标准。1999 年将全国电子信息系统应用专项科技贷款引入智能建筑工程，即建设行业智能建筑试点项目，由建设部电子信息应用办公室归口申报和管理，建设部科技委智能建筑技术开发推广中心负责项目的立项技术审查和项目的跟踪技术服务，以推动智能建筑深入发展。

在过去八年时间中，随着政府管理力度加强和相应政策标准规范陆续的颁布，智能建筑在我国得到了发展，其市场行为、工程实施和工程质量逐步得到了规范。在此期间通过对国际上智能建筑的了解，通过考察、工程设计配合、国际间学术交流，逐渐对智能建筑发展过程中的一些问题，对国际国内智能建筑技术的发展和趋势，从表面的现象到其内涵，有了更深入的理解。对智能建筑的设计，也能做到更切合实际的需求，并向着理性的方向发展。

1.1.2 我国智能建筑技术及其应用发展现状

随着计算机、网络、控制、通信等各种技术在建筑弱电系统中的应用，构成了所谓“建筑智能化系统”。从最初的各子系统相互独立，发展到系统集成，目前已成为较完整的集多种网络、融合多种信息的综合性系统。从另一方面来看，社会上广大的开发商、工程业主等，也从开始的将智能化作为销售热点或是贪大求全，盲目追求智能化，到现在的务实态度，充分体现了智能建筑正朝着健康的方向发展。

从智能建筑发展来看，一开始主要以公共建筑为主，如写字楼、酒店、医院、机场航站楼等，后来发展到住宅小区。特别是近几年来，小区建设在我国迅猛发展，每年全国住宅的建设面积近 4 ~ 6 亿 m^2，已成为建筑行业中甚至国民经济中的一个新的增长点。因此，智能住宅小区的发展引人瞩目。智能化小区，包括了家居与小区安防、通信与计算机网络、机电设备监控、三表（或四表）出户计量和物业管理等子系统，给住户提供了一个安全、舒适、方便、高效的生活环境。针对住宅的特点和需求，在建设部住宅产业促进中心制定的《全国住宅小区智能化系统示范工程建设要点与技术导则》中，对智能住宅小区的功能、系统组成、分级标准作了规定。目的是为了在住宅小区中实现高度的安全性、舒适的生活环境、便利的通信和信息服务以及物业管理现代化和家庭管理智能化。

几年来，建设部住宅产业促进中心及建设部科技委智能建筑技术开发推广中心分别在全国进行多个示范和试点工程，取得了很好的效果。由于宽带网进入小区以及小区规模的扩大，继而又提出了数字化社区的新理念，把智能化住宅小区的发展推向了一个新阶段。

经过几年来的发展，信息技术已经渗透到智能建筑的各个方面。可以认为，信息技术已经作为建筑智能化的核心技术。国内智能建筑所采用的信息技术基本上是顺应全球信息技术发展的。包括如下几个主要方面：

1. 楼宇自控系统

目前是以国外一些产品为主，占据了国内主要的市场，如 Honywell，Andover，SIMENS，Joneson，ALC，K&C 等公司的相关产品。在控制层中 LonWork 和 BACnet 两种标准的产品使用得较多。也有采用工业以太网产品来实现楼宇自控系统的案例。

从楼宇自控控制方式的发展来看，有以下 3 个步骤：

(1) 采用计算机集中控制方式：20 世纪 80 年代采用计算机集中控制和监视，叫集中式系统，可靠性差，20 世纪 90 年代以后已经很少使用；

(2) 采用计算机集散控制方式：集散控制也叫 DCS 系统，采用集中监视、集中管理、分散控制。20 世纪 90 年代以后新建的系统集散式已占 90% 以上，如长安俱乐部、上海博物馆；

(3) 采用计算机全分布式系统：例如采用 LonWorks 技术的楼宇自控系统已用于广东佛山商业大厦，广州储能大厦等。

20 世纪 90 年代初期所建的系统均为单一系统，至 20 世纪 90 年代中期，不少业主认识到系统集成的重要性逐渐实现了各子系统自己的集成如 OAS 集成、CNS 集成、BAS 集成。20 世纪 90 年代中期以来出现了少量楼宇管理系统 BMS 的集成模式，实现了楼宇自控系统 BAS 与火灾报警与消防报警联动系统，公共安防系统之间的集成，这种集成一般均基于 BMS 模式，即以 BA 为基础的产品，增加信息通信，协议转换，控制管理模块，各子系统均以 BA 为核心，运行在 BA 的中央监控计算机上，满足基本功能，实现起来相对简单，造价较低，可以很好地实现联动功能，如上海博物馆、外交大楼、青岛颐中大酒店等。

于 1997 年 5 月由建设部科技委组织全国几十名资深专家对上海博物馆智能化系统进行了验收和评审，该系统是全国第一个国家级验收和评估的建筑智能化系统。专家对于该系统进行了全面系统的测试验收及评审，是当时国内功能配置完善，运行效果良好的系统；高效、节能，具有系统集成功能，在国内运行管理、节能及系统集成方面处于领先地位。通过该工程的评审和验收，有以下几方面值得重视和借鉴：

(1) 在充分调查研究的基础上，有针对性地提出了智能化系统的需求，为工程的规划、设计提供了依据。

(2) 采用先进的智能化系统，并进行了部分系统集成，提高了效率、节约了人力。

(3) 通过先进的智能化系统的应用，每平方米的水、电、燃气的综合节能效果远超过原设计指标，达到了 25% ~ 30% 的节能效果。三年多来，每年从水、电、燃气支出上节省的费用超过了当初建立楼宇自控子系统的550万人民币的投资费用。

(4) 通过先进的建筑智能系统的应用，加强了环境控制能力，实现了人工管理无法达到的控制精度，保证了文物存放和陈列的安全。控制精度保证温度变化幅度±1℃，相对湿度最高值与最低值的偏差仅为3%。

(5) 智能建筑成功的关键，不仅要重视智能化系统的技术，而且还要把智能化系统与建筑设计、施工、运营、服务管理结合起来，以保证博物馆智能化系统达到预期的目标。

2. 安全防范系统

在智能建筑中，安全防范系统是重要的不可缺少的部分。目前包括周界、公共区域防范、出入口控制和家居安防等几部分，总共包括10余个子系统。所采用的技术和设施多种多样，包括视频监控、身份认证（刷卡、视像和生物技术等）、红外和微波对射、门磁和窗磁开关、可视对讲、烟感、天然气泄漏检测、电子巡更等。

家居、办公室内部，包括电梯在内的楼内公共区域，包括周界在内的楼外公共区域3种环境中所采用的技术和设施是不同的。一般周界防范常用红外和微波对射设施；家居三防（防火、防盗、防天然气泄漏）常用门磁和窗磁开关、可视对讲、烟感、天然气泄漏检测等设施；家居和办公室中常配备紧急报警按钮；视频监控设施常配置在楼内外的公共区域；身份认证设施常用于包括停车场管理、门禁在内的出入口控制。

随着数字技术的发展和应用的需求，智能建筑安全防范系统配置和管理从单独的独立子系统发展到目前的集成配置和管理。例如集成的一卡通系统包括了门禁、停车场管理和巡更子系统。安全防范系统往往要与楼宇自控系统进行集成和联动，例如周界防范、防盗报警与视频监控、照明联动等。

在我国智能建筑市场上，前几年，安全防范系统产品大多来自美国、日本、以色列和东南亚等国。经过几年的发展，目前在市场上出现了品种众多、质量可靠、价格合理的具有我国自主知识产权的产品，某些产品已经成为事实上公认的必选产品。

3. 综合布线系统

为智能建筑的通信网络和办公自动化系统设立的支撑平台——综合布线系统，由AT&T首先引入中国市场以来，给国内的智能建筑市场带来了一种新的概念。一种新技术的出现，立即在建筑行业引起了巨大的反响。它为语音通信和数据通信提供了模块化的结构，对于语音、数据的传输有着极好的开放性，被智能大楼纷纷采用。综合布线技术发展到今天，已成为智能建筑中一项重要的系统，也是设计智能建筑的一个先决条件。随着计算机网络技术的发展，网络传输的带宽和速率已得到快速的发展，从当初的10M发展到100M，目前使用千兆位以太网已很普遍。为了适应网络传输带宽和速率的发展，综合布线的产品也在不断地更新，一批批性能更优异的新产品相继问世，从最初的3类线发展到5类线，在国际标准化协会ISO和国际电工委员会还没有制定出5类以上的综合布线系统的国际标准时，许多厂商又相继推出了超5类、6类布线系统产品，以满足千兆网的需求，甚至有的厂商要推出7类甚至性能更优异的产品，出现了产品超前于标准。

对于智能住宅小区，由于住宅不可能像大厦那样，各子系统分别设置；住宅层高的限制（一般住宅的层高在2.6~2.8m左右），不可能再做吊顶；而且由于住户各自的需求及喜好不同，也不能像大厦那样进行统一的装修，因此需要住宅的各子系统能尽量综合，以减少家庭中管线的敷设，避免因过多的管线造成施工中的困难。针对此种情况，一些生产厂商相继推出了智能家居布线系统。这是将用于智能大厦的综合布线系统经过改造，以求达到满足当前信息时代人们对所居住的环境，信息的获取以及对家庭娱乐及教育等提出的要求。智能家居布线系统将综合家庭中的各项子系统中的设备，大大减少了管线的敷设，而且将视频、语音、数据通信、家庭安防、家居自动化控制等不同的设备和系统应用及功能集于一种布线系统中。TIA/EIA 在 1998 年下半年在原 20 世纪 90 年代初制定的 TIA/EIA 570 标准的基础上，修订出了 TIA/EIA 570A 家居布线标准。该标准制定主要应用于支持语音、数据、图像、电视、多媒体、家居自动化系统、环境管理、保安、探测器、报警及对讲等服务。适用于当今的单个用户居民楼的家居布线系统及相关的管道和布线空间，该系统可支持不同种类的电信应用于不同的家居环境中，将在居民楼内支持多种电信服务。标准中主要包括室内家居布线及室内主干线。

TIA/EIA 570A 标准提出家居布线系统的等级，其目的是根据不同家居的特点提出不同的布线系统方案，使用户可根据自身的需要，选择相应的布线基础结构，它主要满足家居自动化要求，为智能化家居提供安全可靠的布线系统。家居布线系统的等级选择实际上是家居布线的功能和布线设备类别的选择。我国工程建设标准化协会在 2000 年也制定了《城市住宅建筑综合布线系统工程设计规范》。

家居布线系统主要有两种类型，一种是总线制布线系统，另一种是星形布线方式。这两种布线方式都是将智能住宅中各种与信息相关的通信设备、家用电器和家庭安防装置等，通过家庭总线技术连接到系统上，进行集中的监控及家庭事务管理，保持这些家庭设施与住宅环境的和谐与协调，并负责提供各种服务功能以及与住宅以外的外部连接。

4. 宽带网络

在智能建筑中目前的宽带网络绝大部分均采用局域网，也有部分系统采用基于双向有线电视网的 HFC 网络。对于局域网，几乎全部选用以太网技术。目前在智能建筑宽带网络的解决方案中，采用了全交换型以太网、10M/100M/1G/10Gbit/s 的带宽、多层交换技术等先进而成熟的技术，满足了智能建筑应用的需求。

目前基于以太网的宽带网络不仅仅是智能建筑的信息高速公路，即作为信息网络平台支撑信息服务，物业管理，GIS 等应用；而且也是楼宇自控、安防等应用的监管网络平台。随着现代以太网技术和建筑智能化的发展，在智能建筑的以太网上可以实现数据、语音、视像、监控多种信息的融合。

智能建筑中由宽带网络构成的信息系统，信息安全问题不可忽略，必须针对不同的应用环境实施相应的信息安全策略。例如对于政府机关要配置相互物理隔离的内网和外网，甚至还包括信息安全级别更高的保密网。而对于一般的住宅小区，内部的宽带网与 Internet 连接时，只要一般的逻辑隔离（例如配置防火墙）就可，但是必须注意每个住户连网 PC 之间的信息安全。

网络管理对于网络正常的运行和维护是很重要的，在智能建筑中对于中、大规模的网络一般均配置了网络管理工具。

5. 接入网

对于智能建筑，接入城域网或 Internet 是必须的，目前，常用的宽带接入方式是通过局域网经防火墙接入城域网或 Internet（光纤到楼或区）。但也有采用其他宽带接入方式的，例如在一些智能小区中，采用基于电话系统的 XDSL 接入方式，也有采用基于双向有线电视网的 HFC 接入方式。

与外部相连，获得外部的信息服务，拓宽了人们的视野，使人们的生活和工作发生了极大的变化，有形的世界变得越来越小，人们可在家中通过互联网进行办公、学习、购物，与朋友及业务伙伴进行联络、聊天。

为了加快小区智能系统的发展，工程技术人员针对管理现状，提出了解决小区宽带网的接入问题。按传输介质的种类划分，有几种类传输介质对于宽带接入网就有几种实现的方式。

6. 系统集成

对于系统集成，在前几年，一时成为设计和实现智能化系统争论的热点，至于说什么叫集成，为什么要集成，如何来集成，都有许多观点，许多工程，在其集成层面上也不尽相同。目前，对于系统集成，主要是以 BA 系统为主的有关子系统的集成，例如 BMS，至于 BA 系统与智能建筑中的其他系统的联系一般是通过 TCP/IP 以太网进行互连，互连的设备可以通过网关或路由器。目前最常见的是与信息系统互连，构成 IBMS。

为了便于系统的集成，达到各子系统之间能够很好地互连以及各子系统中设备的互换、更新和升级的方便，各子系统设备的接口必须具有开放性。

近年来，对于系统集成，有了更新的观念。集成不仅仅可满足有关子系统联动的需求，构成 BMS；而且要促进整个智能化系统管理和维护的方便；更重要的是实现建筑智能化系统的结构优化和简化。这种系统集成的理念是从整个智能化系统发展的全局提出来的，导致系统集成逐步走向系统融合（系统集成和融合），目前在某些工程实践中已经有所体现。

目前，在一些专业性较强的单位中，如剧院、医院、候机厅等，结合其专业应用信息化的特点，把智能化系统运行与专业应用需求结合起来，即在专业应用的信息化管理中融合了对楼宇控制、安全防范等系统的管理和监控。这种从信息化高度提出的系统集成模式无疑是发展方向。

1.2 智能建筑分类

我国智能建筑的发展起始于单体公共建筑，即所谓“智能大厦”，以后出现了智能住宅小区（目前发展成智能社区）、智能园区和智能街区。四类智能建筑的信息系统在总的框架上基本是相同的，但在有关子系统的配置上是有所侧重的，选用的设备和采用的技术是有区别的。分别叙述如下。

（1）智能大厦：主要是单体公共建筑，如写字楼、综合楼、宾馆、酒店、医院、候机厅等。其智能化系统主要包括楼宇自控、楼内安防、综合布线等。

（2）智能社区：以住宅楼、别墅为主，并包括了一些商业点和会所。其智能化系统主要包括家居智能化、公共安防、信息服务、物业管理等。

（3）智能园区：包括了众多的单体公共建筑（单体公共建筑群），有的园区中还包括了住宅楼。如果不考虑单体公共建筑群，其智能化系统主要包括光纤主干网、公共安防、系统集成等。

（4）智能街区：在城市数字化改造过程中，特别对于旧城改造，提出了要实施街区智能化。在智能街区中包括多种类型的智能大厦，还包括了智能社区。如果不考虑单体建筑，其智能化系统纳入城市数字化规划，是数字城市的一部分。

1.3 建筑智能化系统结构模式的演变

1.3.1 建筑智能化系统发展的几个阶段

十余年来，建筑智能化系统发展经过了以下4个阶段。

(1) 3A阶段。包括楼宇自动化（BA）、办公自动化（OA）、通信自动化（CA）三大系统。

(2) 5A及多子系统阶段。此阶段中除了上述的3A外，还包括了安防（SA）、消防报警（FA）、停车场管理（PA）、一卡通、机房工程等多个系统。

①安防系统又包括了周界防范、出入口管理、视频监控、巡更、家居安防等子系统；

②楼宇自动化系统又包括了暖通空调、给水排水、供配电与照明、电梯等子系统；

③办公自动化系统中又包括了综合布线、计算机局域网及LAN接入、物业管理、内外信息服务、办公与电子政务、GIS、专业应用软件等子系统；

④通信自动化系统中又包括了电话及XDSL接入、ISDN视频会议、电视及HFC接入。

在本阶段中，一个建筑智能化系统通常要包括20~30个独立的子系统，每个子系统在机房中进行单独的管理和（或）监控。

(3) 子系统集成阶段。

(4) 数字化阶段。

1.3.2 数字化阶段结构模式的特点

1. 数字化大环境

几年来，随着全球和国内的IT技术及产品不断的发展和创新；随着数字地球、数字国家、数字城市等理念/目标的提出，数字化理念深得人心，从而逐步形成了数字化的大环境，反映在如下几个方面：

(1) 数字化基础设施的建设，宽带网络和信息高速公路的建设遍布全球、全国和各省市；

(2) 数字技术与数字设备的大量应用，改造了传统产业，提高了社会生产力，促进了科技、教育和经济的发展；

(3) 数字化提高了人们生活、文化、娱乐品位，带来了高层次生活水平；

(4) 高效能的数字化管理和办公一直是城市、社会、企事业追求的目标；

(5) Internet及城市数字化服务已逐渐与广大用户、居民的工作、生活、学习息息相关，数字化环境促使智能建筑的弱电系统走向数字化。

智能建筑在我国的发展已有7~8年时间，随着我国国民经济的飞速发展，目前全球最大的智能建筑市场在中国，每年仅仅住宅面积已经超过4亿m^2。各种类型的智能建筑（包括智能大厦、智能社区、智能园区等）在全国范围内犹如雨后春笋似地出现。

2. 目前存在的一些问题

(1) 纷乱的系统结构：包括20~30个多行业、多专业子系统纷乱的系统结构，暴露了行业垄断、专业分割以及不合理/过时管理制度的影响。必须总结、疏理、提高、简化和优化建筑智能化系统的结构。

（2）多、杂、重复的导则和标准，与时俱进。这样反而降低了权威性，又无所适从。

（3）纷乱的系统结构导致繁杂的设计/实施工作。

（4）繁重的设备维护/管理工作。特别是诸如智能住宅小区那样很难独立具有 IT 维护/管理队伍的地方，由于设备维护/管理的问题，往往系统无法正常、全面的开通和运行。近一二年来，强烈要求智能建筑设备维护/管理工作社会化/城市化的呼声越来越大。

3. 必须走 IT 开放性道路

建筑智能化系统实质上是传统的建筑弱电系统中融入了信息技术和控制技术，使得传统的建筑弱电系统获得了信息化改造和技术升级。因此，建筑智能化技术在很大程度上体现了 IT 在建筑领域弱电系统中的应用，建筑智能化系统的核心技术是 IT 技术，因此，建筑智能化系统不论包括多少个子系统，IT 开放性的生命力以及由 IT 所激励的数字化进程深刻地影响着它的产品、系统结构、应用维护、发展趋势和标准化建设。

4. 基于网络平台的总体结构

站在 IT 开放性的高度来看，建筑智能化系统的总体结构必然要符合 IT 的体系结构。目前建筑智能化系统的总体结构可以包括 3～4 个大系统，每个大系统均由其自身网络平台以及平台所支撑的应用系统所组成，如图 1－1 所示。在信息系统和监控系统的网络平台中，TCP/IP 以太网已经确定了主导地位，随着数字电话的发展和推广应用，电信网络平台会越来越依附于高速以太网。开放的 TCP/IP 以太网平台会对建筑智能化系统结构、设计、实施、维护和管理带来质的飞跃，具有以下几方面：

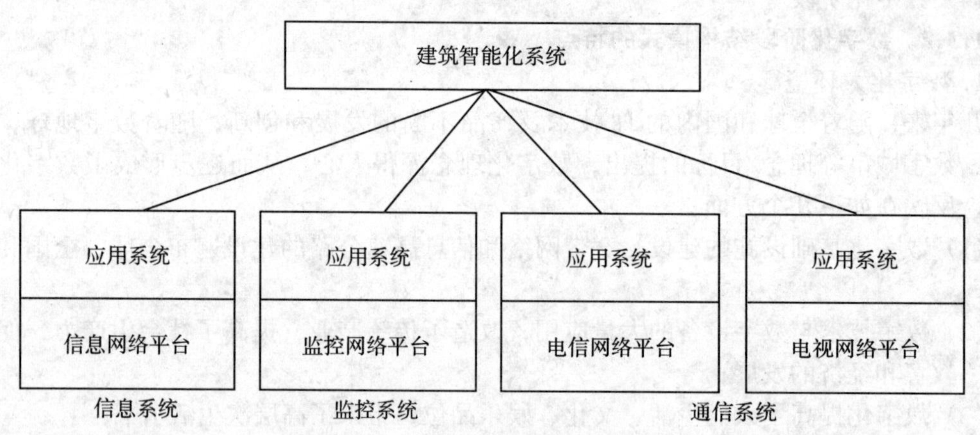

图 1－1　建筑智能化系统总体结构

（1）TCP/IP 以太网是两种不可动摇的强强的开放性组合，IT 界已经不再寻求替代它们的技术，转而增强它们的功能和性能，扩展它们的应用领域；

（2）TCP/IP 以太网也是智能建筑的主要开放平台，由于它支撑了智能建筑中主要的应用系统，因此它必然会进一步推动建筑智能化系统的集成和融合进程，从而简化/优化了系统结构；

（3）简化/优化了系统结构，大大减少了设计和实施的工作量，从而降低了投资，缩短了工期；

(4) 结构的简化和优化又会提升系统的可靠性，并带来了管理和维护的方便；

(5) 构建开放性的网络平台保证了系统（平台及其所支撑的应用子系统）极大的可扩性和发展/升级的空间；

(6) 为繁重的智能建筑设备维护/管理工作社会化/城市化创造了极为有利的条件；

(7) 在开放平台上，才能促进我国智能建筑领域具有自主产权的产品/产业的发展；

(8) 总体结构为建筑智能化系统新的设计、检测、验收、评估导则/标准的出台奠定了基础。

建筑智能化技术的急剧发展，反映了人们对物质文明和精神文明的进一步追求。人们要求的是更加舒适、安全、方便的工作和居住环境。近十年来，国内大规模兴建住宅和社区，为了满足不同层次居民对居住环境的需求，特别对于中、高层次的居住环境，其弱电设施中融入了大量的不同程度的所谓“智能化技术”。

第 2 章　城市数字化与智能建筑

2.1　城市数字化基础

2.1.1　数字化城市的提出

近十余年来，随着 Internet 技术及其应用的发展，IT 获得前所未有的发展，信息化、数字化浪潮席卷全球。1998 年美国首次提出“数字地球”的概念，1999 年在我国召开了数字化地球国际会议，对数字化地球的定义、技术内涵、功能及基本框架达成了共识。数字地球是信息技术、空间技术等现代技术与地球科学交融的前沿工程。具有空间性、数字性和整体性，并将三者融合统一。其数字性包括了信息提取与分析、数据与信息传输、数据处理与存储、数据获取与更新、计算机与网络、应用体系、咨询服务等方面。

1998 年我国提出了“数字中国”的战略构想，大大鼓舞和推动了我国信息化建设的发展。继上海、深圳、北京等几个城市的城市信息化规划的制定并开始启动以来，国内又有一些城市正在进行数字化工程的规划和建设。近年来，国内多次召开有关“数字化城市”的研讨会，若干城市已提出近几年内要实现数字城市、信息港、或数码港等建设目标。为此，国家有关部门正在全国范围内组织并展开城市数字化的试点工作。可以认为，我国城市数字化建设的高潮正在到来。

2.1.2　城市数字化的基本内涵

城市数字化，又可称城市信息化。城市数字化的基本内涵是利用现代信息技术（包括计算机、通信与网络、多媒体、信息应用、GIS/GPS/RS 等技术）实现城市中各行业、各领域的信息化，并将城市中的众多信息孤岛连接起来形成一个整体，通过信息网络将城市中的各种信息收集、整理、归纳、处理、分析和优化，进而对城市的资源、环境、生态、人文和社会等方面进行数字化，为社会各层面服务。

总之，城市数字化建设的目的有以下 3 点：

(1) 提高整个城市的工作、服务和管理的水平及效率；

(2) 保护城市生态环境，节省资源，降低能耗，改善生产和生活条件；

(3) 以城市数字化为基础，逐步实现地域数字化，以至全国数字化。

城市数字化涉及包括政府、企业、金融、电信、交通、建筑、商业、科教、文化（生活、娱乐、体育、文艺）等各行业各领域的信息化建设问题。城市数字化的基本框架如图 2-1 所示。

2.2　城市数字化建设的主要内容

2.2.1　基础网络建设

抓住通信网络向着 IP 化、宽带化、移动化和全光化方向发展的有利契机，集中力量建设具有国际先进水平的宽带城域网和宽带接入网，积极推进电信网、有线电视网和计算机网的三网融合，大力发展新业务，使城市基础网络的建设适应全市信息化建设发展的需要。

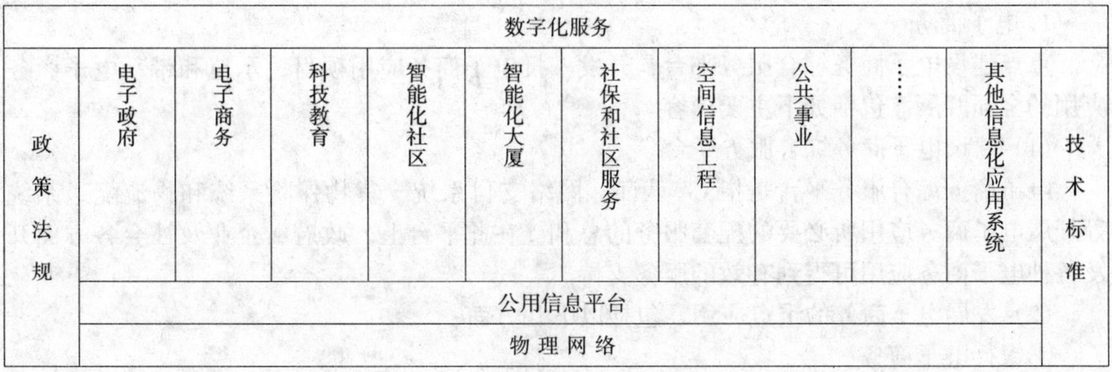

<table>
<tr><td colspan="12">数字化服务</td></tr>
<tr><td rowspan="3">政策法规</td><td>电子政府</td><td>电子商务</td><td>科技教育</td><td>智能化社区</td><td>智能化大厦</td><td>社保和社区服务</td><td>空间信息工程</td><td>公共事业</td><td>……</td><td>其他信息化应用系统</td><td rowspan="3">技术标准</td></tr>
<tr><td colspan="10">公用信息平台</td></tr>
<tr><td colspan="10">物理网络</td></tr>
</table>

图 2-1　城市数字化的基本框架

建设宽带城域网，积极采用大容量和密集型波分复用（DWDM）技术和具有智能先进的光分插复用（OADM）和光交叉连接（OXC）技术，建设成超大容量（Tbit/s 级）的宽带城域全光传送网，扩大网络覆盖面。组建以 IP 为核心的高速 IP 核心网，为“三网”融合和新业务的发展奠定基础，并为“三网”逐步统一创造条件。

接入网发展缓慢是制约网络宽带化的瓶颈，必须抓好宽带接入网的建设。在充分利用已有设施如电缆和 HFC 外，大力发展光纤接入网的建设，光纤到小区，光纤到大楼，光纤到楼层和光纤到户。在接入的宽带技术上除采用多种数据同步链路（XDSL）和电缆调制解调器（Cable Modem）技术方式外，大力发展以太网接入，以 10/100/1000Mbit/s 速率提供语音、数据、视频综合业务，

无线接入作为固定接入的一个重要补充，要由窄带向宽带过渡。

积极发展建设 3G 移动电话和无线移动互联网，推动统一的 IP 核心网的形成。

2.2.2　实施空间信息工程，建立空间信息系统

利用数字地球的理论，基于 3S—即地理信息系统 GIS，全球定位系统 GPS，系统和遥感系统 RS 等关键技术，深度开发和利用空间信息，建设服务于数字化城市的规划、建设、管理，服务于政府、企业、公众，服务于人口、资源环境、经济社会的可持续发展的信息基础设施和信息系统。

空间信息工程的核心是建设空间信息基础设施，并在此基础上整合应用各种信息资源，实施深度开发和应用，为发挥数字化城市的功能提供多方面的信息保障。

空间信息工程的目标体系是通过统一规划和建设，建成全市所需的空间信息基础设施，并建成基于这些基础设施之上的信息资源开发和利用体系，从而更好地服务于全市的规划、建设、管理，服务于政府、企业、公众，服务于全市人口、资源、环境、经济和社会协调的可持续发展，造福于人民，造福于社会。

2.2.3　信息技术应用

广泛开展信息应用系统的建设，是开发利用信息资源的必要前提。在加紧应用信息技

术改造提升传统产业的同时，重点发展电子商务应用，以电子商务应用促进社会各个方面商务和经济活动实现高效率低成本化，带动与电子商务应用相关的自主产业的发展，推动经济的发展。通过进一步开发信息应用，初步实现政务信息化、企业信息化、社会公共服务信息化、社区和家庭信息化。

1. 电子商务

重点建设电子商务综合服务平台，开发一批电子商务应用项目，示范和带动电子商务应用的全面开展。包括如下主要内容。

（1）建设电子商务综合服务平台。

电子商务综合服务平台是指CA认证、网络支付系统、货物保险系统和物流配送系统等开展电子商务应用所必要的配套服务的总和。在此平台上，政府、企业及社会各方面开发各种电子商务应用可得到有效的服务支持。

（2）发展电子商务的重点应用，包括以下几方面：

①银行电子商务；

②政府物料采购电子商务；

③行业电子商务市场；

④智能运输信息系统。

2. 企业信息化

以信息化带动工业化，就是要应用现代信息技术，完成企业技术改造，实现产品升级换代，提高企业经济效益。要通过企业信息化建设，建立企业信息网络，建立以生产控制为核心的自动化系统和以财务成本核算为核心的企业管理系统，发展以电子商务为核心的营销系统。主要建设内容：

（1）健全企业信息化工作组织；

（2）建立企业信息系统；

（3）应用现代信息技术实现生产技术改造，提高产品竞争能力；

（4）开发电子商务系统。

3. 政务信息化

市、区两级政府各部门要加快办公自动化系统的建设，建立和完善办公局域网络，并与相关部门实现互联互通，实现行政管理信息化。要建设以下几个网络和系统：

（1）政府信息网；

（2）口岸管理综合信息网络；

（3）人口管理信息系统；

（4）数字档案馆；

（5）社会治安信息系统。

4. 社会公共服务信息化

建设覆盖全社会各领域的应用信息数据库体系，加强公共信息库的建设、提高教育、科技、文化、医疗、社会保障等领域的信息应用水平，包括的内容如下：

（1）教育领域信息化；

（2）科技信息化；

（3）文化领域信息化；

（4）医疗卫生领域信息化；

（5）劳动和社会保障信息化；

（6）城市地理信息化；

（7）旅游行业信息化；

（8）建筑、社区与家庭智能化。

2.2.4 信息产业

信息产业包括信息设备制造业、软件业和信息服务业。

要进一步扩大信息产业的规模，加强技术创新和研究开发的力度，重点发展集成电路产业、移动通信产业、光电子产业、计算机和计算机网络产业、以高清晰度电视（HDTV）为代表的数字视听产业等信息制造业，加快发展软件产业和信息服务业，力争建设成为全国性的信息产业基地。

2.2.5 研究开发

建立科技创新体系和科研开发基础设施，鼓励和支持多层次的研究开发。强化高等学校的研究开发力量，大力扶植企业的研发工作，建立中国科学院和中国工程院院士活动基地，设立若干国家级重点实验室以及设立一批工程技术开发研究中心，建设成为高新科技研究基地和信息技术人才基地，以确保信息技术产业持续发展。

根据信息技术产业发展的需要和国际信息技术发展趋势，在光网络、数字电视、移动无线网、信息安全、网络超级计算等领域建立重点实验室，对重点产业领域技术进行前瞻性的研究，突破关键技术，研究开发具有自主知识产权的信息技术产品。

政府对重点实验室的建设给予必要的资助，鼓励企业、社会积极加大对技术研究和开发的投入。

2.3 数字城市与智能建筑

智能建筑信息系统涉及IT领域中众多的分支，目前在IT领域中的一些主要技术均在智能建筑信息系统中有所体现，因此智能建筑的发展深受IT高速发展的影响。从信息系统的组成和结构来看，智能建筑可以看作是数字城市的微小缩影。

2.3.1 智能建筑与数字城市的关系

智能建筑与数字城市两者关系密切，相辅相成。智能建筑支撑数字城市，数字城市带动智能建筑的发展。以下分六方面叙述。

1. 智能建筑是数字城市的基本单元

智能建筑是数字城市不可分割的一部分，智能建筑工程遍及数字城市的各个角落，智能建筑及建筑智能化技术渗透到数字城市的各个行业、各个领域。近十年来，特别是最近五年，只要是新盖的建筑物（包括政府机关、酒店、办公楼、金融楼、商业楼、学校、社区、医院等）几乎均是智能建筑或采用建筑智能化技术，而且对于老的建筑物也按照智能建筑的标准逐步进行改造。可以认为，是智能建筑支撑着数字城市的发展。

2. 智能建筑已经纳入城市数字化规划

近几年来，在许多城市数字化建设规划中，智能建筑已经纳入城市数字化规划，其中社区信息化已成为许多城市主要的信息化建设项目之一。因此，全国的数字城市建设必将进一步推动智能建筑的发展。

3. 智能建筑是数字城市最基层的单元

(1) 它是解决数字城市最后 1km/100m/10m 的信息化建设问题。智能建筑既在数字城市中解决了直接与用户连接的问题，又可能是连接城域网和 Internet 的入口点。因此，它把城市中广大的基层用户与数字城市的信息应用和信息资源紧密联系在一起。例如电子商务平台的建设是城市数字化建设的主要目标之一，而智能建筑作为人类生活和工作的基层单元必然会成为未来电子商务平台的应用基站。又如政府政务信息化的目标之一是加强与普通基层百姓之间的沟通，再也没有像智能社区那样的基层单元更能够实现此目标了。

(2) 未来的数字城市必须依靠信息技术在城市的管理、环境保护、节省资源、降低能耗、改善人类生产和生活条件等方面发挥作用。而作为数字城市基本单元的智能建筑恰恰在这些方面能发挥应有的作用。

(3) 由于 Internet 的急剧发展，为企业的发展带来了新的机遇和挑战。信息在企业竞争中的重要性越来越突出，作为基层单元的智能建筑中的用户越来越离不开 Internet，用户不仅需要安全、舒适的生活和工作环境，而且需要有效的信息服务。数字城市为智能建筑提供了足够带宽的信息高速公路和丰富有效的信息资源。而智能建筑不仅连接了广大基层用户，而且也不断有效地提供给数字城市信息资源。

4. 智能建筑技术推动城市信息技术的发展

智能建筑技术的发展在很大程度上受制于信息技术的发展。但智能建筑的蓬勃发展也推动了信息技术的发展，扩展和丰富了传统信息技术的内容——例如智能建筑中的四网集成和四类信息的融合技术、家居信息技术、Internet 综合物业管理技术、IP 网络在智能控制系统中的应用等。这些具有智能建筑烙印的信息应用和系统逐渐弥漫到数字城市各个角落，为城市数字化建设增辉。

5. 智能建筑技术的应用与发展促进了城市信息产业的发展

近几年来，一些新的科技含量较高的具有自主产权的信息产品（例如高速网络交换器、家庭智能控制器、家居网络、路由器/网关、防火墙、集成软件等）应运而生，随着智能建筑的发展而获得大量应用，为城市数字化建设作出贡献。

6. 智能建筑的发展促使城市中信息技术的推广和普及

目前，包括信息系统集成商、弱电系统承包商、应用软件开发商、建筑业专业技术人员、房地产开发商、房地产业主、用户等在不同程度上都要求接受有关智能建筑技术的培训。近几年来，在全国的城市（特别是大城市）中各种培训基地、专业培训班、各类有关的教材像雨后春笋似地出现，为城市数字化建设增添一景。

2.3.2 智能建筑与数字城市的信息接口

智能建筑与数字城市的信息接口主要包括以下几方面：

(1) 数字城市信息网络建设的最后 1km/100m/10m 必须依赖于智能建筑中的网络建设。

(2) 园区及社区数字化综合管路建设是城市空间数据（3S）建设的不可缺少的一部分。

(3) 电子政务是我国城市数字化的首要功能，它的建设、发展和应用紧紧依靠广大的城市居民，基层居民利用社区的数字化基础设施快捷方便的与城市各级领导进行沟通，以便及时向上反映情况和落实有关的政策、措施、条例。

（4）电子商务是数字城市的主要功能，与城市工作人员、居民的工作和生活紧密相关。工作人员和居民很方便地在网上进行商务活动，例如电子购物、网上银行、网上炒股等。

（5）数字化社区的家居三（四）表远程计量促进了城市公用事业企业数字化建设的发展。

（6）智能建筑的管理促进了城市物业管理企业的发展，特别是社区物业管理的企业化和城市化是必然的方向。

（7）数字化社区的居民越来越要求在网上进行各种正规课程教育和辅助教育；越来越多的疾病患者要求网上进行保健和医疗，促使城市远程教育和远程医疗事业的快速发展。

（8）城市信息产业的发展是城市数字化建设的重要组成部分。智能建筑建设的规模促进了我国相关信息产业的发展，具有自主知识产权、可靠的、性能价格比高的数字化设备和零部件越来越多地出现在市场上，且被采用，从而推动了数字城市信息产业的发展。

第 3 章　现代以太网技术及其在智能建筑中的应用

以太网发展至今已有 20 余年历程，作为局域网组网的主要技术，一直长久不衰。在这期间，令牌环、令牌总线、FDDI、ATM 等技术分别在不同的阶段冲击着以太网在局域网领域的盟主地位。但是以太网以其简单、价廉、高带宽、维护方便以及不断发展的特点牢牢地占领着局域网领域，并向着接入网和城域网领域发展。自从以太网技术由共享发展到交换后，星形结构、交换与高带宽三大因素形成了与传统以太网大不相同的现代以太网技术。

进入 21 世纪以来，IT 界已经不再寻找替代以太网的技术，转而寻找增强以太网的功能和将它扩展到新领域的途径。现代以太网组网功能已经大大地超越了基本的以太网功能。

TCP/IP 与以太网是开放性的强强组合，逐步渗透到建筑智能化领域的各个方面，给以智能建筑强大的生命力。在智能建筑领域，TCP/IP 以太网不仅作为信息服务/管理/监控的网络平台，而且越来越成为视频/语音等应用的支撑平台。

3.1　现代以太网技术特征

传统以太网（DIX）的核心思想是在共享的公共传输媒体上以半双工传输模式工作，网络的站点在同一时刻要么发送数据，要么接收数据，而不能同时发送和接收。导致半双工传输模式工作的主要原因在于公共传输媒体上站点发送帧的碰撞。这种帧碰撞效应不仅限制了站点的传输带宽；而且还构成了束缚传输范围的碰撞域，大大影响了传输媒体（特别是光纤）的传输距离。随着以太网络技术的发展，交换型和全双工以太网的出现，从而克服了传统以太网的共享公共传输媒体和半双工传输的弱点，实现了站点独占传输媒体并同时收发数据。

近 20 年来，随着网络技术及其应用的急剧发展，以太网技术及其标准不断更新和扩展。目前的以太网不仅在物理层（包括拓扑结构、传输率和传输媒体），而且在数据链路层上与原来的传统以太网 DIX 标准也有了很大的变化。

随着以太网的发展及其标准的建立，到目前为止，以太网标准系列已扩展成 20 余个，其中几个主要标准如表 3－1 所示。

现代以太网技术特征主要包括以下几方面。

（1）高带宽：数据传输率从 10Mbit/s 经过 100Mbit/s 快速以太网和 1Gbit/s 千兆位以太网的发展，目前 10Gbit/s 万兆位以太网已经开始应用在局域网的主干网上。特别在智能园区，包括大型校园、工业园区、开发区以及特大型的住宅区中，在局域网的主干网上选用万兆位以太网的案例已不是个别的。至于 100Mbit/s 和 1Gbit/s 以太网已经广泛地应用在智能建筑的局域网中。

几个主要以太网标准　　表 3-1

1982 年	10BASE5（DIX）	802.3	粗同轴电缆
1985 年	10BASE2	802.3a	细同轴电缆
1990 年	10BASET	802.3i	双绞线
1993 年	10BASEF	802.3j	光纤
1995 年	100BASET	803.3u	双绞线
1997 年	全双工以太网	802.3x	双绞线、光纤
1998 年	1000BASEX	802.3z	双绞线、光纤
2000 年	1000BASET	802.3ab	双绞线
2002 年	10000BASE	802.3ae	光纤
2002 年		802.3af	双绞线
2003 年	EPON	802.3ah	光纤

（2）全光缆媒体的使用：在以太网发展的初期，传输媒体采用铜轴电缆，构成公共总线结构。当 10BASET/F 出现后，构成了星型结构的以太网，采用了双绞线和光缆作为传输媒体，以后发展的 100BASE 和 1000BASE 均是如此。当 10000BASE 出现后，构成了全光缆以太网，在万兆位以太网上不再使用双绞线或其他铜缆。

（3）总线型－星型－环路结构：以太网从共享型发展到交换型，其拓扑结构从总线型发展到星型。星型结构的可靠性、可实施性、可维护性均优于总线结构，星型结构又推动了综合布线技术的发展。目前以太网已经可以构成环路结构，特别用于光纤主干回路，进一步提高了光纤主干回路数据传输的可靠性。

（4）单链路－聚合链路：交换机之间链路连接从单链路发展到目前的聚合链路。特别在光纤主干回路上，聚合链路一般可达 8 路，既大大扩展了链路带宽（平滑连续地扩展），又提高了链路连接的可靠性。

（5）交换技术的发展历程：

①共享－交换－全双工交换－时分复用全双工交换：从以太网第 2 层（L2）交换技术的发展和演变的历程来分析，目前已经出现了时分复用全双工交换技术。当以太网技术自共享演变到交换后，在半双工的传输媒体上仍旧会出现传输数据的碰撞现象。直到出现了全双工交换技术，此时的以太网技术完全摆脱了传统以太网 CSMA/CD 的约束，在全双工交换的以太网上再也不会发生传输数据的碰撞。在万兆位以太网上只支持了全双工交换。

在全双工交换的基础上，当每个站点所发送的定长帧按固定的时隙在媒体上传输时，这就发展成时分复用全双工交换技术，这种技术使以太网具有良好的实时性，高质量地传输语音和视频信号。

②L2 交换－L3 交换－L4 交换以及高层交换：对于以太网交换机，从面向帧交换的 L2 交换机发展到面向 IP 分组的 L3 交换机，继而又出现了面向数据流的 L4 交换机，L4 交换技术与网站上主服务器结合起来，可以获得访问主服务器的高速缓冲效应。目前市场上还出现了面向应用的高层交换技术。

（6）CoS/QoS 服务：目前绝大部分以太网交换机均支持 IEEE802.1p，实现服务分类

CoS，把以太网上的传输的信息帧分成 8 级，需要实时处理的语音和视频信息帧安排在最高两级优先权。当以太网上要处理这些具有实时需求的帧时，为了保证服务质量 QoS，在交换机上就要采用如带宽资源预留、时分复用、支持实时传输协议 RTP 等必要的技术措施。CoS/QoS 服务确保以太网能够很好地实现多媒体信息的传输。

（7）以太网技术逐步渗入电信网领域：目前在接入网、城域网上已经使用了以太网技术，在一些新颖的中、小城市城域网上已经配置了高档的支持波分复用的 L3 光纤路由交换机构成城域主干网。在万兆位以太网标准 IEEE802.3ae 中已经支持了广域组网。以太网技术从局域网逐步进入接入网、城域网、乃至广域网领域，是一个不可阻挡的趋势。

（8）无线局域网：近几年来，无线局域网的发展迅速，无线局域网又称无线以太网，在智能建筑中目前使用得越来越广泛，它作为以太网的补充让用户在数十米范围内移动访问网络。无线局域网的传输速率目前的产品已达 54Mbit/s，可以支持视频信息的传输。

（9）工控以太网：当前的以太网不仅满足信息领域的需求，而且可以实现工业控制，国内外市场上已有成熟的工控以太网交换机产品。在智能建筑领域中，使用以太网成功实现 BAS 已经不是个别的案例了。

（10）IEEE802.3af 标准：该标准主要内容简述为：在 RJ－45 插头座连接的四对双绞线上，两对分别用于收、发信息；一对用于电源（正）；一对用于电源（负）。此标准为那些不需要自配电源的小型数字化设备连接以太网提供了标准依据，推动了智能建筑数字化进程。标准公布后，在市场出现了更加小型灵巧的以太网设备，如无线局域网的接入点、网络摄像机、控制用的采集器和执行器等。

（11）IEEE802.3ah 标准：该标准所包括的主要内容为以太网无源光网 EPON。基于 100M/1Gbit/s 光纤以太网、时分复用全双工交换以太网、无源光分配器等技术的 EPON，可以在以太网上实现了信息、语音、视像以及监控等多种信息的融合。EPON 既可以用于接入网，又能用作智能建筑的驻地网，是智能建筑实现多网融合、高度集成、结构优化/简化的一种前瞻性技术。

3.2 以太网交换技术

3.2.1 共享型与交换型以太网性能的比较

1. 共享型以太网系统的问题

在交换型以太网出现以前，以太网系统均为共享型以太网系统，在整个系统中，受到 CSMA/CD 媒体访问控制方式的制约，整个系统中只是网卡（站），集线器/中继器，媒体 3 个组成部分，整个系统处在一个碰撞域范围中。在此系统中运行时，每个站都可能往媒体上发送帧，那么每个站要占用媒体的几率就是总带宽的 n 分之一，n 为站数。如果在 100Mbit/s 共享型以太网系统中，在一个碰撞域中，每个站得到的带宽只能是 100Mbit/s/n。在一个碰撞域中站数越多，则每个站得到的带宽越少，也就是说，每秒往媒体上最多能发送的数据量越少，当然以上讨论每个站获得的带宽均是一个平均数。强调系统处在一个碰撞域中，每个连接的站都在争用媒体。若 $n=20$，则每个站获得的带宽为 5Mbit/s。以太网受到 CSMA/CD 的制约后，所有的站均在争用媒体而共同分割带宽，称“共享型以太网”。共享型以太网系统通常存在的主要问题总结如下：

(1) 受到 CSMA/CD 约束，一个碰撞域的带宽是固定的，10Mbit/s 与 100Mbit/s 以太网环境其系统的带宽分别为 10Mbit/s 和 100Mbit/s。

(2) 在一个碰撞域的系统中，每一个站点其平均带宽，为系统带宽/n，其中 n 为站点数。当 n 越大，即站点数越多时，每一站点得到的平均带宽越小。

(3) 在一个碰撞域的系统中，可以是只有一个工作群组，也可能是多个工作群组。在多个群组的情况下，系统的带宽被多个群组所分割，每个时刻也只允许一个群组中某个站点运行，其他群组等待。

(4) 在多个群组的碰撞域中，每个群组运行的数据流广播到系统的所有站点上去，即除了本群组的所有站点外，其他群组的站点也都能感觉到该数据流的存在。因此对要求数据有一定安全性的环境来说是不合适的。

(5) 共享型以太网系统的整个覆盖范围受到碰撞域的限制。一个碰撞域的覆盖范围是固定不变的。

2. 交换型以太网系统的特点

当 10Mbit/s 以太网自 10BASET 技术和产品出现后，由于其星型结构的特点，以集线器为中心连接各个站点的物理结构，给予在以太网系统中同一时刻实现多个数据通道建立了必要的基础。在 20 世纪 80 年代后期，即 10BASET 出现后不久，就出现了以太网交换机。到了 20 世纪 90 年代，随着 100Mbit/s 快速以太网技术和产品的发展，快速以太网的交换技术和产品更是发展迅速，广泛应用。如今，千兆位和万兆位以太网交换技术毫无疑问地被广泛使用。

交换型以太网系统中的交换机，以其为核心连接站点或者网段。如图 3-1 所示，交换机的各端口之间在交换器中同时可以形成多个数据通道，端口之间帧的输入和输出已不再受到 CSMA/CD 媒体访问控制协议的约束。图 3-1 中在交换机上同时存在了 4 个数据通道，它们可以是站与站，站与网段或者网段与网段之间的数据通道。网段即是多个站点构成一个共享媒体的集合，一般可以使用一个共享型集线器连接若干个站点构成一个网段。

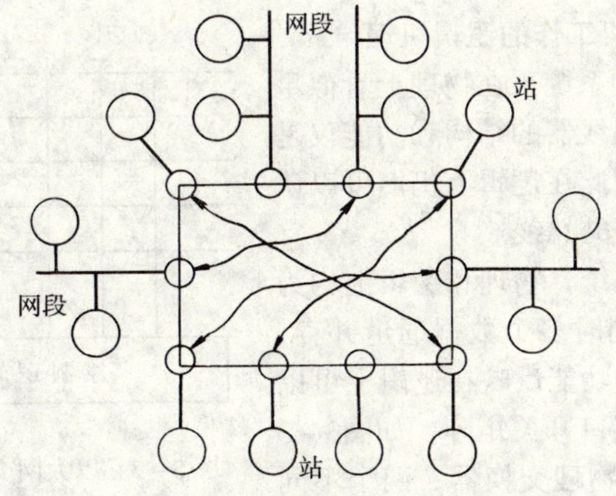

图 3-1　以太网交换端口之间同时存在多个数据通道

既然是不受 CSMA/CD 的约束，在交换机上同时存在多个端口间的通道，那么就系统带宽来说不再是只有 10Mbit/s（10BASET 环境）或 100Mbit/s（100BASETX 环境），而是与交换器所具有的端口数有关。可以认为，若每个端口为 10Mbit/s，则整个系统带宽可达 10M·n，其中 n 为端口数，若 $n=10$，则系统带宽可达 100Mbit/s。因此，拓宽整个系统带宽是交换型以太网系统的最明显的特点。

当系统中包括了多个工作群组的情况时，可以让每个群组单独构成一个网段，然后用一台交换机连接多个网段，如图 3-2 所示。系统包括了 A、B、C、D 四个独立网段，每个独立网段上每个群组自己的业务运作往往是独立的，而交换机可以隔离各个独立网段的运行，不会像共享型集线器那样，各网段上的信息流在各端口上到处广播，以致大大影响到其他网段上群组的运作。但另外一方面，当 2 个独立群组需要有业务往来时，交换器也能在 2 个独立群组所在网段连接的端口间建立一条临时的数据通道（例 B-C 连接），一旦业务往来结束，该通道随即断开。因此，交换器具有既能隔离网段又能连接网段的功能，保证了系统，拓宽了带宽，又实现了系统的正常运作。

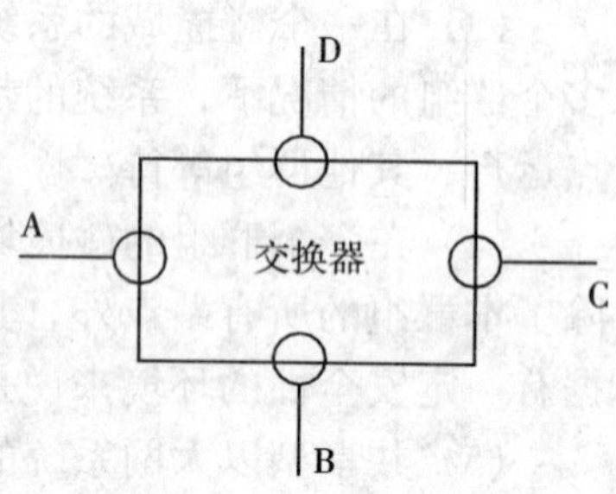

图 3-2 交换器既隔离又连接各个独立网段

综上所述，交换型以太网系统与共享型以太网系统比较有如下优点：

（1）每个端口上可以连接站点，也可以连接一个网段。不论站点和网段均独占该端口的带宽（10Mbit/s、100Mbit/s、1Gbit/s 或 10Gbit/s）。

（2）交换机系统的最大带宽可以达到所有端口带宽的总和。端口数越多，系统的带宽越高。

（3）交换机连接了多个网段，网段上运作都是独立的、被隔离的。但是需要的话，独立网段之间通过其端口也可以建立暂时的数据通道。

（4）由于交换机所隔离的网段上数据流信息不会随意广播到其他端口上去，因此具有一定的数据安全性。

3.2.2 以太网交换机工作的逻辑机理

共享型集线器组成的系统，在物理上看似星型结构，但由于共享型集线器的结构和功能仅是物理层中继器的功能，因此在逻辑上仍旧可以认为是具有多个连接点的公共总线。

对于交换机组成的系统，物理和逻辑上均为星型结构。交换机中，同时多个数据通道并存，在端口间既隔离又连接的功能反映在逻辑上可以认为是一个受控制的多端口开关矩阵，如图3-3所示。1 个有 5 个端口的物理交换器，两个不同口之间看似具有两个逻辑开关，该开关受控通或断，这样在交换机上可以存在 20 个数据通道，每个数据通道上实际上反映了一个端口发送帧，另一个端口接收帧的逻辑现象。显然，正常工作时一个端口同时不能向一个以上端口发送帧（广播或组播帧除外），一个通

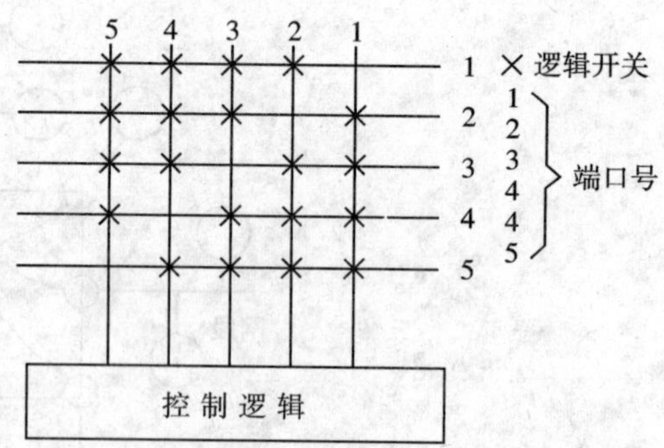

图 3-3 以太网交换器工作的逻辑机理

道上不能同时进行双向的数据传输。

3.2.3 以太网交换机结构

目前，以太网交换机具有以下3种常用的结构：

1. 矩阵交换结构

随着VLSI芯片技术的发展，使得构成一个以太网交换器完全采用硬件的方法来实现，如图3-4所示，一个矩阵交换结构的交换机，其内部主要由四部分组成：输入、输出、交换矩阵以及控制处理。

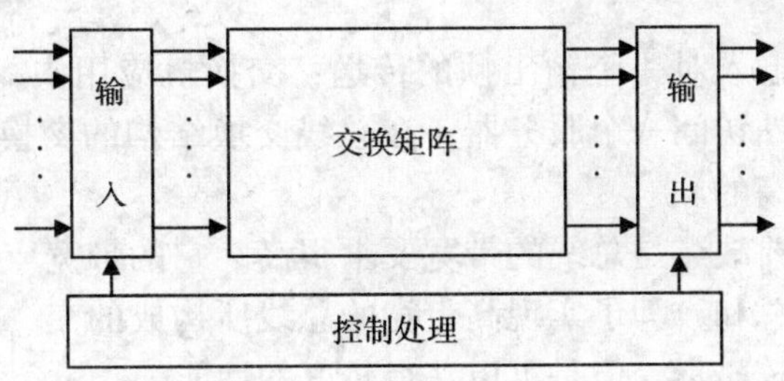

图3-4 矩阵交换结构

帧自输入端输入后，根据帧的目的地址，在交换机的端口——地址表中找到输出端口号码，根据这个输出端口号码就能在交换矩阵中找到一条路径，达到所希望的输出端口。当输入和输出端口数相等，组成两两之间的通道时，输出端口上不会产生帧传输拥塞现象。但当输入端口与输出端口数不等时，特别当输出端口数目小于输入端口时，在输出端口处会产生帧的拥塞，为了避免拥塞而导致帧的丢失，必须在输入和输出部分增加帧的缓冲区，在缓冲区中进行帧的排队。如果帧具有优先权机制，那么在输入或输出部分中还必须保证高优先权的帧先处理。

矩阵交换的优点是利用硬件交换，结构紧凑，交换速度快，延迟时间短。

但这种结构的交换机不宜于简单叠堆而扩展端口数和带宽，交换机上端口数的扩展会导致整个内部结构变动较大，不仅交换矩阵要重新设计和配置，且输入和输出部分的缓冲和排队功能也变得越来越复杂。矩阵交换由于其多组通道独立工作，因此对于每个通道工作情况的监控随着端口数目的增加变得越难于实现，即不利于交换机性能监控和运行管理。

从交换矩阵工作的特点明显地看到，这种结构要在交换矩阵中实现帧的广播传送是有困难的。

即使矩阵交换结构具有以上分析的缺点，但由于交换速度快，硬件延迟时间短等优点，目前很多厂家的交换机中仍采用这种结构。

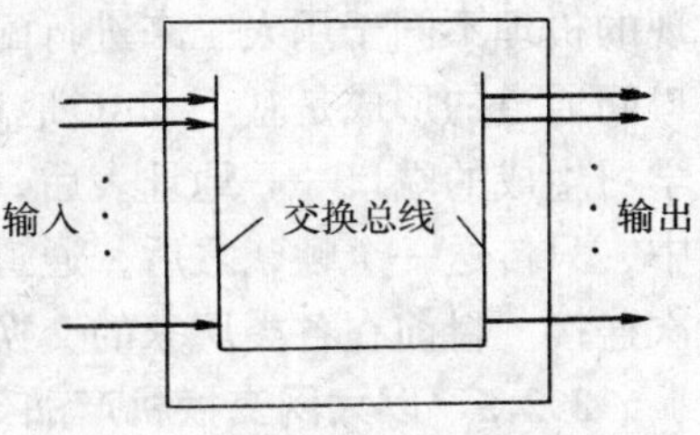

图3-5 总线交换结构示意图

2. 总线交换结构

当前有许多厂家的交换机产品采用总线交换结构，如图3-5所示，在交换机的母板上配置了一条总线，采用时分复用技术，各个端口均可以往总线上发送帧，即各个输入端口所发送到总线上的帧均按时隙在总线上传输。对于输出端口，当帧输入时，根据帧的目的地址获得输出端口号，在确定的端口上输出帧。

总线交换结构具有以下优点：

（1）便于叠堆扩展：与矩阵交换结构比较，总线交换结构的交换机的叠堆和集成（以扩展端口数和带宽），要比较容易实现；

（2）容易监控和管理：由于所有输入和输出的信息流量均集中在总线上，不像矩阵交换结构那样分散在各个端口间通道上，因此对交换机性能监控运行管理就比较容易；

（3）容易实现帧的广播：从一个输入端口上输入的帧在总线结构上很容易到达所有输出端口上输出；

（4）容易实现多个输入对一个输出帧的传送：交换机应用中，常见为客户/服务器访问模式，要求多个客户站访问一个服务器。在总线交换结构的交换机中，实现这种多对1帧的传送显然是效率很高的。

总线交换结构的主要缺点是总线的带宽要求很高，它的带宽至少是所有端口带宽的总和，为了实现高带宽的总线所构成的交换器，交换器的价格就较昂贵。但是可以获得较好的性能。

共享存储器交换结构的特点是使用大量的高速 RAM 来输入数据，如图 3－6 所示。由于数据通过存储器直接从输入传输到输出，因而交换器的结构比较简单，交换机中可以不需要复杂背板结构，结构比较容易实现。但 RAM 操作会产生延时，且冗余结构比较复杂，所以该结构最适合中、小型交换机。

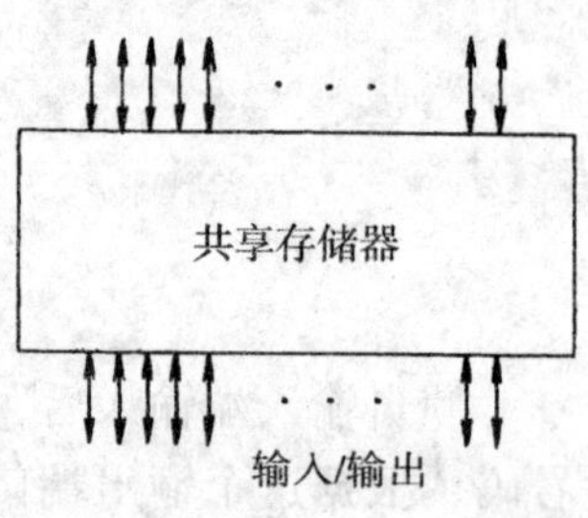

图 3－6 共享存储器交换结构

3.2.4 以太网交换机的交换方式

以太网交换机上，端口间基于帧的交换方式可分为静态交换方式和动态交换方式两类。

1. 静态交换方式

静态交换方式用于早期的以太网交换机中，目前仍被简易、价廉的低档交换机采用。端口间的通道连接是人工预先在交换机中设定，若要改变端口间的连接通道则必须由人工重新配置，这种静态交换的交换机并未实现端口间网段的隔离，而是一个类似于硬件的连接。一旦配置完成，端口间就一直按照固定的连接方式进行帧的交换。目前，广泛应用的一种称为“端口交换机”产品就采用了静态交换式。

2. 动态交换方式

动态交换方式完全不同于静态交换方式，它是基于网桥工作机理发展成交换机的交换方式，动态交换虽然最终也是实现两个端口之间的连接，形成一个帧交换通道，但通道实现的机理不同于用人工来进行配置的静态交换方式。根据透明网桥工作机理，动态交换端口间通道的形成是基于 MAC 地址的操作，根据输入端口上帧的目的地址来查交换器中自学习生成的端口——地址表后，就能决定端口间的连接，形成帧传送通道，而在连接过程中，只传送一个帧，之后，通道自动断开。连接过程实际上与帧传送同时进行，且一帧一次连接。目前在各类厂家的交换机产品中均采纳动态交换方式。

3.2.5 以太网交换机产品架构的分类

以太网交换机产品的架构基本上可包括单台（不可叠堆）、可叠堆集成以及厢体模块式 3 类。交换机叠堆后，整个叠堆设备成为另一台交换器，不仅端口数量成倍增长，且该交换机的带宽也成倍增长。当若干交换机叠堆时，为了互连各台交换机引出的背板总线，必须在外部附加一个集成装置。如图 3－7 所示，如果交换机的内部结构是采用总线交换结构，则附加装置比较简单；如果交换机的内部结构是采用矩阵交换结构，则附加装置比较复杂。

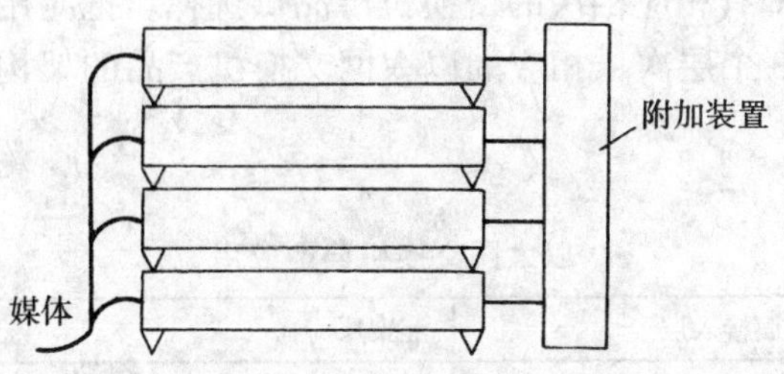

图 3－7　交换器叠堆集成

厢体模块式架构是叠堆集成架构的进一步发展。如图 3－8 所示。每一个单独的交换机以模块式插入厢体中的母板上，母板结构犹如叠堆集成架构的附加装置，每一交换机模块上提供了 8～12 个端口，若交换机的端口处在同一模块上，则就在该模块上完成端口间的帧交换工作，不必跨越母板；若交换的端口处在两个不同的模块上，则完成帧交换工作必须经过母板上的面向帧的传输总线，即帧从一个模块上跨越母板后到达另一模块。母板上提供了若干个插槽为了模块的插入固定，母板总线的带宽几乎应该是所有模块带宽的总和。

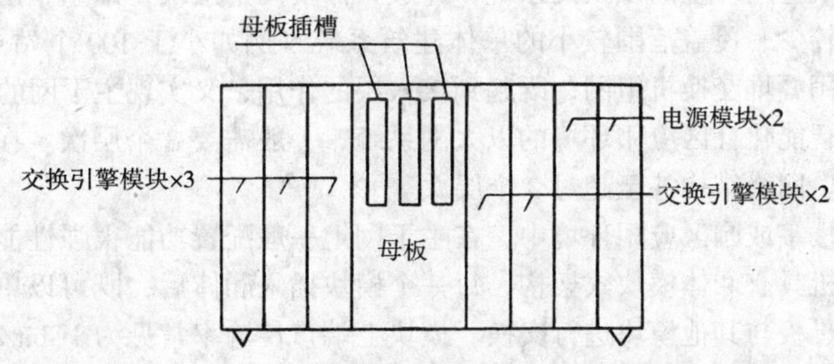

图 3－8　厢体模块架构

厢体模块式架构所组成的交换机，不仅结构完整紧凑，而且扩展和管理方便。除此之外，还具有以下两个优点：

（1）维修方便：由于厢体上每一个模块都可以热插拔，即模块有故障后，可以不关电更换模块。

（2）高可靠性：设备运行高可靠性反映在 3 个方面。一是电源双备分，二是可以采用无源母板结构，三是在无源母板结构中有源的交换引擎（Engine）可以另用模块，这样该交换引擎模块就可以采用双备分技术。

系统集成和配置灵活：在厢体中不仅可以插入多种以太网交换机模块，例 10Gbit/s、1Gbit/s、100Mbit/s 或 10Mbit/s 端口以太网模块，而且还可插入 FDDI 或 ATM 模块，甚至还可插入路由器等设备模块，这样在一个厢体中，就可集成多种网络和多种设备。

3.2.6 以太网交换机的典型应用

对应于不同的智能建筑应用环境必须选择不同层次的交换机产品。目前市场上以太网交换机产品遍布各个层次。适应于不同的应用环境，从最低层次的办公室桌面组网一直到高层次主干级应用环境都有相应档次的交换机产品供选择。把应用环境中的组网结构分成桌面接入、汇聚和主干 3 个层次，相应的以太网交换机产品的架构特征和典型组网方式如表 3-2 所示。

以太网交换机典型应用　　表 3-2

	桌面接入层	汇聚层	主干层
架构	单台	可叠堆集成	厢体模块
典型端口数	24/48	24 可成倍扩展	8/12/24 可成倍扩展
端口传输率	10M/100M/1Gbit/s	10M/100M/1Gbit/s	100M/1G/10G/10Gbit/s
高速端口	1~2 个 100M/1Gbit/s	若干个 1Gbit/s	12 个以上 1Gbit/s 4 个以上 10Gbit/s
支持 L3 交换	可能支持	可以支持	支持
典型背板带宽	1Gbit/s 以下	10~32Gbit/s	32Gbit/s 以上
典型组网环境	中、小型办公室	大型办公室 小型楼宇或园区干线	大型楼宇或园区主干

对于单体建筑应用环境的以太网系统，一般只需要两个层次，即主干层和接入层两个层次。如果站点较少、覆盖范围较小的单体建筑系统（例如小于 100 个站点），只需要一个层次，可以使用叠堆交换机组网，既起到接入层的作用，又实现主干网的功能。

对于园区或智能化社区应用环境的以太网系统，一般需要 3 个层次。在一些较大的校园或工业园区中，网络结构甚至超过 3 个层次。

在中、大型楼宇或园区应用环境中，在主干网上一般配置功能很强性能优秀的主干交换机。主干交换机具有厢体模块式架构，每一个模块插入厢体后，既可以单独作为交换机使用，又可通过母板与其他模块进行交换。模块上端口传输率常见为 1Gbit/s，也可以配置 10Gbit/s 端口。

厢体模块式交换机主要用作中、大型楼宇或园区系统中的网络干线设备，也可作为接入层以 10/100Mbit/s 端口直接连到桌面。

3.3 全双工以太网技术

3.3.1 全双工以太网技术的重要性

交换机设备虽然本身工作时已不再受到 CSMA/CD 的约束，但在站点到交换机和交换机之间如果还是采用传统的半双工以太网传输方式的话，那么这些网段上不管采用双绞线还是长光缆仍要受到媒体访问控制 CSMA/CD 的约束，结果导致这些网段上媒体长度（或称网段跨距）受到限制。如果在 10Mbit/s 环境（10BASET，10BASEFL）下还不十分明显的话，那么到了 100Mbit/s 快速以太网环境中，CSMA/CD 碰撞域的媒体长度将受到很大影响，显然在 1Gbit/s 以太网环境中，碰撞域的媒体长度会受到更大影响。

因此，当交换型以太网技术和应用发展到一定阶段后，不仅要求整个系统的带宽要达到一定高度，而且还要求整个系统的覆盖范围也要有一定的保证，特别在 100Mbit/s 及 1Gbit/s 以太网环境中，使用光缆作为媒体的情况下，若再使用受到 CSMA/CD 约束的一般半双工技术和产品的话，则覆盖范围的问题就尤为突出。

为了解决上述的问题，全双工以太网技术和产品问世了，且在 1997 年由 IEEE802.3x 标准来说明该技术的规范。

3.3.2 全双工以太网技术特点

全双工以太网技术是用来说明以太网设备端口的传输技术，与传统半双工以太网技术区别在于：端口间两对双绞线（或两根光纤）上可以同时接收和发送帧。这样一来，端口之间媒体的长度仅仅受到数字信号在媒体上传输衰变的影响，而不像传统以太网半双工传输时还要受到碰撞域的约束。

如图 3－9 所示。两个端口之间全双工传输的特点，端口上设有端口控制功能模块和收发器功能模块，端口上的全双工还是半双工操作一般可以自己适应，也可以用人工设置。当全双工操作时，帧的发送和接收可以同时进行，这样与传统半双工操作方式比较，传输链路的带宽提高了一倍，即端口支持 10Mbit/s 或者 100Mbit/s 传输率，而其带宽却分别是 20Mbit/s 和 200Mbit/s。在全双工传输帧时，端口上既无帧听的机制，链路上又不会多路访问，也不再需要碰撞检测，传统半双工方式下的媒体访问控制 CSMA/CD 的机制已不存在。

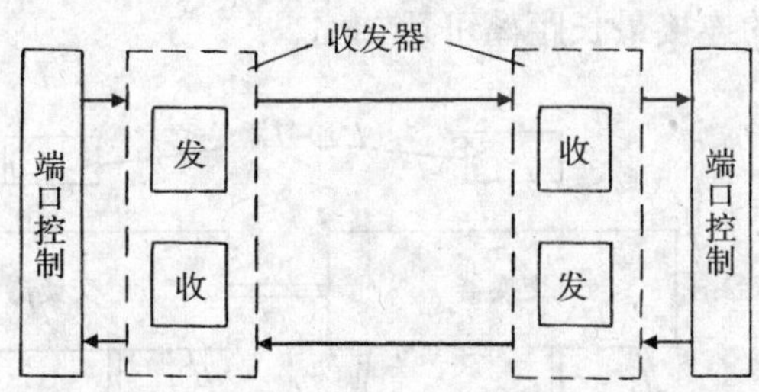

图 3－9 两个端口之间全双工传输

可以理解，在 10Mbit/s 端口传输率的情况下，只有 10BASET 及 10BASEFL 支持全双工操作；而在 100Mbit/s 快速以太网情况下，除了 100BASET4 外，100BASETX、100BASEFX、100BASET2 均支持全双工操作；1000BASEX 也支持全双工操作。即只有链路上提供独立的发送和接收媒体才能支持全双工操作。表 3－3 说明了支持全双工操作的各类以太网其网段的最长距离，并与传统半双工方式操作的网段最长距离进行比较。

从表 3－3 可知，使用双绞线媒体，100m 的距离对于半双工操作来说并非是碰撞域的跨距，仍是数字信号驱动的最长距离，因此不论是 10Mbit/s 还是 100Mbit/s 环境，全双工操作并未占有优势。对于采用光缆的媒体来说，10BASEFL 在两种情况下，光缆最长距离均为 2km，这是因为在 10Mbit/s 传输率情况下，由碰撞域决定的半双工网段最长距离要大于 2km，2km 的光缆仍是由数字信号在光缆上传输的最长距离。惟有在 100BASEFX 的以太网中，全双工网段距离可达 2km，而传统的半双工操作情况下，由于受到 CSMA/CD 的约束，碰撞域的跨距决定了网段最长距离为 412m，因此，100BASEFX 使用了全双工以太网技术后在延伸网段距离上是得益者，其他 10Mbit/s 和 100Mbit/s 类型的全双工以太网则仅仅拓宽了端口的带宽。显然，对于使用光纤的全双工千兆位以太网来说，网段距离也获得明显的拓展。

各类以太网全双工和半双工网段最长距离 **表 3-3**

以太网类型	媒体	全双工网段最长距离	半双工网段最长距离
10BASET	UTP	100m	100m
10BASEFL	多模光缆	2km	2km
100BASETX	UTP、STP	100m	100m
100BASEFX	多模光缆	2km	412m
100BASET2	UTP	100m	100m
1000BASEX	多模光缆	550m	330m

3.3.3 全双工以太网的组网应用

很明显，除 1Gbit/s 以太网外，使用了全双工以太网技术既能在带宽又能在端口之间的连接距离上得益的只能是使用光缆的 100Mbit/s 快速以太网。如图 3-10 所示，站点与交换机端口之间和交换机端口之间均以 100BASEFX 全双工操作方式连接，则链路上带宽增加至 200Mbit/s，端口间的连接最长距离可达 2km。

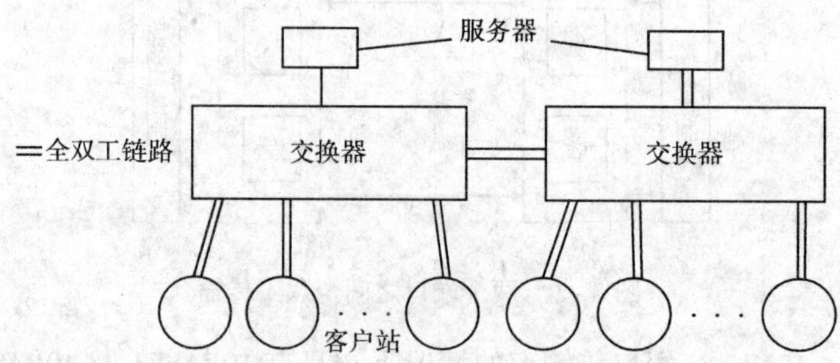

图 3-10 全双工操作连接

对于客户站，由于其访问服务器时，发送和接收的负载往往是很不均衡的，因此，用全双工操作方式连接客户站，可延伸距离至 2km 是明显的得益；对于服务器，由于会受到许多客户站的同时访问，所以发送和接收的负载一般较接近均衡，所以使用全双工操作方式增加了带宽后，使服务器得益。但由于系统服务器往往与系统主交换器放置在一起，因此在延伸距离上显得没有必要；对于交换机之间的连接来说，要求用 10BASEFX 全双工连接往往是在园区环境中，互连的交换机往往不处在一个大楼中，距离较远，这种情况下，在延伸连接距离和拓展带宽上均能得益。如图 3-11 所示的系统中，干线交换机与接入交换机若分布在一个园区的各个大楼中，互相之间距离可能达数百米（412m～2km），使用100BASEFX全双工操作方式互连是最合适的了。此时对于接入交换机上的上连端口要求其有100BASEFX全双工配置，当然对于干线交换机显然每个端口都要求具有100BASEFX全双工配置。

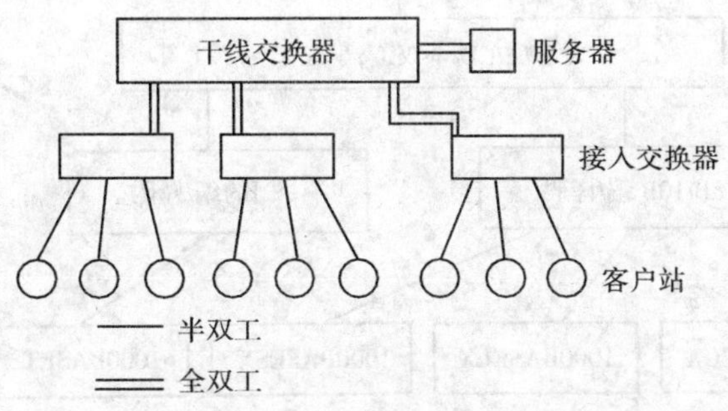

图3-11 园区中全双工操作方式连接交换器

3.4 千兆位以太网GbE

千兆位以太网是以太网技术的自然发展，只是传输率更高而已，其帧结构和媒体访问控制方式几乎与IEEE802.3基本标准类同，但有所发展。一般来说，千兆位以太网系统的媒体和媒体布局，可以向下兼容快速以太网或10BASET/FL。同样，千兆位以太网系统包括了共享型和交换型两类。在使用光缆作为媒体的环境中，可以充分发挥全双工以太网技术的特点。千兆位以太网技术的优势在于以下3个方面：

(1) 使系统主干的带宽及客户站访问服务器的速度大大提高。是10M/100Mbit/s平滑过渡的技术，使用户的培训和维护方面的技术投资也得到了有效的保护。

(2) 系统升级的投资降到最低限度，即最少的再投资，能获得高性能的回报。

(3) 不仅仅使系统增加了带宽，而且还带来了服务质量的提升，这一切都是在低开销的条件下实现的。

3.4.1 千兆位以太网体系结构和功能模块

如图3-12所示，描述了千兆位以太网的体系结构和功能模块，整个结构类似于IEEE802.3标准所描述的体系结构，包括了MAC子层和PHY层两部分内容。MAC子层中实现了CSMA/CD媒体访问控制方式和全双工/半双工的处理方式，其帧的格式和长度也与802.3标准所规定的一致。

在PHY层中，包括了编码/译码，收发器以及媒体3个主要模块，还包括了MAC子层与PHY层连接的逻辑“与媒体无关的接口”。

收发器模块包括长波光纤激光传输器、短波光纤激光传输器以及铜缆收发器3种类型。

不同类型的收发器模块分别对应于所驱动的传输媒体，传输媒体包括单模和多模光缆以及屏蔽和非屏蔽铜缆。

对应不同类型的收发器模块，802.3z 标准还规定了两类编码/译码器：8B/10B 和专门用于 5 类 UTP 专门的编码/译码方案。

对于光缆媒体的千兆位以太网除支持半双工链路外，还支持全双工链路；而铜缆媒体只支持半双工链路。

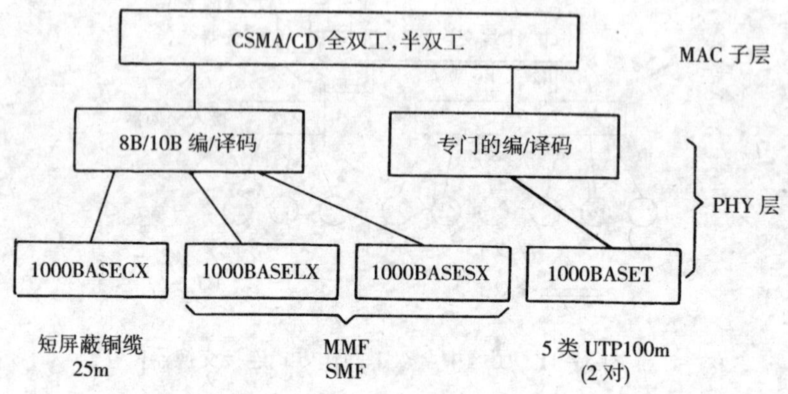

图 3-12　千兆位以太网体系结构和功能模块

3.4.2　千兆位以太网按 PHY 层分类

按照 PHY 层上的各种功能，把它们归纳成两种类型：即 1000BASEX 和 1000BASET。如图 3-13 所示，在同一个 MAC 子层下面的 PHY 层中包括了 1000BASEX 和 1000BASET 两种技术，而 1000BASEX 中又包括了 1000BASELX、1000BASESX 以及 1000BASECX，它们分别对应着相应的编码/译码技术、收发器和传输媒体。1000BASET 的物理层功能与 1000BASEX 差别较大，有其相应的编码/译码技术、收发器及传输媒体。

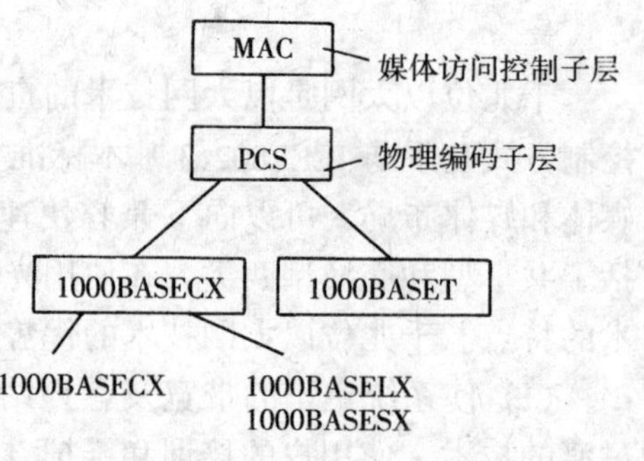

图 3-13　1Gbit/s 以太网的 1000BASEX 和 1000BASET

1. 千兆位以太网 1000BASEX 特点

1000BASEX 是千兆位以太网技术中易实现的方案，也是目前普遍使用的解决方案，1000BASEX 包括了 1000BASECX、LX 和 SX 3 种，但它们的 PHY 层中均采用 8B/10B 的编码/译码方案。对于收发器部分三者差别较大，原因在于三者所分别对应的传输媒体以及在媒体上所采用的信号源方案不同所致。

（1）1000BASECX。1000BASECX 是使用铜缆的两种千兆以太网技术之一（另一种是 1000BASET）。1000BASECX 的媒体是一种短距离屏蔽铜缆，最长距离达 25m，这种屏蔽电缆不是符合 ISO11801 标准的 STP，而是一种特殊规格高质量平衡双绞线对的 TW 型带状屏蔽的铜缆。连接这种电缆的端口上配置 9 芯 D 型连接器。在 9 芯 D 型连接器中只用了 1，5，6，9 四芯，1 与 6 用于一对双绞线；5 与 9 用于另一对双绞线。双绞线的特性阻抗为 150Ω。

1000BASECX 的短距离铜缆适用于短距离连接的环境，特别适用于千兆主干交换机与主服务器的短距离连接，这种连接往往就在机房的配线架柜上以跨线方式连接即可，不必使用长距离的铜缆甚至使用光缆。

(2) 1000BASELX。1000BASELX 是一种收发器上使用长波激光（LWL）作为信号源的媒体技术，这种收发器上配置了激光波长为 1270～1355nm（一般为 1300nm）的光纤激光传输器，它可以驱动多模光纤，也可驱动单模光纤，使用的光纤规格如下：

①62.5μm 的多模光纤；

②50μm 的多模光纤；

③10μm 的单模光纤。

对于多模光缆，在全双工模式下，最长距离可达 550m；对于单模光缆，全双工模式下最长距离达 3km。

(3) 1000BASESX。1000BASESX 是一种在收发器上使用短波激光（SWL）作为信号源的媒体技术，这种收发器上配置了激光波长为 770～860nm（一般为 800nm）的光纤激光传输器，不支持单模光纤，仅支持多模光纤，包括以下两种：

①62.5μm 的多模光纤；

②50μm 的多模光纤。

对于 62.5μm 的多模光纤，全双工模式下最长距离为 300m；对于 50μm 多模光缆，全双工模式下最长距离为 550m。

2. 千兆位以太网 1000BASET 特点

1000BASET 是一种使用 5 类 UTP 的千兆位以太网技术，其标准为 IEEE802.3ab，不同于 IEEE802.3z。最长的媒体距离与 100BASETX 一样，达 100m，这种在 5 类 UTP 上距离为 100m 的技术从 100Mbit/s 传输率升级到 1000Mbit/s，对用户来说可以在原来使用 5 类 UTP 的布线系统中，传输的带宽可升级 10 倍，但是要实现这样的技术，不能采用 1000BASEX 所使用的 8B/10B 编码/译码方案以及信号驱动电路，代之以专门的更先进的编码/译码方案和特殊的驱动电路方案，且要使用 4 对双绞线，每对双绞线上的数据传输率为 250Mbit/s。

3.4.3 千兆位以太网组网跨距

组网跨距即是系统的覆盖范围。在设计系统时，跨距是组网必须要考虑的问题之一。以下分别讨论有、无中继器连接的两种情况。

1. 无中继器连接

千兆位以太网组网跨距在采用光缆和铜缆两种媒体时差别很大，与 10Mbit/s 和 100Mbit/s 以太网相比显得更复杂，即使采用了光缆作为媒体，又要区分多模还是单模光纤，多模光纤还有 50μm 和 62.5μm 之分，驱动光源还有长波和短波之分。对于铜缆又要区分采用的是 TW 型屏蔽双绞线还是 5 类不屏蔽双绞线，即使有如此之多的媒体选择情况下，还要区分是在半双工模式下还是在全双工模式下联网。各种情况下的组网跨距表示如下：

1000BASELX：	MMF 62.5μm	半双工 330m，全双工 550m
	MMF 50μm	半双工 330m，全双工 550m
	SMF 10μm	半双工 330m，全双工 5km
1000BASESX：	MMF 62.5μm	半双工 330m，全双工 300m
	MMF 50μm	半双工 330m，全双工 550m
1000BASECX：	TW 型屏蔽双绞线	半双工 25m，全双工 25m
1000BASET：	5 类 UTP	半双工 100m，全双工 100m

注意：上述的半双工和全双工两种模式下的跨距均是标准所规定的目标值，至于具体厂家产品所能达到的指标是稍有不同的。

2. 中继器连接

千兆以太网标准规定，在媒体段只允许配置 1 个中继器。实际上在半双工模式下也只可能配置 1 个中继器，在半双工模式下，使用一个中继器后，跨距会增加还是减少？在千兆以太网上是与 100Mbit/s 快速以太网情况类似，在采用铜缆媒体时，使用 1 个中继器，跨距能增加一倍。而在采用光缆媒体时，则跨距反而减少，原因在于铜缆半双工跨距并非真正反映碰撞域的最大范围，而恰恰是反映了有效数字信号传输的最长距离，而光缆情况正相反，即半双工的跨距已反映了碰撞域的最大范围，加了 1 个中继器后，在半双工模式下，跨距分别为：1000BASELX/SX 240m；1000BASECX 50m；1000BASET 200m。

同样，加了 1 个中继器后，跨距的数值是目标值，在厂家的产品或以后的标准中可能稍有区别。

显然，在全双工模式下，在传输媒体上加了中继器后，跨距会成倍地增长，而且在一条传输链路上可以配置多个中继器来获得足够的跨距。

3.4.4 智能建筑中的千兆位以太网应用

在智能建筑中千兆位以太网常用于以下两种情况。

(1) 构建主干网：往往以 L2 或 L3 交换机形式出现，特别是经常采用厢体 L3 交换机产品；

(2) 低层交换机的上链端口。

3.5 万兆位以太网 10GbE

3.5.1 背景与技术特点

1. 10G 以太网出现的背景

20 多年来，以太网从 10Mbit/s 开始，作为局域网的链路层标准相继战胜了其他各种技术和产品。目前在局域网市场上占有率超过 90%。在它发展的里程中，有几次关键性的飞跃，10BASET 的出现，使以太网从公共总线结构转变成星型结构，从而形成了综合布线系统；100BASET 又是一个里程碑，确立了以太网技术在桌面上的统治地位；1G 以太网技术又确立了以太网成为园区主干网的首选，并引向城域网。

随着 1G 以太网的发展以及广泛应用，以太网技术逐渐延伸到城域网的汇聚层，或者把汇聚层的设备连接到核心层。但是在当前 10M 以太网普遍到桌面的情况下，1Gbit/s 的带宽对于汇聚层来说显得不够了，当然在主干网上更是不能及了；1G 以太网的传输距离也是一个问题，使用多模光纤最大距离为 550m，使用单模光纤最大距离也不过 5km，虽然有的非标准产品可达数十千米，但是由于非标准不能保证各厂商的产品互联互通，因此非标准的产品不能获得广泛使用。

综上所述，1G 以太网在带宽和传输距离上都不能适应城域网汇聚层和核心层的要求。10G以太网的出现，上述两个问题就可基本得到解决。2002 年 6 月 10G 以太网标准 IEEE802.3ae 正式被批准。

2. 10G 以太网技术特点

10G以太网与传统的以太网比较具有如下几方面特点。

(1) MAC子层和PHY层实现10Gbit/s传输速率;

(2) MAC子层的帧格式不变，并保留802.3标准最小和最大帧长度;

(3) 不支持共享型，只支持全双工，即只可能实现全双工交换型10G以太网；因此10G以太网媒体的传输距离不会受到传统以太网CSMA/CD机理的制约，而仅仅取决于媒体上信号传输的有效性;

(4) 支持星形局域网拓扑结构，采用点到点连接和结构化布线技术;

(5) 在PHY层上分别定义了局域网和广域网两种系列，并定义了适应局域网和广域网的数据传输速率机制;

(6) 不能使用双绞线，只支持多模和单模光纤，并提供连接距离的PHY层技术规范。

3.5.2 10G以太网体系结构

10G以太网的OSI和IEEE802层次结构仍与传统以太网相同，即OSI层次结构包括了数据链路层的一部分和物理层的全部，IEEE802层次结构包括MAC子层和PHY层，但是各层所具有的功能与传统以太网比较差别较大，特别是PHY层更具有明显的特点。如图3-14所示。

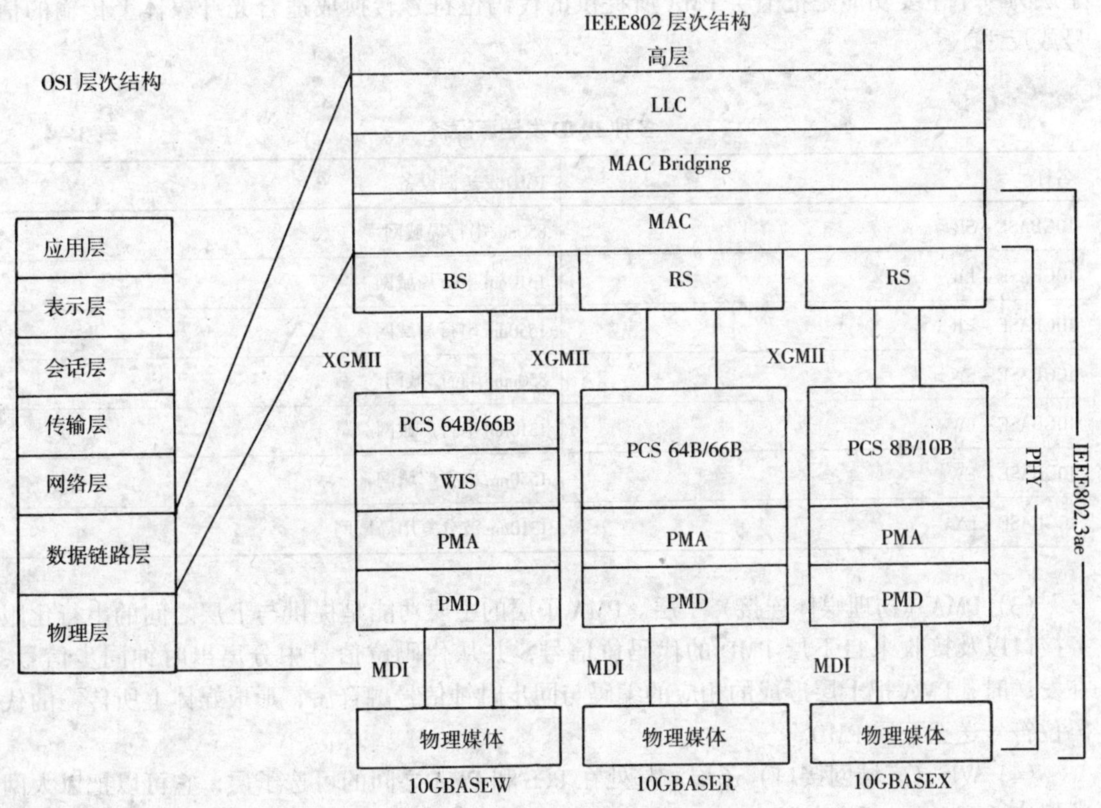

图3-14 10G以太网体系结构

1. 三类PHY层结构

在体系结构中定义了10GBASEX、10GBASER和10GBASEW 3种类型的PHY层结构。

（1）10GBASEX 是一种与使用光缆的 1000BASEX 相对应的 PHY 层结构，在 PCS 子层中使用 8B/10B 编码，为了保证获得 10G 数据传输率，利用稀疏波分复用技术（CWDM），在 1300nm 波长附近每隔约 25nm 间隔配置了 4 个激光发送器，形成 4 个发送器/接收器对。为了保证每个发送器/接收器对的数据流速度为 2.5Gbit/s，每个发送器/接收器对必须在 3.125Gbit/s 下工作。

（2）10GBASER 是在 PCS 子层中使用 64B/66B 编码的 PHY 层结构，为了获得 10G 数据传输率，其时钟速率必须配置在 10.3Gbit/s。

（3）10GBASEW 是一种工作在广域网方式下的 PHY 层结构，在 PCS 子层中采用了 64B/66B 编码，定义的广域网方式为 SONET OC－192，因此其数据流的传输率必须与 OC－192兼容，即为 9.686Gbit/s，则其时钟速率为 9.953Gbit/s。

2．PHY 层各个子层的功能

（1）物理媒体。10G 以太网的物理媒体包括多模光纤 MMF 和单模光纤 SMF 两类。MMF 又分 50μm 和 62.5μm 两种。由 PMD 子层通过媒体相关接口 MDI 连接光纤。

（2）PMD（物理媒体相关）子层。其主要的功能一方面是向（从）物理媒体上发送（接收）信号。在 PMD 子层中包括了多种激光波长的 PMD 发送源设备，见表 3－4。PMD 子层另一个主要功能是把上层 PMA 所提供的代码位符号转换成适合光纤媒体上传输的信号或反之。

多种 PMD 发送源设备 **表 3－4**

名称	PMD 发送源设备
10GBASE－SR	850nm 串行局域网
10GBASE－LR	1310nm 串行局域网
10GBASE－ER	1550nm 串行局域网
10GBASE－SW	850nm 串行广域网
10GBASE－LW	1310nm 串行广域网
10GBASE－EW	1550nm 串行广域网
10GBASE－LX4	1310nm 波分复用局域网

（3）PMA（物理媒体连接）子层。PMA 子层的主要功能是提供与上层之间的串行化服务接口以及接收来自下层 PMD 的代码位信号，并从代码位信号中分离出时钟同步信号；在发送时，PMA 把上层形成的相应的编码与同步时钟信号融合后，形成媒体上所传输的代码位符号送至下层 PMD。

（4）WIS（广域网接口）子层。是处在 PCS 和 PMA 之间的可选子层，它可以把以太网数据流适配 ANSI 所定义的 SONET STS－192c 或 ITU 所定义的 SDH VC－4－64c 传输格式的以太网数据流。该数据流所反映的广域网数据可以直接映射到传输层。

（5）PCS（物理编码）子层。PCS 子层处在上层 RS 和下层 PMA 之间，PCS 和上层的接口通过 10G 媒体无关接口 XGMII 连接，与下层连接通过 PMA 服务接口。PCS 的主要功能是把正常定义的以太网 MAC 代码信号转换成相应的编码和物理层的代码信号。

(6) RS（协调）子层和 XGMII（10G 媒体无关接口）。RS 和 XGMII 实现了 MAC 子层与 PHY 层之间的逻辑连接，即 MAC 子层可以连接到不同类型的 PHY 层（10GBASEX、10GBASER 和 10GBASEW）上。显然，对于 10GBASEW 类型来说，RS 子层的功能要求是最复杂的。由于要适配以太网和 SONET/SDH OC192c 两种网络环境，因此 RS 子层要实现如下基本功能：

①实现传输率 10Gbit/s 与 9.58464Gbit/s 的变换；

②进行以太网帧与 SONET/SDH 帧的转换；

③修改以太网传统的帧格式，目的是在接收广域网 SDH 数据时，为了在 PCS 子层所复原的 8B 代码串中判断出是以太网帧的前导码还是真正的数据，这样就能在 MAC 子层中正确无误地形成完整的以太网帧。修改的方法是在传统的以太网帧格式中分别增加 2 个字节的长度域和校验域。为了保证最大帧长度 1518 字节，利用前导码（8 字节）中的 2 个字节作为长度字节，并对该 8 个字节进行 CRC－16 校验，所形成的 2 个字节 HEC－16 校验码插在起始定界符 SFD 之后。

④要让原来应用在局域网传输环境中的以太网来适应广域网长距离、高速率的传输环境。因为在长距离、高速率的传输环境中信号频率和相位抖动要比局域网上严重的多，因此原来以太网面向局域网的异步接收机制、网络管理等必须要作较大的改动，上述帧格式的改动，也是为了加强以太网接收机制的稳定性。

3.5.3 10G 以太网组网距离

对于 10G 以太网的应用来说，组网距离是最关心的参数之一，影响 10G 以太网组网距离的因素包括不同的 PMD 激光发送源、多模光纤（MMF）还是单模光纤（SMF）、光纤的外径和带宽 4 个方面，见表 3－5。

10G 以太网组网距离 表 3－5

光纤	62.5MMF			50MMF			SMF
带宽 MHz·km	160	200	500	400	500	2000	–
SR/SW 850nm	26m	33m	–	65m	82m	300m	–
LR/LW 1310nm	–	–	–	–	–	–	10km
ER/EW 1550nm	–	–	–	–	–	–	40km
LX4 1310nm	300m			–	–	–	10km

说明：850nm 串行 PMD 对 50/125μm 多模光纤组网距离为 65m；
1310nm 串行 PMD 对单模光纤组网距离为 10km；
1550nm 串行 PMD 对单模光纤组网距离为 40km；
1310 CWDM PMD 对 62.5/125μm 多模光纤组网距离为 300m，对单模光纤组网距离可达 10km。

IEEE 802.3ae 任务组从表 3－5 中的 20 种情况中已经选定了以下几种情况，不仅选定了 PMD，而且还规定了光纤类型和组网距离，见表 3－6。

IEEE 802.3ae 任务组已经选定的 PMD　　表 3-6

PMD	光纤类型	直径（μm）	带宽（MHz）	最低组网距离
850nm 串行	多模	50/125	400	65m
1310nm 宽波分复用	多模	62.5/125	160	300m
1310nm 宽波分复用	单模	9.0	–	10km
1310nm 串行	单模	9.0	–	10km
1550nm 串行	单模	9.0	–	40km

3.5.4　10G 以太网的应用

1. 铺设光纤媒体的建议

要构建 10G 以太网，对于用户来说，首先需要考虑光纤媒体的选择和铺设。从组网的距离来分析，要构建大于 300m 距离的骨干网，就要选用单模光纤。如果需要兼用用户原有的 100BASEFX 或 1000BASESX 端口，在设计时就应该考虑选用包含尽可能多的单模光纤对的混合单模和多模产品。

在建筑物内部的布线系统中，也应该部署包含尽可能多的单模光纤对的混合单模和多模产品，多模支持原来的应用，单模光纤则用于未来 1Gbit/s 和 10Gbit/s 的应用，在建筑物外部或建筑之间，只能选择单模光纤。

2. 组成应用类型

（1）局域网中的 10G 以太网。10G 以太网用作局域网，通常是组成骨干网。例如对于服务提供商或企业的数据中心来说，网络管理人员将在数据中心内使用 10G 以太网实现主干交换机连接各个主服务器；并由主干交换机连接各计算机室交换机；或者在办公楼群之间提供高速互连。10G 以太网配置在整个局域网中，将包括交换机到交换机、交换机到服务器以及城域网和广域网的接入应用。

园区中的解决方案案例：

在园区范围内，特别在较大的大学校园中，学生人数万余，加上数千教职工，他们对于校园网络带宽的要求是较高的。负荷高峰时，校园骨干网的数据量往往超过 1Gbit/s。因此，目前一些大学的校园网正在进行改造和升级，把原先采用千兆位以太网技术的骨干网升级成 10G 以太网，来适应不断发展的需求。两种典型的解决方案分别如下所示。

图 3-15 上表示了一个典型的 3 层结构的方案。核心层由 S1、S2、S3 3 个具有 10G 以太网接口的核心交换机组成，构成 10Gbit/s 传输率的环状骨干网，接入层交换机以 10Mbit/s/100Mbit/s 传输率连接用户终端，并以 100Mbit/s 传输率上连至汇聚层交换机，汇聚层交换机则以两路 1Gbit/s 速率的光纤冗余连接至核心交换机。

图 3-16 上是一个 2 层结构的校园网方案。核心层不变，接入层选用具有千兆以太网接口的叠堆交换机，直接以两路具有 1Gbit/s 传输率光纤冗余连接至核心交换机，省略了汇聚层。

（2）城域网中的 10G 以太网。10G 以太网可用作城域网的主干网。选用合适的 10G 以太网 PMD 和单模光纤，可使连接距离达到 40km 以上。随着技术的发展，还可以在城域网中部署采用 10G 以太网的 DWDM 设备，构成 N×10Gbit/s 带宽的光网络骨干网，如图3-17

所示。图 3-17 中 MAN DWDM 光网络即是城域骨干网。对于企业而言，通过 10G 以太网（图 3-17 中 10GbE 交换机）接入城域骨干网，能实现无服务器办公楼群（位置 A），支持远程服务器的高速连接（位置 C）等应用。对于服务提供商（位置 D）而言，城域网中的 10G 以太网将能以低于 T3 或 OC-3/STM-1 业务的价格，提供给用户 10G 以太网连接。

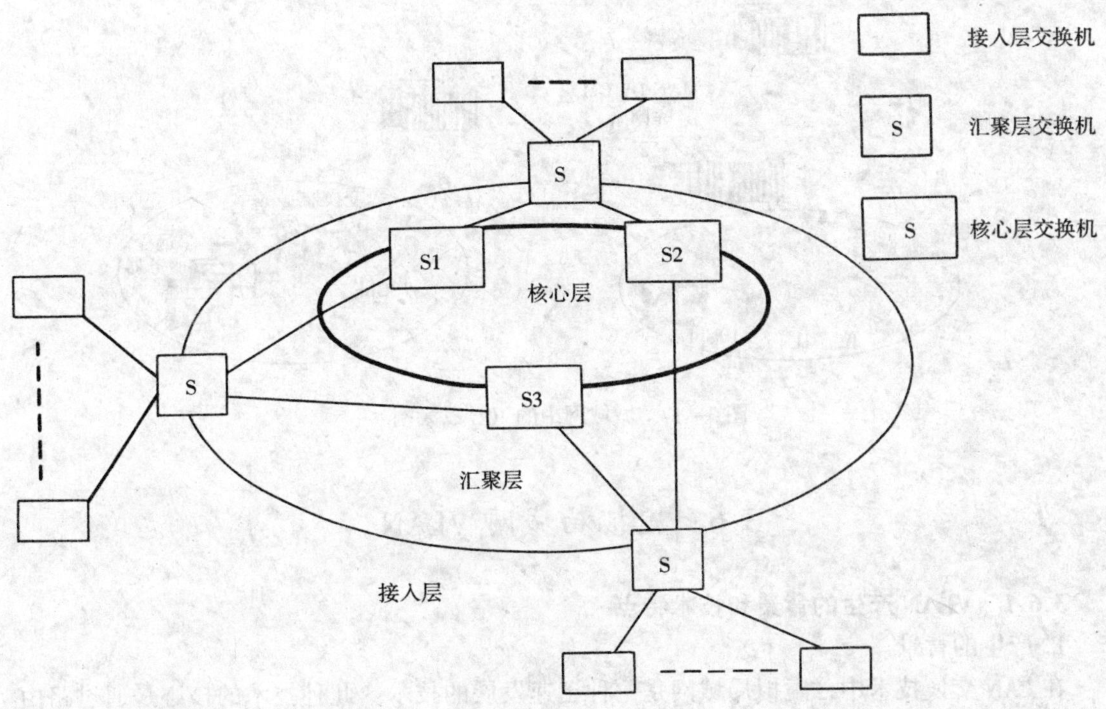

图 3-15　由 10G 以太网核心交换机组成骨干网的 3 层结构校园网方案

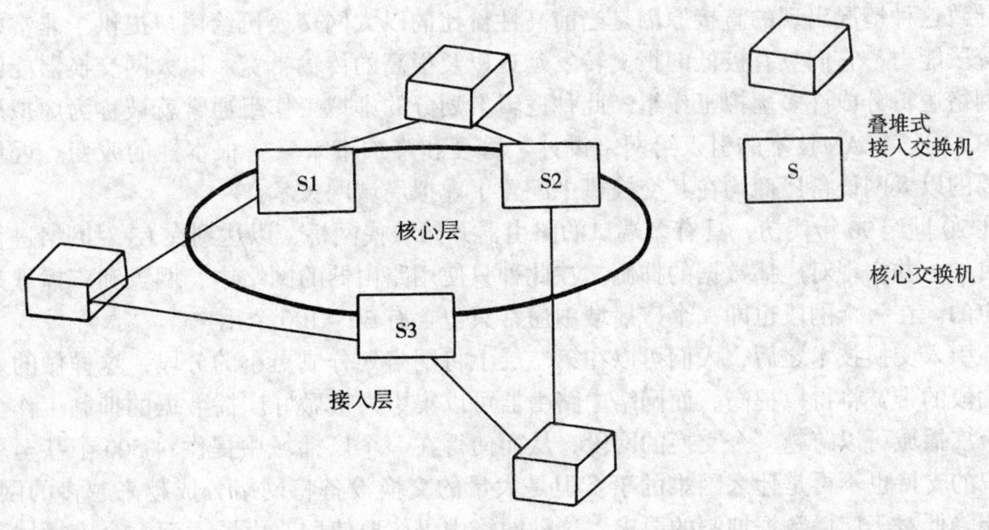

图 3-16　由 10G 以太网核心交换机组成骨干网的 2 层结构校园网方案

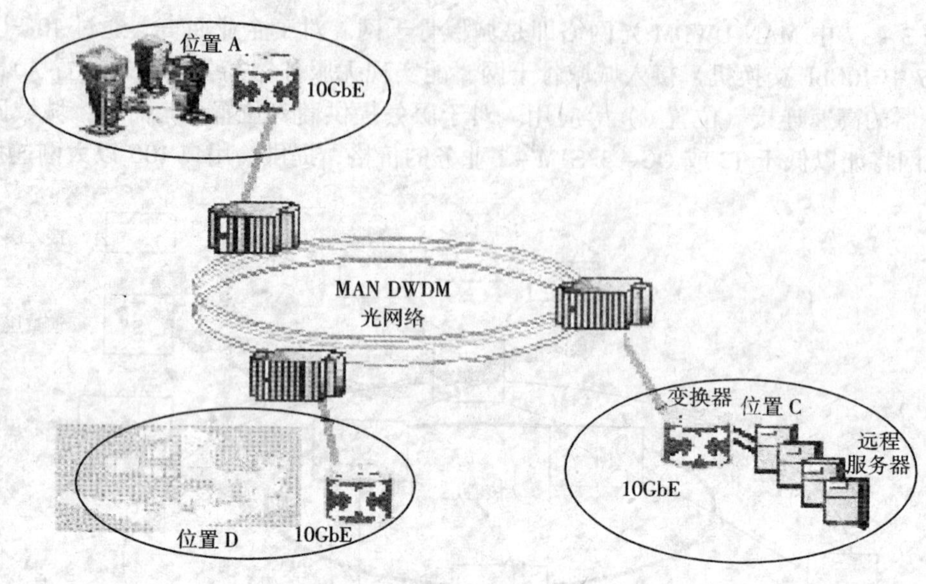

图 3－17　城域网中的 10G 以太网

3.6　虚拟局域网 VLAN

3.6.1　VLAN 产生的背景和技术特点

1. 产生的背景

在 LAN 交换技术中，虚拟局域网是一种迅速发展的技术。此种技术的核心是通过路由和交换设备在网络的物理拓扑结构基础上建立一个逻辑网络，使得网络中任意几个 LAN 段或（和）单站能够组合成一个逻辑上的局域网。

导致这种情况出现的直接原因是当前高性价比的以太网交换机给用户提供了非常好的网络分段能力，它们具有极低的报文转发延迟以及很高的传输带宽。以太网交换器能够将整个网络逻辑分成许多虚拟工作组。此种逻辑上划分的虚拟工作组通常就被称为虚拟局域网（VLAN）。VLAN 技术的引入给网络设计、管理和维护带来某些根本性的改变。近年来各主要的以太网设备厂商均在其交换机中配置了虚拟局域网技术。

在 20 世纪 90 年代初，具有多端口的路由器开始取代网桥，以达到在 L3 对网络进行分段的目的，并实现对广播数据的抑制。在此种只使用路由器的网络中，网段和广播域是一一对应的。在一个网段也即一个广播域中通常只包含有 30～100 个用户。

在引入交换技术之后，人们可以在第二层上将网络划分成更小的分段，这样做的好处是各网段的带宽将得以提高，而网络中路由器可以集中力量做好广播数据的抑制工作。此时一个广播域可以跨越多个交换的网段，从而使得在一个广播域中提供对 500 个甚至更多的用户的支持也不再是什么困难的事。但是大量的交换设备将网络分成越来越多的网段，并不能降低对于广播数据抑制的要求。这种网络中仍然要使用路由器，而一个广播域通常仍只能包含 100～500 个用户。

而 VLAN 则代表着一种不用路由器对广播数据进行抑制的解决方案。在 VLAN 中，对广播数据的抑制将由交换机完成。另外 VLAN 还可以跟踪各个工作站物理位置的变动，使之在移动位置之后不需要对其网络地址重新进行手工配置。

虽然，各厂商都各自有其不同的 VLAN 解决方案和实现策略，但是大多数人都认为 VLAN 基本上可以看成是一个广播域。说得更具体一些，一个 VLAN 可以看成是一组客户工作站的集合，这些工作站不必处于同一个物理网络上，它们可以不受地理位置的限制而像处于同一个 LAN 上那样进行通信和信息交换。如图 3－18 所示，即为 VLAN 的一个例子。在整个网络结构中，划分了 3 个 VLAN，分别为工程 VLAN、市场 VLAN 及财会 VLAN，每一个 VLAN 包括了相应的客户站。可以认为一个 VLAN 实际上是逻辑上的网段。此种逻辑上的网段给网络的管理、安全性以及广播数据的抑制带来诸多的益处。

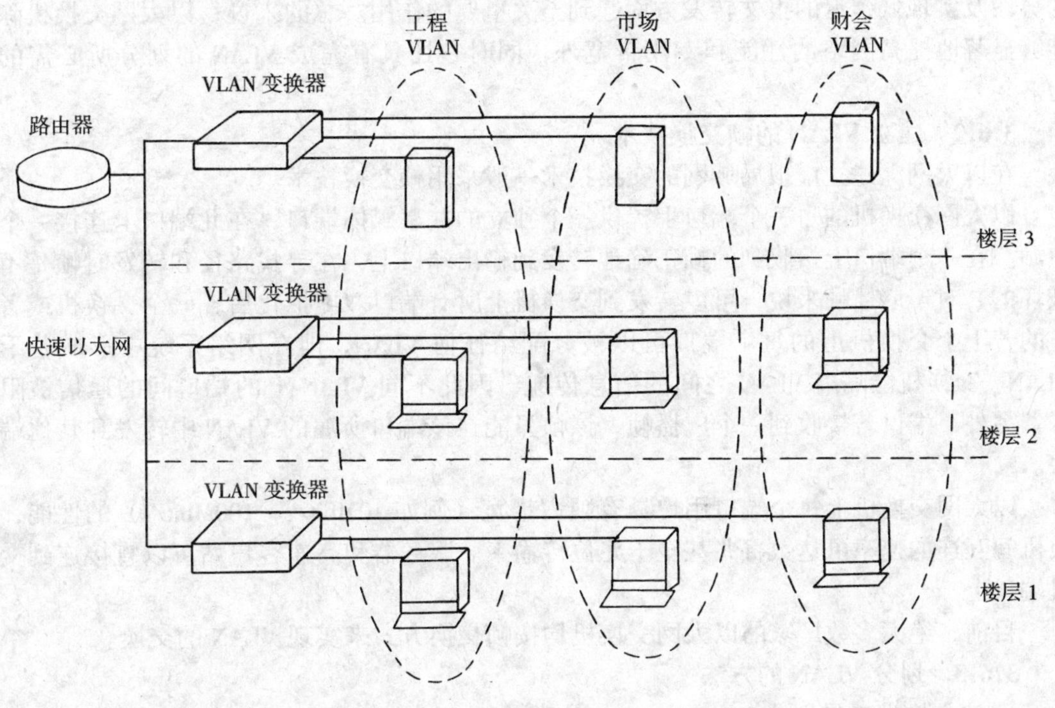

图 3－18　VLAN 示例

2. 实现 VLAN 的条件

为实现 VLAN 需要具备以下若干条件：

(1) 具有能够将所连接的客户站进行逻辑分段的高性能以太网交换机；

(2) 在网上传输 VLAN 信息的通信协议；

(3) VLAN 间通信或隔离的 L3 路由解决方案；

(4) 同已安装的以太网系统能够实现 VLAN 的兼容性和互操作性；

(5) 提供具有集中控制、配置和流量管理功能的网管方案。

3. 实现 VLAN 的关键问题

在实现 VLAN 的过程中有许多问题需要解决，但最为关键的是以下几个问题：

（1）如何在整个网络范围内定义各 VLAN 中的成员，即 VLAN 划分方法；

（2）如何在多个交换机之间传递 VLAN 成员信息；

（3）VLAN 的配置问题；

（4）VLAN 之间的通信如何进行。

这些问题如何解决将影响到某个 VLAN 实现是否能够有效地满足用户和网络管理的要求，VLAN 都是在交换网络环境中实现的，在此种网络环境中最核心的问题是交换机。交换机是各客户工作站连入交换网络的入口点，它可以提供对用户、端口、以及逻辑地址进行分组以构成 VLAN。每一个交换机均可根据网管人员所定义的 VLAN 划分方法对报文进行过滤和转发，并能够将此种划分信息传递到网络中其他的交换机和路由器那里。当前以太网交换机器在物理上一般都安装在用户终端和主干网对外的路由器之间，它将在 VLAN 的分段及实现低延迟的报文转发方面起到至关重要的作用。总的来说，以太网交换机除了能够显著地提高网络的性能和专用带宽外，同时它还具有完成 VLAN 的划分所必需的能力。

3.6.2 建立 VLAN 的帧交换技术

在以太网上建立虚拟局域网的交换技术一般采用帧交换技术。

以太网交换机的每一个端口上提供一个独立的共享媒体端口，在此端口上连接一个客户站。在一个端口上接收到的帧正确地转发到输出端口上，在寻找路径和转发时帧是不会破坏的，对于广播帧来说，可以转发到交换机上所有端口。虚拟化后，一个交换机或者互连的若干个交换机上的每个端口可以被分配给任何 VLAN，即在网络系统中形成若干个 VLAN。交换机能隔离 VLAN 之间的信息传递，因此不同 VLAN 上的端口间的通信被阻止了。另外，端口若接收到一个广播帧，该帧只能在该端口所属的 VLAN 中转发到其他端口去。

以太网交换机上每个端口用户具有独占带宽（例如 10Mbit/s，100Mbit/s）的性能，交换机间互连的速率可达数百兆甚至千兆位传输率。服务器和高速客户站可以直接连到交换机端口上。

目前，绝大多数厂家的以太网交换机均按帧交换方式来实现 VLAN 的交换。

3.6.3 划分 VLAN 的方法

1. 按交换端口号划分 VLAN

将交换设备端口进行分组来划分 VLAN，例如一个交换设备上的端口 1、2、5、7 所连接的客户工作站可以构成 VLANA，而端口 3、4、6、8 则构成 VLANB 等。如图 3-19 所示。

在最初的实现中，VLAN 是不能跨越交换设备的。后来进一步的发展使得 VLAN 可以跨越多个交换设备。

时至今日按端口号划分 VLAN 仍然是构造 VLAN 的一个最常用的方法。而且此种方法也确实是比较简单并且非常有效。但仅靠端口分组而定义 VLAN 将无法使得同一个物理分段（或交换端口）同时参与到多个 VLAN 中，而且更要紧的是当一个客户站从一个端口移至另一个端口时，网管人员将不得不对 VLAN 成员进行重新配置。

2. 按 MAC 地址划分 VLAN

这种方法的特点是由网管人员指定属于同一个 VLAN 中的各客户站的 MAC 地址。用 MAC 地址进行 VLAN 成员的定义既有优点也有缺点。由于 MAC 地址是固化在网卡中的，故移至网络中另外一个地方时它将仍然保持其原先的 VLAN 成员身份而无需网管人员对之进行重新的配置，从这个意义上讲，用 MAC 地址定义的 VLAN 可以看成是基于用户的 VLAN。另外在此种方式中，同一个 MAC 地址处于多个 VLAN 中是不成问题的。

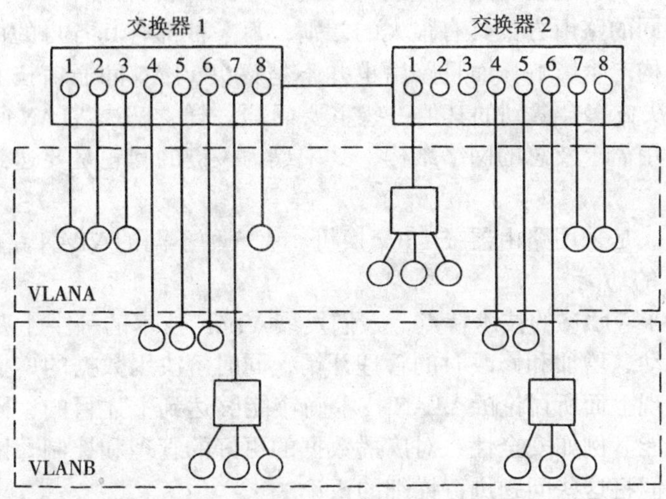

图 3－19　按端口号进行 VLAN 分组

但这种方法也有许多不足之处，首先所有的用户在最初都必须被配置到（手工方式）至少一个 VLAN 中，只有在此种手工配置之后方可实现对 VLAN 成员的自动跟踪。但在大型的网络中完成初始的配置并不是一件容易的事。

在共享媒体环境下实现的基于 MAC 地址的 VLAN，在多个不同 VLAN 的成员同时存在于同一个交换端口时可能会导致严重的性能下降。另外在大规模的此种 VLAN 中，交换机之间进行 VLAN 成员身份信息的交换也可能会引起性能降低。

总之，各种划分方式侧重点不同，所达到的效果就不尽相同。目前在网络产品中融合多种划分 VLAN 的方法，以便根据实际情况寻找最合适的途径。同时，随着管理软件的发展，VLAN 的划分逐渐趋向于动态化。

大多数情况下，人们可以同时为不同的工作组工作，即同时属于多个 VLAN。一个好的虚拟网策略不能强迫用户一定要属于某个虚拟网而且同时只能是一个，这样设计的虚拟网缺乏灵活性和扩展性。

如某一公司的投标小组，小组里面需要有销售人员、市场人员及工程技术人员，他们分别负责投标的不同任务并协同工作，而这些人员原来又分别属于销售部、市场部、工程部的不同虚拟网络。因而，实际上他们组成了一个临时的投标虚拟网。这时，他们既可分别访问他们原属的网络，又可同时在投标 VLAN 中互相交流信息，这就是 VLAN 中组员的多重属性。

一个用户同时具有多个 VLAN 成员资格虽然是很有必要的，但这意味着工作组的安全性下降。对于必须具有多个 VLAN 成员资格的资源如服务器等，可以直接把它连接到主干网上，并定义到每个 VLAN 上，这既提供了资源共享也维持了 VLAN 的安全性。

3.6.4 VLAN 互连方式

一般情况下网络环境中的 VLAN 实现了网络流量的分割。但 VLAN 之间的互连和数据传输仍要借助于路由手段来实现。在大型网络中，VLAN 内数据的高速交换同 VLAN 间数据传输的有效路由和交换这两者的集成正变得越来越具有吸引力。

互连的各种不同的路由方案具有很大的差别，每一种都有其各自的优点和不足，并且将对网络的总体结构产生影响。而且路由也并不是解决 VLAN 间通信技术的惟一方法。同选择一种 VLAN 解决方案会遇到的其他一些重要问题一样，解决 VLAN 间通信的选择也取决于用户特定的应用需求及总的网络结构，其中最为关键的问题是要达到较高程度的灵活性。

目前常用的方式是采用路由器或 L3 交换机。有 5 种不同的 VLAN 路由模式。

3.6.5 VLAN 的功能

上面我们讨论了 VLAN 的技术特点，人们发展 VLAN 技术的一个主要原因是减少在网络中的站点发生移动、增加和修改时的管理开销，同时解决因数据的广播而引起的一些性能问题。我们将发现上面所讨论的 VLAN 技术确实能够达到上述目的，同时还可以实现其他一些引人注意功能。例如安全性、对广播数据的更好的管理和控制、网络的微分段、负载分担等。下面我们将这些问题进行详细的讨论。

1. 提高管理效率

网络中站点的移动、增加和改变是最让网管人员头疼的问题之一，同时也是网络维护过程中相对来说开销比较大的一部分。因为此时一般都需要重新进行布线，并且几乎所有的站点移动都伴随着地址的重新分配以及对交换机的重新配置。

VLAN 为控制上述修改而提供了有效的手段，同时对交换机重新进行配置的开销将得以减少。当某个 VLAN 中的一个用户从一个地点移动至另一个地点时，只要他们仍旧保持在同一个 VLAN 中并且能够连接到一个交换端口上，那么无需对他们的网络地址进行修改。最多只是需要将此交换端口重新配置到相应的 VLAN 中。此种方式将极大地简化配置和调试工作，这对于目前大量使用的配线间技术是一个很大的改进。并且此时路由器的配置可以保持不变。

广播数据的抑制，站点的移动、增加和修改，以及网络资源访问权限的设置都是集中式管理的一般性功能。VLAN 为此种管理方式打开了方便之门，因为在 VLAN 解决方案中一般都带有可集中配置管理和监控的 VLAN 管理软件。

2. 抑制广播数据

广播数据是在每一个网络中都会出现的。此种数据量的多少主要取决于应用的类型、服务器的类型、逻辑分段的数目、以及这些网络资源是如何使用的。网络设备的故障也可能会导致广播数据的大量出现。如果管理得不好的话，广播数据将严重地损害网络的性能并可能导致整个网络的崩溃。因此网管人员必须采取措施对因广播数据而可能导致的问题加以预防。早期使用的有效的措施是用防火墙对网络进行适当的分段，以防止因某个网段出现问题而使整个网络受到影响。这种功能一般可借助于路由器来实现。

当交换型体系结构在网络中大量使用时，广播数据（L2 数据）将被传送到各个交换端口那里。此种结构通常被称作是“平板式”的网络，整个网络构成一个广播域。平板式交换型网络的优点是它给用户提供了非常低的传输延迟和非常高的数据传输率，但广播数据却将被传送到所有的交换设备、端口、主干网连接和用户那里，大量地浪费网络资源特别是宝贵的广域网资源。为减少此种不利影响，在网络中还得加上一定数量的路由器以对网络进行分段。一旦使用了路由器，传输延迟将会随之而增加，从而丧失交换型网络的优点。

VLAN的主要好处之一是支持VLAN的交换设备可以有效地对广播数据进行控制，某VLAN中的广播数据将只是被复制到那些连接有此VLAN的某个成员的交换端口上，在其他端口上将不会出现这些数据。这实际上是为在交换型网络中建立起同路由器功能类似的防火墙提供了一种有效的手段。但同使用路由器的解决方案相比，VLAN技术有几个显著的优点是路由器所无法具备的。首先是性能上的问题，使用路由器最大的问题是传输延迟比较高，而在VLAN结构，大部分数据都是借助于交换而传输的，只是在VLAN间的数据才要经过路由器处理。在配置得比较好的VLAN结构中，VLAN间的数据量将比较少，因而总的网络性能将不会受到太大的影响。其次路由器的配置和管理更为复杂，减少网络中路由器的数量可以降低网络的维护和管理开销。另外同路由器端口比较起来，交换端口的价格要便宜一些，这使得我们可以用比较省的费用而获得比较好的效果。

网管人员可以非常方便地通过多种手段对广播域的大小进行控制，例如限制在同一个VLAN中的交换端口的数目以及连接这些端口上的用户的数目等。一般来说，VLAN中的用户数越小，此VLAN中的广播数据对于网络中其他用户的影响将越小。另外可以基于所用的应用类型及这些应用所产生的广播数据量的大小进行VLAN的划分。共享同一个会产生大量广播数据的应用程序的那些用户可以划分到同一个VLAN中，同时网管人员也可以将此应用分布在整个网络上。

3. 增强网络安全性

增强网络安全性的一种最有效和最易于管理的方法是将整个网络划分成一个个互相独立的广播组（VLAN）。另外网管人员可以限制某个VLAN中的用户的数量，并且可以禁止那些没有得到许可的用户加入到某个VLAN中。按照此种方式，VLAN可以提供一道安全性防火墙，以控制用户对于网络资源的访问，控制广播组的大小和构成，并且可借助于网管软件在发生非法入侵时及时通知管理人员。

实现此种类型的分段相对来说还是比较简单的。例如我们可以根据应用类型和访问权限对交换端口进行分组，那些受限的应用和资源一般均被放到一个VLAN中。试图侵入某个VLAN中的非法用户将被网管软件标记出来。通过使用路由器访问表还可以使安全性得到更进一步的增强，这对于VLAN间的数据传输将特别有用。在此种安全性的VLAN上，路由器将根据在交换设备和路由器中的配置而限制对于某些VLAN中数据的访问。此种限制可以根据站点的地址、应用类型、协议类型、甚至时间等加以设置。

4. 减少站点的移动和改变开销

对于为什么要使用VLAN，提到最多的是VLAN可以减少处理用户站点的移动和改变所带来的开销。由于这些开销一般来说都比较大，因此VLAN方案也越来越引人注目。各厂商也都在宣扬他们的产品将如何能够有效地实现对网络的动态管理以达到节省开销的目的。事实上VLAN方案也确实能实现这一目的。但任何事物都是具有两面性的，VLAN的实现虽然可以降低对于网络动态管理的开销，但VLAN在物理连接的基础上多出了一个虚拟连接，而对此虚拟连接的管理也是要有一定的开销的。但只要规划得当，总的网络管理开销还是将得以降低。

5. 实现虚拟工作组

VLAN 方案的另一个更为雄伟的目标是要建立起虚拟工作组模型。虚拟工作组指的是当在整个园区网络环境下实现了 VLAN 之后，同一个部门的所有成员可以将该像处于同一个 LAN 上那样进行通信；大部分网络通信将不会传出此 VLAN 广播域。当某个用户从一个地方移动到另一个地方时，如果他/她的工作部门不发生变化，那么就用不着对其机器进行重新配置。与此类似，如果某个用户改变了工作部门，他/她可以不改变其工作地点，而只需网管人员修改一下其 VLAN 成员身份即可。

此种功能模型使得我们可以建立起来一个更为动态化的组织环境，以增强向功能交叉的工作组方向演化的趋势，虚拟工作组模型的工作方式是：以某个临时性的项目为基础的工作组可以虚拟地连接到同一个 VLAN 上，这样此工作组中的人员将用不着改变其工作地点。另外这些工作组可以是动态的：同某个功能有关的工作组相应的 VLAN 可以在项目的生存期内动态地创建起来；而在此项目完成之后则可以将此 VLAN“拆除”，用户的地理位置都不用发生任何变化。

虽然此种操作方式确实是很诱人的，但实际情况是 VLAN 本身并不能完全实现此种虚拟工作组模型。目前要实现此种模型至少要考虑以下几个管理和结构方面的问题：

（1）虚拟工作组的管理。从网络管理的角度出发，虚拟工作组的暂时性可能会使得修改 VLAN 成员身份同修改路由表一样麻烦不堪（虽然这比移动用户的工作站可能要省事一些）。而且，从人们的心理角度来讲，他们可能更习惯于同他们的同事呆在同一个地方，这对于虚拟工作组的实现无疑是一个最大的障碍。

（2）80/20 规则的保持。虚拟工作组的 VLAN 支持通常假设 80%以上的网络通信量是在本 VLAN 内的而只有不到 20%是跨越 VLAN 之间的或者是远程的，此即著名的 80/20 规则。从理论上讲，如果 VLAN 配置得好的话，确实是可以做到这一点的。但许多类型的应用却使人们对于在 VLAN 中能否保持这一点产生怀疑，如大量地访问服务器以及某些类型的网络应用如 E-mail 等都将使 80/20 规则失效。

（3）对本地网络资源的访问。虚拟工作组可能会遇到的一个问题就是用户虽然离某个资源（如打印机）很近但却只能“望洋兴叹”，因为此种资源可能被配置在另外一个不同的 VLAN 中。

当然此种问题可以使得此种共享资源同时是多个 VLAN 中的成员，但将增加 VLAN 之间的数据传输量。

（4）集中式服务器群。服务器群指的是将各部门的服务器放到某数据中心，在那里可以进行统一的备份、良好的供电系统以及合适的操作环境，以降低管理开销。但此种结构对于虚拟工作组模型而言是有问题的，最大的困难在于当服务器不具备同时参加到多个 VLAN 中的能力时。此时服务器同某个不在服务器所属 VLAN 中的客户之间的通信必须经过路由器。但如果交换设备本身具有路由功能（如 L3 交换机），那么在此种情况下网络的性能将受到较小的损害。

3.6.6 智能建筑 VLAN 应用

智能建筑中以太网不仅作为信息系统的网络，而且也是楼控和安防系统的集成管理平台，在一些系统中又是实现 IP 电话的用户端网络。智能建筑中应用以太网有以下两种做法。

(1) 用各个独立的以太网分别作为各个子系统的物理支撑网络，这是目前常用的传统做法；

(2) 另一种做法是基于 VLAN 技术，各个分别由以太网所支撑的子系统通过以太网交换机构成各个虚拟局域网，把系统内以太网物理设备减少到最低限度，充分发挥了以太网高带宽的潜力。这种 VLAN 做法，显然大大降低了网络设备的投资，但要增加网络管理的难度。

目前一些工程中已经采用了 VLAN 技术，特别在数字化较高的安防系统中，视频监控、防盗报警、门禁、一卡通、家居智能控制等都可以在一个物理以太网上构成相应的虚拟局域网。这些虚拟局域网在逻辑上是被隔离的，可通过系统中主干 L3 交换机实现各个子系统的集成和联动。

3.7 智能建筑以太网控制系统

采用以太网作为现场测控平台已不是一个新鲜事物，国外一些最新的测控方案已经选择了以太网作为现场测控平台。采用以太网作为控制网络有其先天的优势：

(1) 技术成熟，使用方便：以太网已经具有 30 多年的发展历史，得到全世界众多厂家的支持，全世界在军事、工业、民用领域得到了广泛应用。技术上非常成熟，使用也方便。

(2) 具有统一的标准，开放性好：采用统一的 IEEE802.3 以太网标准，实现不同厂家之间的产品互联，是一种真正开放式的标准网络。

(3) 通信速率高，传播速度快：以太网的通信速率目前已经由 10Mbit/s 提高到 100Mbit/s、1000Mbit/s，甚至 10Gbit/s。

(4) 可分段地实现远程访问、诊断和维护。

(5) 支持冗余连接配置，数据可达性强，数据有多条通路，可达目的地。

(6) 系统容量大，不会因为系统扩大出现不可预料的故障，有成熟可靠的系统安全体系。

(7) 投资成本低，包括初期投资，培训费用及维护费用。

(8) 线路采用变压器双端隔离或光纤，抗干扰性强。

(9) 利用综合布线，减少了管线工程和投资，优化了整个建筑智能化系统的结构。

基于以太网的控制网络的设计思想是将智能建筑看作一个统一的整体，所有的测控信息点直接基于以太网，网络上建立基于 WEB 的虚拟子系统服务体系。这样子系统的概念就变成了逻辑上的，而物理上只有各种不同的测控点，已经没有子系统的概念了。它完全可以满足智能建筑的实际需要。也就是说，采用基于以太网的控制网络打散传统子系统的概念，重新整合信息点。

北京楼宇自动化工程中心在国内首先实现了这个设计方案。他们选择以太网并把它同时作为现场测控物理平台（即综合布线）。让每一个测控点都变成一台服务器，都遵循以太网标准协议。网络上不再使用 Lontalk，也不再使用 BACnet，而是使用 TCP/IP。在此基础上利用当前最先进的网站建设技术，建造一个专业网站，它提供基于 WEB 技术的智能建筑的控制和管理。

智能建筑的各个子系统的测控点分为如下几类：模拟量输入（AI）、数字量输入（DI）、模拟量输出（AO）、数字量输出（DO）、脉冲输入（FI）、脉冲输出（FO）。这些参量都可以直接通过各种模块直接集成到以太网中。真正意义上的IP电话、IP摄像机、IP音箱等都可以直接集成到以太网之中。传统设备，例如：电梯系统，火灾报警系统一般提供RS232或RS485接口，采用网关转换模块集成到以太网当中。另外，系统还提供以太网到GSM/GPRS无线网络系统的网关接口，实现远程的测控。例如系统的报警信息即可通过此网关直接发送到手机上，也可以通过手机对系统进行控制。整个系统的结构如图3-20所示。

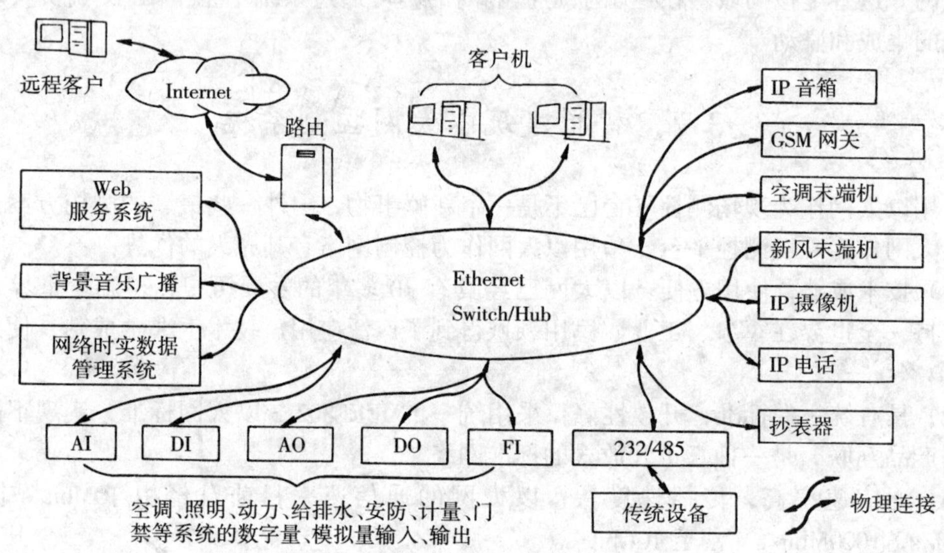

图3-20　基于以太网的控制网络系统结构图

用这种方法即把整个系统包括空调、照明、动力、给排水、火灾报警、安防、巡更、计量、门禁、电话、视频监控、GSM/GPRS网络等系统的状态参量直接集成到以太网之中。显然，这是智能建筑基础设施集成的最佳方案。整个系统不再依赖于子系统和子系统厂家。而是依赖于几十年来一直被人们称好的以太网，它可信又可靠。

采用实时数据库对这些设备进行底层的管理，实时数据库的上层是虚拟子系统，例如空调控制虚拟子系统、动力监控虚拟子系统、安防虚拟子系统等。由这些虚拟子系统实现将与某项功能有关的信息点组织起来，通过运算、处理、控制完成该功能，并同时接受处理来自客户端的控制命令和参数。对整个系统的操作控制是通过系统提供的WEB服务来实现的。即通过浏览器对系统进行监视和控制。

3.8　安防系统数字化进程

建筑智能化技术的急剧发展，反映了人们对物质文明和精神文明的进一步追求。人们要求的是更加舒适、安全、方便的工作和居住环境。近十年来，国内大规模兴建住宅和社区，为了满足不同层次居民对居住环境的需求，特别对于中、高层次的居住环境，其弱电设施中融入了大量的不同程度的所谓“智能化技术”。几年来，随着全球和国内的IT技术及产品不断的发展和创新；随着数字地球、数字国家、数字城市等理念/目标的提出，数字化理念深得人心，从而逐步形成了数字化的大环境，反映在如下几个方面。

(1) 数字化基础设施的建设，宽带网络和信息高速公路的建设遍布全球、全国和各省市；

(2) 数字技术与数字设备的大量应用，改造了传统产业，提高了社会生产力，促进了科技、教育和经济的发展；

(3) 数字化提高了人们生活、文化、娱乐品位，带来了高层次生活水平；

(4) 高效能的数字化管理和办公一直是城市、社会、企事业追求的目标；

(5) Internet及城市数字化服务已逐渐与广大用户、居民的工作、生活、学习息息相关。

数字化环境促使智能建筑的弱电系统走向数字化。

在智能建筑弱电系统数字化建设的发展过程中，安防系统的数字化进程尤为明显。由于安防系统是社区智能化系统的核心，因此本节内容首先讨论社区的数字化建设问题。然后着重讨论其安防系统的数字化进程。

3.8.1 推动我国社区数字化建设的原因

(1) 我国住宅建设的规模每年达6亿m^2，占世界首位，随着人们对中、高档住宅的需求，有相当一部分的新建住宅的弱电系统要实现数字化，还有为数众多的旧住宅楼要进行数字化改造。大大推动了我国社区数字化建设的发展。

(2) 全球数字化的大环境中，国家的信息化建设加快步伐，城市数字化建设从点到面地全面展开，智能建筑是数字城市的基本单元，社区数字化建设是城市数字化建设的基本组成部分。

(3) 近十年来，互联网技术空前发展，人们的工作和生活越来越离不开Internet信息服务，我国的网民数量在全球已接近首位。住宅环境中提供Internet信息服务是网民的迫切需求。可以认为，随着国家信息化的发展，Internet信息服务必将成为各档次住宅建设最基本的数字化要求。

(4) 社区数字化与城市数字化建设息息相关，当前，主要表现在如下几点。

①数字城市信息网络建设的最后1km/100m/10m必须依赖于社区的网络建设；

②社区数字化综合管路建设是城市空间数据（3S）建设的不可缺少的一部分；

③社区安防是城市公安最基层的一部分，社区安防数字化系统与数字城市公安系统紧密联系；

④电子政务是我国城市数字化的首要功能，它的建设、发展和应用紧紧依靠广大的城市居民，基层居民利用社区的数字化基础设施快捷、方便的与城市各个机关、各级领导进行沟通，以便及时向上反映情况以及落实有关的政策、措施、条例；

⑤电子商务是数字城市的主要功能，与城市居民生活紧密相关，社区居民很方便地在网上进行商务活动，例如电子购物、网上银行、网上炒股等；

⑥数字化社区的三表远程计量促进了城市公用事业、企业数字化建设的发展；

⑦数字化社区的管理促进了城市物业管理企业的发展，社区物业管理的企业化和城市

化是必然的方向；

⑧数字化社区的居民越来越多地要求在网上进行各种正规课程教育和辅助教育；越来越多的疾病患者要求在网上进行保健和医疗，促使城市远程教育和远程辅助医疗事业的快速发展；

⑨城市信息产业的发展是城市数字化建设的重要组成部分。社区数字化建设的规模促进了我国相关信息产业的发展，具有自主知识产权、可靠的、性能价格比高的数字化设备和零部件越来越多地出现在市场上，在系统中被广泛采用。从而推动数字城市信息产业的发展。

鉴于以上，各个城市的社区数字化建设已经纳入到该城市的数字化建设的规划中，成为城市数字化建设规划不可分割的一部分。城市和社区的数字化建设两者相辅相成，相互促进。

3.8.2 IT开放性加速了安防系统的数字化进程

1. 安防系统数字化进程

安防系统是数字化社区的核心部分，在数字城市建设的步伐中，要求社区安防系统必须进一步发展，必须顺应数字化时代的潮流，必须与数字城市与数字化社区的发展相适应。

社区中的安防系统包括了周界防范、视频监控、家居三防、巡更、出入口控制（停车场、门禁、可视对讲……）等众多的子系统。近一二年来，IT开放性加速了安防系统的数字化进程，众多的安防子系统从分散、专用的结构/技术逐步走向集成、开放结构/技术，需求/市场/技术的促进形成了不可阻挡的数字化潮流。反映在如下几个方面。

（1）监控网络快速走向开放，目前几乎所有的主流及国际品牌的控制网络产品均能支持TCP/IP以太网。

（2）目前已经出现了TCP/IP协议的控制网络产品。TCP/IP以太网不仅可以实现控制系统的管理，而且可以作为控制网（工业控制以太网）来实现安防、楼宇自控等系统的控制、管理以及它们的联动和集成。

（3）IEEE802.3af标准的制定更加推动了安防产品走向开放。该标准确定了RJ－45四对双绞线的用途：一发、一收、一个电源、一个地。

（4）基于TCP/IP以太网标准的安防系统和产品在智能建筑中已经逐步被采用。

（5）在视频监控、可视对讲等系统中传统的模拟产品/部件部分或者全部被数字化产品/部件所取代，从而在TCP/IP以太网上可以方便地实现视频的数字传输、数字控制和（或）数字集成。

（6）由TCP/IP以太网所支持的数字化一卡通系统集成了停车场管理、巡更、门禁、考勤、消费以及IC卡管理等子系统。替代了传统的各个分散的系统，优化了系统结构，方便了管理和维护。

（7）数字化的家居智能控制器作为家居网络（有线或无线网络）的核心，连接了家庭内部的安防（防盗、防火、防天然气泄漏、紧急报警按钮等）、三表、家电等设备，对外以统一的输出连接到社区的TCP/IP的以太网上。从而可以把家居中有关信息方便地转向城域网/Internet，也推动了城市中相关行业（例如公安、自来水、供电、天然气等）数字化（包括系统、产品和管理）建设的发展。

总之，开放的 TCP/IP 以太网支撑平台是安防系统数字化的基础，也体现了数字化的主要特征。数字化促进了我国智能建筑安防系统自主产权产品/产业的发展，数字化安防系统比传统的系统具有更好的开放性、可集成性、扩展性和前瞻性，优化了系统结构，方便了系统管理和维护。安防数字化进程势不可挡。

2. 安防系统数字化结构特征

以下分别举例说明视频监控、可视对讲、家居智能控制的数字化结构特征。

(1) 视频监控系统。

①早期称为“CCTV”，是一种基于视频摄像、控制矩阵、长延时录像等纯模拟技术的系统；

②半数字式，采用数字硬盘录像机（DVR）替代了长延时录像机；

③半数字式，采用视频服务器替代控制矩阵和数字硬盘录像机；

④全数字式，采用网络摄像机、视频服务器、以太网交换机构成全数字、基于综合布线的视频监控系统。

(2) 可视对讲系统。在智能住宅小区中大量使用，传统的系统是基于专线、走模拟信号的结构。由于数字化技术的发展和推动以及联网管理的要求，目前已经出现了基于综合布线、走数字信号的产品和系统。

(3) 家居智能控制器。集家居三防、紧急按钮、三表、家电连接功能的家居智能控制器，其监控网络/管理联网从早期的专线发展到目前走综合布线，即由 TCP/IP 以太网来支撑。

(4) 其他如一卡通系统，其中包括停车场管理、巡更、门禁等均为安防范畴。目前一卡通系统的产品已经集成了众多的一卡通子系统（停车场管理、巡更、门禁、考勤、购物等）到专用的一卡通服务器上，通过该服务器连接 TCP/IP 以太网，纳入智能建筑的中央管理系统。

3.8.3 视频监控系统的数字化演变

国内社区的特点多为比较集中的楼群式结构，为了社区的安全，视频监控系统不可缺少，特别是在一些高档的住宅小区中，出入口、停车场、电梯内外以及公共区域等处都可能安装了视频监控设备。

几年前，带有磁带录像机的全模拟式视频监控系统，即所谓闭路电视监控系统(CCTV)，占据了主要市场。随着数字技术的发展，出现了具有视频输入压缩功能的数字硬盘录像机，称为 DVR。数字硬盘录像机以其高可靠性、大容量、高速随机访问且价格合理等特点很快取代了模拟式的磁带录像机，由数字硬盘录像机、矩阵切换控制器、监视器墙、报警主机、控制主机等主要设备组成了视频监控系统，如图 3-21 所示。具有这种结构的系统目前是市场的主流。

近年来，市场上又出现了高性能的数字视频录像机，它是 DVR 进一步升级的产品，其功能不仅仅实现视频信息的硬盘录像，而且还包括了矩阵切换控制器的功能，并配置了以太网接口，事实上是一台能连接 TCP/IP 以太网的专用计算机设备。由数字视频录像机、监视器墙、报警主机、控制主机、以太网交换机等主要设备组成了视频监控系统如图 3-22所示。这种系统结构的特点是明显的数字化特征——TCP/IP 以太网互连了系统中的主要设备。

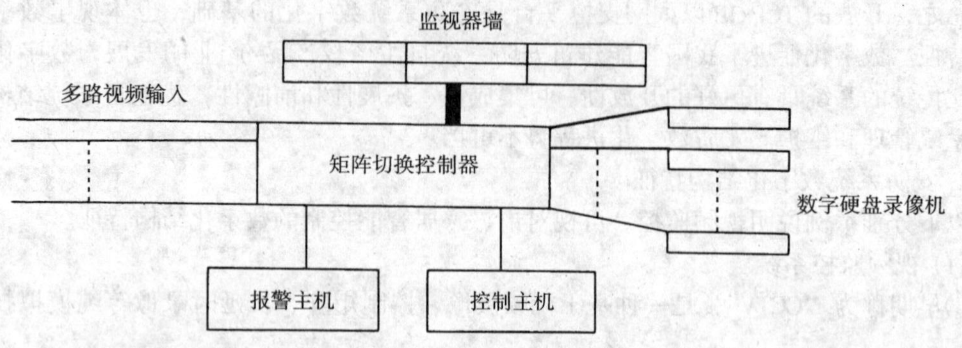

图 3-21　矩阵切换控制器+数字硬盘录像机组成的视频监控系统结构框图

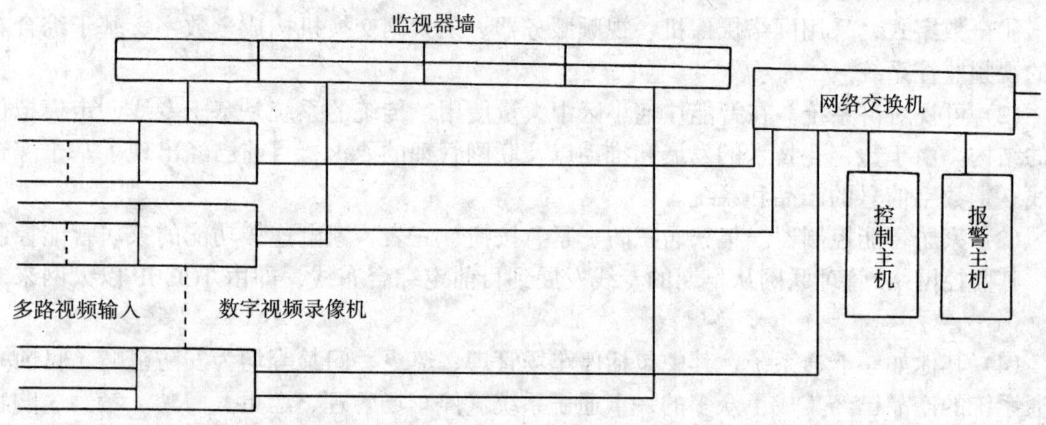

图 3-22　数字视频录像机+网络交换机组成的视频监控系统结构框图

由数字视频录像机进一步演变的数字视频工作站，又融合了监视器墙、报警主机等功能。由它构成的系统如图 3-23 所示。实际上数字视频工作站是一台具有较强的功能的专用计算机。目前的产品一般具有如下的功能。

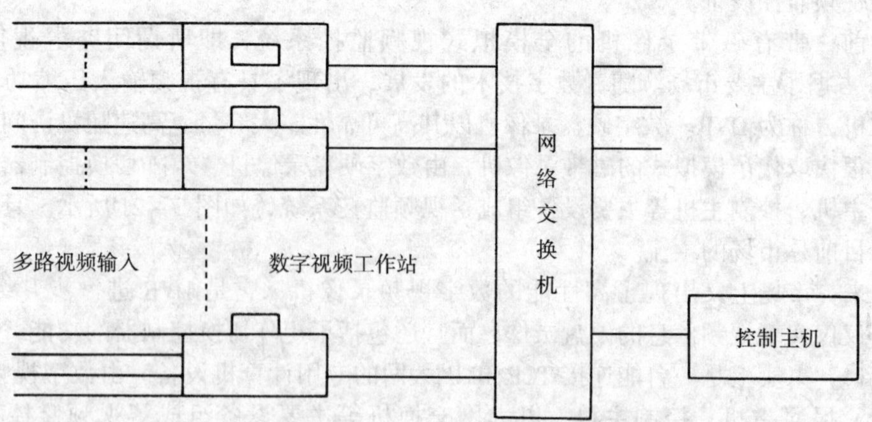

图 3-23　数字视频工作站+网络交换机组成的视频监控系统结构框图

（1）运行 Windows NT 网络操作系统，配置 LAN（10M/100M 以太网）、WAN 联网接口，是一台数字硬盘存储图像的全功能主机；

（2）具有多达 32 路以及多级压缩功能的视频输入，高速、高质量地纪录视频图像，并能长期保存在磁带或 CD 上；

（3）具备防盗报警，特别是视频移动探测报警功能，可对被监视的场所针对性地设置视频移动报警，无需专门设置防盗报警系统，因此是一种具备防盗报警功能的数字视频监控系统，每台工作站上可以连接多达 32 个报警输入和若干个报警输出；

（4）在一台工作站上可把 32 路视频输入切换到 4 个监视器上，每个屏幕上最多可达 36 个显示窗口；

（5）通过网络连接系统的控制主机；

（6）本系统是一种基于网络架构的模块式结构，多个工作站联网后，既可独立工作，又能相互访问，具有较好的扩展性和可集成性。

视频数字技术的进一步发展，数字摄像机（或称网络摄像机）产品的出现对视频监控系统的结构又带来了较大的变动，具有地址码、以太网接口、内嵌解码器的数字摄像机直接通过 5 类双绞线与以太网交换机连接。数字摄像机、视频服务器、控制主机以及网络交换机等主要设施构成了全数字式的视频监控系统如图 3－24 所示。这种结构与上述的系统比较，不仅结构简单，而且具有很好的扩展性、可集成性和前瞻性。

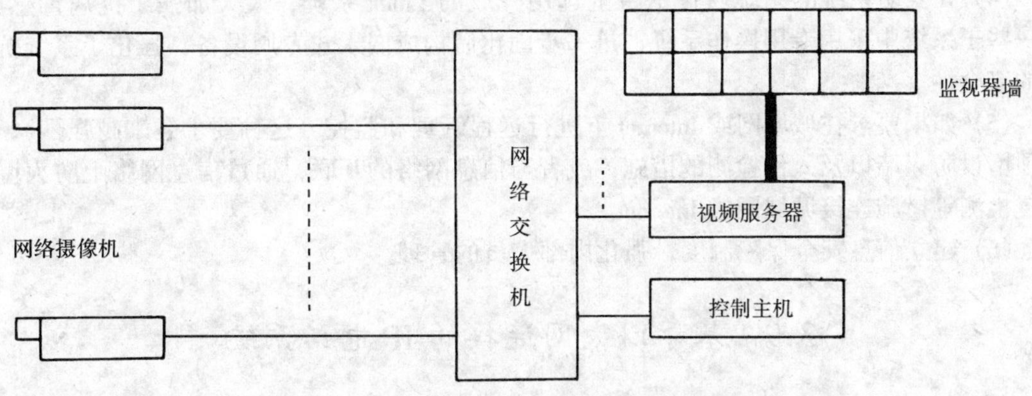

图 3－24　全数字式视频监控系统结构框图

安防系统数字化进程不仅体现了技术的不断创新，并使系统具有越来越好的扩展性和可集成性。数字化优化了系统结构，从而方便了系统的管理和维护，进一步推动了传统的弱电系统管理体制的变革，更重要的是把社区的整个弱电系统与城市数字化建设更紧密地联系起来。

3.8.4　安防系统信息安全的解决方案和措施

既然建筑智能化开放性整体结构的需求、IT 发展的数字化潮流以及产品的市场导向推动着智能建筑安防系统快速走上 TCP/IP 以太网开放性平台道路，那么随着信息技术的高速发展，在信息化/数字化大环境中如何来保证智能建筑安防系统的信息安全呢？

1. 问题的实质

开放性与信息安全性并不相互对立，实质的问题就是在新的发展阶段上如何来解决信息安全性问题。

2. 结构模式

可以采用信息系统常用的结构模式，即子网逻辑隔离的结构模式。包括下述三种。

（1）互连模式：各个 TCP/IP 以太网物理子网通过 L3 交换机或路由器互连；

（2）虚拟局域网模式：在 TCP/IP 以太网上构成多个 VLAN 子网。VLAN 子网间通过 L3 交换机或路由器互连；

（3）以上两种的混合模式。

3. 解决方案和措施

（1）可以把所有的安防子系统通过 TCP/IP 以太网先集成形成一个独立的安防系统，然后再集成到监控网络的平台上去，组成一个完整的监控系统。构成的监控系统是一个建立在内网平台上的系统。

（2）在监控网络平台上，采用虚拟局域网技术构成各个安防子系统，即每个虚拟局域网对应一个安防子系统，与其他系统（包括楼控、物业管理、一卡通等）一起，在监控网络上统一进行集成和管理。

（3）以上两种方案所构成的监控系统是一个建立在内网平台上的系统，已经具有足够的抗外界入侵的信息安全性。显然，内网上常规的信息安全措施，如身份认证、访问控制、病毒扫描等都是不可缺少的。

（4）在安防系统的系统软件平台上选用开放的 Linux 系统，大大加强了抗病毒感染。在一些子系统中采用专用操作系统，进一步固化后构成嵌入式专用设备，强化了系统抗病毒的安全性。

（5）如果要求在城域网或 Internet 上进行远程管理和监控（这种要求越来越强烈），则必须增设防火墙以及入侵检测的措施；或者与信息网络的互联，通过信息网络上防火墙和入侵检测等措施连接城域网或 Internet。

（6）建立信息安全保障制度，强化内部人员的管理。

3.9 基于以太网连接的 IP 电话系统

3.9.1 IP 电话发展现状

IP 电话产品的发展经历了四个时代，第一代为软件时代，第二代为硬件接入盒时代，第三代为硬件网关时代，第四代将是网络融合时代，四个时代的代表产品及相关的解决方案见表 3－7。

IP 电话产品的发展 **表 3－7**

产品时代	产品类型	解决方案	应用时间
第一代（软件时代）	IP 电话软件	基于 PC 客户机，在 PC 到 PC 之间建立呼叫	1995 年
第二代（硬件接入盒时代）	IP 电话接入盒	借助于 PSTN 线建立呼叫，提供电话到电话之间的呼叫	1996 年
第三代（硬件网关时代）	IP 电话网关	提供 PC 到电话、电话到 PC 和电话到电话之间的呼叫	1997 年
第四代（网络融合时代）	IP 与语音网络综合	形成综合的话音/数据/视频的 IP 网络	未来 10～15 年

从表3-7中可知，我国目前正处于IP电话的第二代或第三代，但方向十分明确，就是要在今后通过自身的努力开发或集成出适合我国的IP网络与语音网络的综合产品，使IP与PSTN相结合，真正形成集话音、数据和视频为一体的综合网，即实现“三网融合”。

IP电话是采用IP通信技术，来达到降低国际长途电话费用的目的。但由于运用了压缩、打包、解压缩还原技术，所以目前所有的IP电话都有延迟现象。而对于使用者来说，传统的国际长途本身就有延迟，所以用户完全可以接受。在采用专用压缩技术后，进一步提高了语音传送速度，使用户获得了更好的IP电话通话品质。目前的IP电话的通话方式分为以下3种方式：

1. PC To PC

这种方式称点对点方式，通话双方都需配置具有多媒体和网络功能的电脑，运用统一规范的协议，将模拟信号进行压缩、打包处理，由Internet传输到对方，再经过对方的设备进行解压，还原成模拟信号。

声音通过声卡、麦克风、耳机等进行输入与输出，这种传输方式要获得当地的Internet服务供应商（Internet Service Provider，以下简称ISP）支持。

(1) 优点。

①通话费用最低：双方只需支付Internet的网络服务费用和市话费；

②发生的关系最少：只需和当地的ISP发生关系；

③选择的余地最大：根据当地的ISP网络服务状况，双方可选择不同的ISP。

(2) 缺点。

①使用范围有所限制：因为双方均要配备电脑设备，所以使用者的范围受到限制，常用于双方经常性的定时联系；

②使用过程易受干扰：因为通话过程是实时进行的，所以对ISP的依赖性较强。选择一个提供较好服务的ISP，对于这种通话方式相当重要，好的服务包括带宽大、上网快、容量大等特点；

③使用对象受限制：因为双方须有电脑，且要事先约定，开电脑后需进行一定的必要操作后方可上网，只有具备电脑知识的用户才可使用。

2. PC To 电话

这种方式称点对面方式，送话方要拥有多媒体和网络功能的电脑设备，而受话方为普通电话机。由于压缩、打包后的数字信号经过Internet的传输后仍然是数字信号，普通电话无法接听，所以必须通过Gateway（网关）服务商将此数字信号解压还原成模拟信号，再传输到受话方的普通电话机上。同样地，将受话方的模拟信号转为数字信号，通过Internet传给送话方。

(1) 优点。

①使用对象扩大：由于受话方不需要有电脑，所以使用对象扩大，常用于商业上的业务联系；

②单方可进行选择：由于送话方有压缩、解压的电脑设备，所以送话方可选择ISP，而受话方就完全依赖Gateway服务商所提供的服务。

(2) 缺点。

①通话费用增加：由于有Gateway服务商的参与，所以通话方除要支付Internet的网络

费用、市话费，还需另外负担 Gateway 的服务费；

②付费手续增加：Gateway 服务商的服务费一般以购电话卡的形式支付，需要预付一笔资金；

③可选择范围较少：送话方可根据当地的 ISP 情况，选择不同的 ISP 服务商，但受话方一般只有一家 Gateway 服务商提供服务，没有选择的余地。

3. 电话 To 电话

这种方式称面到面方式，通话双方均使用普通电话机。首先，送话方的模拟信号在当地的 Gateway 上打包、压缩为数字信号，通过 Internet 到对方的 Gateway 上再解压，还原成模拟信号送到受话方的普通电话机上。

(1) 优点。

①使用方便：由于通话双方均为普通电话机，所以使用对象范围广，不受场地、设备的限制；

②话音质量高：Gateway 服务商使用较大的带宽线路，如 E1/T1 DDN，所以效果好，不易受干扰。但不排除由于用户太多造成线路方面的阻塞。

(2) 缺点。

通话费用较高：由于通话双方都需要 Gateway 服务商提供服务，所以这种方式在 IP 电话中通话费用最高。

3.9.2 IP 电话实施的基本原则

分组交换的传输模式比传统的电路交换模式提高了网络资源的利用率，降低了运营成本。但 IP 电话真正走向商用、进行大规模运营服务并非易事，单就话音质量而言，我们已经习惯了传统电话清晰、稳定的话音，而不能保证服务质量的 IP 电话多少有点让人放心不下。IP 电话的延迟、丢包率到底应该是多少才能达到运营的要求？目前在 IP 普遍性已成定局的情况下，在 IP 电话应用的热潮中，必须考虑 IP 电话实施的一些基本原则。

1. 质量保证的基本原则

当前，能否将话音业务集成到数据网络中，焦点就是如何保证 QoS。对于 IP 电话而言，保证其 QoS 就是如何保证话音传输的最低延迟，如何减少丢包率。只有将端到端延迟降低到 400ms 以下，将丢包率降低到 5% ~ 8% 才能使 IP 电话与传统电话相媲美，实现“收费质量”的话音业务，而且必须自始到终保证这两项指标。

虽然有了标准，但实现起来并不容易。目前，从电信厂商到网络厂商，都已根据自己的强项技术和产品，提出了解决 QoS 的办法。从网络核心到网络边缘，QoS 解决方案各具特色。但其能否满足 IP 电话的这个基本原则，能否保证 IP 电话的声音质量，还必须经过实践的检验。

2. 必须具有电信级可靠性原则

在 IP 为主的发展潮流中，有一点必须注意，IP 网络必须发挥与 PSTN 同样的功能甚至超过 PSTN，方能“为主”。PSTN 已发展了 100 年，IP 网络要走的绝不是坦途。电信级服务质量、通用业务、全球互通、6 个 9 的 (99.9999%) 可靠性、内容丰富的服务及收费质量等，这些要求在 PSTN 中实现起来也并不容易，而对于 IP 网络，在以包交换为基础的 IP 电话业务承载之外，还需采用均分负载、路由备份等技术来保障网络的可靠性、可用性以及服务质量，同时还必须保证 IP 网络的可管理性、可综合性、可扩展性。看来，惟有经过漫长、艰苦的变革，VoIP 才能成为下一代电信基础设施结构的核心。

3．IP 电话的发展原则

IP 电话影响深远、引人注目，因为未来三网融合正始于此，用户希望的也是 IP 电话的更高境界的应用，因此 IP 电话的应用领域十分广阔，它还可提供多媒体功能和呼叫管理功能，如交互式 Web 商务、呼叫中心、LANPBX、协同计算、企业传真等。最终，基于 IP 的业务功能将超过 PSTN，可提供一体化信息处理，在高速线路上提供多条虚拟线路，并提供多媒体会议、智能代理（Intelligent Agent）及信息业务等。节省费用只是 IP 电话众多优点中的一小部分，IP 电话从廉价呼叫起步，逐步与视频及数据通信技术紧密结合，向多媒体应用发展，推动网络融合的进程。

4．IP 电话网络的开放原则

传统的电信网络作为专用网络设计，它具有封闭式结构和协议。而 IP 电话网络则不同，它会在一个开放的环境中逐步成熟。开放的环境引来众多厂商大显身手、寻求商机。目前，各厂商的 IP 电话产品还不能完全互通，如不能解决这个问题，IP 电话的发展必将大打折扣。有鉴于此，国际电信组织正促使各厂商使用标准协议，不仅要 IP 电话产品的互通，还要使 IP 电话能与现有的传统电话很好地“合作”。此外，使用标准协议，还有利于各厂商开发设计出开放的应用编程接口，使成千上万家公司能够开发基于标准的应用程序。正是由于 IP 电话网络的开放性，用户今后可以随时买到最先进的程序或者自己编写需要的程序，而不是不得不依赖于某些厂商。

当然，开放、灵活的同时会给 IP 电话网络的管理、集成测试、验证等带来非常严峻的挑战。好在开放的环境带来开放的竞争，技术创新和技术改造势必层出不穷，进步的是技术，受益的是用户。

5. 运营保障原则

在 LAN、WAN 和 Internet 数据网领域中，后方管理比较简单，计费是按统一费率进行的，网络管理在企业网内进行。随着数据和话音的综合，从数据领域遗留下来的这一问题便会成为不利的包袱，并且成为运营商环境中的长期障碍。大规模的话音业务需要后方管理工具和措施以支撑其商业运作，其服务内容包括：用户管理、认证授权、异地漫游、精确到秒或字节的可靠计费系统、网络管理和大规模的业务管理、安全性管理、大规模网络配置和监控等，这些都是运营商必须具备的条件。只有具备了这些条件，才能提高网络运营效率。实现这些管理的难点在于，骨干网技术是基于分组交换而不是电路交换。

3.9.3 IP 电话存在的技术问题

IP 电话的技术问题主要包括以下几点。

1．IP 交换引起的传输时延无法确定

其中，时延为影响 IP 电话质量的主要原因。

时延产生主要有 3 个因素：

(1) 语音压缩和解压；

(2) 语音分组包在传输媒体上的传输。

以上两种时延，对于语音应用可以忽略不计。

(3) 各种处理，诸如路由、排队等迟滞，是造成 IP 传输时延的主要原因。

语音应用对时延有一定要求，人耳对 400ms 以下的时延反应不甚强烈，但若超过

400ms，就会感到断断续续，无法忍受。解决时延问题是实现和发展 IP 电话的关键。

2. 无法提供 QoS 保证，造成语音效果无法接受

由于互联网 IP 业务遵循“尽力服务”的原则，对于所有的分组包都一视同仁，统一排队，以“先来先服务”的方式逐个处理。这种方式对于 E-mail 等非实时的应用非常合理，但是对于语音等实时性要求很高的应用就不适应了。

在网络传输中，成千上万的分级包同时涌入一个路由节点，在每个节点不得不排队等待被发送，这称作一“跳”（hop），并且包从源到目的地要经过十几“跳”，引起几十到几百 ms 的延迟。目前网路的状态就是这样，对 IP 电话传输而言，时延实在太大了。即使利用专用网传输语音业务，或是加大骨干网带宽，加强路由交换节点处理能力，还是无法彻底解决这个问题。

为什么语音分组包在本该到达目的地的时间内未到达呢，关键是没有一种优先级约束。像语音这种实时性应用就无法得到及时的处理，保证其实时性。

实现业务传输优先级的保证关键在于引入一种服务质量机制（QoS），允许网络将不同类型的业务置于特定的 QoS 队列之中。使得语音业务的传输优先级高于数据业务，从而降低了队列延时，实时性得到保障。

目前，许多产品开发商都是基于 SNMP 协议建立了一套自已的 QoS 指标监控系统，包括对信号抖动、丢包率、带宽、系统时延以及资源占用等参数的监控或调整。有的产品还可以根据资源的占用情况自动报警并提出系统改造的建议方案（如系统扩容、路由调整、硬件更换或系统升级等）。

3. 网络带宽限制了应用

足够的带宽也是确保语音数据包无时延地到达目的地所必须的条件。如果网络面临拥塞，就需要更大的网络带宽来解决这个问题，仅仅采用优先机制无法消除分组包的丢失问题，若不希望丢弃任何数据包，就必须增加网络带宽。

4. 不同厂商产品间的互通性问题

目前，IP 电话运营商们所关注的焦点已不再是基于 H.323 的网关与关口产品，他们开始觉得在业务量不断增大，在系统容量需求相应增加的情况下，有可能选择不同厂家的产品进行扩展。某些厂商的产品是符合 H.323 标准的，而有些则是厂家自行定义的，从而导致了各系统之间在通信流程和功能上不兼容，存在互通性问题。

3.9.4 IP 电话实施的关键技术

IP 电话实施的关键技术主要包括如下几点。

1. 话音压缩技术

IP 电话技术的基础是话音压缩技术。1995 年 11 月，经过较长时间的研究，ITU（国际电联）批准了一个被称为 G.729 的新的话音压缩标准。G.729 标准采用的算法，可以仅用 8Kbit/s 传输话音，话音质量与 32Kbit/sADPCM（G.724）相同。ADPCM（差分脉冲编码调制）在全球的公共电话网络中被用于提供长话级话音。

在 1996 年 G.729 标准又得到了进一步的优化改进。现在 G.729 是最重要的话音压缩标准，其他的话音压缩技术还有几种，采用较多的是 G.729 和 G.723/G.723.1。

2. 静噪抑制技术

所谓静噪抑制技术，是指检测到通话过程或传真过程中的安静时段，在这些安静时候

停止发送语音包。大量的研究表明，在一路全双工电话交谈中，只有36%～40%的信号是活动的或有效的。当一方在讲话时，另一方在听，而且讲话过程中有大量显著的停顿。通过静噪抑制技术，大量的网络带宽节省下来用于其他语音或数据通信。

3. 回声消除技术

在PBX或局用交换机侧，有少量电能未被充分转换而且沿原路返回，形成回声。如果打电话者离PBX或交换机不远，回声返回很快，人耳听不出来，这种情况下无关紧要。但是当回声返回时间超过10ms时，人耳就可听到明显的回声了。为了防止回声，一般需要回声消除技术，在处理器中有专门监听回声信号的功能，并将它从听话人的语音信号中消除。对于IP电话设备，一般IP网络的时延很容易就达到40～50ms，因此回声消除技术是十分重要的。

4. 话音抖动处理技术

IP网络的一个特征就是网络延时与网络抖动，这可能导致IP电话音质下降。网络延时是指一个IP分组在网络上传输平均所需的时间，网络抖动是指IP分组传输时间的长短变化。当网络上的话音延时（加上声音采样、数字化、压缩、延时）超过200ms，通话双方一般就愿意倾向采用半双工的通话方式，一方说完后另一方再说。另一方面，如果网络抖动较严重，那么有的话音分组因迟到被丢弃，会产生话音的断续及部分失真，严重影响音质。为了防止这种抖动，人们采用了抖动缓冲技术，即在接收方设定一个缓冲池，话音分组到达时首先进入缓冲池暂存，系统以稳定平滑的速率将话音包从缓冲池中取出、解压、播放给受话者。这种缓冲技术可以在一定限度内有效处理话音抖动，并提高音质。

5. 话音优先技术

话音通信实时性要求较高。为了保证提供高音质的IP电话通信，在带宽不足（拥挤）的IP网络上，一般需要话音优先技术。

当WAN带宽低于512Kbit/s时，一般在IP网络路由器中设定话音分组的优先级为最高，这样，路由器一旦发现话音分组，就会将它们插入到IP分组队列的最前面优先发送。这样，网络的延时与抖动情况对话音通信的影响均将得到改善。

另一种技术是采用资源预留协议（RSVP）为话音通信预留带宽。只要有话音呼叫请求，网络就根据规则为话音通信预留出设定带宽，直到通话结束，带宽才释放。

但是，在企业IP网上，人们一般并不使用RSVP，而一般采用优先级技术。几乎所有品牌的路由器均支持一些优先级技术。

将话音分组的优先级定为最高级别，路由器只要发现有话音分组就将延迟对数据包的发送。对于LAN，因为话音的15Kbit/s与LAN的10～100Mbit/s带宽相比是极少的，因此在LAN上可以不考虑话音分组优先。

对IP分组采取优先级规则，在WAN上有机地结合数据与话音通信，是对WAN带宽的更充分有效的利用。在低带链路上，数据一般是非实时的。在较高速链路上，不会有大量的实时话音流量与大量的实时数据流量相冲突。

目前的技术已经做到：每天平均每条话音中继线的通信量仅占1K～2Kbit/s，为64Kbit/s广域网带宽的3%。这与以前的技术相比，是大大不同的。以前，一路传统话音要占64Kbit/s，实际这也正是为什么IP电话比传统电话省线的原因。

6. IP数据分组分割技术

有时网络上有长数据分组，一个分组包括了上千个字节，这样的长分组如果不加限制，在某些情况下也会影响话音质量。

一般根据 WAN 链路的带宽，对长的 IP 数据分组进行切割。如果 WAN 链路为 64Kbit/s,为更好地保证 IP 电话的音质，会限制 IP 分组的长度不超过 256 字节。

7. VoIP 前向纠错技术

有的先进 VoIP 网关采用另一项保证音质的技术，这就是前向纠错技术 FEC（Forward Error Correction）。IP 分组在传送过程中有可能损坏或被丢失/丢弃，如果话音分组丢失/损坏率较低，IP 电话的音质不会受到明显损害。一般企业网络均有较低的丢包率/错包率，因而 IP 电话网关仅需将话音分组回放声音即可。

公共 Internet 网络往往有较高的丢包率，这不足以维持高质量的话音通信。在这种情况下，FEC 技术就能够发挥重要作用。FEC 技术有两级，第一级是在同一分组内加冗余数据，以便接收方纠错、恢复、还原话音数据，保证音质。第二级是在每一个话音分组中存放后续分组的冗余数据，以便接收方从已经接收到的分组中恢复出错或丢失的话音分组。

FEC 可以吸收 10%～20%的丢包率，保持高音质。但是 FEC 要多消耗多达 30%的网络带宽，因此在企业网内部一般不采用 FEC。

3.9.5 基于以太网连接的 IP 电话几种结构

1. 采用 IP 网关连接的以太网结构

如图 3-25 所示，由普通电话机的 PBX 通过 IP 网关后，连接到以太网上，再由以太网连接 Internet，构成了 IP 电话的一种结构。这种结构的 PBX 一般在局端，也可以配置在企业或住宅小区中。这种结构最大的特点是可以使用普通电话机。如果 PBX 配置在局端，则用户除了负担 IP 电话费用外，还要支付市话费。

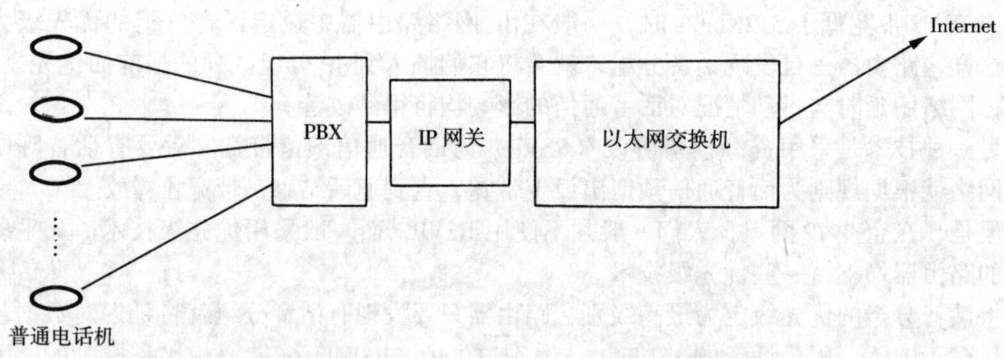

图 3-25 采用 IP 网关连接的以太网结构示意图

2. 采用 IP PBX 连接的以太网结构

如图 3-26 所示，以太网上连接了 IP PBX 设备后，在用户端必须配置专用的 IP 电话终端，每个电话终端要求独立的 IP 地址。一台配置了语音卡的电脑（或多媒体电脑）也可以作为 IP 电话终端。在这种结构中，电话终端工作在 OSI 的第三层上。

IP PBX 是一种基于 IP 网络的电话交换系统。IP PBX 借用了 PBX 的名称是由于它能在原有的 IP 网上增加语音等增值业务实现 PBX 提供的功能，能完全取代传统 PBX 而提供用户更高性能的服务。IP PBX 不仅仅适用于企业和住宅小区，它同样适用于局用。

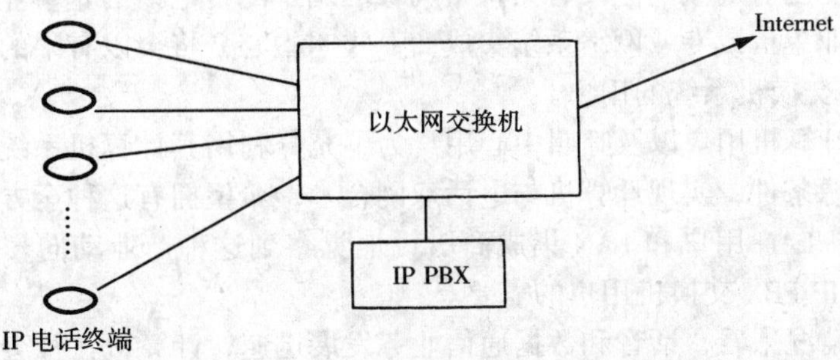

图 3-26　采用 IP PBX 连接的以太网结构示意图

IP PBX 结构具有如下主要的特点

(1) 极高的性能价格比。能够实现普通 PBX 能做到的所有功能，价格却仅为普通 PBX 的几分之一。

(2) 出色的语音通信质量。采用多种先进技术，保证通话效果。

(3) 独特的传真方式。可用 E-mail 方式收发传真。

(4) 简单便捷的使用方法。使用上与普通内线电话完全相同，更有多种补充功能供选择使用。

(5) 方便多样的维护管理和计费。可通过 Internet 远程管理、远程计费。

(6) 无限扩容。不同于普通 PBX 要受硬件门数限制，内线用户可无限制增加，保护企业的原有投资。

(7) 低成本的升级方式。可采用软件升级，投资少，安装简易，并能随时更新。

3. 采用 N PBX 连接的以太网结构

如图 3-27 所示，以太网连接了 N PBX 设备后，在用户端必须配置专用的网络电话终端，每个电话终端要求独立的 MAC 地址。如果 IP PBX 结构中电话终端工作在 OSI 的第三层上，那么 NPBX 电话终端工作在 OSI 的第二层上。同样，N PBX 能完全取代传统 PBX 而提供用户更高性能的服务。N PBX 一般适用于企业和住宅小区。

N PBX 结构的主要特点类同于上述的 IP PBX 结构。

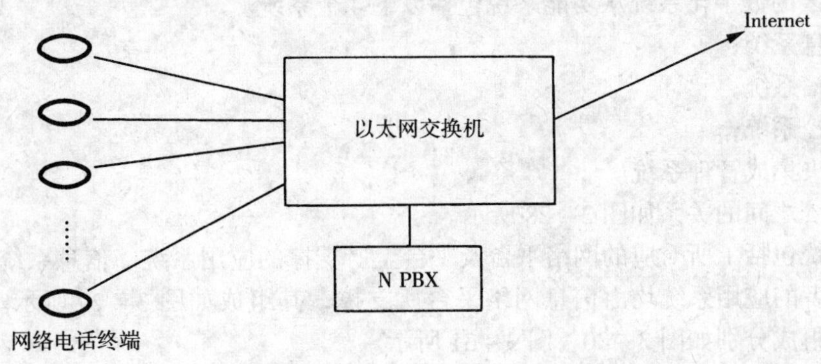

图 3-27　采用 N PBX 连接的以太网结构示意图

由于 Internet 网络用户的迅猛发展，IP PBX 交换系统将借其发展势头以独特的商业功用渗透各行各业。已有局域网但没有为每个局域网用户配备电话的企事业单位、正准备组建局域网的企事业单位或专业网络系统集成商、呼叫中心，将会以有限的投资拥有这种产品，成为 IP PBX 交换机系统的用户。

PBX 用户、计算机用户以及呼叫中心用户为了充分利用其计算机系统，在原有的资源基础上改善其资源条件，实现计算机与电话双网合一，希望拥有这种全方位的产品，他们都是潜在的客户。LAN 用户和 LAN 集成商敏锐地觉察到这种产业动向，渴望得到这种产品来满足潜在的 IP PBX 交换机用户的需要。

从中国目前情况来看，话音和数据通信业务发展迅速，计算机在社会生活中的应用越来越广，而且已经开始进入家庭。很多单位已经或正在建设局域网及有关的数据库，希望发挥计算机及通信设施在办公中的作用，充分利用信息资源，提高工作效率，创造更大的经济效益，因而各部门对通信业务的需求越来越大，人们不再满足于简单的电话和传真。IP PBX 使计算机与电话综合以多种应用迎合了这一市场需求。

3.10 园区智能化集成系统

智能建筑的发展，自单体建筑发展到群体建筑，群体建筑包括社区、高等院校、高科技开发区、经济开发区、保税区、博览会、奥（亚）运村等。其中除了社区主要是面向居民居住的住宅楼外，其他的群体建筑一般是公共建筑，组成所谓“园区”。

对于规模较大的园区来说，地面上的建筑，特别是一些高层建筑可能归属于同一个业主如大学校园；也可能分别属于不同的业主，且在不同时期建造的。不管怎样，这些建筑中对于弱电系统的要求不可能是一致的。许多园区还包括了规模不等的地下建筑。地下建筑可能包括停车场、商场、机房、配电室、配线间、走线廊等。

3.10.1 园区数字化系统的功能和组成

与单体建筑比较，园区数字化系统的功能要复杂得多，除了各个不同的单体建筑外，还有很多公共区域的建筑；既有地上建筑，又有地下建筑；既有楼内，又有室外。从功能来说，还是这些常规的系统，但是与单体建筑不同的是必须从整个园区的高度来考虑，且在园区中多媒体信息服务以及一体化集成和综合管理的需求会比较突出，且显得格外的重要。整个园区的数字化系统从功能来说包括以下 4 个系统。

(1) 信息系统；

(2) 通信系统；

(3) 监控系统；

(4) 中央集成管理系统。

这些系统之间的关系如图 3 – 28 所示。

每个系统包括了所对应的网络平台及平台上所支撑的应用系统。信息系统和中央集成管理系统两者的应用系统均由信息网络平台所支撑，其组成如图 3 – 29 所示。监控系统、通信系统的组成分别如图 3 – 30、图 3 – 31 所示。

注意，在系统中，网络平台是基础设施，既包括硬件设备（布线系统、控制器、交换机、分线器、服务器等），也包括系统软件（操作系统、数据库、网关软件等）。网络平台中并不表示仅仅一个网络，可能是关联或互不关联的多个网络构成。对园区各个网络平台的情况分别叙述如下。

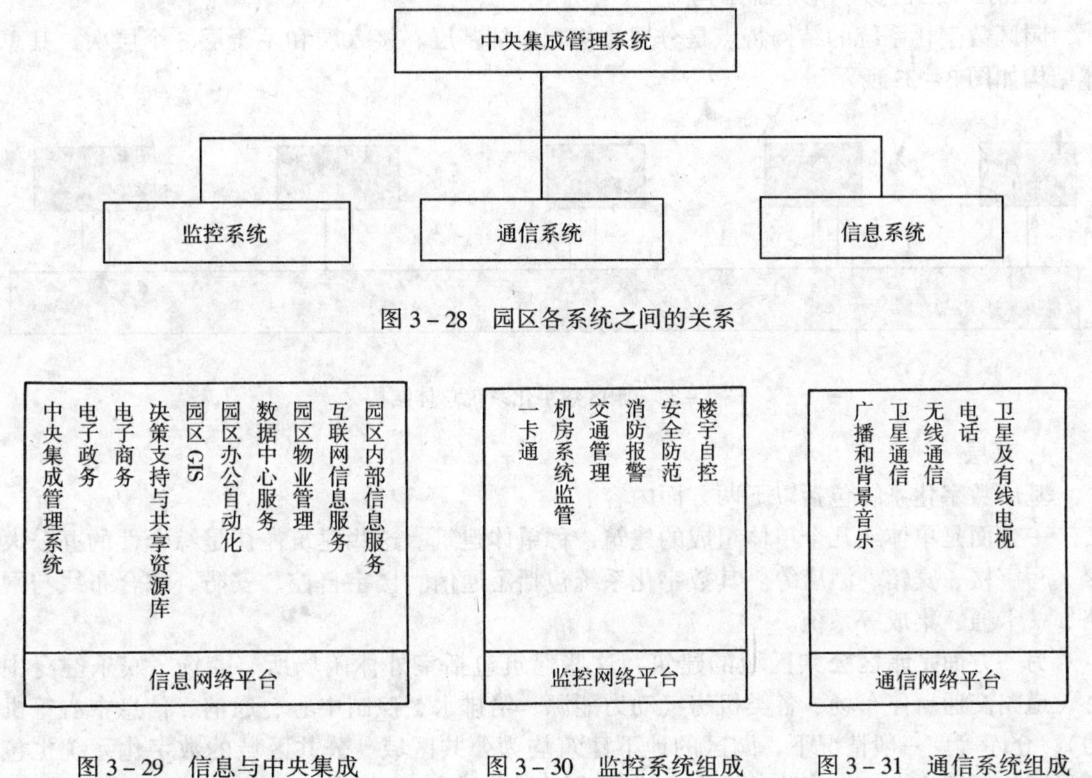

图 3－28　园区各系统之间的关系

图 3－29　信息与中央集成管理系统组成　　图 3－30　监控系统组成　　图 3－31　通信系统组成

（1）在通信系统中，按传统，支撑每一个应用子系统所对应的网络往往是不同的，且是互不关联的，在通信网络平台中包括了有线电视网、电话网（PSTN 与 ISDN）、无线通信网、卫星通信网、有线广播网等多种网络。但随着数字通信技术的发展，支撑应用子系统（例如数字电话、数字电视、数字广播等）的网络平台开始走向融合。

（2）在监控系统中支撑各个子应用系统的网络按传统也是多种多样的。例如目前消防报警系统要求其所对应的支撑网络必须是独立的；而安全防范系统（包括视频监控、可视对讲、门禁、周界防范等应用子系统）所对应的各个支撑子网络，随着数字化技术的发展，目前已经从分散、独立走向集成，并逐步融合；对于楼宇自控，虽然包括比较多的应用子系统（包括空调、电梯、配电、上下水、照明等），但是其支撑的子网络目前已经是一个统一的平台。除了消防和报警系统外，监控系统的支撑网络平台也正在逐步走向统一。

（3）对于信息和中央集成管理两个系统，其所包括的信息网络平台目前均基于 TCP/IP 以太网所构成的网络系统，还包括了各种服务器，即在 TCP/IP 以太网所构成的网络系统上支撑了众多的应用子系统。

总之，随着园区数字化建设的发展，数字化技术和产品渗透到各个方面，改造和发展了传统的建筑智能化系统。从发展趋势来看，TCP/IP 以太网不仅是信息系统和中央集成管理系统的网络平台，而且也逐步成为数字化通信服务系统和监控服务系统的网络平台。

3.10.2 园区数字化系统结构

园区数字化系统的结构特点是分层结构，包括基层、接入层和主干层3个层次。其总体结构如图3-32所示。

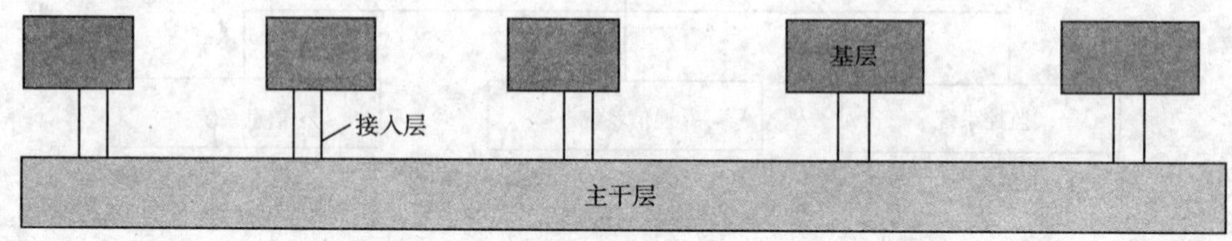

图3-32 园区数字化系统总体结构

1. 基层

基层数字化系统包括以下两方面内容。

一方面是单体或几个单体组成的建筑，称单体建筑。这些建筑往往是综合性的办公大楼、写字楼、宾馆、酒店等。其数字化系统包括了通信、楼宇自控、安防、综合布线与网络、一卡通、集成等系统。

另一方面是园区公共区域的建筑，这些建筑包括室外休闲场所、商场、娱乐健身中心、道路交通、停车场、各类机房（动力能源、给排水、控制中心、通信、信息中心等机房）、仓库等。一般情况下，园区的地下建筑均为公共区域。公共区域的数字化系统也包括了通信、楼宇自控、安防、综合布线与网络、一卡通、集成等系统。

不论是单体建筑，还是公共区域建筑，两者的数字化系统是互相关联的，两者必须在主干层统一的支撑平台实现集成管理，满足整个园区一体化集成的要求。例如防盗报警，尽管各个单体楼以及公共区域中的防盗报警系统是独立配置的，但是它们必须集成到统一的报警中心，当某个局部地区有了案情，整个系统就会响应，因而从整个园区来采取措施，实现报警和有关系统的联动，进行及时和有效的处理。

2. 主干层

主干层数字化系统包括园区光纤宽带网、中央集成管理和监控、数据中心IDC、其他应用系统等。

（1）在主干层配置了中央集成管理站和相应的服务器，实现BMS或IBMS的中央集成管理和监控功能。

①集中监视园区所有楼宇主要的楼宇自控信息；

②集中管理园区楼内外、公共场所的安全防范和消防系统，并监视这些系统的主要信息；

③集中监管园区一卡通、公共广播、公告牌显示系统；

④集中监管各基层弱电系统（包括单体建筑和公共区域）的集成和联动情况；

⑤与数据中心一起，对园区的信息服务系统进行集中的管理和维护。

（2）光纤宽带网。光纤宽带网是整个园区的信息高速公路，光纤宽带网可以由千兆位以太网、无源以太光网 EPON、波分复用 WDM 光网或时分复用 TDM 光网等组成。它的任务既是实现整个园区内部的各类机房、IDC、各个单体建筑和公共区域建筑的信息连接；又是园区内部和外部（城域网和 Internet）连接的信息通道。其上传输如下几类信息。

①数据信息：基层客户访问 Internet/城域网、物业管理、系统集成等信息；

②监控信息：基层和公共区域的控制、安防、一卡通、消防等信息；

③多媒体信息：传输视频、话音、广播等信息。

目前的光纤宽带网技术已经可以实现园区的电话、电视、数据 3 种信息的融合。

(3) 数据中心

在园区中要建设一个具有相应规模的数据中心 IDC。IDC 为园区内的各类企业的客户提供如下的服务：

①提供主机托管和虚拟主机的服务，有利于客户最大限度地降低固定资产投资、减少系统维护工作量，有利于园区数据的统一集中管理，以及视今后市场发展的需要开展新的增值服务；

②提供高品质的机房环境、安全措施及技术支持；提供可靠的线路连接、高带宽的网络服务；

③提供统一的内部信息服务和 Internet 信息服务。

数据中心的建设技术要求先进、安全可靠，并配备具有较强的不仅能维护而且能开发的专业队伍，要能支持园区内包括数据、话音、图像、视频、传真等在内的综合业务，也可以满足园区内部某些企业信息应用的特殊需要。一般来说，园区 IDC 具有如下的具体服务（包括增值服务）内容：

①主机托管：客户系统的服务器配置在 IDC 的机房中，由 IDC 来进行维护、管理；

②虚拟主机：客户系统中不自己配置服务器，而使用 IDC 机房中所提供的服务器，或者使用 IDC 服务器的部分硬盘空间；

③ISP/ICP：IDC 作为 Internet 服务提供商，为客户提供 Internet 接入服务；又可以作为 Internet 内容提供商，例如可作为客户系统的虚拟网站。

根据发展需要，园区 IDC 可以提供的主要增值服务内容如下：

①共享主机服务：多个客户使用同一个 IDC 虚拟主机；

②Load Balance 系统：当大量的客户访问 IDC 时，就要求 IDC 实现负载均衡的功能，主要包括服务器负载均衡和防火墙负载均衡；

③Web Caching 服务：当客户访问外部服务器内容时，IDC 可实现内容访问加速的功能；

④电子邮件系统：IDC 可提供电子邮箱服务，进行电子邮箱出租；

⑤DNS 及域名解析系统：IDC 要提供开发区网络的域名解析系统的功能，并能开展客户域名系统的业务；

⑥数据库系统租用平台：IDC 提供给客户系统数据库出租平台；

⑦数据存储、备份、容灾：IDC 能够对客户系统的数据进行存储、备份和容灾，保证客户数据的安全性；

⑧VPN/VPDN 服务：IDC 通过其接入服务器、网络设备及相关软件提供给客户虚拟专用网（VPN/VPDN）业务；

⑨ASP 服务：ASP 为应用服务提供商，ASP 服务即 IDC 能为客户提供应用系统设计和开发的业务；

⑩安全服务：针对不同客户对信息安全的需求，IDC 能够量身定做安全服务的设计和实施，包括安全审计、安全防范、安全系统集成、安全规范设计等；

⑪CRM 和 Call Center 租用服务：IDC 为企业提供客户关系管理 CRM 和呼叫中心 Call Center 的功能。

3. 接入层

接入层实现了基层弱电系统与主干层的连接。由于园区对基层的要求是：不论是单体建筑还是公共区域的弱电系统，每个系统必须成为一个单独集成实体，即每个系统分别在 TCP/IP 以太网上构成具有集成功能的数字化系统。而主干层恰恰也是基于 TCP/IP 以太网的数字化系统。接入层的作用就是把基层和主干层两者的数字化系统实现硬件和软件的连接。如图 3－33 所示。

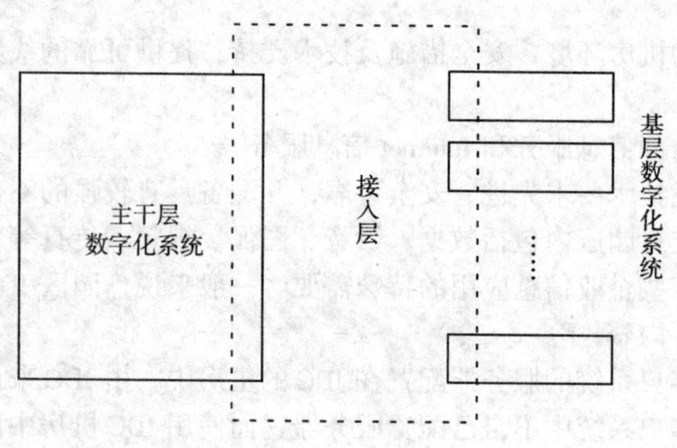

图 3－33 接入层

3.10.3 数字化园区系统集成设计要点

在系统设计时，必须从整体的高度来进行规划。对于数字化园区，系统集成和综合管理是重要的功能，也是区别于单体建筑最明显的特点。

1. 集成系统逻辑结构与物理结构

园区集成系统逻辑框架如图 3－34 所示。主干网连接了各个单体建筑以及公共区域的各个子系统。每个单体建筑与主干网的接口点应该是统一的，且是符合标准的；公共区域的各个子系统与主干网的接口点也是如此。但是两者在物理上实现是不同的。

由主干网所支撑的中央集成管理系统（包括中央集成管理站和主干层服务器）对整个园区的所有单体建筑弱电系统和公共区域弱电子系统进行综合性的集成管理。

系统集成的物理结构如图 3－35 所示。图 3－35 中主要表示了与系统集成有关的部分，包括基层以太网交换机、基层服务器群、基层控制主机群、主干（以太网或光网）交换机、主干服务器群、中央集成管理站等。基层以太网交换机汇集了基层服务器群或基层控制主机群，主干交换机汇集了主干服务器群、中央集成管理站等设备，基层与主干两种交换机之间可以是无缝连接（例如两者均为以太网交换机），也可以通过路由器或网关，根据不同需求所对应的结构而定。

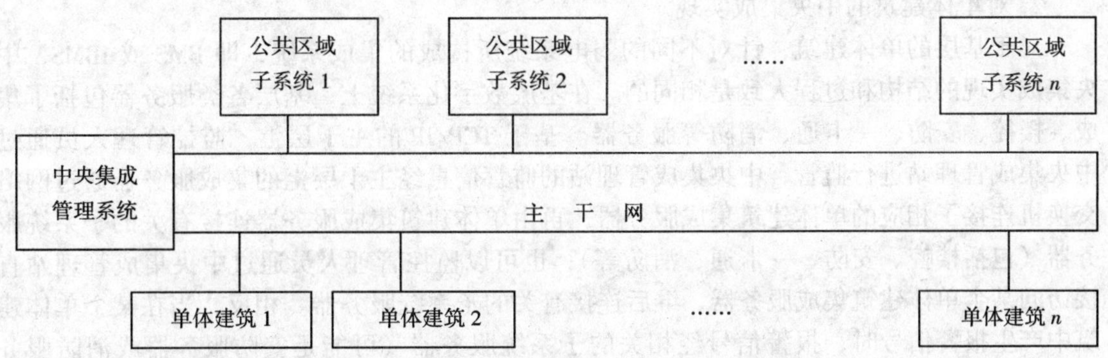

图 3－34 园区集成系统逻辑框架

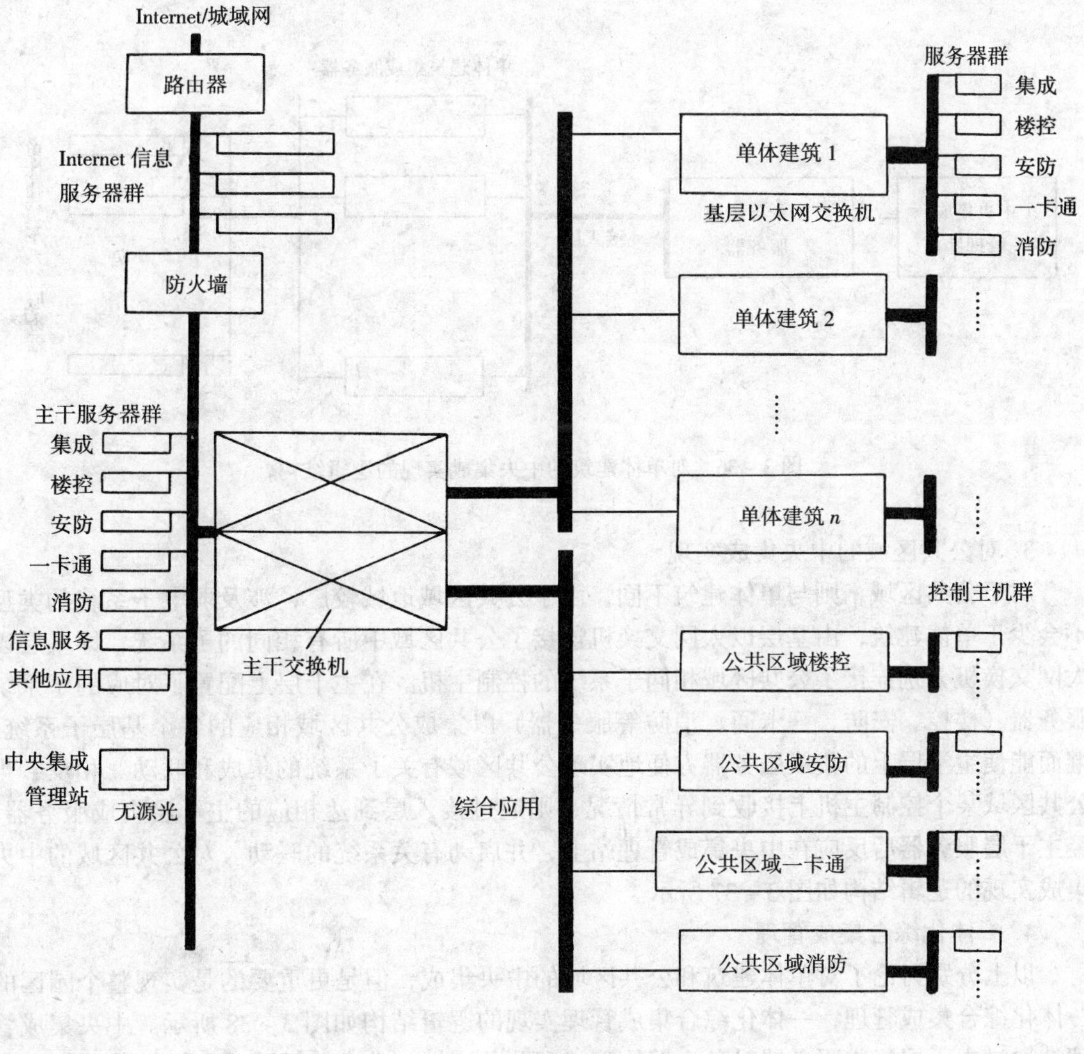

图 3－35 系统集成的物理结构

2. 对单体建筑的中央集成实现

对于基层的单体建筑，针对不同的弱电系统所构成的集成系统，即 BMS 或 IBMS，中央集成实现的结构和过程大致是相同的。在基层数字化系统上，基层各类服务器包括了集成、楼控、安防、一卡通、消防等服务器。基于 TCP/IP 的主干层上，监控管理人员通过中央集成管理站进行监管，中央集成管理站的监管信息经主干层上的集成服务器通过网络交换机连接了相应的单体建筑集成服务器，再由单体建筑集成服务器连接有关的子系统服务器（包括楼控、安防、一卡通、消防等）；也可以监控管理人员通过中央集成管理站直接访问某个单体建筑集成服务器，继后连接有关的子系统服务器。相反，当在某个单体建筑中产生报警信号时，报警信号经相关的子系统服务器（可能是安防服务器或消防服务器）连接了单体建筑的集成服务器，经接入层进入主干层集成服务器，最后反应在中央集成管理站上，并启动有关系统的联动。对单体建筑的中央集成实现的逻辑结构如图 3－36 所示。

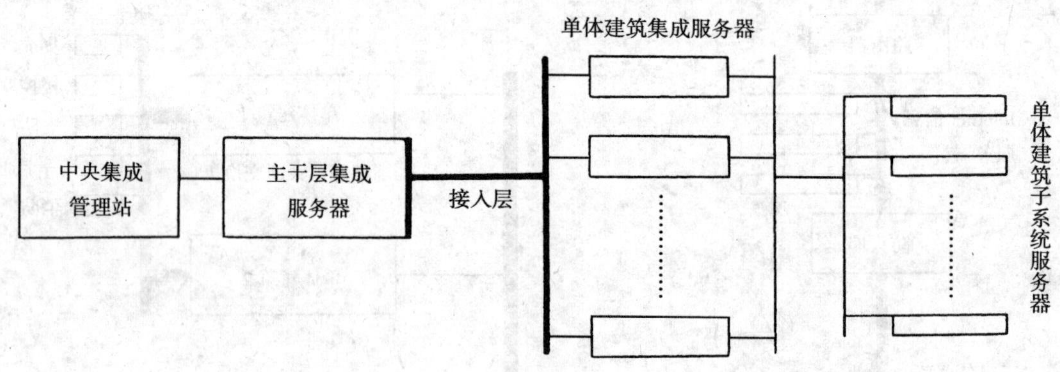

图 3－36　对单体建筑的中央集成实现的逻辑结构

3. 对公共区域的中央集成实现

对于公共区域，则与单体建筑不同，由于公共区域地域较广，涉及弱电子系统的类型不会少于单体建筑，由基层以太网交换机连接了公共区域中所有相同的子系统，即基层以太网交换机分别连接了公共区域相同子系统的控制主机。在主干层上配置了对应的子系统服务器（楼控、安防、一卡通、消防等服务器）以集成公共区域相应的各个基层子系统，继而能使主干层上的集成服务器方便地实现公共区域有关子系统的集成和联动。相反，当公共区域某个控制主机上接收到异常情况，则通过接入层到达相应的主干层集成服务器，经主干层服务器后反应在中央集成管理站上，并启动有关系统的联动。对公共区域的中央集成实现的逻辑结构如图 3－37 所示。

4. 一体化综合集成管理

以上分别讨论了对单体建筑和公共区域的中央集成，但是更重要的是实现整个园区的一体化综合集成管理，一体化综合集成管理实现的逻辑结构如图 3－38 所示。中央集成管理站通过主干层集成服务器对各个单体建筑和公共区域的数字化系统进行了一体化综合集成管理；主干层集成服务器汇集了单体建筑和公共区域两路的信息，实现了一体化集成和联动；在单体建筑或公共区域内的客户通过接入层直接访问主干层的信息服务器或者经主干层 Internet 服务器访问 Internet 或城域网上的信息资源。

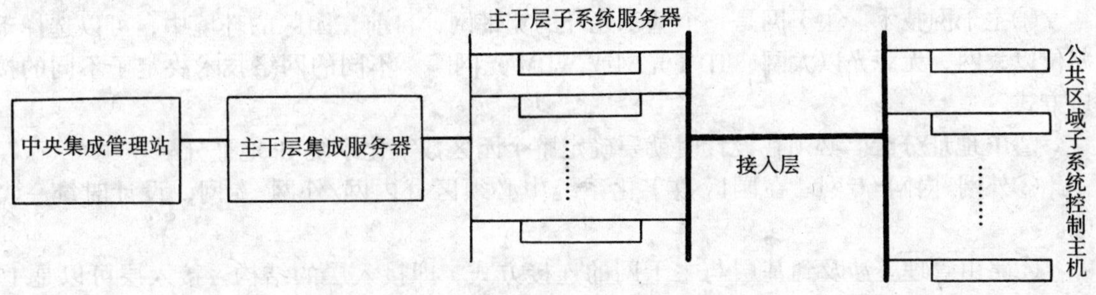

图 3－37　对公共区域的中央集成实现的逻辑结构

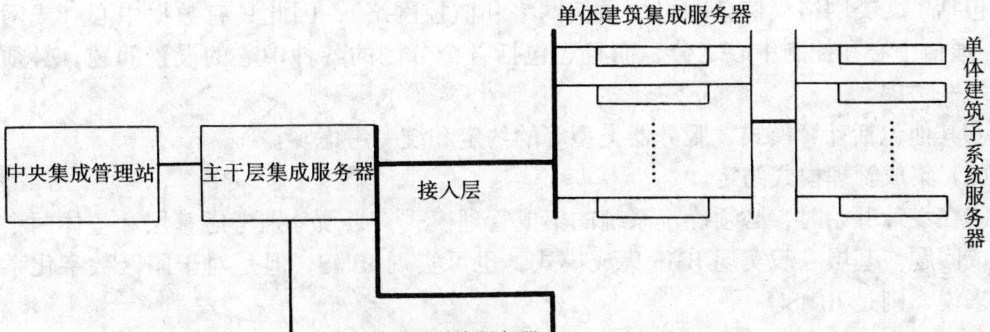

单体建筑集成服务器
中央集成管理站
主干层集成服务器
接入层
单体建筑子系统服务器
主干层子系统服务器
公共区域子系统控制主机
接入层
内部信息服务器
Internet 服务器
城域网/Internet
接入层
基层客户站

图 3－38　一体化综合集成管理实现的逻辑结构

5. 系统集成设计的一些基本约定

（1）IP 网络平台基本约定。IP 网络平台从主干网延伸到基层，在系统集成设计时主要包括如下约定的内容。

①主干网技术。主干网是一个基于光纤的宽带网，目前在园区的环境中，可以选择千兆位以太网、无源光以太网、TDM 光网或 WDM 光网等。不同的网络技术决定了不同的接口方式。

②IP 地址分配。必须在设计时就要确定整个园区数字化系统 IP 地址分配。

③外网/内网/专网。在园区数字化系统中必须区分内网/外网/专网，设计时统一考虑。

④路由管理。涉及到基层与主干网的连接方式，即接入层的结构。接入层可以是 L2 的交换技术；也可选择 L3 的路由或交换技术；也有选用网关或数据库的连接技术。不同的接入层结构，路由管理是不一样的。

⑤网络汇集点和机房的设置。网络的汇集点与机房位置往往是对应的，由于在园区中，包括了 3 类网络（信息网络、通信网络和监控网络），因此具有数据中心（或网络中心）、通信中心和控制中心之分，而且还包括各个分区的各种中心的设置问题，必须在设计时统一考虑。

⑥其他包括计算模式、服务器类型等的约定和统一考虑。

（2）集成管理模式约定。

①在设计开始时，必须确定系统的集成管理模式，必须分别考虑基层和整体两个层次的集成问题。基层一般实现 BMS 集成模式，也可实现 IBMS，但是对于园区数字化系统的整体来说，则是 IBMS。

②对于集成技术，是选用 OPC 技术，还是选用其他技术（例如 ODBC、数据库与网关连接等集成技术）也是必须要事先约定的。

③其他诸如集成和联动方式的约定以及系统安全基本约定等，都是要预先仔细考虑的内容。

3.10.4 大学园区智能化系统集成（BMS）技术要点

大学园区智能化系统是一种典型的需要集成的智能化系统。在大学园区内部，存在许多单体建筑和公共区域，由于大学的单体建筑同属学校管辖，因此没有必要每个单体建筑先进行集成，而应只考虑整个校园的集成。本节主要内容是叙述大学园区智能化集成系统（BMS）。

1. 大学园区 BMS 系统结构特点

先将各个单体建筑的弱电系统（包括楼控、安防、消防等）按类型连接到校园控制管理中心进行集成，形成校园一级的子系统管理系统，再将各子系统集成到校园 BMS。

各子系统（楼控、安防、消防等子系统）与 BMS 集成时应遵循以下原则：

①需要实时监控或联动控制要求的子系统要采用国际主流集成标准 OPC 方式。

②保存历史数据和信息共享的子系统要采用数据库（ODBC）集成方式。

校园 BMS 系统采用支持 TCP/IP 协议的 100M/1000M 以太网，操作系统可为 Windows2000/NT 或 Linux 等。

校园级 BMS 系统结构图如图 3－39 所示：

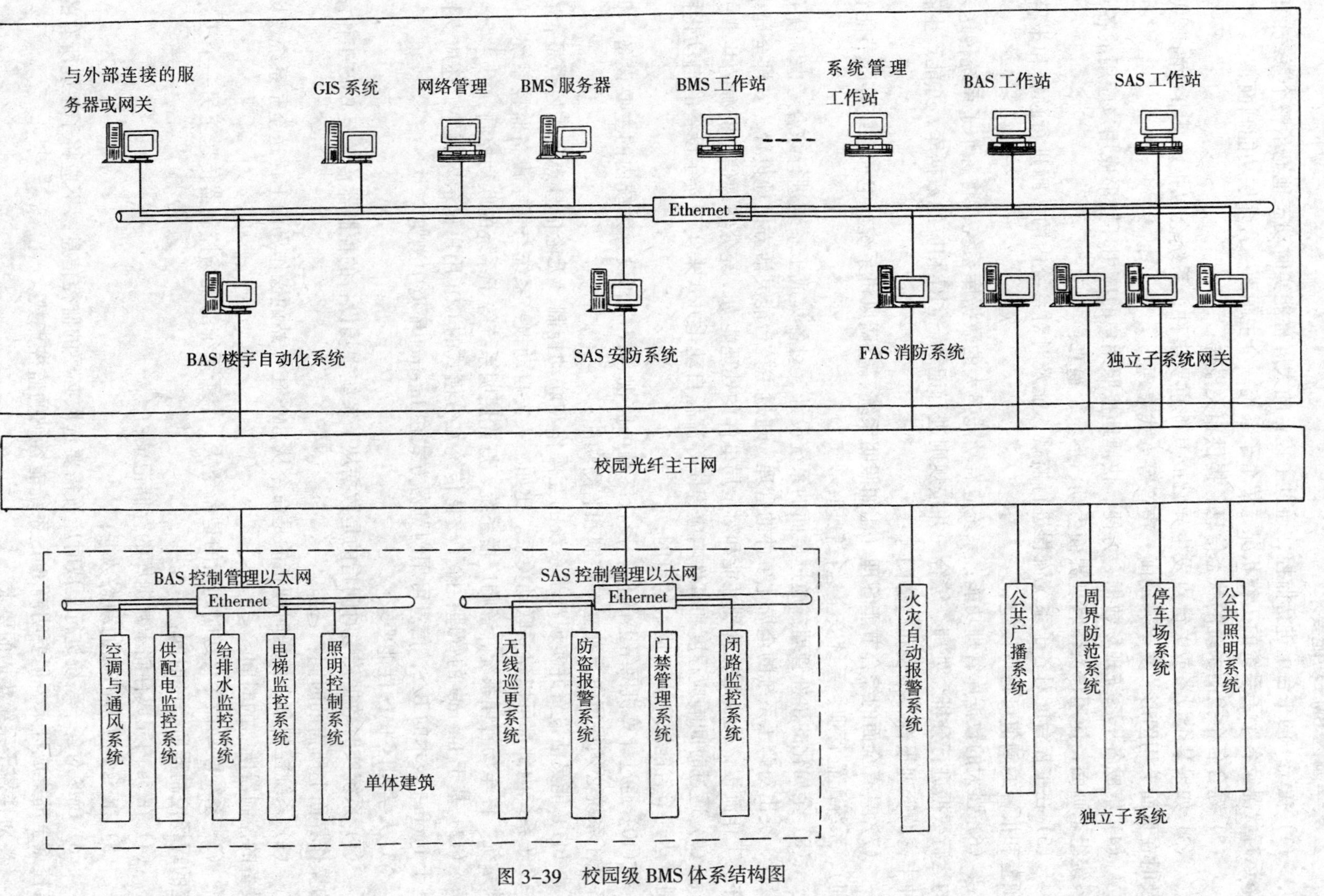

图 3-39　校园级 BMS 体系结构图

2. 大学园区 BMS 功能要求

(1) 在统一的平台上进行监控，通过主控台的大屏幕能实时动态地显示整个系统的网络运行状况及各个子系统的工作状况，每个子系统一个主画面，含多层功能画面；

(2) 综合各个控制系统的状态信息，提供相关报告；

(3) 如果某个设备或关键点发生异常或其他重要事件，系统会以报警、事件的形式，及时在页面上用图形、文字、动画、声音等方式表现；

(4) 集成各子系统现场数据，方便、快捷地按照用户的应用环境形成用户应用的各子系统组态画面，使用户操作管理界面生动、形象、逼真；

(5) 在主控台能对各子系统流程进行监视，能及时对系统内的故障进行预警和报警，预警和报警的阈值可自行设定；

(6) 强大的数据库管理功能：系统应有功能强大的数据库系统，将各个子系统传送来的运行数据进行分析、处理、综合，并按规则进行记录，创建相应的数据库，并能产生各种丰富的管理报告、报表和趋势图等；

(7) 具有全面的综合节能管理（比如照明系统、空调风机系统、电梯系统等的节能管理)、系统配置管理、系统安全运行管理；

(8) 全局化的事件管理：通过全面的系统设计，对各集成子系统进行综合考虑和优化设计，突出对跨子系统的全局化事件的管理，通过主控台能灵活方便地设置、安排全局事件及工作流程，提高系统管理性能和对全局事件的处理能力，充分实现信息资源的共享；

(9) 通过时间响应程度和事件响应程序等流程自动化方式来实现楼宇设备的自动化控制，达到节省能源和人工成本的目的；

(10) 通过计算机网络上的任一授权终端可监视、控制和设置系统内的主要设备，但各个子系统必须保留各自独立的控制和监测功能；

(11) 能灵活设置并实现跨子系统的互操作和联动控制，无论信息点和受控点是否在一个子系统内部都可以建立联动关系。比如，火灾自动报警系统与楼宇设备监控系统、门禁系统、停车场管理系统、音响广播系统、灯光照明系统等于系统的联动控制；

(12) 基于 Internet 的管理：除了支持传统 C/S 模式的 GUI 用户显示界面外，还应支持基于 Internet 技术的 B/S，信息可用浏览器方式在 Internet 环境中浏览。

3. 大学园区 BMS 性能要求

(1) 系统实时数据传送时间指的是数据从子系统现场设备的控制器传送至 BMS 工作站的操作界面上所需的时间：≤2s；

(2) 系统控制命令传送时间指的是命令从 BMS 工作站的操作界面上传送至子系统现场设备的控制器所需的时间：≤3s；

(3) 系统联动命令传送时间指的是命令从一个子系统的现场控制器传送至另一个子系统的现场控制器所需的时间：≤5s；

(4) 在 5s 内完成存储于数据库的存储记录；

(5) 在 5s 内更新查阅的动态数据；

(6) BMS 对各子系统进行集成时应按需要选取必要的监控信息，不应将子系统所有的监控点全部集成进来，但要明确 BMS 系统能容纳的监控点数。

4. 对楼控子系统集成的要求

(1) 功能要求。可以将BAS中所有监控信息及数据都传送到BMS中，通过客户端软件可从控制中心管理设备，其详细功能如下：

①当发生报警或接受到其他联动要求后，按要求启动或停止BA设备；

②提供经选择的设备启停，报警状态的信息；

③提供经选择的探测器所检测参数的变化值，以及过限报警的信息；

④提供已编制的时间或事件自控程序应用软件的信息，信息内容包括：编制内容、编制者姓名、编制时间和修改姓名、时间和修改内容；

⑤提供系统操作员确认各类报警信息的时间及确认人姓名的资料；

⑥提供设备运行电力和能源消耗的统计信息；

⑦提供设备所需的各类报表文件。

(2) 监视信息。

①空调系统/集中供冷系统主要监视设备（包括冷水机组、冷却塔、冷却水泵、冷冻水泵、新风机组、空调、风机等）的运行状态、故障显示；冷冻站系统的运行模式、进/出水温度、压力、流量等；新风机和空调的送/回风温度等；

②给排水系统主要监视水泵的运行状态、故障显示；各类水池、水箱的水位及报警等；

③变配电系统中对高压系统、低压系统和发电机系统的主要参数，如主要断路器的状态、电压、电流、功率、功率因数、频率等指标和故障报警等进行监视；

④照明系统中对室内照明、户外照明的状态、故障报警等进行监视；

⑤自动抄表。

(3) 控制信息。

①空调系统/集中供冷系统中主要设备（包括冷水机组、冷却塔、冷却水泵、冷冻水泵、新风机组、空调机组、风机等）的启/停；冷冻站系统的阀门的启/停；新风机组和空调机组的风门执行器、调节阀的启/停；

②给排水系统中的主要控制水泵的启/停等；

③照明系统中对室内照明、户外照明等进行开/关的控制。

5. 对消防子系统集成的要求

将消防子系统的原来接口进行标准化，如按OPC标准进行统一包装，这样可以与任何遵循OPC标准的BMS系统软件完成无缝集成。

当完成和消防子系统的集成后，BMS负责向消防子系统采集数据，并根据用户需求可向用户提供如下报表：

①提供各类火灾报警探测器的报警统计，归类和制表；

②提供以事件联动程序信息为主的报表，报表内容包括：报警设备地址码、联动设备名称等；

③提供消防值班员确认火灾报警信号的时间和修改者姓名的资料；

④提供消防设备运行状况的信息；

⑤提供其他管理所需的各类报告文件。

6. 对安防子系统集成的要求

(1) 视频监控和防盗报警系统的功能要求。BMS与视频监控/防盗报警系统的集成除完成报警器的数据收集外，还能完成如下联动及其他功能。

①当防盗报警系统报警时，除视频监控联动外，由BMS根据联动关系，自动打开相关区域照明及关闭相关区域的门禁等；

②当大楼发生报警（如门禁收到非法闯入信号或火灾报警信息）时，BMS根据联动关系将最接近现场的摄像机对准报警部位，将该摄像机的图像信号立即切换到主监视器上，自动开始录像工作并自动打开相关区域照明及关闭相关区域的门禁等；

③控制摄像机转动、俯仰及变焦对焦；

④启动、关闭长延时录像机；

⑤自动产生报警记录明细报表。

（2）电子巡更系统的功能要求。BMS与电子巡更系统进行集成后，能完成如下联动及报表功能。

①自动短时打开巡更点区域的照明，以利保安人员对附近区域进行观察；

②提供所有巡更路线的运行状态；

③提供所需巡更站点的信息（太早、正点、太迟、未到、走错）；

④提供巡更信息的历史记录。

（3）门禁系统与照明系统的功能要求。BMS与门禁系统和照明系统进行集成后，能完成如下联动报表功能。

①当光线不足时，自动打开相关区域的照明；

②在停车场将照明与门禁系统相关联，当有车进入，在门禁启动后，依次点亮相应路段的照明；

③当发生非法入侵警报时，自动打开相关区域照明，并自动将CCTV系统在相关区域的摄像机自动转至预定位置，切换显示器和录像机，以便保安人员进行观察；

④提供所有门禁系统和照明系统的状态；

⑤提供人员的考勤报表。

（4）监控内容：

①门禁系统中主要监视门的状态、故障及意外报警等；

②防盗报警系统报警探头的状态；

③电视监控系统的摄像头的状态；

④停车场系统的设备的运行状态和故障报警；

⑤门禁系统主要是在特殊情况下（如火灾等）对门的开/关；

⑥防盗报警系统报警探头的布防和撤换。

7. 对其他子系统集成的要求

（1）停车场管理系统。BMS与停车场管理系统进行集成后，能完成如下联动及报表功能。

①当发生消防警报时，自动打开车库出入口的栅栏机，以便车辆能及时疏散；

②车库车辆数据分析，统计，维护，查询，打印；

③车库财务报表。

（2）公共广播系统。可与火灾自动报警系统的紧急广播切换。

（3）公共照明系统。

①具有场景控制和时间控制的功能；

②具有与周界防范系统联动的功能。

(4) 周界防范系统。

①具有与公共照明及视频监控系统联动的功能；

②提供事件记录报表。

8. 大学园区 BMS 系统联动功能要求

(1) 空调通风系统与消防报警系统的联动。当火灾发生并得以确认时，消防系统向 BMS 系统发出报警信号，BMS 系统根据传送的火灾信号，关闭火灾层及相邻上下两层的空调机、新风机组、并切断相应的电源；按程序开启相应楼层的排风机、送风机、关闭一些楼层影响火灾的情况的送风机或者按需要关闭相应的若干层空调。

(2) 电子门禁系统与消防报警系统的联动。当火警发生并得到确认时，消防系统向 BMS 系统发出报警信号，BMS 系统根据传送的火灾信号，联动门禁系统自动释放各相关通道的电控门锁，以便人员逃生。逃生安全通道（太平门）的电控门锁应能在电源完全失效的情况下被打开。

(3) 视频监控系统与消防报警系统的联动。当火警发生并得以确认时，消防系统向 BMS 系统发出报警信号，BMS 系统根据传送的火灾信号，联动邻近该处的摄像机，将摄录到的现场画面切换至中心控制监控器供物业管理人员进行监视，同时进行实时录像。

(4) 照明系统与视频监控系统及防盗报警系统的联动。防盗报警系统报警时，将与视频监控系统联动，由视频监控系统按预定程序报警本地或邻近摄像机对准报警现场，以识别报警的情况是否属实。如报警发生在晚上，BMS 系统能够开启相应位置的照明系统。

(5) 视频监控系统与门禁系统的联动。门禁系统的非法闯入信息可以通过 BMS 系统，联动视频监控子系统，实时地将邻近该处的摄像机的摄录到的现场画面切换至中心控制监视器供物业管理人员进行监视，同时进行实时录像。

BMS 应采用标准化、模块化、结构化的开放性设计，通过计算机网络连接各个子系统，在以太网上实现中央监控管理，对各个子系统进行有效地监视、控制和自动化管理，各个子系统可自控及自调节，中央监控管理系统则可通过协调各子系统之间的交互应用和操作顺序，优化管理及控制的进程，同时要具备全局事件处理能力，完成相关的系统联动控制。

通过 BMS，可达到节能、智能、高效的目的，为使用者提供一个安全、舒适、便利的工作和生活环境。

3.11 以太网无源光网 EPON 及多网融合应用

3.11.1 IEEE802.3ah 标准与 EPON 产生的背景

随着 Internet 的广泛应用，用户对网络带宽的需求不断提高，在北美，每个用户的带宽需求在近几年内将达到 20～50Mbit/s。传统的接入网已经成为整个网络的瓶颈，必须提出新的宽带接入网技术和研发相应的产品。再则，IP/Ethernet 的应用已经占到整个局域网通信的 95% 以上，随着 1Gbit/s 和 10Gbit/s 以太网技术的发展，逐步在接入网、城域网甚至广域网使用以太网技术成为可能。在这种背景下，20 世纪末，开始酝酿建立新的宽带接入网标准。

2000 年 11 月，在一些以太网厂商和电信运营商的推动下，IEEE802.3 工作组批准成立了第一英里以太网特别工作组（Ethernet in the First Mile Alliance），简称为 EFMA，从而开始了包括以太网无源光网络 EPON 在内的宽带接入网标准化进程。这个组织致力于把以太网技术广泛地使用在接入网上，形成一个完整的基于以太网的接入网标准，而 EPON 是 IEEE802.3ah 标准中最重要的组成部分。目前，包括 Salira，3COM，Notal，Alloptic，Aura Network，Cisco，WorldCom，Intel 等近 80 家网络设备制造商和电信运营商加入该组织。

2001 年第三季度 IEEE802.3 工作组批准其项目授权申请，授权 EFMA 起草 IEEE802.3ah 标准草案。

2002 年 7 月 EFMA 对标准的基本技术建议达成了一致，成为第一版标准草案的原型，并在 2002 年底提交给 IEEE802.3 工作组评审，预计在 2003 年 9 月正式颁布。

目前在国内外市场上，有的厂商已经提供包括组成 EPON 系统在内的产品。随着标准的颁布以及产品的推广应用，基于以太网技术并支持多业务的宽带接入网 EPON 会有广阔的应用前途。

3.11.2 IEEE802.3ah 体系结构

IEEE802.3ah 体系结构如图 3-40 所示。其上媒体访问控制子层均为全双工，媒体独立接口 MII 可选择连接下面 4 种物理层。其中包括单模光纤上支持的 1000BASELX 和 100BASEFX，铜线上支持的 VDSL 以及单模光纤上支持的 EPON。

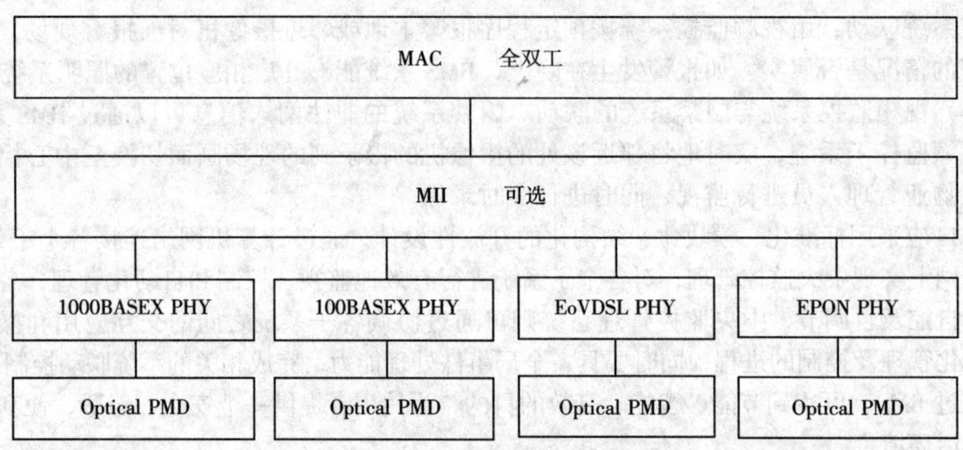

图 3-40 IEEE802.3ah 体系结构

EFMA 主要是规定了数据链路层和物理层的工作方式和参数，并定义了以下 3 类物理层工作方式。

1. 单条单模光纤上点对点以太网

为了减少单模光纤铺设的数量，EFMA 提出了在单条光纤上的以太网标准，在单条光纤上收、发两个方向分别采用不同波长的波分复用技术，作为对传统的收、发分离的光纤对以太网工作方式的补充。单模光纤上点对点以太网工作方式支持 100BASEFX 和 1000BASELX，距离可以保证 10km 以上。

2. 现有铜线上点对点 10M 以太网

利用已经铺设的 DSL 铜线，EFMA 提出了 10M 以太网的 VDSL 工作方式，距离可以保证 750m 以上。

3. 单条单模光纤上 EPON 工作方式

上行实现点对点以太网工作方式，下行实现点对多点的以太网广播方式。在单条单模光纤上上行和下行分别采用不同波长的波分复用技术（上行波长 1310μm，下行波长 1550μm），支持 1Gbit/s 以太网，距离保证 10km 以上，可达 20km。

3.11.3 EPON 组成与工作机理

1.EPON 总体结构的基本思想

EPON 总体结构的基本思想包括如下几方面。

①在物理层上，要满足突发性数据通信和实时的 TDM 通信；

②在数据链路层上，使用完全透明的全双工以太网技术；采用时分复用 TDM 技术，保证多业务应用的服务质量 QoS；

③基于 IP 以太网结构，保证了开放性和前瞻性；通过 IP 协议，实现对 EPON 的系统管理，其中包括对业务和用户端设备的管理；

④在 EPON 系统上，能够简单、灵活地提供数据、音频和视频服务，满足用户各种复杂的业务和应用需求。

2. 组成与工作机理

由单模光纤所支持的 EPON 具有点对多点和点对点两种 PMD。EPON 的组成如图 3-41 所示，由光路终端 OLT（Optical Line Termination）、无源光分线器 POS（Passive Optical Splitter）、光网络单元 ONU（Optical Network Unit）、单模光纤和单元管理系统 EMS（Element Management System）5 个部分组成。

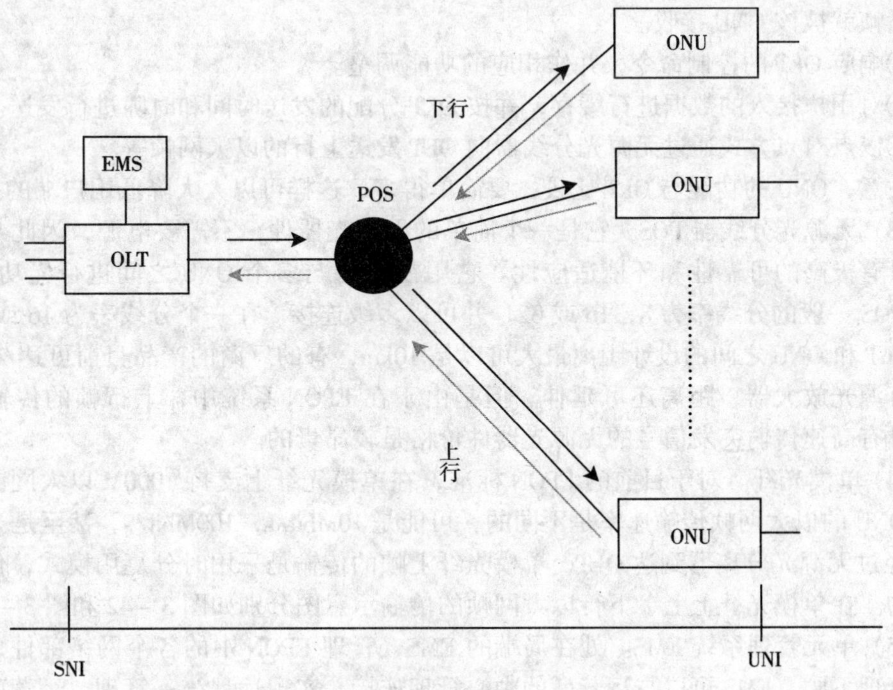

图 3-41 EPON 组成

(1) 光路终端 OLT。它是 EPON 的核心部件，EPON 的主要功能集中于此，包括如下几个主要功能。

①连接接入网的服务网络接口 SNI。在 EPON 系统中，OLT 既具有交换机或者路由器的功能，并且是一个多业务提供平台。为了支持多媒体业务或者传统的话音、数据业务，OLT 对外可以连接各种端口，包括 T1/E1，FR，ATM，GbE，SDH/SONET，甚至 WDM，通过这些端口连接了城域网或广域网。显然，OLT 还可提供 Internet 接口。除了网络接口外，OLT 还提供了带宽分配、系统安全、服务质量等功能。

②以广播方式通过无源光分线器向 ONU 发送下行的以太网帧。

③负责产生用于全局时钟参考的时戳信息。

④发现和启动新的 ONU，通过一个测距过程，获得 OLT 与新的 ONU 之间的距离信息，并根据各个用户的服务级协议 SLA（Service Level Agreement），来进行带宽和时隙的分配，从而调整该 ONU 的发送时延，这样该 ONU 发送的帧不会与其他 ONU 发送的帧产生碰撞，这种机制还能提高整个上行信道的传输效率。

(2) 光网络单元 ONU。它是连接用户的部件，其主要功能如下。

①连接接入网的用户网络接口 UNI，即为用户提供 EPON 接入功能，可提供二层或者三层的交换功能，支持数据、语音和视频业务。

注意，用户与 ONU 连接可以是用户终端；也可以是用户驻地网的以太网接口（10M/100M/1Gbit/s），目前绝大部分均是如此情况；或者诸如 Modem 电话线等其他形式的网络连接。

②有选择地接收 OLT 发送来的广播信息。凡是目的地址与 ONU MAC 地址相符合的下行广播帧就被该 ONU 接收。

③响应 OLT 的控制命令，并作相应的功能调整。

④对用户接入的数据进行缓存，并按 OLT 分配的发送时间和时隙进行发送。

⑤以点对点方式通过无源光分线器向 OLT 发送上行的以太网帧等。

注意，ONU 的功能与 OLT 比较，要简单得多，这样可以大大降低用户端的投资。

(3) 无源光分线器 POS。它是一个简单的无源光器件，不需要电源，因此与有源器件比较具有极高的可靠性和环境适应性。它用在 OLT 与多个 ONU 之间进行光功率的分配，一个 POS 一般的分线率为 8，16 或 32，并可以多级连接。在一个分线率为 16 或 32 的系统中，OLT 和 ONU 之间的设计距离最大可以是 10km，有的厂商的产品目前可达 20km。如果使用有源光放大器，距离还可延伸。但是由于在 EPON 系统中，上行帧的传输是突发性的，具有高速传输突发信号的无源光器件价格是较昂贵的。

(4) 单模光纤。对于目前的 EPON 标准，在单模光纤上支持 1000M 以太网。但是用户接入 ONU 的以太网帧传输速率是不同的，可能是 10Mbit/s，100Mbit/s，甚至是 1Gbit/s。从 ONU 经过无源光分离器到达 OLT，单模光纤上帧的传输是采用时分复用模式，传输速率是一致的。在单模光纤上上、下行以太网帧的传输示意图分别如图 3－42 和图 3－43 所示。

(5) 单元管理系统 EMS。处在局端的 EMS，管理 EPON 中的各个网络部件，但是与局域网管理不同，EMS 可以与运营商的中心管理连接，实现远程统一管理。运营商可以通过中心管理系统来对 EPON 上的 OLT、ONU 等所有的设备进行管理，因此 EPON 的管理功能可以很强大，除了一般的网管功能在局端的 EMS 上完成外，通过远程中心管理，可以方便地实现对各种业务的灵活管理和配置，并支持服务质量 QoS。

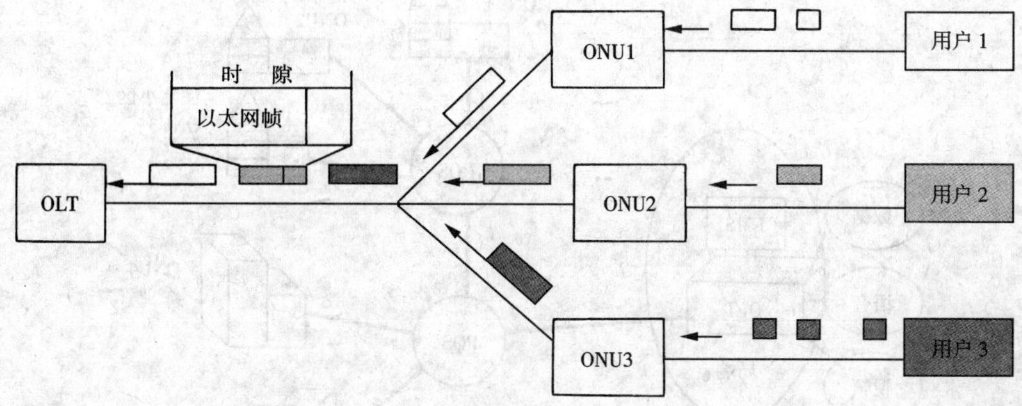

图 3-42　上行以太网帧按时隙分时传输示意图

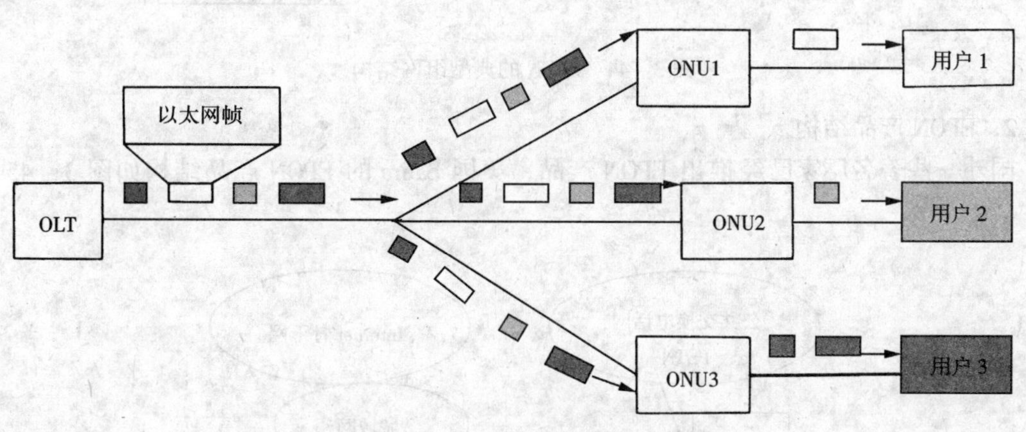

图 3-43　下行以太网帧广播传输示意图

在上行的传输示意图中，用户输入的分段数据，可以是以太网帧格式的数据，也可以是其他协议的数据包，经过 ONU 的缓冲处理后，按 ONU 所规定的时隙组成一定长度的以太网帧，按规定的时延发送到 EPON 的光纤上，然后在光纤上按时分复用模式顺序地传输到 OLT。在下行的传输示意图中，从 OLT 输出的所有的以太网帧都广播发送到各个 ONU 上，各个 ONU 有选择地分别接收自己的帧，然后转发给自己的用户。

3.11.4　EPON 组网结构与应用

1. 典型组网结构

EPON 的典型组网结构如图 3-44 所示。由两个 POS 互连构成星型结构光路连接了 5 个 ONU。ONU1 至 ONU3 连接了住宅小区；ONU4 与 ONU5 分别连接了企业和办公楼群。在局端配置了 OLT 设备和 EMS，并提供了数据、语音和视频的服务，这些服务实际上体现了通过 OLT 与 Internet/城域网，公共交换电话网，视频网等的连接。住宅小区、企业和办公楼群中的用户通过各自的 ONU，进入 EPON，获得 OLT 上的多媒体信息服务。

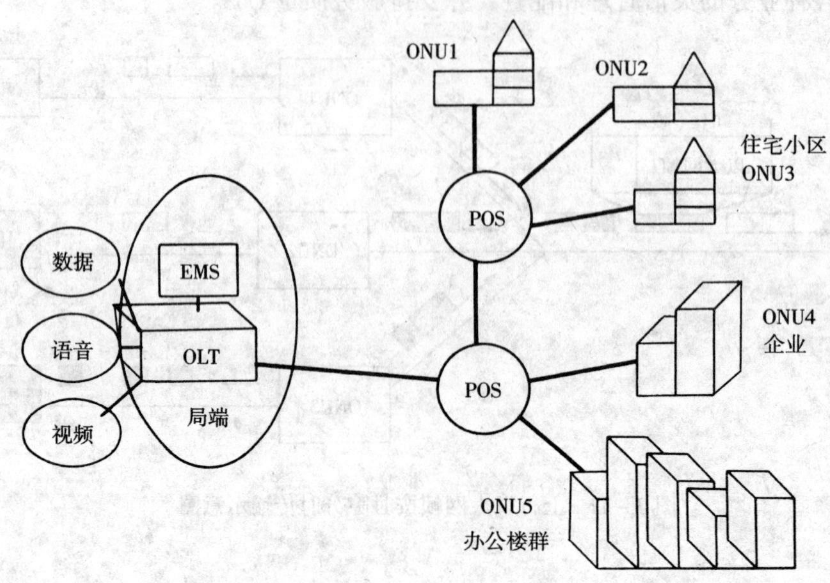

图 3-44　EPON 的典型组网结构

2. EPON 产品结构

国外一些著名厂家已经推出 EPON 产品，美国 Salira 的 EPON 产品结构如图 3-45 所示。

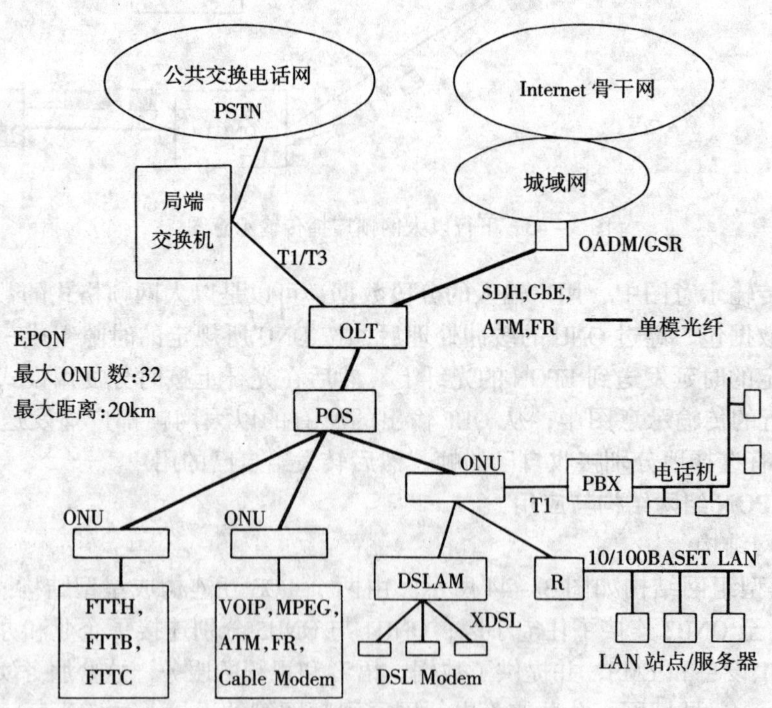

图 3-45　Salira 的 EPON 产品结构

该产品包括了多种类型的 ONU 设备，以适用于各种不同的用户接入方式。一种类型的 ONU 可以支持光纤到区（FTTC）、光纤到楼（FTTB）和光纤到家（FTTH）；一种类型的 ONU 支持多媒体信息服务，满足 VOIP，MPEG，ATM，Cable Modem 等用户需求；一种类似的 ONU 适用于 XDSL（通过 DSL 交换机 DSLAM），LAN（通过路由器 R）以及程控交换机 PBX 等方式的接入。

对于 OLT 来说，可以通过单模光纤连接 OADM/GSR 设备，以多种宽带方式（包括 SDH，GbE，ATM，FR 等）实现与城域网以及 Internet 的连接，也可以通过 T1/T3 经局端交换机与公用交换电话网 PSTN 连接。这样，OLT 既可以提供宽带 IP 数据、语音和视频的服务，又可以提供传统的 TDM 电话服务。

3. 多网融合应用的最优选择

(1) EPON 是几个最佳网络技术相结合的结构，包括以下几个方面。

①点到多点的结构的特点。对于接入技术，点到多点的结构是一种提供带宽的经济方式。与点到点结构相比较，点到多点结构是采用扇出的方式把局端与用户联系在一起，从而可以服务于大量的企业和个人用户。随着用户数量的不断增长，点到多点的结构具有很好的可扩性。而点到点结构对于大量分散的不断增加的新用户，可扩性显得较差。为了在初期网络建设时考虑到将来的需求增长，初期投入就会很大，这样就会造成投资的浪费。且在点到点的结构中要使用配置在室外比较昂贵的有源设备，对于这些设备的维护和操作既不方便，又会增加投入。

②无源光纤传输。EPON 使用单模光纤和无源光分线器，既能获得高的可靠性和可维护性，又能保证 10～20km 的覆盖范围。

③支持以太网标准。目前，IP 以太网应用占到整个局域网通信的 95% 以上，EPON 基于以太网标准这样经济、有效、富有前瞻性的技术，使其成为连接最终用户最好的通信方法。10G 以太网的出现也将使 EPON 成为未来全光网中最佳的最后一公里解决方案。

(2) 实现三网融合的应用。从图 3－45 的产品结构中可以看到，利用 EPON 来实现多种业务的应用是非常合适的。传统的电话、电视和数据业务分别需要 3 个独立的网络，即包括了由程控交换机组成的电话网、由有线电视组成的有线电视网以及由局域网组成的数据网。而在 EPON 上实现了三网融合是很方便的，因为 OLT 设备具有既提供宽带业务（包括语音、视频和数据）的功能，又可提供传统的电话和数据服务，而且还具备双向有线电视网头端 CMTS（Cable Modem Termination System）的功能。

(3) 智能建筑中四网融合的应用。EPON 虽然是一个接入网，连接了用户至电信运营商的局端，实现多种业务的接入。但是也可以在智能建筑（包括智能大厦、智能住宅小区和数字化园区）中作为一个驻地网发挥其四网融合的作用，只要把 OLT 配置在智能建筑中（而不是配置在局端）即可。智能建筑中除了需要电话、电视、数据信息服务外，还需要监控网络，用来支撑楼宇自控、安全防范、消防报警、一卡通以及停车场管理等系统的监控和管理。监控网络上的信息包括了一般的管理信息、具有突发性的报警和联动信息、具有时间性的数据采集和控制信息以及对时延敏感的传输视频和音频信息等。

EPON 结构设计的理念是：在协议第一层，传输的光信号是针对突发性的数据通信和实时的 TDM 通信进行了优化设计；在第二层，EPON 系统为 TDM 和 IP 提供了两个独立的传输通道。在链路上使用完全透明的全双工以太网技术，采用了 TDM，并实现了 QoS。

基于上述的 EPON 设计理念，因此只要合理地选用适应于监控系统连接的 ONU 设备，最简单的解决方案是：现场总线网络通过路由器或网关连接到 ONU，或者通过支持 IP 以太网的 BACnet 直接连接 ONU 等解决方案；深层次的解决方案是 ONU 起到工业以太网交换机的作用，对实现智能建筑中不同层次监控网络的需求在技术上是可行的。这样一来，智能建筑中实现了四网融合在技术上有了保证，从而从根本上达到建筑智能化系统结构优化、简化的目标。

第 4 章　现场总线技术及应用

4.1　概　　述

4.1.1　自动控制技术经历的四个阶段

自动控制技术在发展的过程中基本上经历了四个阶段。

(1) 20 世纪 50 年代由于生产规模小，检测控制仪表采用安装在生产设备现场的只具备单一测控功能的基地式气动仪表。信号在本地仪表内，各测控点只能处于封闭状态，信号无法互通，工作人员只能靠进行巡检来了解整个生产过程。由于生产规模的扩大，产生出气动、电动单元组合仪表并在控制室进行集中监控，在配线上采用一对一的配线方式，传输信号是模拟信号，规定了传输信号的统一标准，如直流电流信号 0~10mA，4~20mA，直流电压信号 1~5V 等。在中央控制室可对整个生产过程进行管理。由于是一对一的配线，所以配线太多、太长，影响了系统的可靠性。由于是采用模拟信号进行传输，传输速度慢、抗干扰能力差。随着计算机技术的发展，在采用了计算机控制方式后，数字信号传输取代了模拟信号传输。

(2) 20 世纪 60 年代开始出现了计算机控制系统，采用了直接数字控制系统（DDCS）又称计算机集中控制系统。该系统由中心控制机、扩展 I/O 接口组成，中心控制机可以是单板机、PC 机、工业控制机等。扩展 I/O 模块按不同的适用总线标准分成不同的系列。例如：最初的 S-100 总线、PC 总线以及后来的 STD 总线。其系统结构如图 4-1 所示。

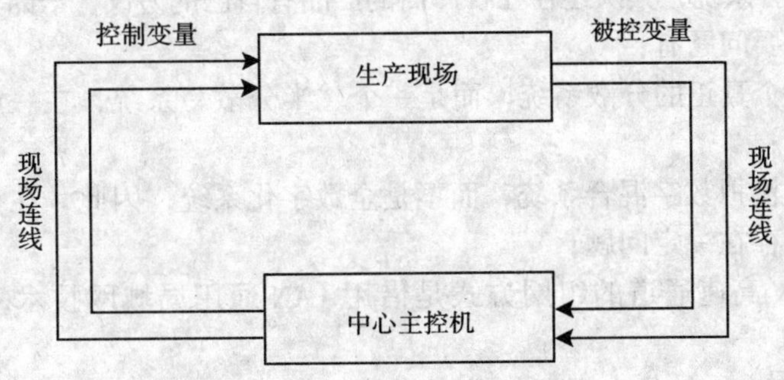

图 4-1　DDC 控制系统示意图

这种系统有着明显的缺点，其缺点主要有：

①系统可靠性差：一旦中央控制机出现故障，会造成整个系统的瘫痪；

②抗干扰能力差：太多、太长的现场连线，使干扰很难克服；

③系统规模小：采用这种结构很难开发大规模的系统。

(3) 20 世纪 70 年代出现了集中、分散相结合的集散式控制系统即 DCS 系统。该系统由多个基本调节器（BC）利用高速数据通道（DHW）联网组成一个控制系统，其中基本调节器（BC）以微处理器为核心，加上扩展 I/O 组成（包括信号调整板、隔离放大器、I/O 板、CPU 板、I/O 转换板等）。DCS 一般集中安装在控制室，控制功能分布到每个基本调节器上，每个基本调节器可控制多个回路。由于采用数字通信、CRT 显示、监控计算机监控，使整个监控成为一个整体，形成集中操作管理、显示、报警，即管理集中、控制分散的系统，其系统结构图如图 4-2 所示。

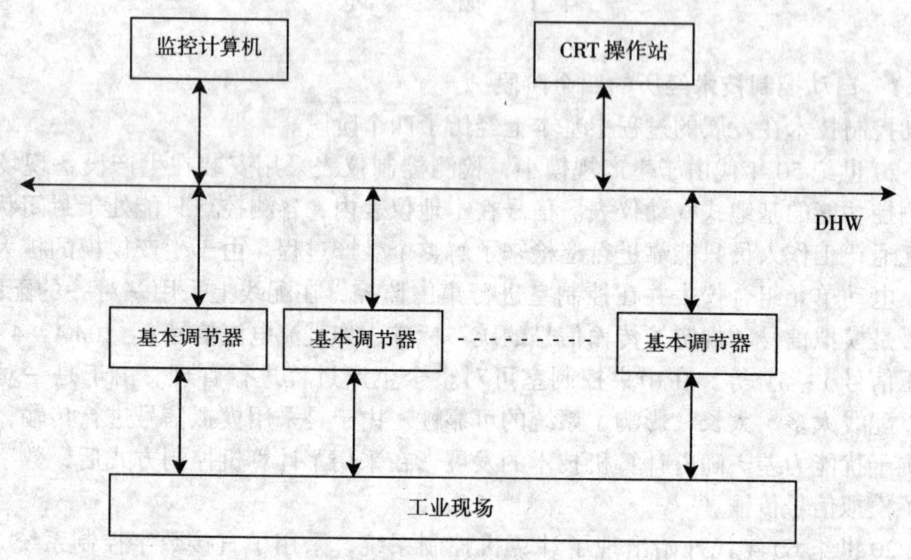

图 4-2　DCS 控制系统示意图

在 DCS 系统中测量仪表一般为模拟仪表，因此，信号传输是模拟、数字混合传输，系统是一个模拟数字混合系统，其次还存在各厂商的产品有自己的协议，产品不能互换等问题。

DCS 存在的主要问题有：

①DCS 不是一个真正的分散系统，而是一个“半分散”系统，在一定程度上存在着集中控制系统的缺点；

②由于是一个模拟数字混合系统，而不是全数字化系统，因此，在控制精度、抗干扰能力、计算速度上存在一定问题；

③专用的 DHW 高速通道的组网方式是借用 LAN 通用局域网技术，组网复杂、成本高、升级改造困难。

（4）20 世纪 80～90 年代出现了一种全新的控制系统——FCS（Fieldbus Control System）系统，即现场总线控制系统。这是由于计算机价格的下降、计算机网络技术和通信技术的发展，使控制系统向分散化、网络化、智能化的方向发展。特别是智能化仪表的出现为现场总线技术的出现奠定了基础。20 世纪 80 年代霍尼维尔推出了智能化仪表，仪表中装有 CPU 芯片，使现场与控制之间的传输，可以实现数字化传输，以后各大公司相继研究出各种系统的智能化仪表。现场总线还克服了 DCS 中通信网络封闭的缺点，实现了开放性、标准化的通信协议方案，具有真正的开放性和互操作性。

FCS 是诸多现场仪表通过现场总线互连与控制室内人机界面组成的系统，现场总线系统是一个全分散、全数字化、全开放和可互操作的新一代生产过程自动控制系统。现场总线不仅用于取代 4～20mA 模拟信号，还取代了 DCS 系统。FCS 是真正的分散控制系统，它将控制功能下放到现场，每个控制回路完全由分散安装的控制仪表来完成控制功能，仍允许在控制室人机界面上对现场仪表进行运行操作、调整和信息集中管理。图 4－3 是 DCS 与 FCS 结构比较示意图。

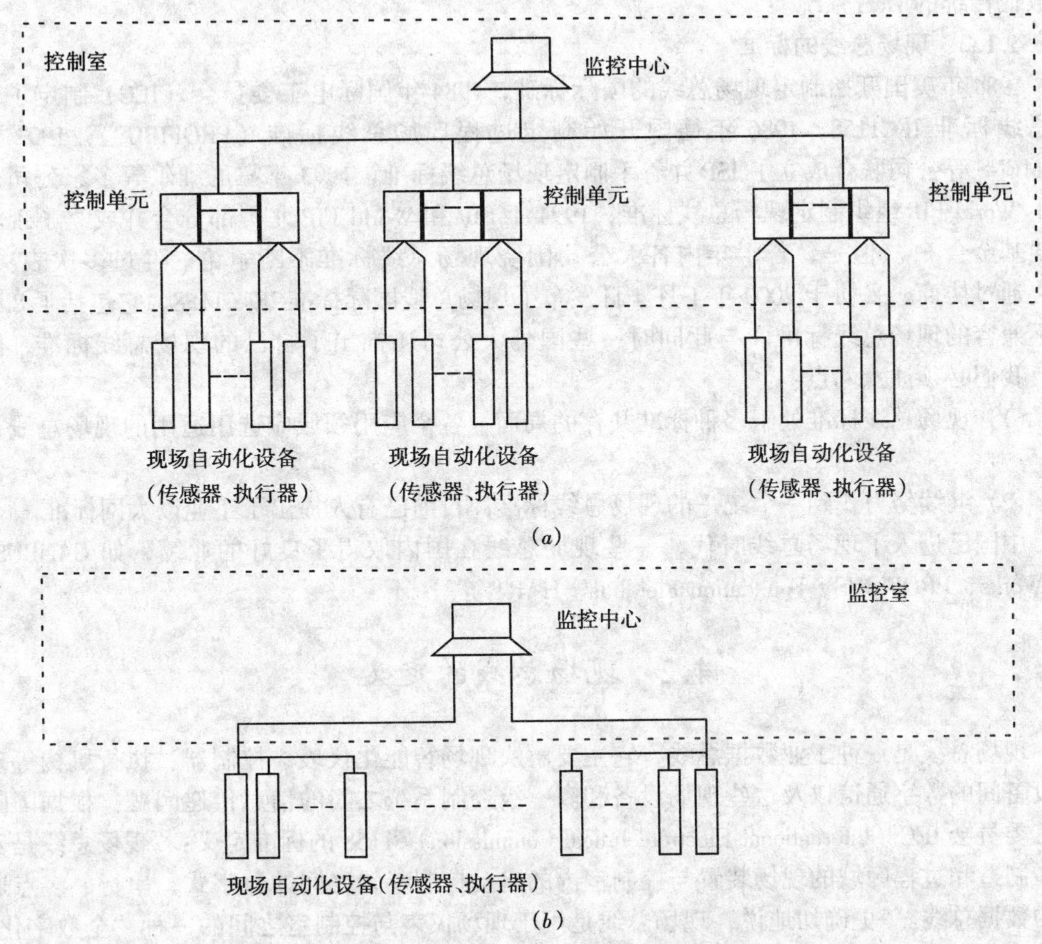

图 4－3　DCS 与 FCS 结构比较示意图

(*a*) DCS 控制系统结构示意图；(*b*) FCS 控制系统结构示意图

FCS 具有如下特点：

①采用无中心的真正分布式控制模式，信号传输数字化，控制精度高，系统可靠性大大提高；

②可减少元器件、插接件和 I/O 接口以及大量的连线降低了系统的成本；

③系统结构简单，组网方便；

④具有开放性及互操作性。

总之 FCS 采用了现代计算机技术中的网络技术，通信技术及软件技术。实现了现场仪表的智能化，以及现场仪表之间的数字化通信连接，对未来的生产过程的自动化控制产生了深远的影响。从自动控制系统的发展史过程来看，曾有过两次大的革新，一次是 20 世纪50年代末，由旧模拟仪表向电动式或气动式单元组合仪表转变。另一次是20世纪80年代，从电子模拟仪表向DCS的转变，这两次大的转变，远远不及现场总线对控制系统发展的影响那么深刻，现场总线使控制系统发生了概念上的全新变化，它使传统的控制系统结构发生了根本的变化，标志着工业控制领域又一个新时代的开始，现场总线控制系统最终将取代传统的DCS系统。

4.1.2 现场总线的标准

1984年美国开始制定现场总线的国际标准，1984年国际电工委员会（IEC）制定了现场总线标准IEC1158，1986年德国开始制定过程现场总线标准（PROFIBUS），1992年SIEMENS等公司联合成立了ISP并着手制定现场总线标准，1993年霍尼维尔等多家公司成立了World FIP组织制定现场总线标准，1994年SIP和World FIP北美部分合并成立了现场总线基金会FF。但是，若干年内各大公司围绕现场总线标准不断争论，经过多次表决，最终通过协商、妥协于2000年1月4日发布了现场总线国际标准IEC61158，它包括了8种互不兼容的现场总线标准，与此同时一些国外大公司还推出了自己的现场总线标准，因此，我们必须注意两点：

（1）现场总线标准处于多种标准共存的局面，各个应用领域应选用适用的现场总线标准；

（2）继续努力找到一个统一的现场总线标准，目前已有人提出了工业以太网标准。

中国已进入了现场总线时代，一些现场总线在国内取得了良好的业绩，如CANBUS、LonWorks、PROFIBUS、Foundation Fieldbus、HART等。

4.2 现场总线的定义

现场总线是一种工业数据总线，它主要解决现场智能化仪表、控制器、执行机构等现场设备间的数字通信以及这些现场设备和高一级控制系统之间的信息传递问题。根据国际电工委员会IEC（International Electrotechnical Commission）61158的标准定义：“现场总线是安装在制造和过程区域的现场装置与控制室内的自动控制装置之间的数字式、串行、多点通信的数据总线。”更确切地说，现场总线是用于现场仪表与控制室之间的一种“全数字化、双向、多变量、多点、多站的通信系统。”因为它与现场仪表连接，所以在整个系统中处于最底层。传统的4~20mA模拟信号只传输一个参数，而且只能是单方向的。现场总线基于数据通讯技术在现场设备和控制室之间进行多变量、双向通信。现场总线是一个开放式通信网络，又是一种全分布式控制系统，在微处理器化测量控制设备之间实现双向、串行、数字化的系统，也称为开放式、数字化、分布式、多点通信的底层控制网。值得指出的是智能化仪表是现场总线的基础，世界上各大公司都推出了各种智能化仪表，例如：FOXBORO的820，860，ROSEMOUNT的1151等。在目前智能化仪表尚未普及的阶段，采用智能化节点与模拟仪表相结合的连接形式，现在是现场总线的过渡阶段。现场总线的本质含义表现在以下几个方面：

1. 现场通信系统

现场总线把通信线一直延伸到生产现场或生产设备，是用于过程自动化和制造自动化的现场设备或现场仪表互连的现场通信网络。现场总线不断适应恶劣的工业生产环境，开发智能化仪表从而实现全数字化通信。

2. 现场设备互连

现场设备或现场仪表是指传感器、变送器、执行器等。这些设备通过一对传输线互连，传输线可以是双绞线、同轴电缆、光纤和电源线等。并可根据需要因地制宜地选择不同的传输介质。

3. 互操作性

现场设备或现场仪表的种类繁多，互相连接不同厂商的现场设备产品是不可避免的，用户希望对不同品牌的产品进行统一的组态，构成他所需要的控制系统；这是现场设备互操作的含义。现场设备的互连是基本要求，只有实现互操作性，用户才能自由地集成FCS。

4. 分散功能模块

用于功能块分散在多台现场设备中，并可统一组态，供用户灵活选用各种功能块，构成所需的控制系统，实现彻底的分散控制。

5. 开放式互连网络

现场总线是开放式互连网络，即可以与同层网络互连，又可与不同层网络互连。不同制造商的网络互连十分方便。

4.3 现场总线的特点

1. 实现了全数字化通信

在DCS系统中，有许多I/O板用来接受和送出4~20mA等模拟信号。即便采用了智能变送器这样的现场仪表，往往也还需要它们测量到的原始数字信号在送入DCS之前转换成4~20mA模拟信号，因此，DCS系统是一个半“数字信号”系统，在FCS系统中，信号一直保持着数字特性，因此，FCS系统是一个“纯数字”系统，数字信号的电平较高，一般的噪声很难干扰FCS系统内的数字信号。除此之外，数字通信检错功能强，可以检测出数字信号传输中的误码，所以，全数字化通讯使得过程控制的准确性和可靠性大大提高。

2. 实现不同厂家产品的互操作

由于任何一个仪表生产厂家都不可能提供一个生产自动化所需的全部现场仪表，或者在一个厂家仪表损坏后可以用另一个厂家的现场仪表代替，替换后可恢复正常，因此不同厂家的仪表互连是不可避免的。人们不希望为使不同厂家的现场仪表互连而在硬件和软件上花费较大气力。希望不同厂家的产品不仅需互通信而且需要互操作，这样才能满足生产工艺的各种要求。因此将不同厂家的产品集成于同一系统，并实现互操作就需要统一的规范。现场总线有一个开放性的协议，便于实现互操作。采用FCS的用户可以在价格、性能、质量和定货期等因素选择最好的现场仪表，而不会被迫只购买一家的产品，打破了厂家对同一产品的价格垄断，使用户从中受益。

3. 实现了真正的分布式控制

DCS从结构上不是一个真正的分散式，而是一个“半分散”系统，FCS才是真正的分散式，它把控制功能下放到现场的每个控制回路完全分散在现场仪表中，大大提高了系统的可靠性。

4. 传输的信息量丰富

可以传输多个过程变量的同时可将仪表标识符和简单诊断信息一并传送。可以产生最先进的现场仪表多变量变送器（例如可以检测温度、压力和流量，输出 3 个独立的信号的“三和一”变送器。）

5. 减少了 I/O 变送器

若平均 3~4 个仪表接到一根单独的电缆上，则可以减少一半到 2/3 的 I/O 接口卡、I/O 柜，另外槽盒、桥架、导线用量大大减少。新增加的仪表或设备只需并行挂接到电缆上，不需要架设新的电缆，大大降低系统费用。仪表系统的电缆配线安装、操作维修等方面的费用由于采用现场总线也可降低 60%以上。

6. 提高了测试精度

现场总线的数字信号比 4~20mA 模拟信号的精度提高 10 倍，可以减少 A/D 转换带来的误差。

7. 增加了系统的自治性

以微处理器为核心的现场设备可以完成许多先进的功能，包括部分控制功能下放到底层，由现场设备完成，甚至一些高级算法也可下放到底层。

总之，FCS 系统采用了现代计算机技术中的网络技术、微处理器技术及软件技术，实现了现场仪表的数字化连接和现场仪表的智能化，给工业生产带来了巨大的效益，大大降低了现场仪表的初始安装费用，节省了昂贵的电缆、施工费用，增强了现场控制的灵活性，提高了信号传递的精度，减少了系统运行维护的工作量。对未来生产过程自动控制产生了深远的影响。

4.4 几种现场总线技术的介绍

现场总线发展至今，已有十几年的历史。不少公司和集团都推出了自己的现场总线。其中比较有名的有：LonWorks、CAN、PROFIBUS 和 FF 现场总线等。下面我们对它们分别进行简要的介绍。

4.4.1 基金会现场总线

1. 概述

1994 年，ISP（Interoperable System Protocol）与 World FIP（Factory Instrumentation Protocol）北美部分合并成立了现场总线基金会（Fieldbus Foundation 简称 FF）组织，目的是致力于制订符合 IEC/ISA 标准的惟一的国际性的现场总线标准。总部设在美国的 Austin，其董事会及执行委员会分别由 ISP 和 WorldFIP 两大组织选派代表组成，成员多为世界上重要的过程控制与生产自动化设备供应商和最终用户。现场总线基金会组织制定的现场总线标准是基金会现场总线（Foundation Fieldbus 简称 FF）标准。由于现场总线基金会组织是一个相对独立的、非营利性的组织，并一直致力于制订一个符合 IEC/ISA 标准的国际现场总线标准，所以 FF 现场总线标准具有一定的独立性，容易被广大厂商接受，特别是它的 FF-H1 和 FF-HSE（High Speed Ethernet）结构非常符合控管一体化的体系结构给应用者提供了极大的方便。FF 现场总线主要应用于制造和过程自动化领域，世界上许多设备厂商都支持该标准。2000 年 1 月 IEC 61158 国际标准获得通过，成为现场总线国际标准，在该标准中包括了8种现场总线标准，FF现场总线的FF－H1和FF－HSE皆被列入其中。

2. 基金会现场总线的网络拓扑结构和特点

基金会现场总线具有现场总线的主要特性，它是一个全数字、串行、双向的通讯系统。用FF现场总线形成的控制系统使设备可以按照用户的需要进行组态，能满足工业过程自动化的环境要求，保证工业生产处于稳定安全的状态。利用FF现场总线强大的在线诊断、维护记录以及维护等功能，可方便地进行工业生产的过程管理。

（1）基金会现场总线的网络拓扑结构：

FF现场总线由两类网络构成，分别为FF－H1和FF－HSE（High Speed Ethernet），示意图如图4－4 FF－H1和FF－HSE现场总线示意图所示。

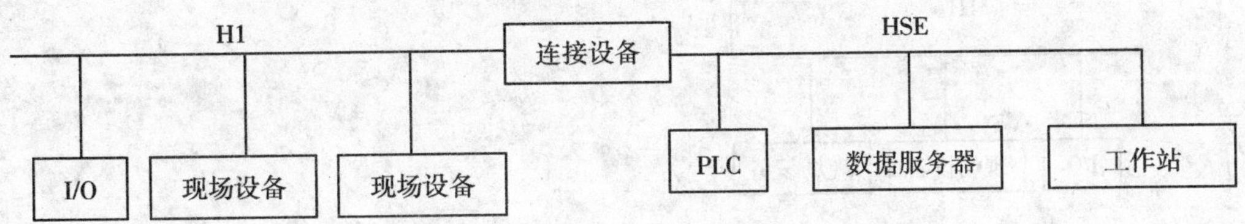

图4－4　FF－H1和FF－HSE现场总线示意图

2000年3月29日现场总线基金会公布了基于Ethernet的高速总线技术规范（high speed ethernet，HSE FS1.0）其放弃了原来规划的FF－H2（传输速率为1Mbit/s和2.5Mbit/s）高速总线标准，FF－HSE（High Speed Ethernet）标准迎合了控制和仪器仪表最终用户对可互操作、低成本、高速的现场总线解决方案的要求。FF－HSE（High Speed Ethernet）是以Ethernet以太网为基础的网络，其带宽为100Mbit/s或1Gbit/s或更高。FF－HSE用于连接FF－H1子网、数据服务器、工作站和高速控制器如PLC等。主要用于制造业（离散控制）自动化以及逻辑控制、批处理和高级控制等场合。

FF－H1是FF总线的低速部分，它以ISO/OSI参考模型为基础，根据过程自动化系统的特点演变而来。FF－H1实现了现场总线信号的数字通信过程，它是带宽为31.25 kbit/s的底层总线，用于连接现场设备如传感器、执行器等现场设备及其他I/O设备等。

链接设备用来互连31.25kbit/s总线并将其接入高速以太网（HSE）。它是一种网关设备，FF－HSE上的工作站通过数据服务器访问现场设备，所有访问信息都要通过连接设备。

基金会现场总线的网络拓扑结构比较灵活。其总线网络可以包含1个或多个FF－HSE子网和多个互连的FF－H1总线段。图4－5是一个FF－HSE子网与多个FF－H1总线段连接的示意图。

多个FF－HSE子网间是通过标准Ethernet路由器进行连接，其网络设备间的连接与以太网相同。

（2）FF－H1的网络拓扑结构和特点：

FF－H1的网络拓扑结构允许是：总线型、树型、星型拓扑结构。在同一网络段上可以采用混合型拓扑结构，即上述2种或2种以上拓扑结构的混合。

一般来讲FF－H1总线段的长度与电缆类型、网络设备数、总线供电选择和本质安全栅（intrinsic safety barriers）的选择有关。一般认为在 200 ~ 1900m 之间。每条 FF – H1 网段最多可接 32 台现场设备，使用中继器可到 240 台。设备可在原有的 4 ~ 20mA 设备的线路上运行。

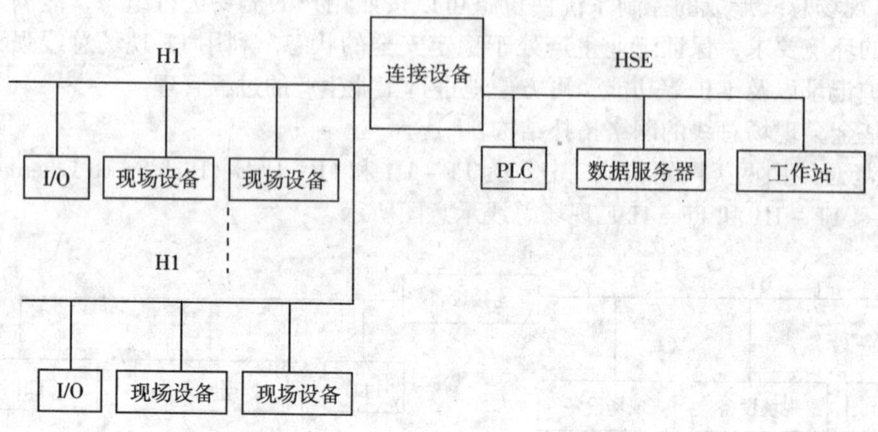

图 4 – 5　多个 FF – H1 和 FF – HSE 连接示意图

①FF – H1 总线的特点：

A. FF – H1 总线支持本质安全（I.S.）特性：本质安全（简称“本安”，intrinsic safety, I.S.）技术是在爆炸性环境下保证安全使用电气设备的一种方法。通常我们将存在有爆炸危险的区域称作危险区域，相对于危险区域的场所称为安全区域。在危险区域中一般都存在有可燃、可爆物质。为保证正常生产和人身安全，必须采取预防措施，以保证这些具有可燃、可爆性物质不被点燃。常用的预防措施有：将电气设备外壳设计成坚固的隔爆外壳，应用充砂或充油技术，防止可燃气体进入设备；用环氧树脂浇封电气设备使可燃气体无法进入。但是上述两种方法不仅会增加设备的体积和重量，而且会给设备的维修带来不便。与上述方法不同，基金会现场总线本质安全技术是使用本质安全型电气设备来保证本质安全性。本质安全型电气设备是可用于易燃、易爆环境的总线设备，根据本质防爆要求本质安全型电气设备应具有如下特点：在保证完成测量、控制、通信等的正常工作外，在任何情况（如断路、短路、故障以及在操作过程中的维护、接通、断开等情况）下，不致于产生火花和引发燃烧、爆炸等重大事故。对此，FF – H1 技术规范规定的总线供电的本安型标准设备的推荐参数为最高输入电压小于 24V，最大输入电流小于 250mA，最大输入功率小于 12W，最大内部容抗小于 5nF，最大内部电感小于 20μH。

工作于危险区域的现场总线及现场设备的惟一电能量来源要来自安装在安全区域的本安电源。根据本安标准，通讯信号通过合适的光电耦合器或变压器进行传输，供电电源需要完全隔离。为此，应在安全区域的本安电源和危险区域的本质安全设备之间加上本质安全栅。本质安全栅的作用是将过压、浪涌电流和过载电流安全地转移到系统“地”，因此，使用安全栅来保护危险区域的现场总线要在安全栅和地之间设置可靠的连接。大多数安装规范要求设置在安全栅接地端和系统安全地之间的接地电缆的直流电阻小于 1Ω。本质安全栅的连接示意图如图 4 – 6 所示。

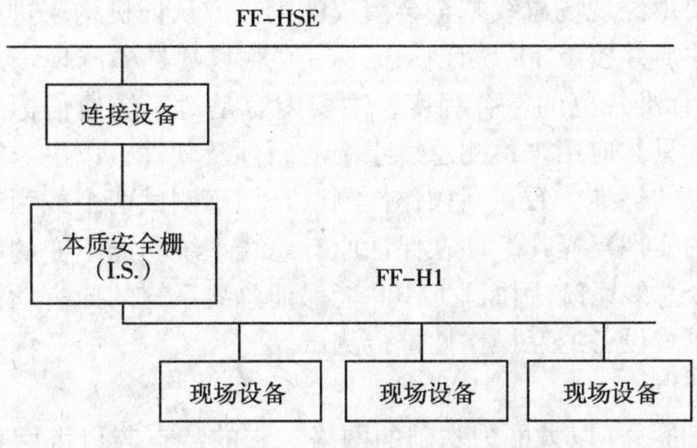

图 4-6　本质安全栅连接示意图

B. 支持总线供电工作方式：FF-H1 为现场设备提供两种供电方式：非总线供电方式和总线供电方式。非总线供电的现场设备的工作电源直接来自外部电源。总线供电方式中现场设备的电源由现场总线提供，所以，总线上既要传送数字信号，又要传输现场设备所需的电源。这时现场总线上的波形与采用非总线供电方式时的波形是不同的，FF 现场总线是采用将数据信号调制到 9~32V 的直流供电电压上来完成总线供电。

C. 令牌总线访问控制方式：FF-H1 采用了令牌传递的总线控制方式。令牌传递是由链路活动调度器（link action scheduler，LAS）进行控制的并提供了两种调度方式：调度通信方式和非调度通信方式。这种基于 LAS 的两种链路活动调度方式，确保了总线系统中的信息传输的及时性。

D. 标准化的功能块：FF-H1 以 ISO/OSI 七层通信模型为参考并在其应用层上定义了自己的用户层，用户层中包括有两个重要的部分组成，即功能块和功能块应用进程。这使得系统的互操作与集成更加易于实现。

FF-H1 的用户层提供了一种通用的结构，以功能块的形式来描述总线控制系统的各种功能，功能块的这种通用结构是实现开放性系统的基础。功能块应用进程作为用户层的重要组成部分，用于完成 FF 总线自动控制系统的各项功能。根据实际控制系统的需要将不同功能块按一定组合方式进行连接就可以形成一个完整的应用进程，这给系统开发者及用户都带来了极大的方便。另外，功能块的应用可使不同制造商产品方便地集成于应用系统中。

E. 良好的系统开放性：系统的开放性是现场总线技术区别于以往控制技术的重要标志，FF 现场总线技术从 3 个方面保证了其良好的系统开放性，它们分别是：开放的系统标准；完备的功能规范文件；规范化的系统测试技术。

FF 以 ISO/OSI 七层通信模型为参考制定自己的开放性标准，从物理层到应用层采用标准化的通信协议。在用户层以功能块的形式实现机制的标准化，定义了标准化的功能块、资源块和变送器块。

FF 现场总线有一套完备的系统功能规范文件，它为设备制造厂商提供了 FF 的技术规范和各种参数值。

FF 现场总线有自己规范化的系统测试技术，它包括两方面的内容：一致性测试和互操作性测试。测试要由经现场总线基金会授权的第三方认证机构来进行，测试合格后由现场总线基金会登记注册并授予 FF 认证标志。一致性测试是检测现场总线设备或现场总线系统与 FF 现场总线标准规范的符合程度，主要内容是对系统通信标准一致性的测试。一致性测试是通过多次具体应用来检测总线系统的硬件及软件，以决定其行为在多次具体应用中是否与通信协议的标准一致；互操作性测试是用于测试两个或两个以上的不同厂商的总线设备能否真正的实现互操作，即在保证原有总线系统功能不变的前提下不同厂商的总线设备能否在同一个总线系统中协调工作并能保证总线系统的原有功能不变。互操作性测试主要用于对现场总线设备的互操作性进行测试。

②FF－HSE 的特点：

FF－HSE 是以 Ethernet 以太网为基础的网络，它的特点与以太网相似，故不再加以叙述。将其主要技术指标列于表 4－1。

FF－HSE 的主要技术指标 表 4－1

传输速率	100Mbit/s 或 1Gbit/s
长度/每网段	100m
总线供电	不支持
本质安全	不支持
拓扑结构	总线型
总线冗余	有
总线端接	有
总线连接	可与其他现场总线集成

3．FF 现场总线协议

FF－H1 现场总线协议以 ISO/OSI 七层参考协议模型为参考，定义了自己的通讯协议模型，它与 ISO/OSI 七层参考模型的比较示意图如图 4－7 所示：

FF－H1 现场总线不使用 OSI 模型的三、四、五、六层。

FF 基金会现场总线在 OSI 七层参考模型的应用层上定义了自己的用户应用层。这在 OSI 七层参考模型中是没有定义的。

在 FF 现场总线的硬件和软件开放过程中一般将物理层以上用户层以下的部分作为一个整体来对待，而这部分是与 FF 现场总线的通信规范相关，所以，将基金会现场总线通信协议中的现场总线报文规范层（FMS）、现场总线访问子层（FAS）及数据链路层（DLL）组成 FF－H1 的通信栈区。

（1）用户层：用户层是用于组成用户所需要的应用程序。根据现场总线设备所要实现的功能不同，可将用户层软件和部分硬件划分成若干个资源，各个资源之间彼此独立工作，对任何一个资源的修改，不影响其他资源。根据这一要求 FF 现场总线在用户应用层定义了“块”用于以表示设备可用的功能和数据。块包括功能块、资源块和变送块。如图 4－8 所示。

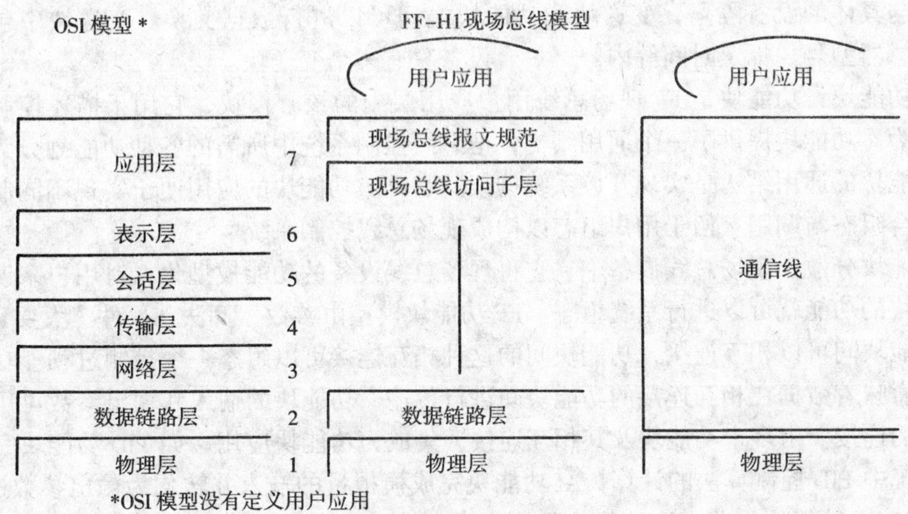

图 4－7 FF－H1 协议模型与 ISO/OSI 七层协议参考模型的比较

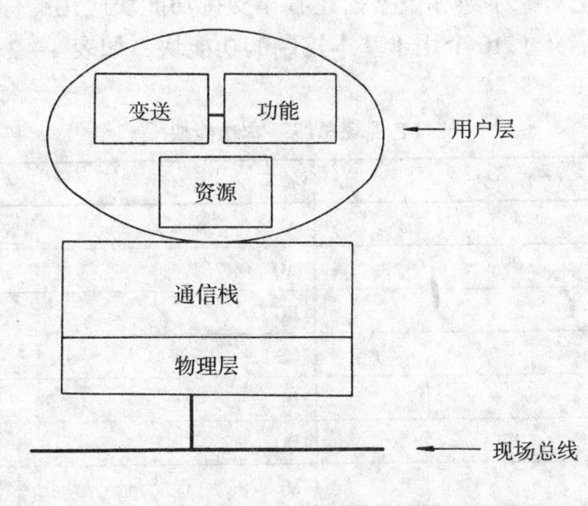

图 4－8 用户层

①资源块：资源块用于设备的描述，它通过定义一些内部参数来描述 FF 现场总线设备的物理特性和一些硬件特性，其主要内容是设备名、生产厂家和设备序号等。一台设备只有一个资源块。

资源块具有如下主要特点：

A. 资源块由制造商指定，不受系统管理调度；

B. 资源块中的所有参数都被定义为内部参数，资源块参数与功能块及变送块之间没有连接；

C. 资源块通过定义一些硬件参数，使得硬件的一些特性在网络上是可视的。

②变送块：变送块用于具体的硬件接口，完成数字化、滤波和数据转换等功能。它将

功能块与具体的设备隔离，变送块和功能块之间可以进行数据交换。变送块中包括有诸如：传感器型号、标定时间等内容，一台设备只有一个变送块。

③功能块：功能块是 FF 现场总线用户应用层中的核心模块，它用于描述控制系统的控制行为。功能块提供了一个通用结构，把总线控制系统中所需的各种功能划分为功能模块，功能块的通用结构是实现开放系统构架的基础。功能块的应用便于实现不同制造商产品的混合组态与调用。便于用户组态以构成现场总线控制系统。

功能块分散于现场总线设备中，它将现场总线设备的功能模型化，对用户来说只需了解功能块的功能就可以进行系统组态。FF 功能块模型由参数、算法、事件三大要素组成。

功能块间可以相互连接，功能块间的这种相互连接可以组态一个控制过程。功能块间的连接意味着数据在相互连接的功能块间进行传输。功能块的输入和输出参数可用于块与块之间的连接。由多个功能块及其相互连接，集成为功能块应用。如 PID 功能块完成现场总线系统中 PID 控制算法的计算，AI 功能块完成模拟量的输入并转化为输出参数送给 PID 功能块，AO 功能块接收 PID 功能块的输出参数并转换为模拟量输出，将 AI 模块、PID 模块、AO 模块依次连接就可以用功能块集成一个模拟量的 PID 控制回路。在功能块连接中，采用对象字典（object dictionary，OD）和设备描述（device description，DD）来简化设备的互操作，因而也可以把对象字典和设备描述看作支持功能块应用的标准化工具。

现场总线基金会定义了 10 个用于基本控制的功能块，如表 4-2 所示。

FF 现场总线基本功能块 表 4-2

功能块名称	符号
模拟输入（Analog Input）	AI
模拟输出（Analog Output）	AO
偏置（Bias/Gain）	BG
控制选择器（Control Selector）	CS
离散输入（Discrete Input）	DI
离散输出（Discrete Output）	DO
手动装载（Manual Loader）	ML
比例/微分（PD）控制	PD
比例/积分/微分（PID）控制	PID
比值（Ratio）	RA

另有 15 个标准功能块在现场总线基金会 FF-892 Function Block Application Process-Part 3 及 FF-893 Function Block Application Process-Part 4 文件中定义。本文不再列出。

现场总线基金会允许用户自行定义功能块。用户自行定义的功能块叫柔性功能块（Flexible Function Block，FFB）其结构如图 4-9 所示：

功能块的功能描述参数可分为输入参数、输出参数和内部参数。输入参数从其他块接收数据，输出参数发送数据到其他块，内部参数不接收或发送数据，它包含在块内。功能块参数也可按其功能分类为报警、趋势或转换参数。

功能块具有自己的标识，在现场总线网络上块是由字符串名或标记名来标识的，块标记名用来描述块的类型和位置，在FF现场总线网络上块标记名是惟一的。

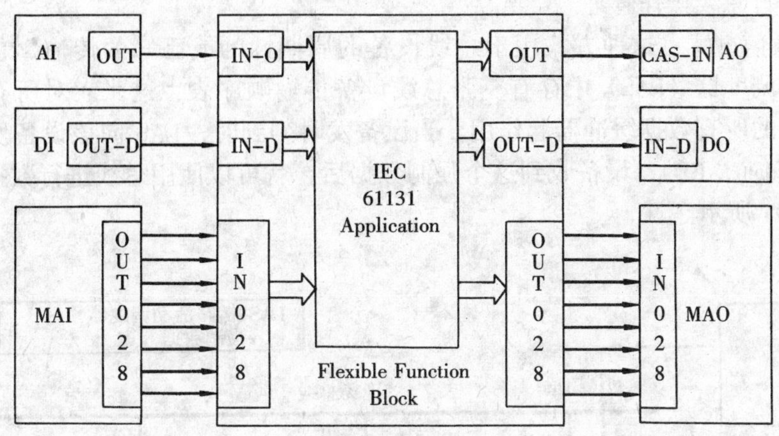

图4-9　柔性功能块结构图

注：上图摘自FF文件：FF-894 Function Block Application Process - Part 5；
图中MAI模块是多路模拟输入模块，MAO模块是多路模拟输出模块。

④对象：FF现场总线在用户应用层中还附加定义了若干个对象，用于描述数据结构相同、操作行为一致的进程集合。其中主要的对象包括：

A. 链接对象：定义设备内部的或者是通过现场总线的输入和输出功能块之间的链接；

B. 趋势对象：允许本地的功能块参数变化趋势被主机或其他设备访问；

C. 报警对象：允许现场总线上报警信号的产生，用于块的报警和事件报告；

D. 观测对象：该功能块由用户自行定义每一种块类型的四个视图，用于动态反映系统参数的变化。

(2) 基金会现场总线的通讯栈：

FF基金会现场总线通讯栈包括数据链路层（data link layer，DLL）、现场总线报文规范（Fieldbus Message Specification，FMS）、现场总线访问子层（Fieldbus Access Sublayer，FAS）。

①数据链路层（data link layer，DLL）：数据链路层（DLL）位于物理层与现场总线访问子层（FAS）之间，其作用是为系统管理内核和现场总线访问子层访问总线介质提供服务。数据链路层通过链路活动调度器（Link Active Scheduler，LAS）上确定的总线调度程序，管理对现场总线的访问。

在数据链路层上现场总线设备被分为两类：链路主设备和基本设备。示意图如图4-10所示。

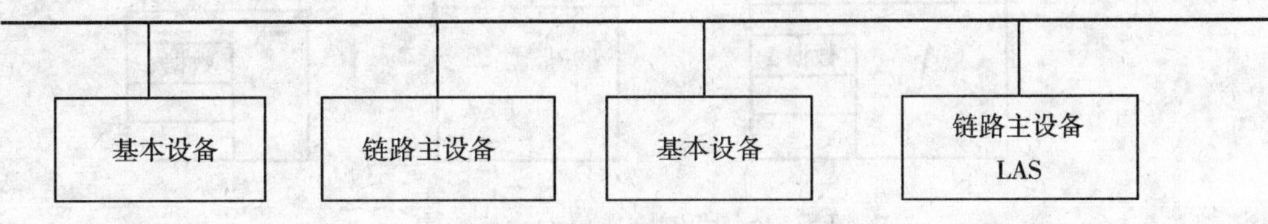

图4-10　数据链路层总线设备类型

A. 链路活动调度器：链路活动调度器用于管理总线上的设备对总线的操作，即由链路活动调度器决定设备操作总线的先后顺序。它采用两种调度方式：调度通信方式和非调度通信方式进行总线操作管理。

B. 调度通信方式：这种方式用于总线设备的周期性的或已知的传输。它的工作原理是在链路活动调度器（LAS）中存有一张总线设备传输顺序表，这张表对所有需要周期性传输的设备中的所有数据缓冲器起作用。当设备发时刻到时，LAS 向该设备发出一个强制数据（compel data，CD），设备收到这个强制数据后，就可以使用总线进行数据的发送。示意图如图 4-11 所示。

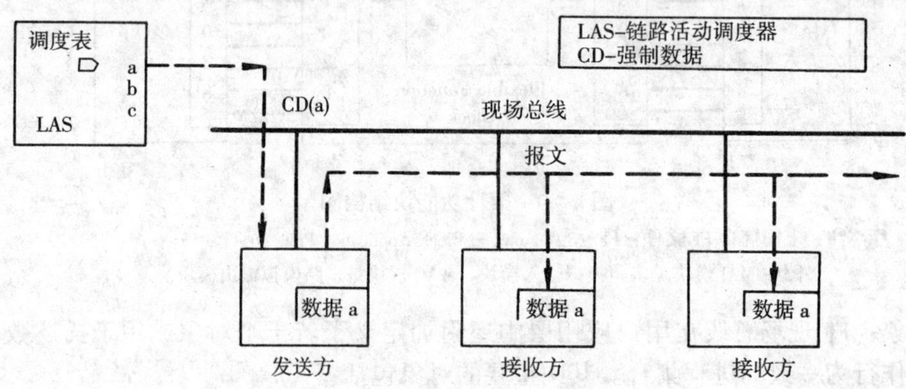

图 4-11　调度通信方式示意图

C. 非调度通信方式：非调度通信方式是用于调度通信方式以外的、具有随即性质的总线设备的数据传输，如：总线设备的报警信号等。非调度通信方式采用令牌（pass token，PT）方式进行传输管理，LAS 向总线上分布令牌，持有令牌的总线设备才有传送数据的权利，在任一时刻只能有一个设备持有令牌。示意图如图 4-12 所示。

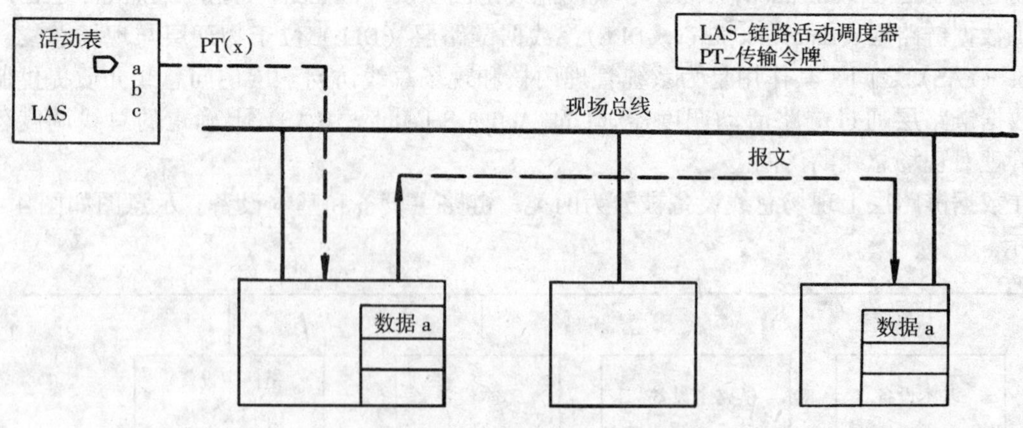

图 4-12　非调度通信方式示意图

D. LAS的管理：所有能够接受令牌的总线设备的地址都被列于一张表中，这张表叫活动设备表，活动设备表保存在链路主设备中。未列入活动设备表的设备无法接到令牌，从而也就无法传输数据，活动设备表中的内容是动态变化的，LAS周期性地向总线上未列入活动设备表的地址上发送探测节点（PN）信息，该信息送入活动设备表中未列入的总线设备上，如果这时在该地址上有总线设备存在就可以收到探测节点（PN）信息，如果该设备回应一个探测响应（PR）信息，LAS就将该设备的地址加入到活动设备表中并向该设备发出节点活动（NA）信息验证该总线设备的地址，如果设备不回应探测响应（PR）信息，LAS将不把该设备的地址加入到活动设备表中。已列入活动设备表中的总线设备如果经3个令牌循环周期都不使用令牌或接受后立即返回给LAS则LAS就将该设备从活动设备表中清除。LAS将活动设备表中总线设备的加入与清除信息动态地向各个链路主设备分布以便链路主设备中保存有最新的活动设备表。LAS还周期性地向总线上发布时间分配（TD）信息，以保证LAS与总线设备在链路时间上的严格同步，链路时间是链路调度的定时基准，在调度通信方式和非调度通信方式中应用进程的执行时间要以链路时间为基准。上述各类信息间的相互关系叫作LAS的算法，LAS的算法如图4-13所示。

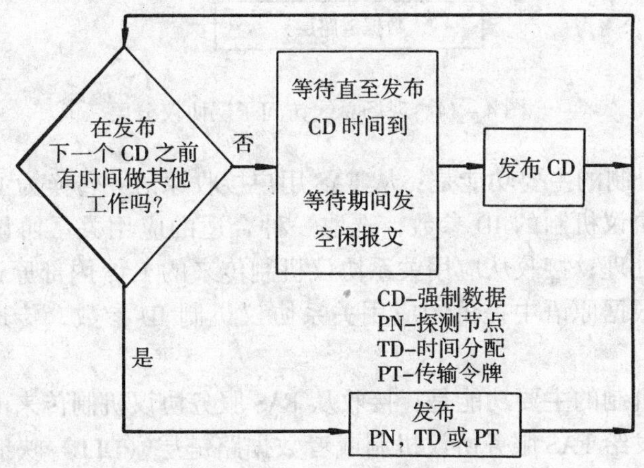

图4-13　LAS的算法

E. 主设备：在基金会现场总线中凡能够成为LAS的设备称为链路主设备，允许有多个链路主设备存在，但是，任何时刻只允许一个链路主设备掌管链路活动调表。链路活动调表可以在链路主设备间传递，如果当前的LAS失效，其他的链路主设备中的一台将成为LAS，使得现场总线的操作是连续的。任何时刻必须有一个链路主设备掌管链路活动调表，即链路调度过程必须是连续的。掌管链路活动调表的链路主设备就成为链路调度器。

F. 基本设备：基本设备是指那些能持有令牌并作出响应的设备，所有的设备，包括LAS都有基本设备的功能，基本设备的主要特点是具有接受令牌和进行数据传输的能力。

②现场总线访问子层（fieldbus access sublayer，FAS）：现场总线访问子层（FAS）是基金会现场总线通信参考模型中应用层中的一个子层，它与总线报文规范层（FMS）一起组成基金会现场总线通信协议的应用层。现场总线访问子层（FAS）使用数据链路层的调度

通信方式和非调度通信方式，为现场总线报文规范（FMS）提供服务。FAS服务类型由虚拟通信关系（VCR）来描述。

A. 现场总线访问子层（FAS）的主要内容：现场总线访问子层（FAS）主要由3部分组成：FAS服务协议机制、应用关系协议机制、数据路链层（DLL）映射协议机制。它们之间的相互关系如图4－14所示。

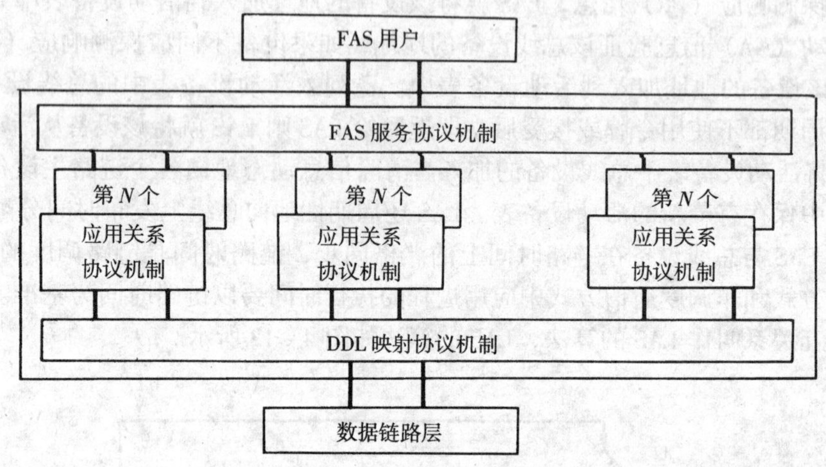

图4－14　现场总线访问子层协议分层

FAS服务协议机制的主要功能是：从FAS用户接收原语并转换为FAS内部原语；根据原语中的应用关系协议机制的ID参数，选取一种合适的应用关系协议机制状态，并将转换后的原语传给它处理；接收从应用关系协议机制传来的FAS内部原语，并转换成与FAS用户交互的原语；根据原语中提供的应用关系协议机制ID参数，传送原语到相应的FAS用户。

应用关系协议机制的主要功能是：接收从FAS服务协议机制传来的FAS内部原语，创建新的内部原语并发给FAS服务协议机制或者数据路链层（DLL）映射协议机制；接收从数据路链层（DLL）映射协议机制传来的FAS内部原语，并发给FAS服务协议机制。

数据路链层（DLL）映射协议机制的主要功能是：从FAS服务协议机制接收FAS内部原语，建立DLL服务原语并传给数据路链层；接收DDL的指示或确认原语，转换为FAS内部原语并传给应用关系协议机制。

B. FAS与FAS用户及DLL的接口：FAS与FAS用户及DLL之间的信息交换是通过原语进行的。对FAS来说，可以接收来自DLL的原语，也可以向它发送原语，同样可以接收来自FAS用户的原语或是向它发送原语。在总线协议层之间一般安排两个队列，用做原语的暂时存储，其中一个用于放置FAS发给DLL的原语，FAS每产生一个要发给DLL的原语就把它加在该队列的尾部，由DLL自己从队列头部取出FAS发给它的原语进行处理。另一个情况相反，它用于放置DLL发给FAS的原语，DLL将产生的原语加在该队列尾部，由FAS从队列头取出进行处理。

③现场总线报文规范层（FMS）：现场总线报文规范层（FMS）在整个通信模型中位于现场总线访问子层（FAS）和用户层之间。现场总线报文规范层（FMS）描述通信服务、

报文格式和用户应用建立报文所必需的协议行为等。它提供了一组服务和标准的报文格式，用户应用可采用这种标准格式在总线上相互传递信息，并通过现场总线报文规范层FMS中的服务来访问功能块应用进程对象以及它们的对象描述。其主要技术内容包括：现场总线报文规范层（FMS）的结构和现场总线报文规范层（FMS）与用户层和现场总线访问子层（FAS）的接口。

A. 现场总线报文规范层（FMS）的结构：现场总线报文规范层（FMS）由：虚拟现场设备（virtual fieldbus device，VFD）支持；对象字典管理（object dictionary，OD）；联络关系管理（context management，CM）；域管理（domain management，DM）；程序调用管理（program invocation management，PIM）；变量访问（variable access，VA）；事件管理（event management，EM）7个模块组成。每个模块的功能及相互间的关系这里不作介绍。

B. 现场总线报文规范层（FMS）与用户层和现场总线访问子层（FAS）的接口：现场总线报文规范层（FMS）与用户层和FAS的交互都是通过原语来进行的，它可以接收来自用户层的原语，也可以向它发送原语，同样可以接收来自现场总线访问子层（FAS）的原语或是向它发送原语。

现场总线报文规范层（FMS）与用户层的接口包括网络接口和本地接口，现场总线报文规范层（FMS）向其服务用户提供多种服务，包括链接的建立与释放、现场总线变量的读写、现场控制事件的报告与处理、现场设备应用程序的管理、设备内部各种数据结构的操作等。协议中具体规定了网络接口，而本地接口在协议中未作具体规定。

现场总线报文规范层（FMS）与现场总线访问子层（FAS）的接口部分在协议中作了具体规定，主要是两层原语的映射关系。具体说明见表4－3。

FMS－FAS服务映射关系表 **表4－3**

FMS服务	FAS服务	是否确认服务
Initiate	ASC	是
Abort	ABT	否
Data transfer confirmed	DTC	是
Data transfer unconfirmed	DTU	否
Reject	DTC．isp	是

注：表中Initiate的含义为建立一个链接；Abort为释放一个链接；Data transfer confirmed为被使用者确认的数据传输；Data transfer unconfirmed为非确认的数据传输；Reject为拒绝服务。

（3）物理层：基金会现场总线的物理层符合IEC1158－2和ISA－S50.02中有关物理层的标准，其功能是用于实现现场设备与总线间的连接提供机械和电气接口。物理层从通讯栈接收报文，并将其转换成现场总线通信介质上传输的物理信号，反之亦然。

①基金会现场总线的信号编码：FF现场总线通信协议在物理层上采用曼彻斯特双相－L（MANCHESTER－BIPHASE－L）技术进行信号编码。数据与时钟信号混合形成现场总线信号，编码信号中包含了时钟信息。现场总线信号接收器把在1个比特时间中间的正跳变作为逻辑“0”，负跳变作为逻辑“1”，编码信号波形如图4－15所示。

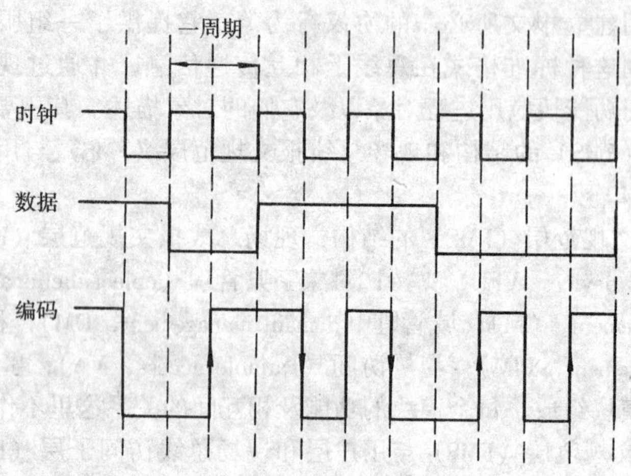

图 4-15 曼彻斯特双相-L（MANCHESTER-BIPHASE-L）编码波形示意图

基金会现场总线的信号通信由以下几种信号码制组成。

协议报文编码：协议报文是指携带了现场总线要传输的数据报文，这些数据报文由各层的协议数据单元生成。基金会现场总线采用曼彻斯特编码技术将数据编码加载到直流电压或电流上形成物理信号。在曼彻斯特编码过程中，每个时钟周期被分成两半，用前半周期为低电平、后半周期为高电平形成的脉冲正跳变来表示 0；前半周期为高电平、后半周期为低电平的脉冲负跳变表示 1，这种编码的一个显著特征就是：在每个时钟周期的中间，数据码都必然会存在一次电平的跳变。每帧协议报文的长度为 8～273 个字节。

前导码：为置于通信信号最前端而特别规定的 8 位数字信号：10101010，即一个字节。一般情况下，它是 8 位的一个字节长度。当采用中继器时，前导码可以多于一个字节。收信端的接收器正是采用这一信号，与正在接收的现场总线信号同步其内部时钟的。

帧前定界码：帧前定界码标明了现场总线信息的起点，长度为 8 个时钟周期，也就是一个 8 位的字节。帧前定界码由特殊的 $N+$ 码和 $N-$ 码与普通正负跳变脉冲按规定的顺序组成。在 FF 总线的物理信号中，$N+$ 码和 $N-$ 码具有自己的特殊性。它不像数据编码那样在每个时钟周期的中间都必然会存在一次电平的跳变，$N+$ 码在整个时钟周期都保持高电平，$N-$ 码在整个时钟周期都保持低电平，即它们在时钟周期中间不存在电平的跳变。收信端的接收器利用帧前定界码信号来找到现场总线信息的起点。

帧结束码。帧结束码标志着现场总线信息的终止，其长度也为 8 个时钟周期，或称一个字节。像起始码那样，帧结束码也是由特殊的 $N+$ 码和 $N-$ 码与普通正负跳变脉冲按规定的顺序组成，当然，其组合顺序不同于起始码。前导码、帧前定界符、帧结束码都是由物理层的硬件电路生成并加载到物理信号上的。作为发送端的发送驱动器，要把前导码、帧前定界符、帧结束码增加到发送序列之中；而接收端的信号接收器则要从所接收的信号序列中把前导码、帧前定界符、帧结束码除掉。图 4-16 是这几种编码信号的波形图。

②基金会现场总线的物理信号波形：基金会现场总线的 H1 总线支持总线供电方式，

在这种供电方式中现场总线设备从总线上获取工作能量，因此，总线上不但要传输数字信号还要为总线设备传输电源信号。按 H1 的技术规范，电压模式的现场总线信号是将总线数字信号以 31.25kHz 的频率、峰－峰电压值为 0.75－1V 的幅值加载到 9－32V 的直流供电电压上，以形成 H1 的现场总线物理信号，其示意图如图 4－17 所示。

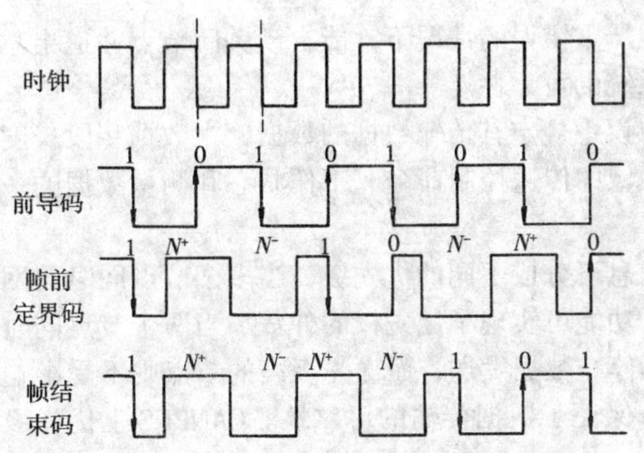

图 4－16　基金会现场总线的编码信号的波形图

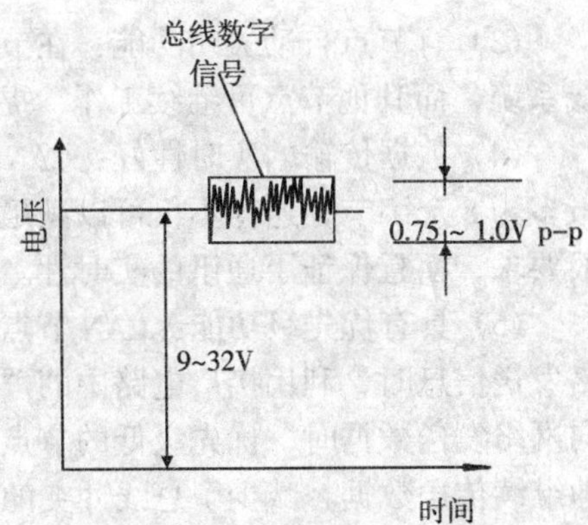

图 4－17　总线供电方式时总线物理信号波形

对于使用本质安全栅应用场合，电源电压的数值应由安全栅的额定电压值决定。基金会现场总线具有较强的技术规范及技术的全面性和先进性，它必将对今后现场总线技术以及现场总线控制系统的发展产生重要影响。几年前有关专家就提出在过程控制领域选择基金会现场总线技术标准，开发有中国自主知识产权的现场总线系统，但是，由于基金会现场总线技术在我国起步较晚，目前，国内在这一领域的研究进展比较缓慢，能从事基金会现场总线技术开发及应用的人员不多，可供选择的成熟的 FF 现场总线产品也比较少，这给 FF 现场总线技术在功能的应用带来了比较大的困难。但是，FF 的技术优势所在，它必将在我国得到越来越广泛的应用。

4.4.2　CAN 现场总线

1. 概述

控制局域网络 CAN（Control Area Network）是由德国 Bosch 公司为汽车监测和控制而设计的，然后逐步发展到用于其他工业部门的控制。CAN 已成为国际标准化组织 ISO11898 标准。CAN 现场总线技术主要应用于汽车工业中，目前世界上许多著名汽车厂商已将 CAN 现场总线应用于汽车控制系统中，由于以 CANBUS 构建的控制系统具有可靠性高、简单灵活等特点，目前 CAN 现场总线也应用于制造自动化行业中。

2. CAN 现场总线的特点

（1）网络结构简单、灵活、可靠性高：CAN 网络与 LonWorks 相似也是将多个节点以总线相连，每个 CAN 节点也是一个以微处理器为核心的系统，它负责完成本地控制及网络通信的工作，CANBUS 通信协议也固化在节点中。节点中有负责网络通信的部件（如 82526 等）。CAN 节点也像 LonWorks 节点一样提供可内置总线收发器。CAN 总线是总线式串行通信网络，其上任意一个节点均可以主动地向其他节点发送数据，所有 CAN 是一种多主总线系统，任一节点的故障不会影响到系统的其他部分。CAN 总线每帧信息都有 CRC 校验及其他校验措施，数据出错率极低，可靠性极高。

(2) 支持多种传输介质：CAN 现场总线的传输介质可以是双绞线、同轴电缆和光纤，传输距离与传输速率有关，在 5kbit/s 时为 10km，1Mbit/s 时为 40m。其最高传输速率为 1Mbit/s。

(3) 有节点自动关闭功能：在节点出现严重错误的情况下，能自动关闭节点并退出总线系统，而其他节点可继续工作，提供了系统的可靠性。

(4) 数据传输的实时性好：CAN 总线协议中规定其传输数据的数据帧中数据字段长度最多为 8 个字节，这样不仅可以满足工控领域中传送控制命令、工作状态和测量数据的一般要求，而且保证了通讯的实时性。

(5) 具有优先级功能：CAN 节点上的信息可分成不同的优先级，当多个节点同时向网络发送信息时，利用接口电路中的“线与”功能可实现了优先权的仲裁。当两个节点同时向网络发送数据时，优先级低的节点会主动停止数据发送，而优先级高的节点则不受影响地继续传送数据，减少了总线冲突的机会，保证了数据传输的可靠性。CANBUS 上优先级最高的节点数据传输时间最短可为 134μs。

(6) 应用领域广泛：由于 CANBUS 的独特设计，目前它已不再只应用于汽车工业，在数控机床、医疗器械、机器人、过程控制楼宇自控等领域都有应用。

3. CAN 现场总线的网络结构

CANBUS 总线的网络结构与 LonWorks 相似，也是将多个节点以总线相连。每个 CAN 节点也是一个以微处理器为核心的系统，它负责完成本地控制及网络通信的工作，CANBus 通信协议也固化在节点中。节点中有负责网络通信的部件（如 82526 等）。CAN 节点也像 LonWorks 节点一样提供可内置总线收发器。CAN 总线是总线式串行通信网络，CANBUS 能以无主方式完成点到点（Peer to peer）的通信。

CANBUS 的网络拓扑结构比较简单，其示意图如图 4-18 所示。

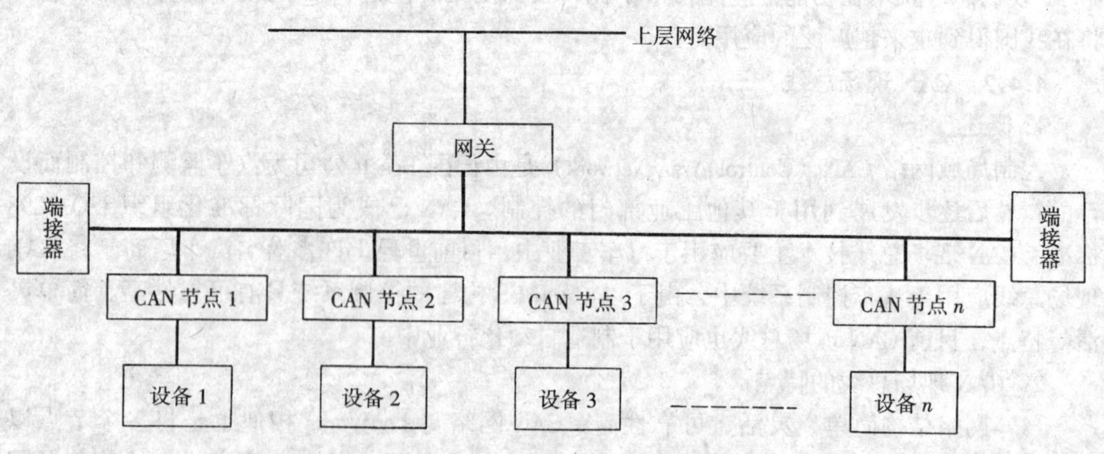

图 4-18　CANBUS 总线的网络结构图

每个节点通过相应的 CAN 接口连接工业设备（如限位开关、光电传感器、管道阀门、电机启动器、过程传感器、变频器、显示板、PLC 和 PCI 工作站等)。CAN 节点提供了设备级故障诊断方法，使通信效率和设备的互换性提高。CANBUS 的传输媒体可为双绞线、同轴电缆或光纤。CAN 上的节点数多可达 110 个，数据传输速率最高为 1Mbit/s，线路距离为 0.4～10km。

CANBUS 也允许通过网关与 Ethernet 或其他局域网相连从而形成管控一体化的工业网络。

CANBUS 具有通信灵活、实时性更好、纠错能力更强等特点。在硬件上可减少走线、易于系统扩充或改型、便于容错设计，有很高的可靠性。所有 CAN 总线是高可靠性分布式控制系统的理想总线。

4. CAN 现场总线的协议简介

CAN 现场总线只采用了国际标准化组织的开放系统互连的七层参考模型中的两层，即物理层和数据链路层。这样做可以降低成本提高系统的快速性。物理层定义了信号电平、位表达方式、传输介质等；数据链路层分为逻辑控制（logical link control，LLC）子层和媒体访问控制（medium access control，MAC）子层。其中媒体访问控制子层（MAC）有帧组织、总线仲裁、检错、错误报告、错误处理等功能，它将接收到的信息发送给逻辑链路控制子层（LLC）并接收来自逻辑链路控制子层（LLC）的信息，逻辑链路控制子层（LLC）为应用层提供接口。

（1）物理层：物理层的主要内容是规定了通讯介质的机械、电气、功能和规程特性。在 CAN 2.0A/B 中对物理层的部分内容作出了规定。传输介质可为双绞线、同轴电缆或光纤。总线上的电平为两种互补逻辑数值：“隐性”（表示逻辑 1）和“显性”（表示逻辑 0)。而且节点与总线的接口处可在逻辑上实现“线与”。

（2）数据链路层：数据链路层的主要功能是将要发送的数据进行包装，即加上差错校验位、数据链路协议的控制信息、头尾标记等附加信息组成数据帧，从物理信道上发送出去；在接收到数据帧后，再把附加信息去掉，得到通讯数据。在通讯过程中，收发双方都要对附加的控制信息进行检查判别，并作响应的处理，从而实现数据传输过程中的流量控制、差错检测，保证数据的无差错传输。CAN 总线的数据链路层包括逻辑控制（logical link control，LLC）子层和媒体访问控制（medium access control，MAC）子层。其中媒体访问控制（MAC）子层的主要功能是传输规则，它是 CAN 协议的核心，主要包括控制帧的结构、传输时的非归零编码方式、执行仲裁、错误检测、出错标定和故障界定，同时还要确定总线是否空闲（出现连续 7 个以上的“隐性”位）或者能否马上接收数据（检测同步信号)。逻辑控制（LLC）子层的主要功能是报文的滤波（根据数据块的编码地址进行选择性接收）和报文的处理。

CANBUS 的信息传输是通过报文进行的，报文帧有 4 种类型：数据帧、远程帧、出错帧和超载帧，它们的格式基本相同。CANBUS 帧的数据域较短，小于 8bit，数据长度在控制域中给出。短帧发送一方面降低了报文出错率，同时也有利于减少其他站点的发送延迟时间。帧发送的确认由发送站与接收站共同完成，发送站发出的 ACK 场包含两个“空闲”位，接收站在收到正确的 CRC 场后，立即发送一个“占有”位给发送站一个确认的回答。CANBUS 还提供很强的错误处理能力，可区分位错误、填充错误、CRC 错误、形式错误和应答错误等。CANBUS 的信息传输报文格式如表 4－4 所示：

CANBUS 的信息传输报文格式 **表 4-4**

起始位	仲裁域		控制域			数据域	CRC 域	应答域	结束位
SOF	ID	RTR	RB1	RB0	DLC	8 × *n*bit	16bit	2bit	7bit

①起始位（SOF）：标志数据帧的开始，由一个主控位构成。

②仲裁域：由 11 位标识符（ID）和远程发送请求位（RTR）组成，其中最高 7 位不能全是隐性位。ID 决定了信息帧的优先权。ID 的数值越小，则优先权越高。对数据帧，RTR 为“0”。对远地帧，RTR 为“1”。这决定了数据帧的优先权总是比远地帧的优先权高。

③控制域：RB1 和 RB0 为保留位，用于以后数据帧的扩展。DLC 为数据域长度代码，其值为 0～8。

④数据域：允许传输的数据字节长度为 0～8，其长度由 DLC 决定。

⑤CRC 域：它采用 15 位 CRC，其生成多项式为 X15 + X14 + X10 + X8 + X7 + X4 + X3 + 1CRC 最后一位为 CRC 分界符，它为隐性电平。

⑥应答域：包括应答位和应答分界符。发送站发出的这两位均为隐性电平。而正确地接收到有效报文的接收站，在应答位期间应传送主控电平给发送站。应答分界符为隐性电平。

⑦结束位：由 7 位隐性电平组成。

5．CAN 总线的节点

（1）CAN 节点的组成：节点是 CAN 总线上的基本控制单元，它主要完成总线设备的控制及总线通信控制的功能。其组成非常类似于单片机的最小系统，图 4-19 是一个以 80C592 微处理器为核心的 CAN 节点的示意图。

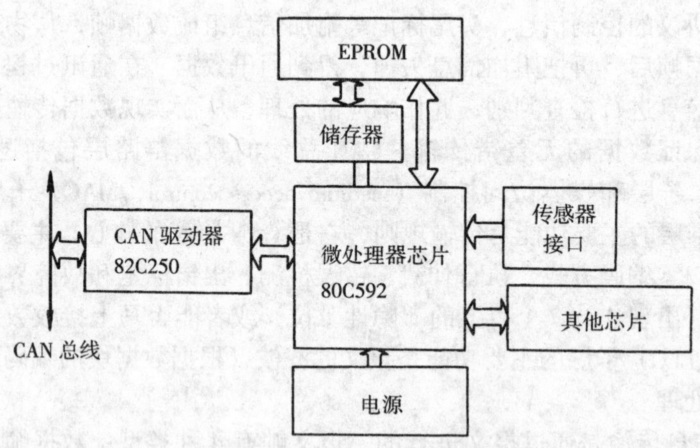

图 4-19　CAN 网络节点的结构

节点的核心器件是 CAN 控制器和 CAN 驱动器。CAN 控制器采用的是 PHILIPS 公司生产的带有在片 CAN 控制器的微处理器 80C592。它在 80C51 标准特性基础上增加了一些对于应用有重要作用的硬件功能，是适用于自动化和通用工业应用的 8 位高性能微控制器。

80C592 的结构主要包括：80C51CPU、五组 8 位 I/O 端口和一组与 ADC 模拟量输入公用8位输入口、256×2字节RAM（可扩展至64kB）、16kB在片ROM（可扩展到64kB）、三个16位定时器/计数器、具有8位模拟多路转换输入电路和10位分辨率的模/数变换器的ADC变换器、具有2级优先权的15个中断源（可以有2～6个外部中断源）、能够与内部RAM进行DMA数据传输的具有总线故障管理功能的CAN控制器和全双工串行I/O口UART。其中P80C592的系统时钟是在XTAL1和XTAL2引脚之间接一个16MHz的石英晶体，构成震荡电路的反馈元件，与内部放大器构成震荡时钟源。

80C592外部可进行ROM扩展，如可采用一片EPROM存储器2764进行外部程序存储器的扩展。

CAN收发器82C250用于节点与总线的连接，起到总线接口的作用。它与ISO/DIS标准完全兼容，且具有抗瞬间干扰、降低射频干扰、热防护、防护电池与地之间发生短路等总线保护能力，最多可连接110个节点，某一个节点掉电不会影响总线。

CAN网络节点也可以用其他型号的微处理器芯片构成。CAN节点不但在结构上与单片机的最小系统相类似，而且其开发过程也类似，其在总线系统中的作用又与LonWorks节点相似，所以，熟悉其研发和应用环境的技术人员较多，这也是CAN总线在我国得到较为广泛应用的原因之一。

(2) CAN节点的功能：CAN总线上的节点有5种工作状态：接收、发送、错误激活、错误认可和总线关闭。其中后3种是故障状态。

①发送与接收：任意一个节点在检测到总线空闲后就可以发送数据，首先发送的是一个帧起始位（“显性”位），作为总线上的其他所有节点收发数据的同步信号，其他节点也可以同时发送数据。在发送仲裁场期间，节点每发送一位数据，同时检测总线状态，如果检测到的状态与发送的数据位一致，则继续发送下一位数据，如果发送的是“隐性”位，而检测到的是“显性”位时，表明本节点在数据总线上与具有更高优先级的节点发生冲突，则自动退出发送，转入接收状态，等待下一次总线空闲时再发送数据。

②故障状态：每个节点的接口电路中都设有发送出错计数器和接收出错计数器。当节点在接收过程中检测到错误时，接收出错计数器加1，同时发送出错标志，如果接收报文成功，则接收出错计数器减1（减到0为止）；当节点处于发送状态时，发送一个错误标志，则发送出错计数器加8，而成功发送一个报文的，发送出错计数器减1；当两个计数器的值均小于128时，节点处于“错误激活”状态，可以正常收发数据；当任意一个计数器的值大于或等于128时，节点处于“错误认可”状态，仍可以正常收发数据；当发送计数器的值大于或等于256时，节点变为“总线关闭”状态，发送驱动器自动关闭，不再影响总线，但仍能检测总线状态。

6．CAN总线的应用

在2000年1月IEC 61158国际标准获得通过，成为新的现场总线国际标准，其中虽然不包括CAN总线，但是CAN总线已得到INTEL、MOTOROLA、PHILIPS、SIEMENS等国际大公司的支持，在国际上有着广泛的应用，现已应用于汽车、火车、轮船、机器人、智能楼宇、机械制造、数控机床、各种机械设备、交通管理等众多领域。在国内CAN总线也已被广泛用于传感器、自动化仪表、智能楼宇、工厂测控、火灾报警、变电站控制、煤炭综合监控等行业。

4.4.3 PROFIBUS 现场总线

1. 概述

1987 年，以 Siemens，Rosemount，横河等几家著名公司为首成立了一个专门委员会 ISP (Interoperable System Protocal)，并制定了过程现场总线 PROFIBUS（Process Field Bus)。德国政府认可并确定其为国家标准。

PROFIBUS（Process Field Bus）是欧洲开放式现场总线标准（EN50170)，它由 Profibus - FMS（Fieldbus Message Specification ）、Profibus - PA（Process Automation）和 Profibus - DP (Distributive Peripheral）三部分组成。其中 Profibus - DP 是一种高速（数据传输速率 9.6kbit/s ~ 12Mbit/s)、经济的设备级网络，主要用于现场控制器与分散 I/O 之间的通信，可满足交、直流调速系统快速响应的时间要求；Profibus - PA 用 IEC1158 - 2 标准，传输速率为 31.25kbit/s，提供本质安全特性，适用于安全性要求较高以及由总线供电的场合；Profibus - FMS 主要解决车间级通信问题，完成中等传输速度的循环或非循环数据交换任务。使用 PROFIBUS 技术的核心公司有 Siemens、Sanson 和 Softing 等。

2. PROFIBUS 的主要特点

①PROFIBUS 是一种用于工厂自动化车间级监控和现场设备层数据通信与控制的现场总线技术。可实现现场设备层到车间级监控的分散式数字控制和现场通信网络，从而为实现工厂综合自动化和现场设备智能化提供了可行的解决方案。

②与其他现场总线系统相比，PROFIBUS 的最大优点在于具有稳定的国际标准 EN50170 作保证，它不依赖任何特别的设备制造厂商，并且经过实际应用验证具有普遍性，便于用户的选择。

③具有 3 种总线系统结构可适用于不同的应用环境，根据不同的应用对象，可灵活选取不同规格的总线系统。

④支持本质安全特性。

3. PROFIBUS 的总线结构

我们以 Profibus - DP 为例对 Profibus 的总线结构作一简单介绍。

Profibus - DP 现场总线有两种系统结构，分别为单主站系统和多主站系统。它们的系统结构示意图如图 4 - 20 和图 4 - 21 所示。

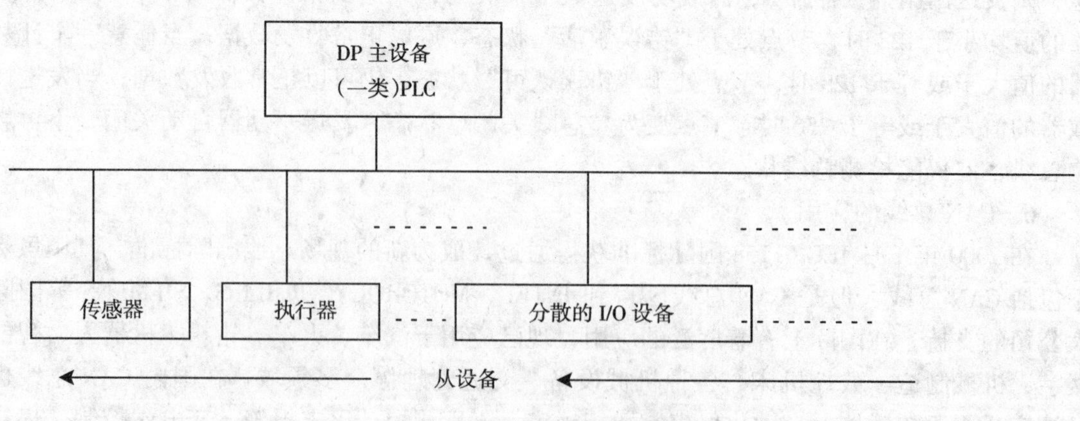

图 4 - 20　单主站系统示意

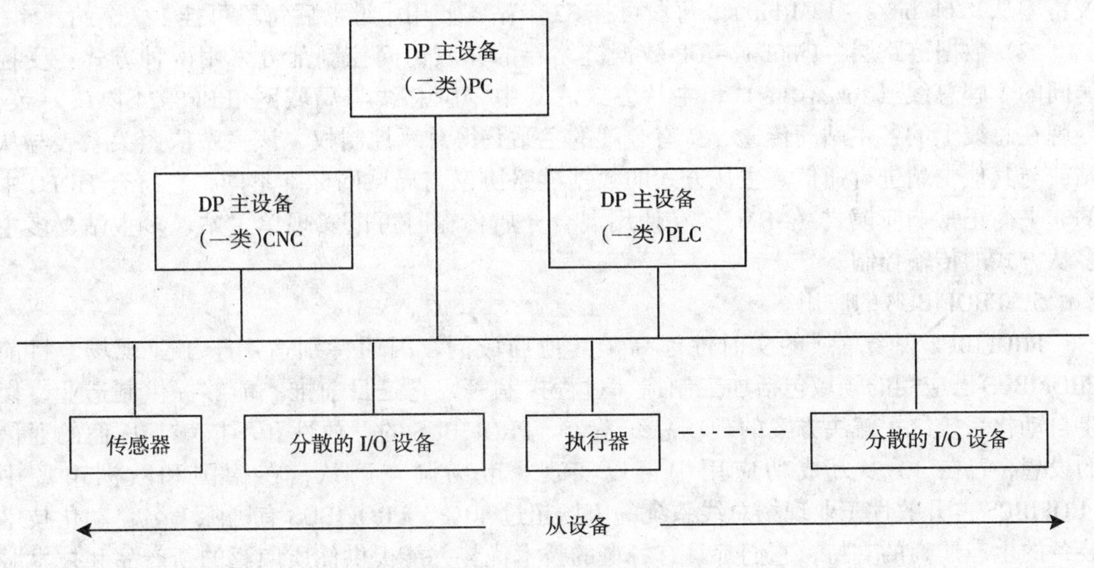

图 4－21　多主站系统示意

单、多主站系统中主设备为主站，从设备为从站。系统中站点数为 32 站点/段，加中继器后站数最多可至 126 个。传输距离为 0.1～1.2km/段，传输速率为 9.6～12000kbit/s。系统中二类主站为可编程、可诊断和可对网络进行组态与设置的设备。一类主站为可编程控制器，从站为数字或模拟设备。

Profibus－DP 现场总线存取方式为主站间采用令牌方式；主站、从站间采用主从方式。

4．PROFIBUS 通信协议简介

我们以 Profibus－DP 为例对 Profibus 的通信协议作一简单介绍。

Profibus－DP 现场总线通信协议以 ISO/OSI 开放标准为参考，对第一、二层加以定义，没有使用第三～七层。Profibus－DP 自行定义了用户层将它至于第七层之上，该层定义了 DP 的功能、规范与扩展要求等。示意图如图 4－22 所示。

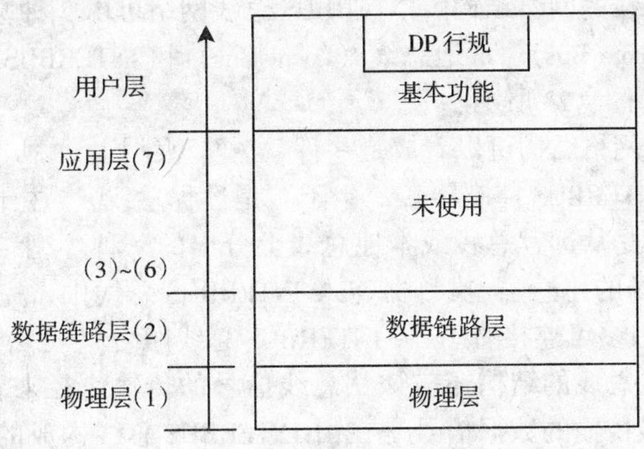

图 4－22　PROFIBUS 的通信协议模型示意图

(1) 物理层：物理层与 ISO/OSI 参考模型的第一层相同，采用 RS－485 双绞线或光纤。

波特率从 9.6k bit/s ~ 12M bit/s。每段可挂 32 个站，使用中继器后每段可挂 127 个站。

（2）数据链路层：Profibus – DP 数据链路层的介质访问控制部分采用两种方式：受控访问的令牌总线（Token Bus）和主从方式。其中令牌总线与局域网 IEEE8024 协议一致，令牌在总线上的各主站间传递，持有令牌的主站获得总线控制权，该主站依照关系表与从站或与其他主站进行通信。主从方式的数据链路协议与局域网标准不同，它符合 HDLC 中的非平衡正常响应模式（NRM）。在使用混合介质传输时可以实现单主站、多主站、多主多从方式的传输控制。

5. PROFIBUS 的应用

PROFIBUS 现场总线的实时性远高于其他局域网，因而特别适用于工业现场。目前 PROFIBUS 已应用的领域包括加工制造、过程控制等，它是目前惟一能够提供制造业、楼宇自动化系统统一解决方案的现场总线系统。PROFIBUS 的开放性和不依赖于厂商的通信的设想，已在 10 多万成功应用中得以实现。市场调查确认，在德国和欧洲市场中 PROFIBUS 占开放性工业现场总线系统的市场超过 40%。PROFIBUS 有国际著名自动化技术装备的生产厂商的支持，它们都具有各自的技术优势并能提供优质广泛的新产品和技术服务。

4.4.4 INTERBUS 现场总线

1. 概述

INTERBUS 总线技术是德国 Phoenix Contact 公司研究和开发的一种现场总线，它主要应用于制造业中。1996 年成为 DIN19825 德国标准，1998 年成为 EN50254 欧洲标准，2000 年成为 IEC61158 国际标准中八种现场总线标准之一。目前全球有 1000 多个生产厂家提供有 2800 多种 INTERBUS 总线产品，已安装的应用系统多达四十多万个。并成立了 Interbus Club 组织，2000 年底会员已多达 600 多家。目前，在世界各地已安装有四十多万个 INTERBUS 应用系统，INTERBUS 已成为国际上应用最广泛的现场总线之一。

INTERBUS 现场总线是一种用于连接传感器/执行器的高速数据传输总线系统，是串行 I/O 型总线。INTERBUS 总线现已广泛地应用于汽车工业等工业生产领域。

2. INTERBUS 现场总线的主要技术内容和特点

INTERBUS 现场总线的网络结构。INTERBUS 总线网络可由 3 种基本网络结构组成，分别是：远程总线（Remote Bus）、本地总线（Local Bus）和 INTERBUS 环（INTERBUS Loop）。其网络结构示意图如图 4 – 23 所示。

INTERBUS 总线的网络结构可以看成是一种“树”型结构，“根”是主设备（MASTER）（主控制模板或称为 INTERBUS 控制器），“主干”是远程总线，“主干”上的“分支”是本地总线，INTERBUS 环是从远程总线或本地总线上分出的一种环型结构，它用两条非屏蔽的电缆线将分散在现场的传感器/执行器连入 INTERBUS 总线中，完成数据和供电电源的传输任务。主设备下最多可连接有 16 层 INTERBUS 总线网络。

要理解 INTERBUS 总线的结构还应该从总线信号的传输途径来看其总线的结构特点，在 INTERBUS 总线中被传输的数据信号是在由 INTERBUS 总线构成的一个封闭的环型路径中流动。如：从主设备发出的信号，经 INTERBUS 总线后最后要回到主设备。

3. INTERBUS 现场总线上的设备

INTERBUS 总线上的设备主要有 3 种，分别是主控制模板（MASTER）、总线终端（BUS

TERMINAL）模块和输入/输出（I/O）模块。

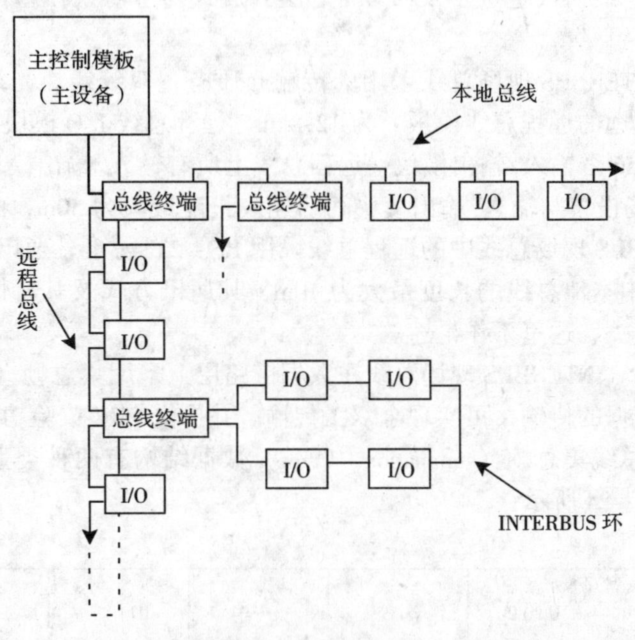

图 4－23　INTERBUS 总线网络结构示意图

（1）主控制模板。主控制模板用于 INTERBUS 总线的操作、管理和诊断，总线上要传输的数据存放在主控制模板中，经 RS－232 接口输出到总线上，在主控制模板上可以显示总线中所有 I/O 点的状态、总线故障（如：总线断路等）和总线上设备的故障，并能测试故障的位置。主控制模板存在于 PLC 或计算机系统中，对 PLC 或计算机系统来说主控制模板是其 I/O 接口板，这也是其名称的来历。主控制模板将 PLC 或计算机系统连入 INTERBUS 总线中。目前 Phoenix Contact 公司提供的主控制模板系列产品可适用于多种品牌的 PLC 和计算机系统，如 Siemens、GE、AB 等工控机，IBM 计算机及其兼容机等。一台 PLC 或计算机系统中可插入多块主控制模板，这样 INTERBUS 总线的网络拓扑结构就更加灵活。

（2）总线终端模块。总线终端模块用于连接远程总线和本地总线及它将本地总线从远程总线上“分支”出去。在电气连接方面总线终端模块的作用是：信号的中继作用、INTERBUS 总线段的电气绝缘作用、为连接在其后的输入/输出模块提供电源的作用。总线终端模块还用于将总线段从 INTERBUS 总线网络中割除或连入。在数据传输方面总线终端模块将远程总线数据转换为本地总线数据。

（3）输入/输出模块。输入/输出模块的作用是连接分散在现场的数字或模拟设备，如：传感器、执行器等，这些设备相对于主设备而言是从设备，所以，INTERBUS 总线是一种主/从式总线结构网络。输入/输出模块可以想像为集中控制器 PLC 中的输入/输出功能经 INTERBUS 总线被分散到控制现场，这也体现了现场总线技术的特点。

主设备以下的子网层数最多可达 16 层，用户可方便地增加和去除任一个设备。INTERBUS 总线中设备采用物理地址寻址方式具有“即插即用”功能，增加和去除设备时不用对原有设备进行重新编址，采用物理地址也对故障的维修提供了方便。

4. INTERBUS 现场总线协议

INTERBUS 现场总线协议定义了 ISO/OSI 七层开放式参考协议模型的物理层、数据链路层、和应用层。

(1) 物理层。INTERBUS 现场总线采用的传输介质有：双绞线、光纤，最大的传输距离（主控制模板至最远的远程总线模板）为 12.8km，远程总线 I/O 模块之间的最远间距为 400m，最多可接入 256 个输入/输出模块，远程总线上所有输入/输出模块接入的 I/O 点数最多为 4096 点，现场设备与输入/输出模块间的连线长度最大为 50m，总线上的设备可自动分配地址。INTERBUS 现场总线中的远程总线采用 RS－232 标准，通讯速率为 500kbit/s。

INTERBUS 总线中本地总线的长度最大为 10m，其通讯方式及其特性与采用的总线终端模块产品的功能有关，这里不作论述。

(2) 数据链路层。INTERBUS 现场总线在数据链路层上采用集总帧（summation－frame）数据结构方式进行数据的传输，可实现全双工传输。并提供 CRC 校验功能。

INTERBUS 现场总线集总帧（summation－frame）数据结构有两种类型：ID 帧、数据周期帧，示意图如图 4－24 所示：

LOOP－BACK WORD	ID 码 1	ID 码 2	……	……	ID 码 n	FCS	CTL

(a)

LOOP－BACK WORD	过程数据 1	过程数据 2	……	……	过程数据 n	FCS	CTL

(b)

图 4－24 INTERBUS 现场总线集总帧数据结构图

(a) ID 帧结构；(b) 数据周期帧结构

注：LOOP－BACK WORD：返回字（LBW）；
FCS：协议帧测试；
CTL：控制字；
ID 码：设备识别码。

ID 帧用于 INTERBUS 现场总线的初始化，在初始化过程中主设备通过 ID 帧读取所有设备的 ID 寄存器，在设备的 ID 寄存器中保存有有关设备的基本信息，这些信息用于以后主设备对从设备的访问中。

数据周期帧用于数据的传输，与 ID 帧相似数据周期帧也是通过设备的寄存器来实现数据的交换。

返回字（LBW）的作用：在 INTERBUS 总线中信号是在一个封闭的环路中流动，信号的传输是周期性的。返回字（LBW）的作用是提供信号周期时间的监视，主设备发出的返回字在通过 INTERBUS 总线后又回到主设备中，这表示信号在 INTERBUS 总线中已循环了一次，这个时间间隔就是 INTERBUS 总线系统的循环时间，INTERBUS 总线系统的循环时间与总线回路的长度相关，在 INTERBUS 总线系统运行时总线回路的长度是固定的，所以，INTERBUS 总线系统的循环时间也是固定的，主设备可以根据 INTERBUS 总线系统的循环时间来检测整个回路是否工作正常，如果主设备接受不到返回字说明总线中出现了断路故障。

协议帧测试（FCS）的作用：协议帧测试是一个 32 位的数据，它包括 CRC 检测信息段和 CRC 状态信息段，两个段各是 16 位。INTERBUS 采用 CRC 循环余编码方法进行数据传输的检错。由于是串行传输，所以每一个总线设备的输入端和输出端都要计算 CRC 检测数据，数据传输结束后，两个总线设备的 CRC 检测信息要进行比较以检验数据是否传输正确，这个信息记录在 CRC 状态信息段中。

控制字（CTL）的作用：控制字表示数据周期帧的结束，它的字长是 16 位。

INTERBUS 总线系统中远程总线的通讯速率为 500kbit/s，从表面上看似乎不能满足系统对实时性的要求，但 INTERBUS 总线采用了集总帧协议以及环形网络结构（数据的流动是在一个封闭的回路中），其传输周期是可知的，并与系统的 I/O 点数成正比，传输周期时间也可以通过下面的公式简单地进行计算。

即

$$T = t_{sw} + [13 \times (6+n) + 1.5m] \times t \tag{4-1}$$

式中 T——传输周期；

n——有效传输的位数；

m——现场总线模块的个数；

t_{sw}——软件延迟时间，其数值为 200μs；

t——传输一个字节的时间，其数值为 2μs。

从式（4-1）中可看出系统组成后在实际应用过程中其循环周期时间是可知的并且是恒定的，那么在控制器运行的过程中就可以事先考虑该时间的影响，同时决定采用怎样的控制技术，以满足 INTERBUS 现场总线系统对时间的严格的要求。图 4-25 INTERBUS 总线传输周期与 I/O 点数关系示意图，表示了 INTERBUS 的传输周期与系统输入/输出（I/O）个数的比例关系。

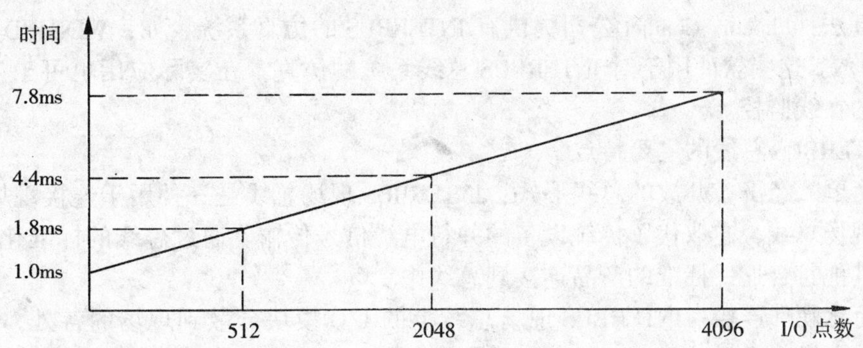

图 4-25　INTERBUS 总线传输周期与 I/O 点数关系示意图

(3) 应用层。INTERBUS 现场总线在应用层上提供网络故障诊断功能，并可与上层网络进行连接。

INTERBUS总线系统强大的诊断功能，是使其成为国际上最广泛使用的现场总线之一的重要原因。INTERBUS总线上的各个设备如：总线模块、总线控制板、总线的各个智能设备等的工作状态都可以在设备模块上反映出来，这其中也包括主控制模板。这一功能得益于INTERBUS总线的网络结构，如前所述INTERBUS总线系统是一个环形系统，在环形系统中的每个模块在运行时都被检测，当发生短路或开路故障时，环形系统可以正确的指出错误的地点，并能说明出错的原因。当INTERBUS系统发生故障时，主设备停止整个数据传输周期，进入诊断周期，所有模块将输出端自行关闭，然后主设备与第一个模块进行通讯，如果通讯成功，则与第二个模块进行通讯，依次类推，直到主站不能与下一个模块进行通讯为止。CRC检验码能够提供出错位置信息。

INTERBUS的诊断方法主要有3种方法：直觉观测法、软件诊断法和仿真法。

①直觉观测法：总线模块上采用LED或LC的显示装置来显示诊断数据，反映诊断结果的内容，操作人员可直接通过观察得到INTERBUS总线系统设备的运行状态，并能在主控制模块上集中反映整个系统的运行状态。目前，德国Phoenix Contact公司的INTERBUS总线产品都提供这种功能。

②诊断软件法：INTERBUS总线系统由一个完整的诊断软件来完成系统的集中诊断任务。常用的软件是CMD（Configuration，Monitoring，and Diagnostics）软件。这个软件由两部分组成：控制系统软件中的用户诊断功能块和总线诊断软件。

控制系统软件中的用户诊断功能块运用了总线控制板中的诊断状态寄存器和诊断参数寄存器来进行诊断工作。诊断状态寄存器是16位寄存器表示了总线系统运行的状态。当系统发生错误时，诊断参数寄存器的16位将进一步表示出错的地点和类型。插有主控制模板的PLC控制器或PC机通过专用的诊断功能块获得其信息，并加以分析，最后对信息进行处理和显示。

总线诊断软件包括3部分：组态、诊断和监控。CMD的诊断部分将总线系统中遇到的干扰和错误用文字来显示。如果CMD软件处于组态和监控的运行状态时，用户将从总线组态的模块显示颜色、在状态行中的文字显示和一个系统提示窗口的状态变化得到出错的信息。

③仿真法：Phoenix Contact公司提供有INTERBUS的仿真系统，如：WINMOD和监控软件IBS-MON。这些软件用于对INTERBUS总线系统的仿真。在实际应用也可于INTERBUS总线系统的在线监控。

5．INTERBUS总线的主要特点

（1）简单、经济、开放的总线形式：INTERBUS现场总线是一种用于连接现场传感器、执行器的现场总线，它取代了传统设备的并行电缆信号传输。通过总线的标准化接口可以方便地将其他符合这一标准的产品连接到总线中。

（2）简化硬件连接：INTERBUS现场总线上的I/O模块分散到现场的各处，这样减少了控制器、电缆、电缆路径和连接端子的使用并简化了安装、运行和维护过程。

（3）操作方便：INTERBUS现场总线提供了完整的网络诊断工具，系统故障都可以在控制器上反映出来，便于运行管理和维修。

（4）可靠性高：设备故障可以随时反映在控制器上，发生故障的设备具有自关闭功能，不会影响其他设备的运行。

4.4.5 ITERBUS 总线系统的管理软件

INTERBUS 总线系统的管理软件的主要功能包括总线系统运行、诊断、调试以及监控的功能。同时在工业自动化控制系统中还必须跟其他软件协调工作。这就需要一个完整的软件，这个软件是实际运行系统中所应用的软件。Phoenix Contact 提供了一个完整的、管控一体化的自动化控制软件，目前常用的是 CMD（Configuration，Monitoring，and Diagnostics）软件。CMD 软件有 3 个主要功能：组态软件功能、总线监视功能和诊断功能。CMD 软件的诊断功能已在上面介绍过，这里只介绍其组态软件功能和总线监视功能。

组态软件功能：CMD 组态软件功能主要用于设计人员进行总线的设计，首先根据工程的实际情况得出相应的以图形表示的总线网络结构，这个结构图叫组态图，在组态图上清楚地表示出系统的网络，如：远程总线段、本地总线段。在调试时，组态软件还可以检查系统组态是否正确。方法如下：在 CMD 有一个 INTERBUS 模块数据库，其中包含了 INTERBUS 的所有信息，应用这个数据库设计人员可以对 INTERBUS 的模块进行参数设定，利用这些数据可以自动生成一个接线布线图，这与 PLC 的编程很相似，工程设计人员极易掌握。CMD 可以独立地对 INTERBUS 的总线系统进行调试，然后与上位的 PLC 控制器进行现场数据的通讯。

总线监视功能：CMD 软件的总线监视功能可在系统运行期间对整个现场总线系统的运行状态进行监视，它是现场安装、调试、维修的有力工具，能完成控制或操作整个总线网络或子总线段；辨识和确定安装错误以及部件错误等功能。CMD 同时也提供了总线网络的变结构功能，能够根据设计的要求，关断或连接总线的某个子总线段。

相对其他现场总线而言 INTERBUS 总线对我国用户来说是较为陌生的，Interbus Club 组织在南京设立了其在华的分支机构，目前 INTERBUS 总线在我国主要应用于汽车制造业和物流业。

4.4.6 LonWorks 现场总线

1. 概述

美国 Echelon 公司 1991 年推出了 LON（Local Operating Networks）技术，又称 LonWorks 技术，它是 20 世纪 90 年代先进的现场总线技术之一。LonWorks 技术具有完善性好、价格低和实用性强等特点，而且灵活方便，它一出现就得到了众多计算机厂家、系统集成商、仪器仪表以及软件公司等的大力支持，已成为众多现场总线中最具有竞争力的现场总线技术之一。已经在楼宇自动化、工业自动化、电力系统供配电和数据采集系统、远程通信网络中心监控系统、消防监控中心和防火自控系统、保安系统、交通等管理和停车场管理系统、医疗器械管理及病人监测系统等诸多领域得到广泛的应用。

2. LonWorks 技术的特点

①系统完整性好：LonWorks 技术包含了一种现场总线必须的所有内容，从 LonWorks 节点开发硬件到各种路由器、收发器，从面向对象的编程语言 NEURON C 到满足 ISO/OSI 全部七层定义的 LonTalk 协议，以及倍受赞誉，屡获大奖的 LonBuild 等一系列开发工具等。更有由 LonWorks 用户组成的 LonMark 互操作性协会，规范和制定工程应用中的标准化问题。LonWorks 技术也是一个不断丰富和发展的技术，它必将在更多的领域发挥越来越大的作用。

②网络结构灵活组网方便：LonTalk 协议支持多种网络拓扑形式，包括总线型、星型、树型、自由拓扑型等，特别是自由拓扑的网络形式非常适应复杂的现场环境，便于现场布线。

③传输介质多样性：LonTalk 协议支持多种传输介质，包括双绞线、电力线、无线射频、光纤、同轴电缆和红外线等。有两种网络传输速率 78bit/s 和 1.25Mbit/s。最大传输距离由网络拓扑形式和传输介质决定，一般可从 500 ~ 2700m。可接入的节点数最多为 32385 个。

④开发工具完善：提供完善的系统开放环境，开放语言为 NEURON C 语言，它是 ANSI C 语言的扩展，由于 C 语言的广泛性，所有用户比较容易掌握。

⑤系统开放性好：LonTalk 协议是开放性协议，它与 ISO/OSI 全部七层定义相符合，并固化在 Neuron Chip 神经元芯片中，在 Echelon 公司的网站中还提供有 LonTalk 协议完整的原代码，世界上有 2 万多家 OEM 厂商生产 LonWorks 相关产品，其种类已达 3500 多种。

⑥应用广泛：LonWorks 技术被认为是现场总线的开拓者和领导者，目前世界上已安装有 500 多万个 LonWorks 节点，LonTalk 协议也被接纳为欧洲 CEN TC247、CEN TC205 的一部分。

3. LonTalk 协议简介

LonTalk 协议是目前世界上惟一一种严格遵循 ISO/OSI 全部七层通信协议参考模型的现场总线技术。

(1) LonWorks 网络的组成：LonWorks 网络由节点、传输介质、网络连接设备、网络管理设备组成。采用三级地址编码方式，即域、子网、节点，一个域中最多可接有 32385 个节点，并有 5 种地址格式。

①LonWorks 网络节点：LonWorks 节点是组成 LonWorks 网络的最基本的控制单元。它上接 LonWorks 总线、下接传感器或执行器，LonWorks 节点主要由以下四部分组成。

A. NEURON - CHIP 芯片；

B. I/O 外围电路（包括变换电路）；

C. 收发器；

D. 存储器（如果需要）；

E. 其简单框图如图 4 - 26 所示。

②网络连接设备：网络连接部件包括：路由器、网桥和重发器。

路由器或网桥是一种特殊的节点，有两个基本节点组成，由于不同通信媒体或不同拓扑结构的信道之间、子网之间的连接，是报文在两个信道、子网之间传输，可支持双绞线、电源线、无线等多种媒体。子网内多个信道要由网桥连接；子网内不能用路由器，路由器是子网之间的连接节点，路由器可以用于控制网络交通并将其他区域的交通进行网络分段，从而增加信息通量、网络容量及网络速度。LonManager 系列网络工具可以根据网络拓扑自动配置路由器，这使得网络安装者更容易安装路由器，而且对节点透明；重发器用于支持信道的延长。

③网络管理设备：LonWorks 网络的管理设备完成网络的监测、配置的更改、网络安装及调试等功能。

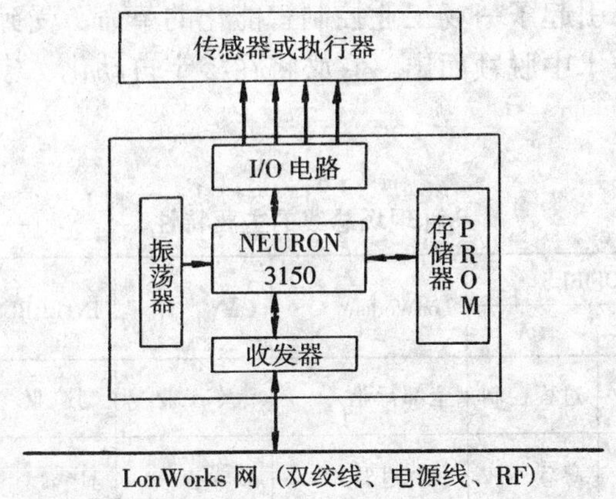

图 4-26　LonWorks 节点主要组成部分

（2）报文服务方式：LonTalk 协议提供 4 种报文服务方式，分别是：

①请求/应答方式；

②确认服务方式；

③非确认重发方式；

④非确认方式。

其中确认服务方式是最可靠的报文服务方式，非确认重发方式适应于广播传送方式，非确认方式主要用于对网络传输效率要求较高的场合。

（3）介质访问方式：LonTalk 协议采用 P-坚持型 CSMA/CD 方式访问传输介质，这种方法能保证在网络重载的情况下，能保证一定的网络传输效率，不会因为冲突而导致网络瘫痪。

（4）网络变量：网络变量的使用是 LonTalk 协议的一大特点，它在表示层和应用层上提供了网络变量服务。网络变量定义的是一个数据项或是一个数据结构，它与 C 语言的变量相似。网络变量是 LonWorks 网络中信息传输的主要形式，网络变量是为网络上其他定义该网络变量的节点所共享，当定义为输出的网络变量改变时，所有把该变量定义为输入的网络变量的节点都会随之改变，同时网络上的数据通讯只不过是不同节点上网络变量的相互连接，大大缩短了网络的开发时间。简化了用户的程序设计工作，提高了网络传输的效率。

4．LonWorks 网络管理

LonWorks 网络是无主网络，网络中各节点的地位是相同的，网络管理可设在任一节点处，并可安装多个网络管理器。LonWorks 网络的主要管理设备是 LNS DDE SERVER，可安装在网络管理节点内，其主要作用是通过现场总线获得各智能节点监控数据、设置智能节点状态参数以及对智能节点状态进行监测，使系统实时掌握现场总线智能节点状态。监测网络中各基本控制节点的网络变量，然后根据具体情况决定是否进行干预。

5．LonWorks 技术的应用（参见第 5 章）

LonWorks 技术是现场总线技术中应用广泛，发展迅速的技术之一。LonWorks 技术以其开放式、标准化、互操作性，以及方案的完整性和可靠性、实用性推动了“开放式控制结构”和智能仪表的发展，引起了一场工业控制智能化的革命，受到越来越多客户的青睐和欢迎，从众多现场总线技术中脱颖而出。它必将在楼宇自动化、家庭自动化和工业控制领域内得到广泛的使用。

几种现场总线的主要特性 **表 4-5**

现场总线类型	FF	PROFIBUS		LonWorks	CAN	INTERBUS	CEBUS	ISP
		DP	PA					
应用范围	过程控制	加工工业	过程控制	全部行业	汽车工业	制造业	消费电子	过程控制
网络结构	总线/网络	总线	总线	总线/网络	总线	总线	网络	总线
OSI 层次	三层	二层	二层	全部七层	二层	三层		
传输方式	令牌	令牌	令牌	P-Persistent CSMA/CD	CSMA/CD	Total Fram	CSMA/CD	令牌
支持介质	双绞线、光纤	双绞线	双绞线	双绞线、红外光纤、同轴电缆、无线	双绞线、光纤	双绞线、光纤	双绞线、同轴电源线、无线	双绞线
最大节点数	240/段或216/系统	127/网络	256/网络	2^{48}	211 或 229	512/网络	2^{16}	8128
本质安全	有	无	有	有	无	无	无	无
使用标准	IEC 61158	EN 50170	DIN 19245		ISO 11898	DIN E 19258		

4.5 现场总线在我国的应用现状

中国是现场总线的巨大市场，我国尚没有自己的现场总线标准，世界上主要的现场总线组织在中国建立了办事处，如 Foundation Fieldbus（称为 FF），LonWorks，PROFIBUS，CAN，EBI 等。国内采用的现场总线效果比较好的有：

4.5.1 LonWorks 总线

由于 LonWorks 总线采用 ISO/OSI 参考模型的全部七层通讯协议及面向对象的设计方法，通过网络变量把网络通信简化为参数设置等优点，因此在我国得到了广泛的应用。1996 年，在建设部科技委的支持下，由北京工业大学和北京建工学院联合研制出“新一代全分布式楼宇自控系统”BAS-V2000，并在全国进行了大力推展，完成了广东佛山三水恒益大酒楼、创业大厦、福升大厦、广州蓄能大厦，取得了很好的效果，并在若干建设部智能化小区试点工程中大量应用 LonWorks 技术，用于家庭自动化系统、远程抄表系统、安防系统。1998 年在建设部科技委智能建筑开发推广中心的支持下，北京工业大学电子工程系开发出新一代分布式锅炉群控系统以及在智能化建筑中应用的基于 LonWorks 技术的一体化集成系统。目前还有大量用 LonWorks 技术开发的有关智能大厦的楼宇自动化系统产品，智能化居民小区中的智能化系统产品，这些应用实例将在另文中详细介绍。其次，在电力系统的数据采集系统，变电站自动化系统，电力系统继电保护中得到广泛应用。除此之外企业生产自动化线、现场测控系统等也有大量应用实例。

4.5.2 CAN 总线

由于 CAN 总线最大特点是废除了传统的站地址编码，采用这种方法的优点是可使网络内的节点个数在理论上不受限制，其次是所选用的开发手段简单，开发工具便宜的特点，也是得到广泛应用的一种现场总线，在楼宇自动化系统中也得到应用。最早是北京柏斯顿自控工程公司用 CAN 总线开发出楼宇自控系统的网络控制器，继而国内采用 CAN 总线开发出多种楼宇自动化系统及消防系统。例如：狮岛·索龙集团开发的 S2000 楼宇自控系统，是专门为各类建筑物内所有设备进行集中监控和管理而设计的，S2000 控制系统是一种基于 CAN 总线协议的开放式控制网络，网络结构十分灵活，可组成一级到三级网络(见图 4－27)。对满足不同用户的需求具有良好的可扩展性，容易与其他网络连接，并可进行远程连接。

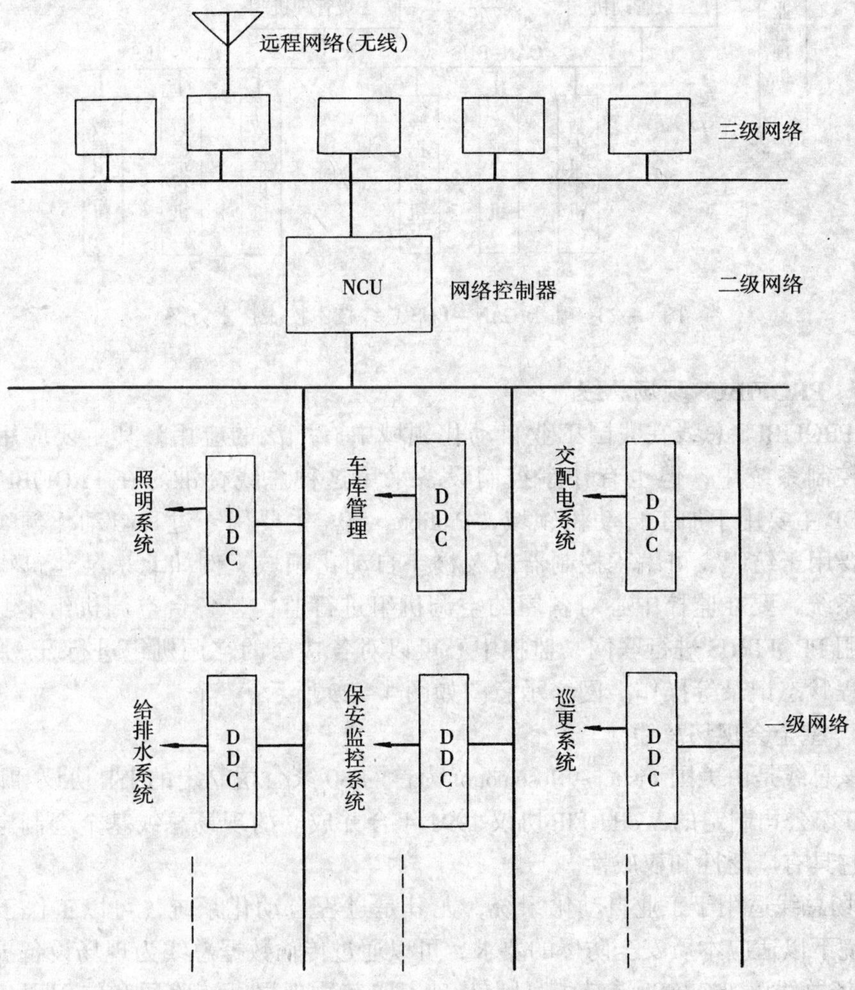

图 4－27　S2000 楼宇自控系统示意图

S2000是一种高可靠性、分布式CAN控制网，它除在楼宇自动控制系统中应用外，还广泛应用于工业控制领域，如消防系统、交通工具、机器人操作、医疗器械等应用场合。

例如：CAN－BUS在智能化小区系统中的应用实例。

辽宁晨光电子科技有限公司开发的CAN－BUS数据远传抄表系统，已经推广3年，效果较好。CAN－BUS数据远传系统，可以采集带有数据脉冲输出功能的水表、燃气表、电表等的表具数据，也可以采集带有数据脉冲输出功能的各种安全报警传感器（如防盗报警、火灾报警、紧急求助等）的报警信号，并能将表具数据和报警信号保存在采集机内，需要上传时，根据需要向物业小区传送。带有阀控功能的采集机还可以接受物业小区的指令，随时打开或关闭水表、燃气表、电表的阀门。如图4－28所示：

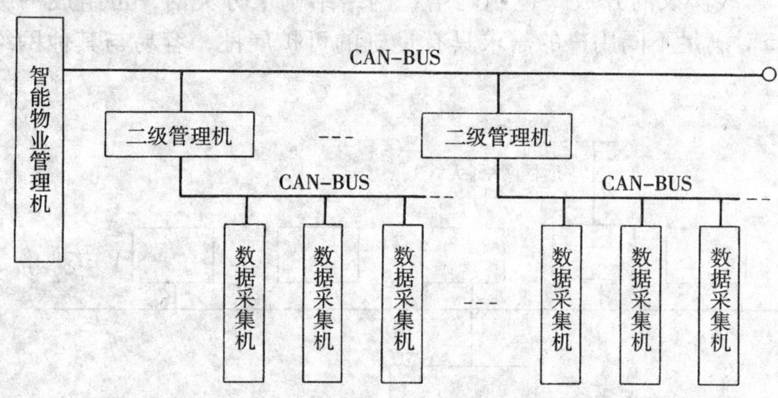

图4－28　基于CAN－BUS总线技术抄表技术方案

4.5.3　PROFIBUS现场总线

目前PROFIBUS总线在我国工业自动化领域中有广泛的应用，其主要应用于加工制造和过程控制系统中，但也有楼宇控制设备采用这种总线标准。在PROFIBUS系列中，Profibus－DP主要用于加工自动化领域，Profibus－PA主要用于过程自动化领域，Profibus－FMS主要用于纺织、可编程控制器以及楼宇自动化领域。例如北京某建筑物中的空调集中监控系统，要在监控中心对各屋的空调机组进行监控，各台空调机组本身带有PLC控制器采用PROFIBUS进行联网，监控中心可以对各楼层的空调机组进行开/关、参数调节以及远程状态记录等操作。网络示意图如图4－29所示。

4.5.4　基金会现场总线

由于该总线是由美国Fisher－Rosemount为首的80家公司制定的ISP协议和以Honywell为首的150家公司制定的World FIP协议1994年合并成立的现场总线基金会制定的现场总线标准。它具有广泛性和权威性。

FF现场总线适用于工业自动化系统，尤其是过程自动化系统，可以工作于工厂生产的现场环境下以适应本质安全防爆的要求，可以通过传输数据总线为现场设备提供工作电源。FF现场总线以ISO/OSP参考模型为基础，取其物理层、链路层和应用层，并在应用层之上增加了用户层，FF现场总线分为低速现场总线H1和高速现场总线H2两种通信速率。目前在我国的电力系统、化工、油田、废水处理等过程自动化领域中得到了广泛的应用，在建筑智能化领域尚未发现应用实例。

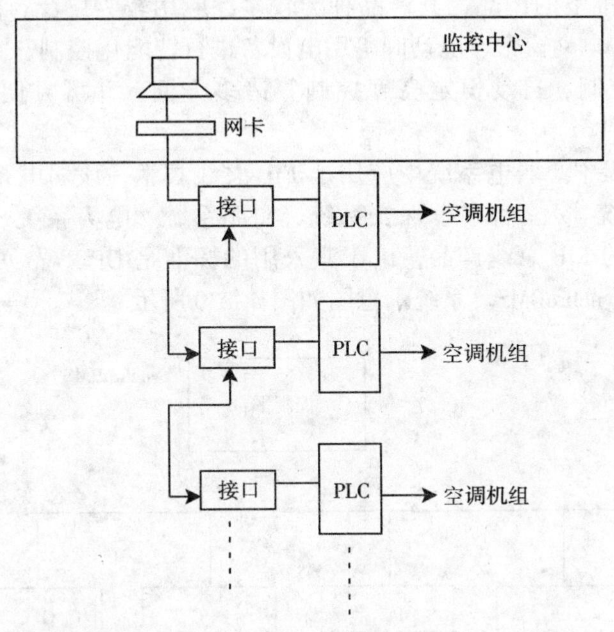

图 4－29　Profibus－FMS 空调集中监控系统示意图

4.5.5　INTERBUS 现场总线

相对其他现场总线而言 INTERBUS 总线对我国用户来说是较为陌生的，Interbus Club 组织在南京设立其在华的分支机构，目前 INTERBUS 总线在我国主要应用于汽车制造业和物流业，在我国智能建筑领域中，尚未发现应用实例。

4.5.6　智能建筑中应用的其他现场总线简介

1．EIB：1990 年以 ABB、Siemens、MERTEN、GIRA、JUNG 等 7 个欧洲电气产品制造商为核心成立了 EIBA（European Installation BUS Association－欧洲安装总线协会），其目标是建立一种 EIB 总线标准－欧洲安装总线标准，至今已经发展到 300 余家电气产品制造商成为其会员，按照 EIB 标准开发了 5000 余种建筑中的电气产品，这些产品具有开发性和可互操作性。我国 1999 年引进了 EIB 标准，上海同济大学还成立了 EIB 认证技术培训中心。EIB 组成的方便式智能控制系统，不用设置中央控制室，它由若干总线元件组成，每一个元件上都具有 CPU 及 RAM、ROM、EPROM 且都具有自己的地址（一个是物理地址，一个是组地址），每个系统最多可连接 14400 个总线元件，其传输介质可以是双绞线、电力线、无线、红外线组网非常灵活。

系统特点是：

①采用 24VDC 供电；

②采用串行异步传输方式；

③采用 CSMA/CA 介质访问技术；

④具有优先权定义。

应用实例：

A. 以德国西门子公司生产的 instabus EIB 总线控制系统为例。instabus EIB 总线控制系统属于 EIBA 总线标准下的产品，其产品种类较多，应用较为广泛，能够在 BAS 指挥下，执行对照明、温度、电动窗帘、电动阀等用电设备进行智能化控制，主要有：多用途房间控制、调光和场景控制、自动恒定亮度控制等诸多方面。并可方便地集成到 BAS 系统中。

B. 厦门国际会展中心弱电系统中应用了 EIB 总线技术，该弱电系统集成了 6 个子系统，包括有：BA 系统、火警系统、保安系统、照明系统、电力系统、广播系统。其中照明系统采用了 ABB 的 EIB 总线产品，由于其采用的标准是 OPC，故可以直接集成到系统中，集成软件采用 SynchroBMS。系统示意图如图 4－30 所示。

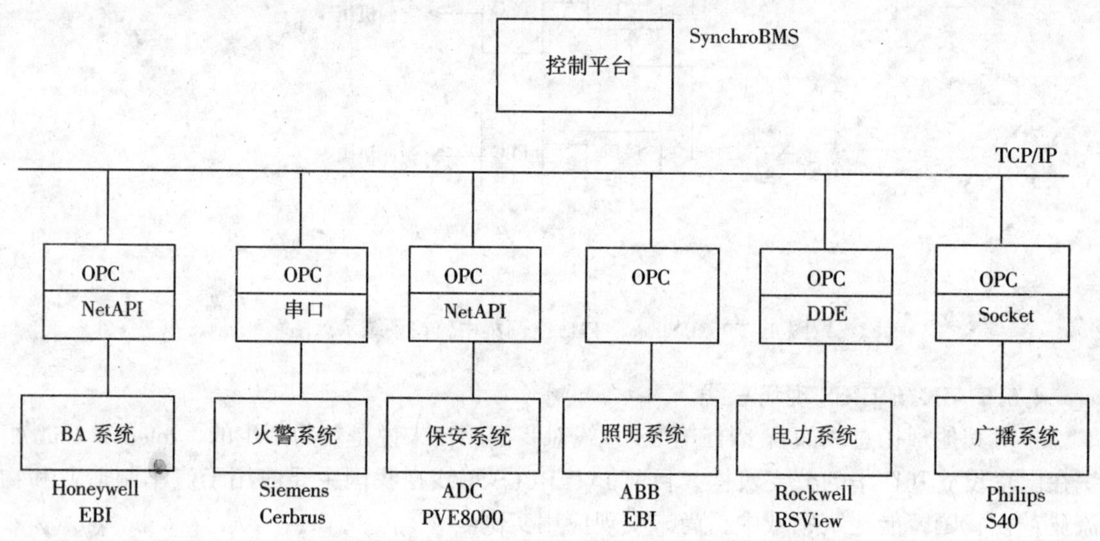

图 4－30　厦门国际会展中心弱电系统集成示意图

2. CEBUS

CEBUS 是美国电子工业协会在 1984 年 4 月开始组织开发的家居网络标准，并于 1992 年正式推出，定为 IS/EIA－600 标准。CEBUS 是参考了 ISO 的 OSI 的七层模型设计的，采用了其中的四层，其基本框架如图 4－31 所示。

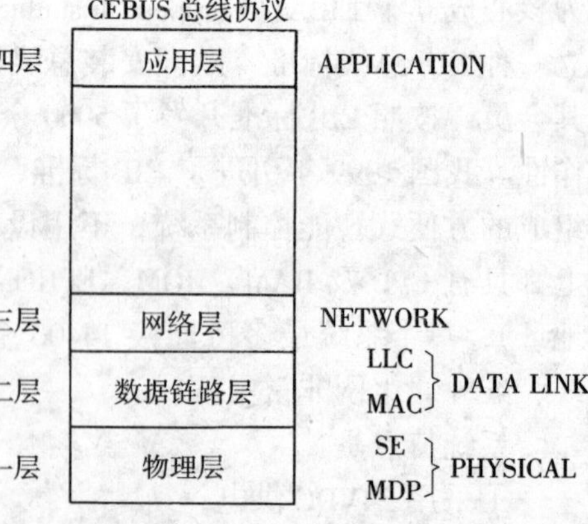

图 4－31　CEBUS 协议模型

（1）物理层。物理层可以分为 SE 子层和 MDP 子层。SE 子层的作用是在发送和接收的过程中进行编码和解码，在某些通讯媒介（如电力线）的情况下，也提供查错的功能。MDP 子层作为与物理媒介的硬件接口，完成电子信号的发送和接收。

（2）数据链路层。数据链路层可以分为 MAC 子层和 LLC 子层。在发送数据的时候，MAC 子层将来自 LLC 子层的 LPDU 包打成 MPDU 包，再发送给物理层的 SE 子层，MPDU 包就是 CEBUS 的帧结构，而 LPDU 包则是 CEBUS

的帧结构中的 Information 部分。在接收数据的时候，MAC 子层将来自 SE 子层的 MPDU 包进行解包，得到 LPDU 包，发送给 LLC 子层。LLC 子层是个空壳，只转发命令，无任何实际的工作。

(3) 网络层。它负责路由、路桥、确定网络、流量控制，给数据分段、丢弃无线媒介收到的重复包等。由于网络层已超然于媒介之上，所以要考虑信息的跨媒介传输问题。

(4) 应用层。应用层通过 CAL（Common Application Language）和应用程序连接。CAL 是 CEBUS 专为设备之间相互通信而设计的面向对象语言，一个设备就是一个对象。网络资源的分配和控制也通过 CAL 完成。在目前的 CEBUS 标准中只是一个信道（control channel），将来可能增加 1 个或几个信道。

CEBUS 是一个较完整的开放系统，它的物理层定义了在几乎所有传送媒介中信号的传输标准（如电力线、双绞线、同轴电缆线、光纤、红外线和无线电等），并要求控制信号在所有的媒介中都要以相同的传输速度（10kbit/s）传送。在本课题中，物理介质选用电力线，并对基于扩频技术的电力线通信系统进行研究、分析，并阐明该系统的优势、主要问题和改进方法。

应用实例：电力线载波扩频通讯技术在智能化住宅小区通信网络中的应用模式如图 4-32所示。

在这里推荐的是基于电力线扩频的 CEBUS 总线作为家庭局部网络的智能化住宅小区网络方案，整体网络结构分为 3 层：Internet 接入网、智能化住宅小区住宅外部局域网采用电话线或以太网，在居民住宅内家庭局部网络采用电力线传输。

(1) 住宅里的各种信息传输的部分。这个部分的通信媒介是电力线。选用的核心芯片是 Intellon 的电力线扩频载波芯片 SSC P300，该芯片具有发送和接收两种功能，采集器里有 SSC P300 和相关的 A/D、D/A 转换器，采集器要和收发器 A（或收发器 B）通信，这种通信是两个方向的。

(2) 收发器 A（或收发器 B）和小区管理中心的计算机通信的部分。如果住宅小区有以太网，则通过收发器 B 和管理中心的计算机通信，如果网线没有到户，则通过电话线和管理中心的计算机通信。收发器 A 里面有 SSC P300 芯片以及 Modem，SSC P300 负责和住宅里的各个采集器通信，Modem 负责和管理室的计算机通信。收发器 B 里面有 SSC P300 芯片以及以太网通信的芯片，以太网通信的芯片负责和管理室的计算机通信。

(3) 小区里中心的计算机和 Internet 的通信部分。可以采用前面介绍的任意一种方式接入，这样我们可以通过办公室和汽车里的电脑、或手机上网来访问管理室的计算机，并进一步控制家里的电器。

这个系统包含了远程抄表子系统、家庭安全防范子系统和家庭自动化子系统。小区管理中心的计算机可以随时读取四表的数据；发生火灾、煤气泄露、窗口的玻璃被打碎时会报警；主人可以通过 Internet 来远程控制进家而使用的电器，比如进家门前打开空调、电灯等。

现场总线在我国智能建筑中得到了广泛的应用，但由于多种总线标准共存，因此在系统的开发性和互操作性方面还存在着问题。目前，一方面只能选择合适的现场总线标准，另一方面仍继续努力找到一个统一的适合我国国情的现场总线标准。

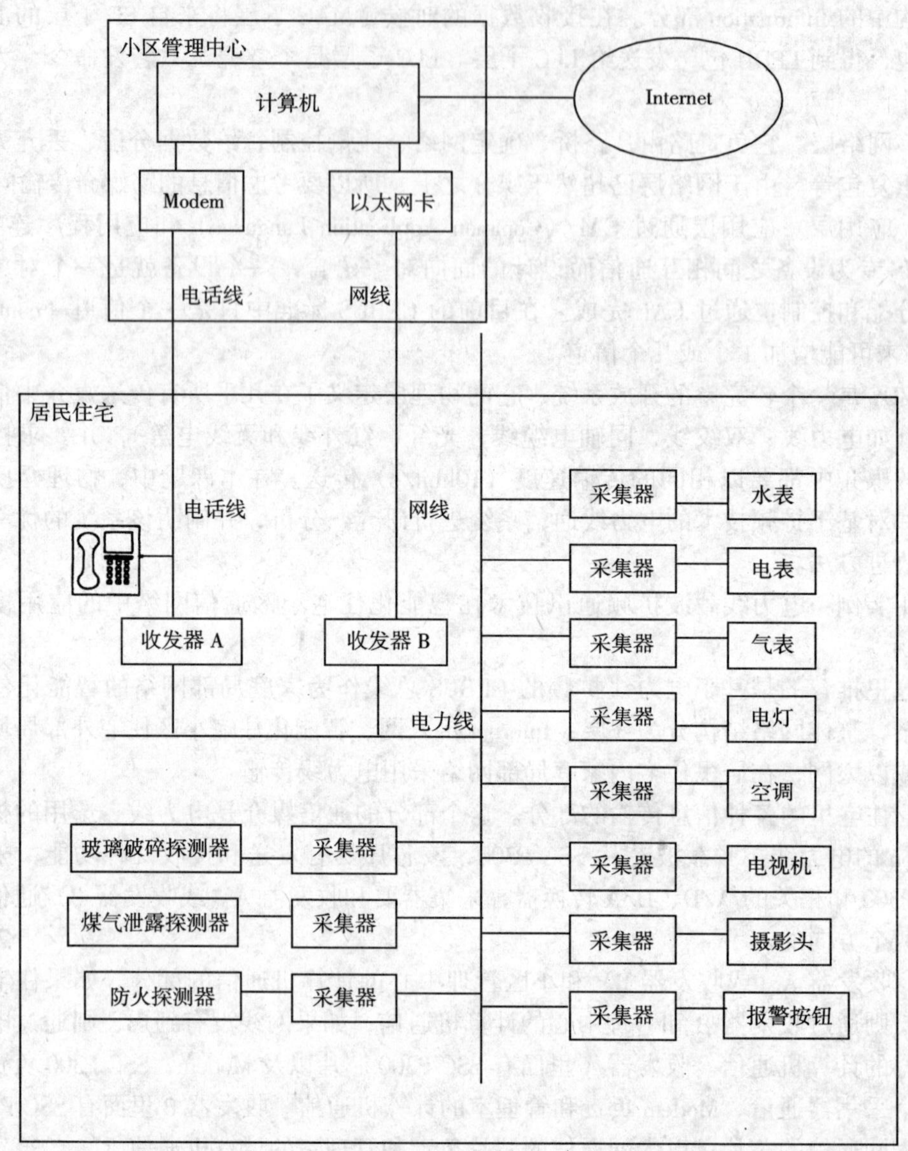

图 4－32　电力线载波扩频通讯技术在智能化住宅小区通信网络中的应用

4.6　工业以太网及其在智能建筑中的应用

4.6.1　工业以太网产生的背景

1. 现场总线标准至今不能统一

1984 年美国着手制定现场总线国际标准，若干年以来，世界各大公司为了商业的利益，现场总线标准始终不能统一，通过多次投票、协商，2000 年 1 月宣布的现场总线国际标准 IEC61158 将 8 种线（FF-H1，FF-HSE，PROFIBUS，INTERBUS，P－NET，WorldFIP，Controlnet，Swiftnet）同时列为国际标准，形成一个妥协的结束。

同时，国外各大公司又推出了自己的标准，如 LonWorks、CAN、日本三菱、法国 Shneider……目前多种总线的标准同时存在的局面依然存在，我们所说的开放性和互操作性只能在同一种总线标准下实现，不同标准总线之间仍然受到限制。不同总线之间的互联性得不到保证，因此人们在努力寻求一种统一标准的现场总线。有人提出了采用 TCP/IP 协议的以太网——工业以太网。

2. 系统集成的需求

(1) 工业自动化的管控一体化：企业信息化是我国的国策，以制造自动化及信息化为例：在需要改变业务流程的同时，将管理信息系统与电子商务、分散的网络化制造加以集成，把现有的企业资源 EAP 改造成为基于 WEB 的应用系统。目前工业自动化已从单机自动化、工厂自动化，向系统自动化发展，底层的信息要集成到上层的信息网上以实现管控一体化的集成系统。以现代制造业为例，其现代制造自动化模型如图 4－33 所示。

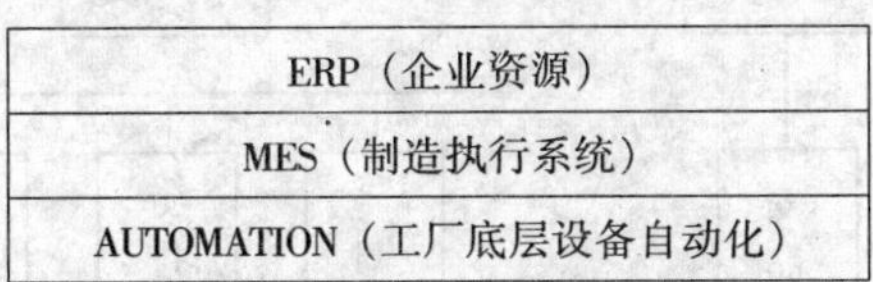

图 4－33　现代制造自动化模型

现代化生产系统为一个多层的工业控制系统，一般分为 3 层：

①设备层：连接检测设备和执行机构；

②控制层：从现场设备取得数据，完成各种控制，监测运行参数，报警和历史趋势分析等；

③信息层：将控制系统的各种数据加工后传至上级管理网络（TCP/IP 以太网），以便实现管控一体化，其网络结构如图 4－34 所示。

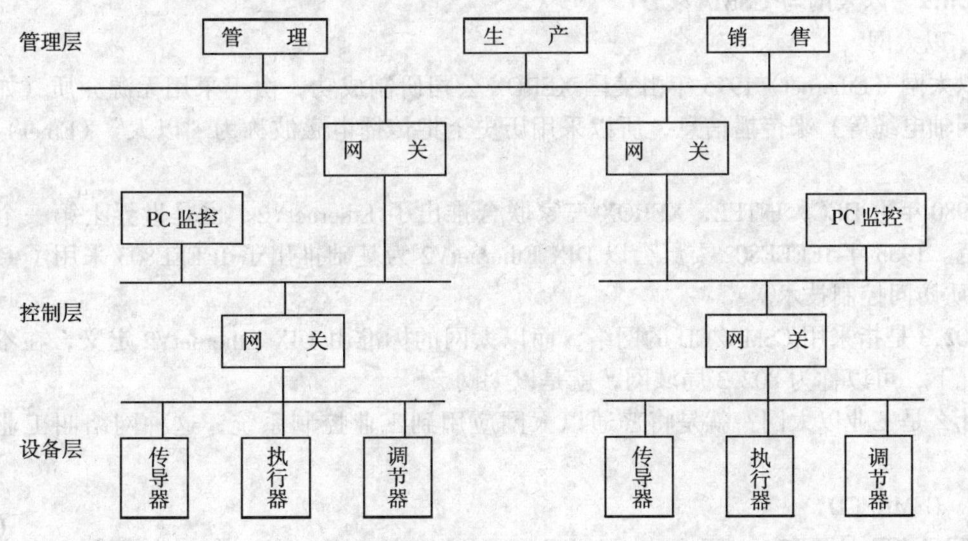

图 4－34　企业管控一体化网络结构图

(2) 智能建筑的系统集成：城市信息化、数字化的发展，智能建筑（包括智能化住宅小区），已成为数字化城市的信息站点，要实现信息共享，必须实现控制网与信息网的纵向集成——即控制网与 TCP/IP 的以太网集成。各子系统（空调、给排水、供电……）由控制网互联再经网关接入 TCP/IP 以太网，或者各子系统经网关直接接入 TCP/IP 以太网。

智能建筑集成系统网络结构图如图 4－35 所示：

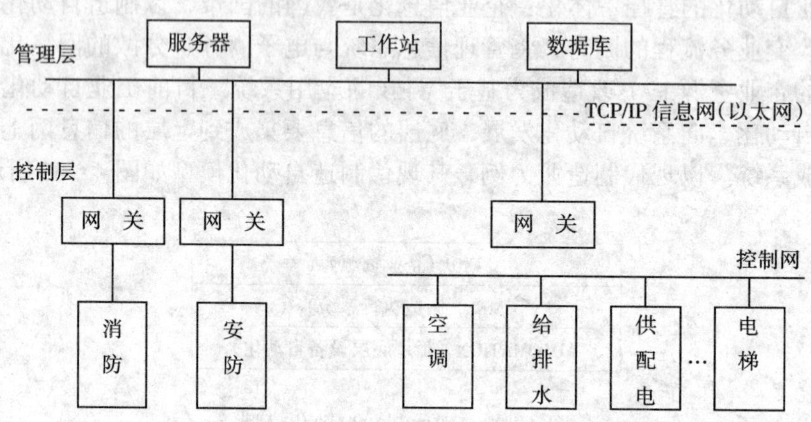

图 4－35 智能建筑系统集成网络结构图

由于各子系统及各现场设备通讯协议是多样化的，这两种集成模式都要开发网关。实现协议的转换和统一，加大了系统集成技术的复杂性和成本的提高。有人大胆地提出能否用 TCP/IP 协议作为一个统一的协议，各子系统及各现场设备直接接到以太网上以简化系统集成的技术难度，降低成本，使控制信号直接由以太网传输，因此提出了工业以太网的概念。

4.6.2 以太网与 CSMA/CD

1. 以太网

以太网（Ethernet）1975 年由美国 XEROX 公司研制成功，由于采用无源介质（如双绞线、同轴电缆等）来传播信息，所以采用历史上把传播电磁波称为“以太”（Ether）来命名。

1980 年由 DEC，INTEL，XEROX 三家联合推出了 EthernetV2，也是世界上第一个局域网规范。1983 年 IEEEE802 委员会以 DIX EthernetV2 为基础推出了 IEEEE803 采用了 CSMA/CD 介质访问控制技术。

802.3 是指采用 CSMA/CD 的网络，而以太网的标准由 DIX EthernetV2 定义，在不严格的情况下，可以称为 802.3 局域网，就是以太网。

什么是工业以太网？就是将普通以太网应用到工业控制系统，这种网络叫工业以太网。

2. CSMA/CD

CSMA/CD 是英文 Carrier Sense Multiple Access With Collision Detection 的缩写，中文译为载波监听多路访问/冲突检测。

CSMA/CD 最早是由 CSMA 改进而来。

(1) CSMA（载波监听多路访问）：一个站要发送信号，首先要监听总线，以决定介质是否存在其他站发来的信号。

①如果介质是空闲的，则可以发送。

②如果介质正处于工作状态，则等待一段间隔后重试，当听到介质处于忙状态，CSMA 则有几种不同的方法处理，可得到的侦听信号：

A. 非坚持 CSMA；

B. 1—坚持 CSMA；

C. P—坚持 CSMA。

(2) CSMA/CD（载波监听多路访问/冲突检测）。

不但先听后发，而且还边听边发，如果总线上发生了冲突，而且一旦冲突被检测到，便停止发送该帧，放弃自己的帧。为了使其他站也能知道产生了冲突，监听到冲突的站还向总线上传播一个干扰阻塞信号，通知总线各站冲突已发生，这样通道的容量不致于因为传送已损坏的帧而浪费。当然随着网络负载的加大，碰撞的机会会增加，网络效率也会明显下降。

4.6.3 TCP/IP 协议

TCP/IP 协议是多台计算机进行联网并进行信息交换的一组通信协议，称为 Internet 协议族。

TCP 是英文 Transmission Control Protocol 的缩写，叫传输/控制协议。

IP 是英文 Internet Protocol 的缩写，叫网际协议。

除了以上两个协议外，还包括 UDP、ICMP 和 ARP 协议等。

TCP/IP 协议和 OSI 模型比较表 **表 4-6**

ISO/OSI	Agreement			TCP/IP
应用层	TELNET SMTP SNMP FTP NFS…			应用层
表示层				
会话层				
传输层	TCP		UDP	传输层
网络层	IP	ICMP	ARP RARP	Internet 层
数据链路层	Ethernet IEEE802.3	Fddi	Tokenring IEEE802.5……	网络访问层
物理层				硬件层

应用层：向用户提供一组常用的应用程序如：

①文件传输协议（FTP）；

②电子邮件协议（SMTP）；

③域名系统服务（DNS）；

④HTTP 协议……

每个应用程序可以选择所需要传输的服务类型（独立的报文序列和连续的字节流），

如果传输层是 TCP，就是连续字节流，如果传输层是 UDP 就是独立的报文序列。

传输层：即 TCP 层，提供可靠的端到端的数据传输。

定义了两个端到端的协议：

①TCP：如果传输层是 TCP 协议，那么对象是 TCP 包并进一步被分割成片段。

②UDP：如果传输层是 UDP 协议，那么对象是 UDP 数据包，UDP 主要用于递交速度比准确性更重要的报文序列分段（业务），如传输语言或图像报文。

TCP/IP 各层之间传送的对象如图 4-36 所示。

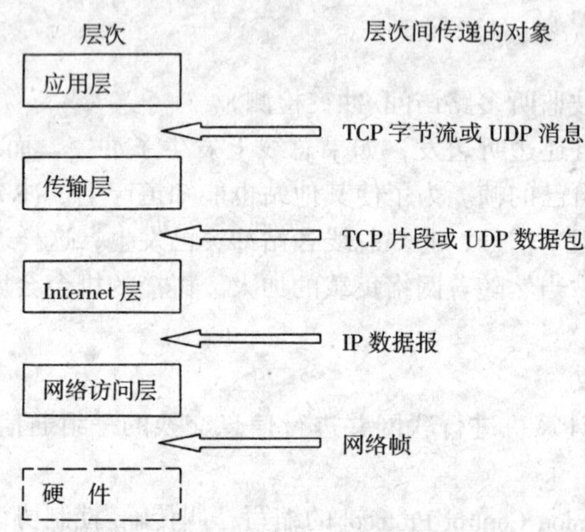

图 4-36　各层之间传递的对象

Internet 层（网络层）：又称 IP 层，主要处理主机之间的通信问题，它接收传输层的请求。传送附加具有目的地址信息的分组，该层把分组封装到 IP 数据报中（加上报头），其次还要处理路由选择及拥塞控制等问题。

IP 层包含几个一起工作的不同协议有：

①IP 协议；

②网际控制报文协议 ICMP；

③网际组管理协议 IGMP；

④地址解析协议 ARP，反向地址解析协议 RARP 等。

其中最主要的是 IP 协议。

网络访问层 + 硬件层：

相当 OSI 的最低两层，也可看作是 TCP/IP 利用 OSI 的下两层，因为物理网络的复杂性、多样性，如 ARPANET、LAN、分组无线网等。因为物理网络的多样性、复杂性，又因为 TCP/IP 不可能给出一个在网络访问层上的完整协议，因此它必须与 TCP/IP 之外的物理层协议相结合，才能实现数据信息在底层网络的通信。

4.6.4　工业以太网的特点

(1) 技术成熟，使用方便：以太网是美国 XEROX 公司于 1975 年推出的，已经 30 多年，得到全世界众多厂家的支持，且在军事、工业、民用领域得到了广泛的应用。技术上非常成熟，使用方便。

(2) 具有统一的标准，开放性好：采用统一的 IEEE802.3 以太网标准 CSMA/CD，是 IEEE802.3 采用的介质访问控制技术，可以实现不同厂家之间的产品互联，是一种开式标准网络。

(3) 通信速率高，传播速度快：以太网的通信速率目前已经由 10M 提高到 100M、1000M，甚至 10G。

(4) 可分段地实现远程访问、诊断和维护。

(4) 支持冗余连接配置。数据可送性强：数据有多条通路，可达目的地。

(6) 系统容量大，不会因为系统扩大出现不可预料的故障，有成熟可靠的系统安全体系。

(7) 投资成本低，包括初期投资，培训费用及维护费用。

(8) 线路采用变压器双端隔离或光纤，抗干扰性强。

4.6.5 工业以太网目前存在的问题

现场总线是用于工业控制并为复杂而环境恶劣的工业现场而设计的，因此其对系统的实时性和响应时间有严格要求，对供电方式使用环境有特殊要求。由于以太网是为信息通信而设计的，因此用于工业控制存在以下问题：

(1) 以太网采用 CSMA/CD（载波监听/冲突检测）访问协议，这是一种非确定性的网络。对于实时性要求高的控制系统，这种不确定性将造成信息不能按要求传递。同一网段上受到 CSMA/CD 介质访问控制方式的制约。所谓网段是指连在同一共享式网络总线上，可以侦听到对方发出的信息，处于同一冲突碰撞区域（指会发生冲突碰撞的区域）的工作站和服务器连成的网络区。例如在一个冲突碰撞区域中有一个工作群组（由一台服务器和多台工作站组成），当多台工作站访问一个服务器时，由于受 CSMA/CD 的约束，同一时刻只允许一个工作站与服务器通信，其他工作站等待，如图 4-37 所示。各工作站争抢通信信道，从而使工作站的通信产生延时，而且这种延时时间是不确定的，工作站愈多争抢通信等待时间愈长，这种情况称为负荷愈重等待时间愈长。

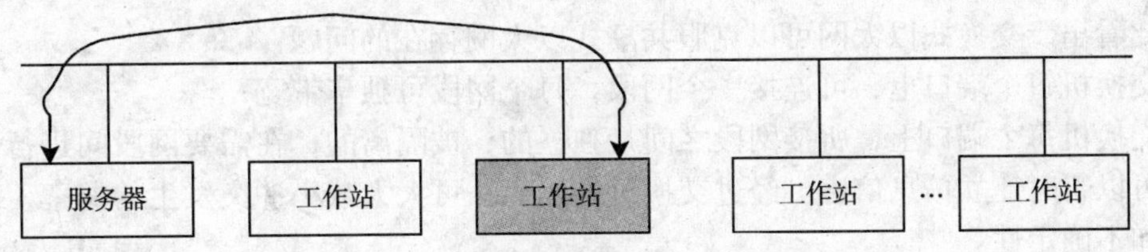

图 4-37 一个冲突碰撞域中工作站与服务的通信

若在一个碰撞域中有 2 个或多个工作群组，假设有 2 个工作群组，这 2 个工作群组都处于一个碰撞域中，第一个工作群组工作站访问服务器时，要竞争网络宽带（例如 100M），另一个工作群组中所有工作站及服务器都处于等待状态而无法运行。2 个工作群组要分割原有网络宽带（100M），一个工作群组工作时，另一个群组必须等待，同样，不仅具有延时，而且这种延时是不确定的。由于 CSMA/CD 有无法预见的延时，特别是在重负载下，实时数据传送更得不到保证。控制系统要有实时性保证，则必须在任何时间都要及时响应；不允许有任何不确定性。因此以太网用以控制系统必须解决实时性和不确定性问题。

(2) 以太网在可靠性方面不如现场总线，现场总线为工业控制设计的能适应易燃、易爆（如化工、制药）干扰强烈场合，以及其他环境恶劣的场合。有屏蔽，接地与防爆等措施，而以太网需要解决这些问题。

(3) 现场总线规范要求网段上配有电源，为所有非自供电的设备提供电源，并取一系列技术措施，而以太网不提供电源，但必须增加额外的供电电缆。

4.6.6 工业以太网的应用可行性

1. 关于实时性及可确定性

工业以太网用于工业控制，作为现场总线存在的上述问题，随着以太网技术的发展，并且采取了相应措施，其实时性及可确定性取得了很大改善

(1) 不断提高以太网速率：近年来以太网的速率由 10Mbit/s、100Mbit/s 增加到 100Mbit/s 并已广泛应用。目前 10Gbit/s 已经商业化，使数据传输时间大大缩短，并且大大提高了响应时间，改善了系统的实时性及不可确定性。

(2) 采用交换机以太网技术：由于共享式以太网工作站点争抢信道而产生冲突碰撞影响了系统的实时性和不确定性，采用交换机以太网技术可以得到改善。交换型的以太网中采用以太网交换机。交换机各端口之间同时可以形成多个数据通道，每个端口可连一个网段，端口之间帧的输入和输出不再受 CSMA/CD 介质访问控制协议的约束。当系统包括多个工作群组时，一般让每个组群单独组成一个网段，每个网段占用交换器（机）一个端口（如图 4－38 所示交换机有 *A*、*B*、*C*、*D* 四个网段），各网段的工作大部分时间是独立的，当任意两个网段需要信息交换时，交换机能在 2 个独立网段之间建立信息通道（例如 *A*、*B*），一旦信息交换结束，通道即断开。

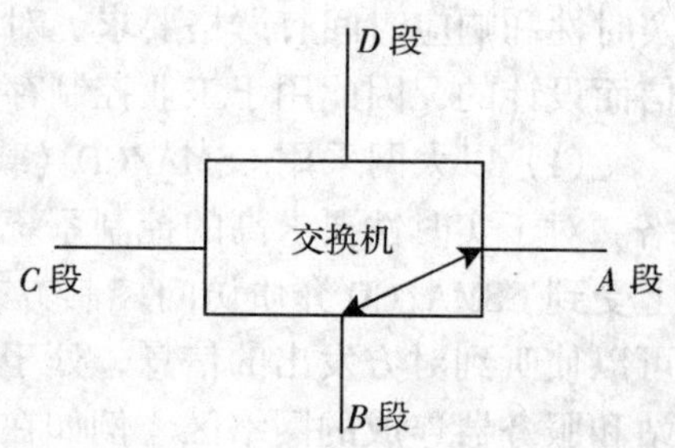

图 4－38 交换机隔离的网段

由此看出，交换式以太网可以克服共享式以太网存在的问题：

①交换机每个端口上，可连接一个网段，每个网段可独享带宽；

②交换机每个端口上，所接网段之间是独立的，被隔离的，在需要网段间进行信息通信时，可以暂时建立信息信道。经过交换机的隔离，可大大减小冲突发生的概率，改善了实时性和不确定性。

(3) 在某些应用场合允许的情况下，尽量使控制网与信息网分割开来使用，以避免实时数据与非实时数据的碰撞，使工业控制间站点之间的以太网为独立网段，从而改善实时性和不确定性。除此之外，还可以采用全双工技术及通过降低网络负载，以及在 Ethernet + TCP/IP 协议的基础上制定统一并且适用于工业现场控制的应用层技术规范等措施。因而采取以上措施使工业以太网在某些军事、工业、民用领域的现场测控中得到了初步应用。例如，国外不少国家核加速器最能测方案选择了以太网，除此之外有汽车装配线、薄钢生产线等均有采用工业以太网的方案，从测控领域的发展方向上看，工业以太网将是未来测控领域中的一个发展方向，也是企业管控一体化和智能建筑系统集成的

一种方案。

2. 关于以太网的供电问题

多年来以太网的供电问题一直是以太网的一个缺陷。特别是随着 IP 电话、IP 摄像机、无线 AP、ENC（ethernet control system）等系统的应用，更提出以太网在传输数据的同时，传送部分能量，以满足小型网络设备用电的需求。从而解决小型网络设备供电的无序状态和居高不下的电源布线成本。因此 IEEE 802.3af 标准呼之即出，已形成一个以太网供电的国际标准，目前 3COM、华为、DLINK 等公司都有符合 802.3af 标准的交换机产品。IEEE 802.3af 标准的核心是在满足 802.3 标准的同时，由交换机向网络终端设备提供 48V 或 24V 电源，至此工业以太网的供电问题得到了很好的解决。简单介绍其原理如图 4－39 所示。

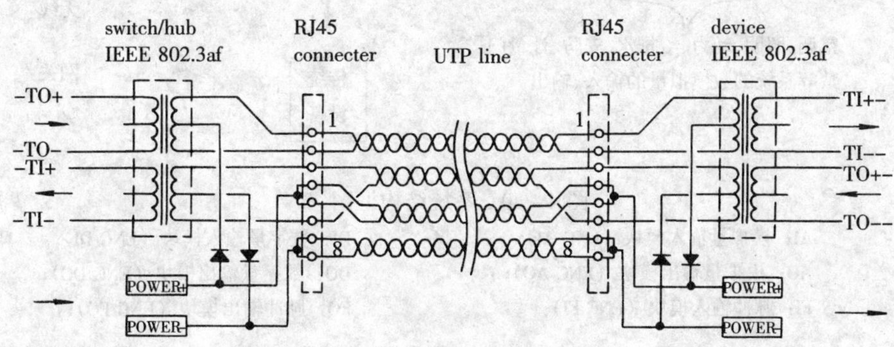

图 4－39　以太网自供电原理图

3. 关于以太网的安全性

和其他控制网络一样以太网是一种网络形式，TCP/IP 协议是一种开放通信协议。安全问题不属于是网络形式和 TCP/IP 协议。网络的安全性最终关心的是在网络上传输的应用层信息的安全，使它不被非法的修改、使用。保障信息及传输的安全总的来说不外乎两种方式：专有独立通道；信息加密。前一种方式目的是让不该得到的得不到，后一种方式让不该得到的得到了也不知道。以太网的虚拟专用网交换技术现已成为一种最基本的网络专用通道技术，已经非常成熟并广泛使用。以太网可以很方便的将需要的通道隔离出来。Internet 的信息加密是 TCP/IP 之上的基本上与之无关的应用信息处理方法。信息在发出之前进行加密处理，信息在使用之前要进行解密处理。现在基本上都采用公开的加密方法，秘密不靠加密方法保证，而是靠密码（key）。信息安全中最后和最关键的是持有重要密码的人，他保管使用密码的过程、方式，是通信系统的安全的核心。

4.6.7　工业以太网在智能建筑中的应用实例

1. ENC－2001IP 工业以太网测控系统简介

北京楼宇自动化工程中心采用 ENC－2001IP 工业以太网测控系统对某小区 15 栋高层住宅的充配电、换热、采暖、通风、供水、消防、三表查收、楼宇对讲 6 个子系统远程监控，取得了较好的效果。

ENC 工业以太网控制系统结构框如图 4－40 所示：

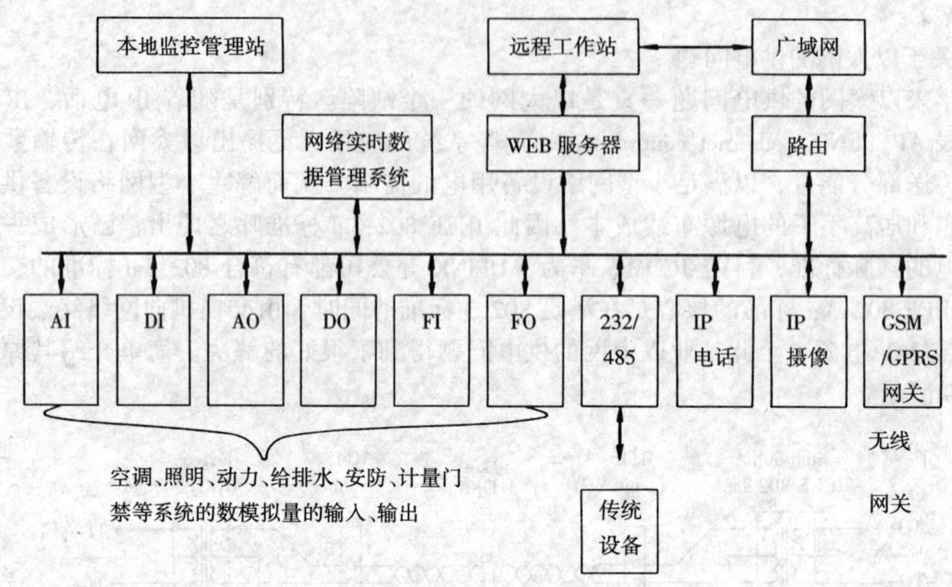

图 4-40 系统结构框图

AI：模拟量输入模块（ENC AI）； DI：数字量输入模块（ENC DI）；
AO：模拟量输出模块（ENC AO）； DO：数字量输出模块（ENC DO）；
FI：脉冲输入模块（ENC FI）； FO：脉冲输出模块（ENC FO）；

以上这些 ENC 参量控制模块可以把智能建筑各子系统集成到以太网上。电梯系统、火灾报警等传统设备，带有 RS-232 或 RS-485 接口，分别可接到 ENCTRS200 及 ENCTRS400 网关转换模块集成到以太网上，而 IP 电话及 IP 摄像机可以直接集成到以太网上。除此之外还接供 GSM/GRPS 无线网关接口，例如系统报警信息即可通过该网关接口直接发送到手机上或通过手机对讲系统进行控制。

网络实现数据管理系统：对底层设备的实时数据进行管理。

WEB 服务：完成对整个系统的操作控制。

本地监控管理站：实际上是本地监控浏览器（Broswer）通过浏览器，可对系统监视。

远程工作站：实际上是远程监控浏览器（Broswer）在网上通过浏览器对系统进行监视。

2．ENC 参量集成模块

ENC 参量集成模块是由北京楼宇自控中心开发的，介绍如下：

(1) 功能。

①内嵌 WEB SEVER，可以通过浏览器直接对其进行监控，配置校准；

②客户认证功能；

③内嵌防火墙功能；

④支持 SOCKET 的通信规程；

⑤完善的 TCP/IP 协议；

⑥10/100baset 的以太网接口。

(2) 硬件结构：中央处理器 MCU，以太网网卡，传感器，执行器，I/O 接口，以及存储器（电子硬盘），电源组成，如图 4－41 所示。

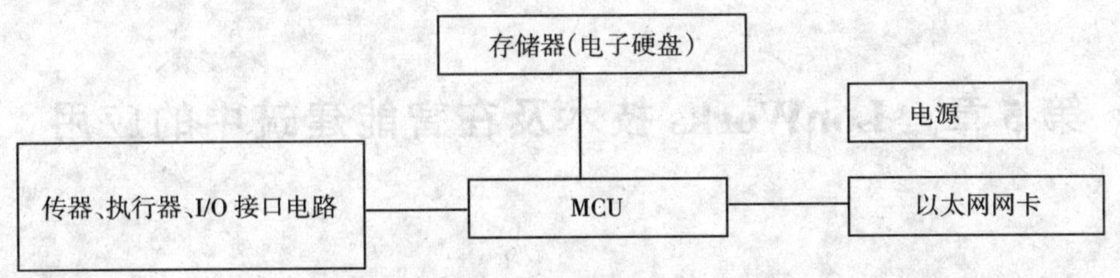

图 4－41　ENC 网络参量集成设备硬件结构图

（3）系统结构：内嵌 WEB SEVER，可与客户端（Broswer）进行通信，如图 4－42 所示。

3．ENC 系统特点

（1）实现信息网络与控制网络的统一。取消控制网与信息网的界限，所有设备通过 ENC 参量集成模块或接口直接集成到以太网上，ENC 参量控制模块都是一个网络服务器，内嵌 WEB 服务器。

（2）采用网络控制管理方式。中央控制中心是一套主服务器，控制各参量集成模块，可集中处理各种数据，通过参量集成模块完成各种类型控制要求。

（3）系统结构简单，组网方便灵活，扩展维护方便。该系统通过以太网进行集成，智能建筑中局域网是不可缺少的，利用局域网这些模块可以就近插接，不用重新布线，所需器件均为标准化的，组网方便灵活，扩展维护方便。

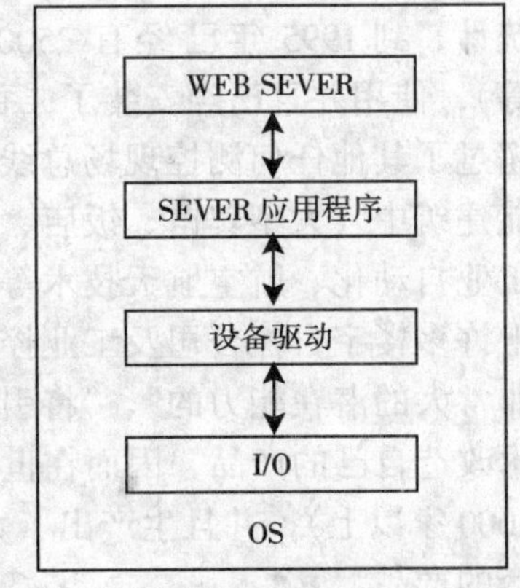

图 4－42　系统图

（4）将控制系统升级为服务系统。该系统始终贯穿一种服务的理念，将设备的控制升级为设备对外提供的信息服务。这种服务的对象可以为人，也可以为机器。建筑中有了众多设备提供的优秀服务，智能建筑就成了一套智能服务系统集合，这正是我们所期待的。

目前国际上国际电工委员会 IEC/SC65C 正在制定有关现场总线和工业以太网方面的标准：

• IEC/SC65C/WGI“现场总线行规”（Profiles for Fieldbuses）

• IFC/SC65C“工业网络化系统安装导则”（Installation Guide for Industrial Cabling System）

• IFC/SC65C 基于 ISO/IEC 8802－3 的实时应用系统中工业通信网络行规”（Profiles for ISO/IEC8802－3 Based Industrial Communication Network in Real Time Application）

我国也正在起草制定有关工业以太网的标准，如“工业自动化用无线现场设备通信协议”、“适用于工业控制系统和自动化仪表的以太网通信标准”，并起草了“用于工业测量与控制系统的 EPA（Ethernet for Plant Automation）系统结构和通信标准”。

第 5 章　LonWorks 技术及在智能建筑中的应用

5.1　概　　述

在 1990 年 12 月，美国 Echelon 公司发表了 LonWorks 测控网技术，它提供了一个开放性很强的、无专利权的低层通信网络——局部操作网络（LON）。经过这短短几年的发展，LonWorks 技术已经成为目前世界上最流行、最有发展前途的现场总线技术之一。据统计，到 1995 年已经有 2500 家生产商（包括 Honneywell，Johnson Control，IBM，AT&T 等），使用并且已经安装了二百多万个节点（每个节点平均可以有 5 个测控点），这大大超过了其他任何测控现场总线（如 CANBUS、PROFIBUS 等）。LonWorks 技术主要应用在智能建筑中（大型宾馆、饭店、写字楼、现代高档住宅）的建筑设备自动化系统（BAS）、工业自动化、航空航天技术等领域，但有 50% 以上的节点用于建筑物自动化领域。世界上许多楼宇自控公司及工业控制公司一致认为：LonWorks 技术是当前“最先进的”、“有非常大的潜在能力的”、“将引导控制市场方向性变化”的新技术。并表示要用这项新技术改造自己的产品，因而在世界各地形成了大量的 OEM 生产商（重要的 OEM 生产商约 1000 家以上），并且生产出了大量的 LonWorks 技术产品。其中有大量与楼宇自控系统配套的产品。

1997 年 8 月 LonTalk 协议被美国电子工业协会（EIA）的集成家庭系统技术委员会定为家庭网络的标准，编号为 EIA/IS－7099；欧洲标准 CENTC247 的建筑物自动化系统的现场层采用了 LonTalk 协议；美国国家标准 BACnet 共分四层，其中物理层和数据链路层采用了 LonTalk 协议。LonTalk 协议已占据了控制领域开放标准的主流地位。

LonWorks 网络是日用电器和设备网络化的、既成事实的跨行业标准。许多行业已经吸收 LonWorks 网络作为其正式的行业标准，这标志着 LonWorks 网络能够在该行业普遍使用。以下是这些标准组织的名称：

①AAR－美国铁路协会（American Association of Railroads）（领域：运货列车制动）；

②ANSI－美国国家标准协会（American National Standards Institute）（领域：控制网络）；

③ASHRAE－美国暖通空调工程师协会（American Society of Heating，Refrigeration and Air Conditioning Engineers）（领域：楼宇）；

④IEEE－电子电气工程师学会（Institute of Electrical and Electronics Engineers，Inc.）（领域：轻轨系统）；

⑤IFSF－国际加油站标准论坛（International Forecourt Standards Forum）（领域：加油站）；

⑥SEMI－半导体设备与材料学会（Semiconductor Equipment and Materials Incorporated）（领域：半导体生产设备）。

LonWorks 的通信协议叫作 LonTalk 协议。网络上节点采用神经元芯片（Neuron Chip）。芯片内含有 LonTalk 协议的固态软件，使其能可靠地通信。节点可完成各种功能，而且可以多达 2^{48} 个节点组成各种拓扑结构的网络，和路由器、网络适配器一起完成各种复杂功能，组成各种系统，满足各行各业的需求。各节点是相互独立的，可以做到任何一个节点发生故障时不会影响整个网络工作，从而提高了系统的可靠性和可维护性。各节点有本地存储和处理能力，所以系统安全性很高。在系统规模大时，可以避免网络通信的冲突和网络速度的局限性。另外，LonTalk 通信协议是完整、安全而有效的，符合 ISO/OSI 参考模型的七层模型的要求，即含物理层、数据链路层、网络层、传输层、会话层、表示层、应用层。LonTalk 协议采用分段编址方式，即分域、子网、节点三级。通信介质可以是双绞线、电源线、无线电、同轴电缆和红外传输媒体等多种。在同一网络中，只要针对不同介质选择相应的发送接收器，信号就可以在不同通信介质之间相互传输。通信速率为 78kbit/s 和 1.25Mbit/s，对应的通信距离为 2000m 和 500m。LonWorks 技术还提供高效实用的开发工具，可缩短研制和开发周期，所以它作为一种技术很容易推广。

LonWorks 的产品一般有 4 个方面，即神经元芯片、收发器和控制模块、网络接口产品模块、开发平台。

神经元芯片是 LonWorks 节点的心脏。它的一个显著特点是：即能管理通信，同时又具有输入/输出和控制等功能。芯片内部有 3 个 8 位的微处理器：MAC processor（媒体访问控制处理器）；NETWORK processor（网络处理器）和 APPLICATION processor（应用处理器）。其中，前两个处理器管理通信，后一个留给用户开发应用程序。

在同一网络中，信号可以在不同的媒体之间传输，这是 LON 的一个十分重要的特点。因此，需要选择合适的发送接收器与神经元芯片一起，构成适合于不同媒体的节点。不同媒体之间用路由器（Router）相连。路由器是一个特殊的节点，由两个神经元芯片组成。每一个神经元芯片通过一合适的收发器分别与媒体相接。

网络接口产品模块可以使非神经元芯片的节点与 LON 网络通信，即有了它，各种计算机、工作站就可以作为 LON 网络的节点，按照 LonTalk 协议与其他节点通信。开发平台以 PC 机为基础和仿真板（最多 6 个）以及路由器组成，还包括各种工具软件。LonBuilder 就是一种常用的开发工具，LonBuilder 中组合了 3 种开发产品，即开发系统、网络管理工具和协议分析器，它提供了对包含多个神经元芯片的 LON 网的开发和测试能力，同时它还可以对驻留在各个独立的神经元上的控制程序进行优化开发和测试。

5.2 LonWorks 技术的特点

LonWorks 技术的特点主要表现在如下几个方面：

(1) LonWorks 技术的基本元件——Neuron 芯片，同时具备了通信与控制功能，并且固化了 ISO/OSI 的全部七层通信协议以及 34 种常见的 I/O 控制对象。

(2) 改善了 CSMA（载波侦听多路访问），称之为 Predictive P - Persistant CSMA。这样，在网络负载很重时，不会导致网络瘫痪。

(3) 网络通信采用了面向对象的设计方法，LonWorks 技术将其称之为“网络变量”。

使网络通信的设计简化为参数设置。这样，不但节省了大量的设计工作量，同时还增加了通信的可靠性。

(4) 通信介质可以是双绞线、电力线、光纤、同轴电缆、无线射频、红外线等，并且多种介质能够在同一网络中混合使用。

(5) 网络拓扑除总线式结构以外，用户还可以选择任意形式的网络拓扑结构。

(6) LonWorks 技术的通信的每帧有效字节数可以是 0~228 个字节。

(7) LonWorks 技术的通信速度可达 1.25Mbit/s。

(8) LonWorks 技术一个测控网络上的节点数可以达到 32000 个。

(9) LonWorks 技术的直接通信距离可以达到 2700m（双绞线、78kbit/s）。

5.3 LonTalk 协议

LonWorks 技术所使用的通信协议称为 LonTalk 协议。

1. LonTalk 协议遵循由国际标准化组织（ISO）定义的开放系统互连（OSI）模型

以 ISO 的术语来说，LonTalk 协议提供了 OSI 参考模型所定义的全部七层服务。除了 LonTalk 协议以外，还没有哪个协议宣称它能够提供 OSI 参考模型所定义的全部七层服务。表 5-1 概括了 LonTalk 协议在 OSI 参考模型中，每层所提供的服务。

LonTalk 提供的七层协议 **表 5-1**

OSI 层	目 的	提供的服务
七应用层	应用服务	标准网络变量类型
六表示层	数据解释	网络变量发送
五会话层	远程操作	请求一问答认证网络管理
四传输层	端到端的可靠型	确认和非确认单一广播和多路发送认证排序；重复检测
三网络层	目的寻址	寻址路由选择
二链路层	媒介访问和数据包	数据包、数据编码；CRC 差错检测预测、CSMA 冲突避免；选择优先级和冲突检测
一物理层	电子设备内部连接	特定媒介接口和调试方式

2. LonTalk 协议支持以不同通信介质分段的网络

LonTalk 协议支持的介质包括双绞线（Twisted Pair）、电力线（Power Line）、无线（Radio Frequency）、红外线（Infrared）、同轴电缆（Coaxial Cable）和光纤（Fiber Optics）。其他的多种网络只能选用其中一种或几种专用的介质。而 LonWorks 网络可以同时使用上述的各种介质。

每个 LonWorks 节点都需要物理地连接到信道（Channel）上。信道是数据包的物理传输介质。LonWorks 网络由一个或多个信道组成。

不同的信道通过路由器（Router）相互连接。路由器是连接两个信道，并控制两个信道间数据包传送的器件。路由器有 4 种不同的安装方法：配置路由器（Configured Router）、自学习路由器（Learning Router）、桥（Bridge）和重复器（Repeater）。

由桥或重复器连接的通道的集合称为段（Segment）。节点可以看见相同段上的其他节点发送的数据包。而智能路由器——指配置路由器和自学习路由器——根据设置来决定是否继续向前传送数据包，因此可以用来分离段中的网络交通，从而增加整个系统的容量和可靠性。

3. LonTalk 协议的寻址方式和地址分配

LonTalk 地址惟一地确定了 LonTalk 数据包的源节点和目的节点（可以是一个或几个节点）。同时，路由器也使用这些地址来选择如何在两个信道间传输数据包。

为了简化路由，LonTalk 协议定义了一种使用域（Domain）、子网（Subnet）、节点地址（Node Address）的分层式逻辑寻址方式。这种寻址方式可以用来寻址整个域、一个单独的子网、或者一个单独的节点。为了便于进一步对多个分散的节点寻址，LonTalk 协议定义了另外一类使用域和组（Group）地址的寻址方式。

域是 LonTalk 的第一级地址。它是分布在一个或多个信道上的一系列节点的集合。通信只能在同一个域中进行，因而一个域构成了一个实际的网。这个特性可以用来消除共享一个 RF（无线射频）信道，但分成两个域时节点之间的相互干扰。

子网是指包含域中一系列节点的集合。一个子网最多可包含 127 个节点，每个域最多可包含 255 个子网。每个子网中的所有节点必须在同一个信道上，或者由桥连接的两个信道上。子网不能包含路由器。

组和子网一样，它也是同一个域中一系列节点的集合。但与子网不同的是它不考虑节点之间是否是物理连接的。一个节点最多可以同属 15 个组。

节点地址是指每个节点在子网内被赋予的一个 7 位的节点号。所以每个子网最多可以有 127 个节点。这样，在一个域中最多可以有 32 385 个节点（255 个子网 × 127 个节点/子网）。

4. LonTalk 协议的通讯服务

LonTalk 协议提供 4 种基本类型的报文服务：确认、请求/响应（Request/Response）、重复（Repeated）和非确认重复以及非确认。

最可靠的服务是确认，或称之为端——端确认服务。即一个报文被发送给一个或一组节点，发送者将等待每个接收者的确认。如果没收到来自所有目标的确认，并且发送者的时间已超出，发送者则重试该事务，重试的次数和超时时间都是可选的。确认由网络 CPU 生成而不介入应用。事务的 ID 号用于跟踪报文和确认，从而使应用不再接收重复的报文。

与之等价的可靠服务是请求/响应，即一个报文被发送给一个或一组节点，并盼望来自每个接收节点的确认。输入报文由接收端的应用在响应生成之前处理。与确认服务一样，重试和超时是可选项。响应中可以包括数据，从而使服务适用于远程调用或客户/服务应用。

可靠性在以上两者之下的是重复或非确认重复，即报文被多次发送给一个或多个节点，同时不期望得到响应，该服务一般用于向一大组节点广播。在确认或请求/响应方式下，由所有响应产生的交通量可能使网络过载。

可靠性最低的是非确认，即一个报文被发送给一个或一组节点且只被发送一次，同时并不期望得到响应。一般用于网络对报文丢失要求不高的情况下。

5. LonTalk 协议的冲突检测（Collision Detection）

LonTalk 协议使用其独有的冲突避免算法，该算法具有在过载的情况下信道仍然能负载接近其最大能力的通过量。而不是由于过多的冲突而使通过量降低。

当使用支持硬件冲突检测的通信介质（如：双绞线）时，只要收发器检测到冲突的发生，LonTalk 协议就可以有选择地取消数据包的传输。它允许节点立刻重新发送被冲突破坏的包。如果没有冲突检测，假定使用的服务为确认或请求/响应服务，那么节点将不得不等待到重试时间结束，才能知道节点没有收到目的节点的确认，此时，节点才重发该数据包。对于非确认服务，未检测到的冲突意味着包没有被接收并且不作任何重试。

下面对 LonTalk 协议中的介质访问控制层（MAC）作一简单的介绍。MAC 子层是 OSI 参考模型数据层的一部分。在当今的网络中已经有许多不同的 MAC 算法，这些算法中的一个家族被称作 CSMA（载波侦听多路访问）。LonTalk 协议使用的 MAC 算法属于 CSMA 家族，但对其进行了扩展。

介质访问控制算法的 CSMA 家族要求节点在开始传送数据之前确认介质是空闲的。然而，一旦检测到介质的空闲状态，每种算法的行为是不同的，在网络数据交通量很大的情况下，这导致了各种网络性能上存在的极大差异。

一些 CSMA 算法使用称作时间槽的分离时间间隔，或者随机时间槽来实现对介质的访问。通过使每个节点使用特定的时间槽来限制对介质的访问。分槽的介质访问大大地降低了两个数据包冲突的可能性。

现有的介质访问控制算法，如 IEEE802.2，802.3，802.4 和 802.5 不能满足 LonTalk 使用多种通信介质，在交通繁忙的情况下维持性能、支持大型网络的需要。因此，Echelon 公司的 LonTalk 协议使用了一种新的称作 Predictive P – Persistent CSMA 的 CSMA MAC 算法。LonTalk 协议保留了 CSMA 的优点，但是克服了它在控制应用上的缺点。

与 Predictive P-Persistent CSMA 一样，所有的 LonWorks 节点对介质的访问都是随机的。当有两个或多个节点同时等待网络空闲，以便发送数据包时，这种算法就避免了在其他算法中无法避免的冲突。在 LonTalk 协议中，节点随机地分布在最小为 16 个随机槽的不同的延迟水平上。在 P-Persistent CSMA 中，当节点要发送一个报文时，它以固定的概率 P 给出随机时间槽的数量。然而，LonTalk 协议对其作了相应的改善。在 LonTalk 协议中概率 P 是根据网络的负载来动态调整的。当网络空闲时，所有节点只随机分布在 16 个时间槽上。当估计到网络上的负载增加时，节点将分布在更多的时间槽上。增加的槽的数量由 n 来决定，这里 n 的范围是 1 ~ 63。Echelon 称 n 为信道上积压的工作的估计。它代表下一次要发送数据包的节点数。

这种对积压工作的估计和动态调整的介质访问方法使得 LonTalk 协议在网络负载较轻时提供较少的时间槽数；在网络负载较重时提供较多的时间槽。从而在负载较轻时使介质访问延迟最小化；而在负载较重时使冲突的可能最小化。

LonWorks 系统允许在一个网络上使用多种通信介质、在网络上可以有数以千计的节点。由于每个节点动态预测在某个时间有多少其他节点要发送数据包，因此 LonTalk 协议是 Predictive P – Persistent CSMA。预测影响了每个包之间随机槽的数量。预测值越高，节点随机分布的时间槽的数量也越多。槽数的增加降低了冲突的概率。

总之，LonTalk 协议使用了一种新的称为 Predictive CSMA 的 CSMA MAC 算法。为避免冲突，所有的 LonWorks 节点使用时间槽来随机访问通信介质。通过预测信道积压的工作，LonTalk 协议动态调整随机时间槽的数量。通过积极地管理冲突率，LonTalk 协议提供了支持多种介质通信、低数据速率、高网络负载情况下的维护和大型网络的高级 MAC 子层。

6．LonTalk 协议的优先级（Priotity）

LonTalk 协议有选择地提供优先级机制以提高对重要数据包的相应时间。协议允许用户在信道上分配优先级时间槽（Priority Time Slots），它专用于具有优先级的节点。为每个节点分配优先级槽的网络管理工具，可以保证有且只有一个节点在信道上被赋予了一个特定的优先级槽。信道上，每个优先级时间槽对每个报文的传输至少增加了两位的时间。开销的大小主要依赖于波特率、晶振精确度和收发器的需要。在数据包的周期内的优先级的节点具有较快的相应时间。优先级与冲突检测的组合，使得相应时间是有限的，而不是无限的。分配给节点的优先级槽用于该节点发送的所有具有优先级的包。从一个节点发送的一个、一些包、或所有的，可被标记为使用节点优先级服务。

7．LonTalk 协议的网络界面

LonTalk 协议包括一个可选的网络接口协议，该协议可以用来支持在任何主处理器（HOST Processor）上运行 LonWorks 应用。主处理器可以是任何微控制器、微处理器或计算机。主处理器管理协议的第六层和第七层，并使用 LonWorks 网络接口来管理第一层到第五层。LonTalk 网络接口协议定义网络接口和主处理器之间交换的数据包的格式。

每种网络接口定义了不同的网络接口协议。网络接口可以是一个交钥匙（Turn - key）设备。如 Echelon 公司的串行 LonTalk 适配器、或者是一个基于 LonBuilder 微处理器接口程序（MIP）的定做设备。MIP 扩展 NEURON 芯片固件使 NEURON 芯片转化创建 LonWorks 网络接口的通信处理器。

在主处理器上运行的主应用通过网络驱动程序与网络接口通信。网络驱动程序管理缓冲区的分配、缓冲区到网络接口和网络接口到缓冲区的传输、隔离应用与网络接口链路层协议的差异。LonTalk 网络驱动程序协议在主应用和网络驱动程序之间定义了标准报文格式。

使用主处理器的节点被称为基于主机（Host - Based）的节点。其应用程序完全在 NEURON 芯片上运行的节点称为基于 NEURON 芯片（Neuron - Based）的节点。

8．LonTalk 协议的数据说明

LonTalk 协议使用面向应用协议的数据。用这种方法，应用数据项如温度、压力、状态、文本字符串和其他数据项在节点之间以标准的工程和其他预定定义好的单位进行交换。命令被封装在接收节点的应用程序中，而不是通过网络被发送。用这种方法，相同的工程值可以被发送到多个节点，每个节点对应该数据有不同的应用程序。

对基于 NEURON 芯片的节点，它的数据说明由 NEURON 芯片固件实现。对基于主机的节点，它的数据说明由处理器实现。

9．LonTalk 协议的网络变量

LonTalk 协议的表示层中的数据被称作网络变量。网络变量可以是任何单个数据项也可以是数据结构。每个网络变量有一个由应用程序说明的数据类型。

网络变量的概念大大简化了复杂的分布式应用的编程。网络变量提供了非常方便灵活的观察系统中由节点操作的分布式数据。程序员不需要处理报文缓冲区、节点地址、请求/响应/重试过程，以及其他一些底层的细节。

可以将网络变量指定为证实的，也就是说用证实报文来传输它们的值。也可以为网络变量指定优先级，就是说使用优先级时间槽来传输它们的值。也可以指定网络变量为同步的，在这种情况下，所有赋予这个网络变量的值都将被传播。

5.4 LonWorks 节点与 LonWorks 网络

节点（Node）是组成 LonWorks 网络的最基本的控制单元。它上接 LonWorks 网络、下接传感器或执行器。一个典型的 Node 节点主要由三部分组成。

(1) 一个 NEURON 芯片（3120 或 3150 芯片）；

(2) 一个或多个传感器或执行器及相应的外围电路；

(3) 与通信媒质相连接的发送接收器。

其中，NEURON 芯片和 LonWorks 发送接收器是 Node 节点的核心部分。

图 5-1 为一个典型 Node 节点的框图。

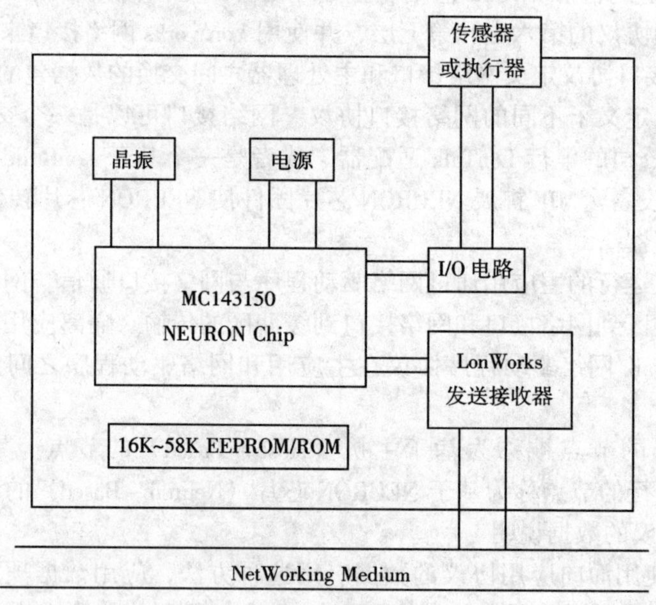

图 5-1　Node 节点框图

由于 NEURON Chip 是 8 位总线，只支持主频 10MHz，对于复杂的系统采用 HostBase 结构，将 NEURON Chip 作为通信处理器，其测控功能由单片机或高级 CPU 完成，如图 5-2 所示。

一个 LonWorks 网络系统由节点，路由器 Rorter 和网络适配器组成。LonWorks 网络的典型结构如图 5-3 所示。

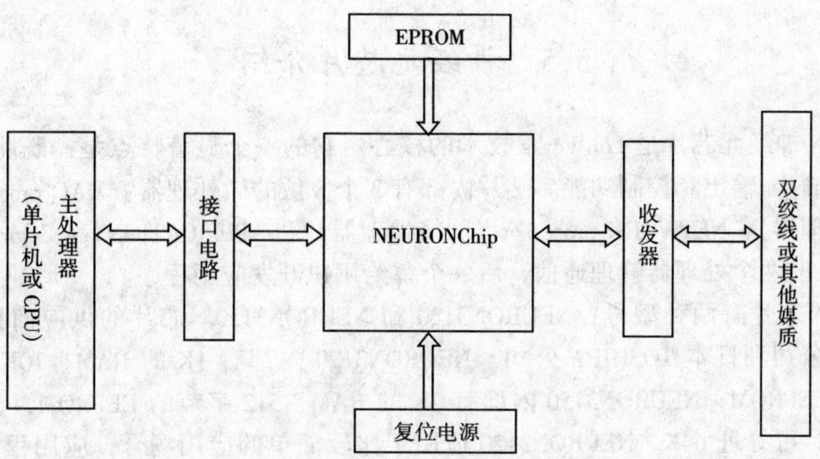

图 5-2 HostBase 结构示意图

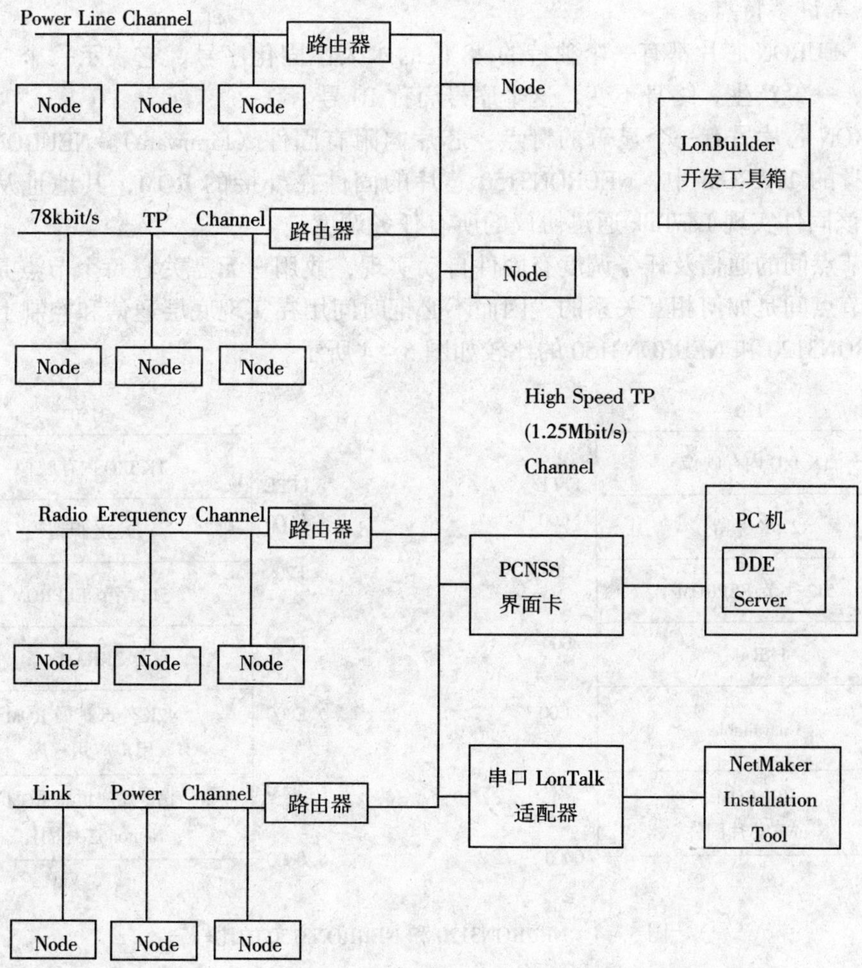

图 5-3 典型 LonWorks 网络

5.5 神经元芯片介绍

NEURON 神经元芯片是 LonWorks 技术的核心。它的一个显著特点是：既能管理通信，同时又具有输入/输出和控制功能。芯片内部有 3 个 8 位的微处理器：MAC processor（媒体访问控制处理器）、NETWORK processor（网络处理器）和 APPLICATION processor（应用处理器）。其中，前两个处理器管理通信，后一个留给用户开发应用程序。

NEURON 芯片有两种型号：NEURON3120 和 NEURON3150。芯片的供应商目前有美国 MOTOROLA 公司和日本 TOSHIBA 公司。NEURON3120 内部有 1K 的 RAM，10K 的 ROM 和 512 字节的 EEPROM；NEURON3150 内部有 2K 的 RAM，512 字节的 EEPROM，设有外接存储器的接口，可寻址 64K。NEURON3120 适用于比较简单的应用场合，应用程序小于 2K；NEURON3150 适用于比较复杂的应用场合，应用程序可大于 2K。它们有 11 位双向直线输入/输出接口，可与外部相连，有 5 个引脚可与 LonWorks 发送接收器相连。还有多功能定时/计数器等许多特点。

每个 NEURON 芯片都有一个独特的 48 位的永久性固化序号，它表示一个 NEURON 芯片的名字，一经产生，终身不变，这个序号简称 ID 号。

NEURON 芯片另有一个显著的特点：芯片内附有固件（Firmware）。NEURON3120 的固件在它本身的 10KROM 中，NEURON3150 芯片的固件在外接的 ROM，其地址从 0000H 到 E8900H。该固件实现 LonTalk 通迅协议的所有任务调度。

由于节点间的通信及任务调度有固件自动实现，故用户无需关心每个节点是如何完成工作的，节点间是如何相互关系的，因而不必把时间用在实现底层通信和控制上。

NEURON3120 和 NEURON3150 的比较如图 5－4 所示。

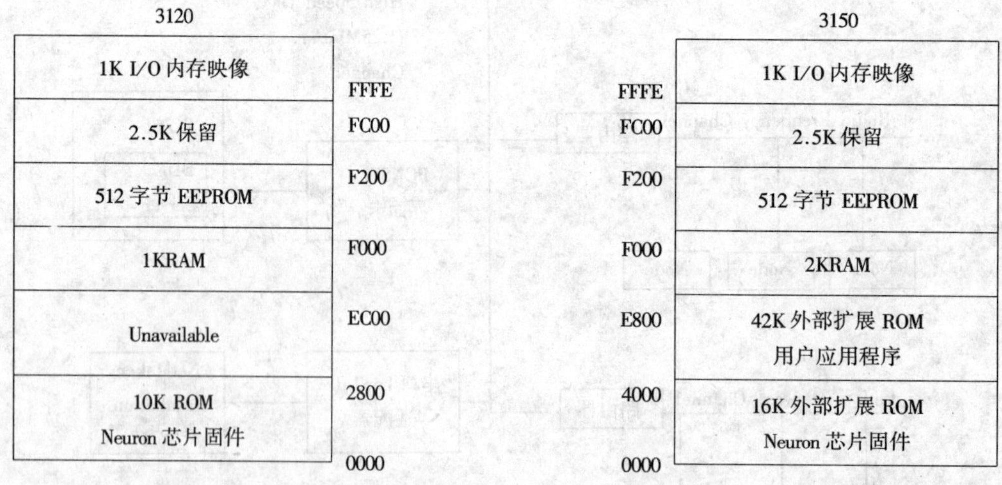

图 5－4 NEURON3120 和 NERRON3150 的比较

NEURON3150 芯片的内部框图如 5－5 所示。图 5－5 中，第一个 CPU 为介质访问控制处理器（MAC），它处理 LonTalk 协议的第一层和第二层，包括驱动通信子系统硬件和执行冲突避免算法。处理器 1 与处理器 2 使用位于共享存储区的网络缓冲区进行通信，正确地对在网络上传播的报文进行编码和解码。第二个 CPU 为网络处理器，它实现 LonTalk 协议的第三层到第六层。它进行网络变量的处理、寻址、事务处理、证实、背景诊断、软件定时器、网络管理、函数路径选择等，控制网络通信口物理地址的发送和接收数据包。该处理器使用共享存储区中的网络缓冲区与处理器 1 通信，使用应用缓冲区与处理器 3 通信。第三个 CPU 为应用处理器，它执行由用户编写的代码及用户代码所调用的操作系统服务。

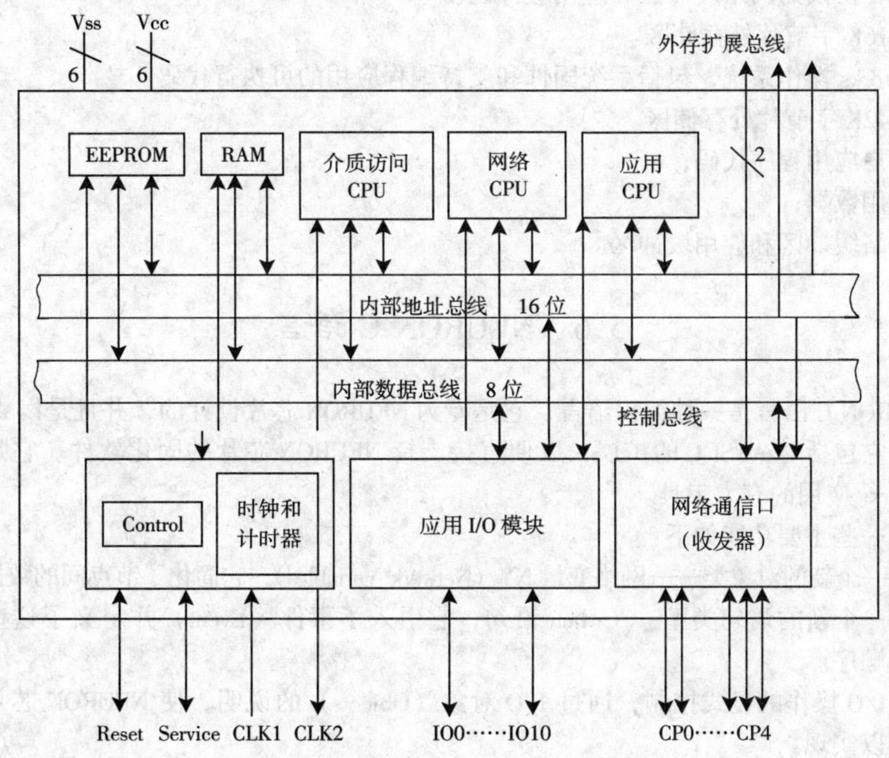

图 5－5　NEURON3150 芯片内部框图

NEURON 芯片有一个非常通用的通信口，它由 CP0、CP1、CP2、CP3、CP4 等 5 个管脚组成。这 5 个管脚可以配置为与各种通信媒介接口（网络收发器），并且可以覆盖广泛的数据速率。通信口可以配置为下列 3 种模式：单端模式、双端差分模式和特殊目的模式。

NEURON 芯片既可从通信口，也可以从具有 11 个管脚的 I/O 口发送和接收信息。这 11 个管脚可以用在不同的配置下，以便为外部硬件提供灵活的接口和访问芯片内部计时器。应用处理器可以读回输出管脚的电平。管脚 IO0 到 IO3 具有高电流源能力（20Ma@0.8V），其他管脚具有标准接收能力（1.4Ma@0.4V）。所有管脚（IO0－IO10）具有含有电压滞后的 TTL 电平输入，管脚 IO0－IO7 还具有低电平检测锁定。

通过 16 位地址和 8 位数据总线，NEURON3150 芯片可以扩展 64K 外部存储空间。外部存储器可以是 ROM、PROM、EPROM、EEPROM、RAM 或它们的组合。处理器可以对其中的 58K 寻址，其余的 6K 地址空间映射到内部存储器。NEURON3150 芯片存储空间分配及用途如下：

(1) 512字节片内 EEPROM。

①网络配置信息和地址信息;

②芯片的48位ID序号;

③用户程序代码和数据。

(2) 2K字节片内RAM。

①堆栈段,应用数据和系统数据;

②LON协议的网络缓冲区和应用缓冲区。

(3) 16K字节片外存储区。

LonWorks操作系统,包括系统固件和支持编程应用的可执行代码。

(4) 42K字节片处存储区。

①用户应用程序代码;

②应用数据;

③网络缓冲区和应用缓冲区。

5.6 NEURON C 语言

NEURON C语言是一种编程语言,它是专为NEURON芯片设计的,并且是以ANSI C为基础的。它包括对ANSI C的扩展,以便直接支持NEURON芯片的固化软件。它是一个开发LonWorks应用的有力工具。

它的一些主要功能如下:

(1) 一个新的对象类——网络变量NV (Network Variables),它简化了节点间的数据共享。

(2) 一个新的语句类型——when语句,它引入了事件 (Event) 并定义了这些事件的当前时间顺序。

(3) I/O操作的显式控制,通过I/O对象 (Objects) 的说明,使NEURON芯片的多功能I/O得以实现。

(4) 支持显式报文通过,用于为以直接访问为基础的LonTalk协议服务。

NEURON C为分布的LonWorks环境提供了特定的对象集合及访问这些对象的内部(build-in)函数,允许程序员生成高效的分布式LonWorks应用代码。

1. I/O对象

NEURON C语言利用34个预编程的I/O对象来实现有效的测量、计时和控制应用的不同操作模式。通过将NEURON芯片的11个I/O管脚注 (IO0 ~ IO10) 定义为不同的I/O对象,可以提供NEURON芯片灵活支持不同的输入输出设备的能力。在一个程序中,一个或多个I/O管脚可以被定义成不同的I/O对象,当程序运行时,根据NEURON函数中调用的不同I/O对象,程序自动完成相应的输入输出操作。

2. 网络变量NV

LonWorks网络中的节点是通过网络变量NV (Network Variables) 来相互联系,完成通信功能的。不同节点中具有相同数据类型的网络变量通过捆绑 (binding) 的方式,可以实现节点间“自动”地传递信息。当一个网络变量在一个节点的应用程序中被赋值后,这个值就会“自动”发送到这个网络中其他被赋值为接收这一数据的节点中。一个节点就这样，通过一个在该节点被定义为输出的网络变量，和与其具有同一类型的，被定义为输入的网络变量的其他所有节点，进行潜在的隐式报文通信。

为了提高互操作性，LonTalk 协议引入标准网络变量 SNVT（Standard Network Varable Types）概念。SNVT 是一组与度量单位（如摄氏温度、电压 V、长度 m）有关的预定义的类型集，被定义为同一种 SNVT 的变量具有相同的数据结构，可以直接交换信息。LonTalk 协议可支持多达 255 种 SNVT。

3. 任务调度

为了提高系统的实时性，NEURON C 语言引入了一个内部多任务调度程序。抛弃了 ANSI C 中程序顺序执行的方式，而以事件驱动的方式调度程序的执行。任务调度程序允许程序员以自然的方式，来表达逻辑上并行的事件驱动的任务，同时控制这些任务的优先级的执行。调度程序响应在应用程序 when 语句中说明的事件或条件，执行用户定义的任务。

4. 预定义事件

NEURON C 中预先定义了一些（Events）用来描述系统或对象的行为。事件可以分为以下五类：

（1）系统事件，如 Reset，Online……

（2）输入/输出事件，如 io-out-ready，io-changes……

（3）报文和网络变量事件，如 mag-arrives，nv-update-occurs……

（4）定时器事件，如 timer-expires；

（5）用户说明事件：用户说明的表达式，用于判断是真还是假。

5. 显式报文

对于很多应用场合，网络变量允许最大限度地紧缩和最简单的实现。然而如果需要发送的数据大于 31 字节，或使用了请求/响应服务，或者网络变量模式不适合，就应该使用显式报文发送数据。应用程序可以构造最大可达 229 个字节的报文。由称作报文标识的隐含地址，访问其他节点或节点组，也可以用子网/节点、组/广播通迅或惟一的 ID 号，显式地访问其他节点。报文发送有 4 种服务：ACKD，UNACKD，UNACKD－RPT，REQUEST。

6. Run－time 运行库

NEURON C 语言中扩展了一个 Run－time 函数库，调用它可以实现事件检查，I/O 活动的管理、通过网络接收和发送报文，以及控制 NEURON 芯片的各种功能。增加的库函数共分三类：

（1）杂函数，执行控制：如 delay……

网络管理控制：如 access－address……

差错管理：如 error－log……

睡眠模式：如 flush……

（2）实函数，如 bin2bcd……

（3）输入/输出函数，如 io-out……

5.7 LonWorks 网络的开发工具

LonBuilder：节点和网络节点和网络安装工具；

NodeBuilder：节点开发工具；

LNS：使 LonWorks 网络工具具有客户/服务器式在线服务能力。

1．LonBuilde：以 IBMPC 为基础的开发系统由 3 部分组成：

PC 机、硬件卡（插到槽上）以及软件工具。

（1）硬件卡：

①NEUNON 在线仿真器：用于源程序软件调试和硬件样机调试，具有两个在线仿真器；

②LonBuilder 单板机（Sbc－Single Computer）：用于现场调试相当于开发系统；

③LonBuider 路由器：用于不同媒质通讯连接（开发系统内部 1.25M，外部网 78K，由路由器连接）；

④控制处理器：包括网络管理器及协议分析器。

网络管理器负责网络安装配置，如对节分配地址优先级设置、安装路由器、网络变量和显示报文互联。

协议分析器能截获网络上所有节点的通讯报文，并转接成可方便观察的 ASII 字符，并能够分析当前网络报文流量带宽利用率、碰撞率和出错率。

（2）配合硬件卡的软件工具：

①LonBuider 开发集成环境：包括目标数据率、项目管理程序编辑器。

②NEVROV 开发工具箱：NEVRON C 编译器；

NEVRON C 译程序调试器。

③LonBuilder 网络管理器软件。

④LonBuilder 协议分析器软件。

（3）其他开发软件：LonManager 工具（由一系列开发包和接口卡组成）。

①LonManage DDE；

②LonManager Profite 和 LonMaker；

③LonManager。

2．NodeBuilder

只能完成节点的开发功能，不具备网络功能。即只包含 LonBuilder 中节点开发器的功能，并只有一个在线仿真器。

5.8 LNS 技术简介

可以提供高质量的网络工具是 LonWorks 技术的主要优点。网络工具是指可以对 LonWorks 网络上的器件进行安装、诊断、维护和对 LonWorks 系统进行监视和控制的工具。这些工具使控制网络比传统的控制网络更加便于安装、运行、维护，从而使成本降低。终端用户希望网络工具适合于自己的应用。LNS 技术的出现正是基于这种考虑，为用户编写适合自己的网络工具提供了极大的灵活性。

许多行业使用软件趋于简单化，这是由于终端用户要求减少软件应用复杂性并且增加其功能性而进行，同时软件结构的进步支持了复杂应用程序快速开发。ActiveX 是 Windows 应用下的软件组件结构，LNS 是 LonWorks 网络的网络服务体系结构。这两种结构是编写

LonWorks 网络工具应用程序的基础。

5.8.1 概述

LNS（LonWorks Network Service）是 Echelon 公司最新开发出来的 LonWorks 总线的开发工具，它提供给用户一个强大的客户/服务器网络构架，LNS 构架主要包括 4 个主要的组件：网络服务器 NSS（Networks Services Server）、网络服务接口 NSI（Networks Services Interface）、LCA 对象服务器（LCA Object Server）和 LCA 数据服务器（LCA Date Server），是未来 LonWorks 总线可互操作性的基础。LNS 是网络控制领域中的第一个多客户端网络操作系统，是一套给 LonWorks 网络提供基本目录、管理、监视和控制服务的网络操作系统。LNS 为所有需要与 LonWorks 网络相互作用的应用程序提供这些服务，以确保各个应用程序可以不间断地观察网络而且保持同步。这种特性使那些无论是运行在同一主机还是不同一主机上的软件组件，都可以进行互操作。比如，用户可以在不限数量的用户界面上操作系统级的监视和控制，而且可以和网络的配置改变同步。安装者可以并行地工作以减少安装时间，维护工程师可以在网络上任意一点访问所有的网络和网络服务，这就给终端用户和系统集成者提供了更大的功能性和生产效率。

LNS 结构支持运行在任何平台上的客户网络工具。For Windows NT 和 For Windows95 的 LNS 应用程序界面由 LonWorks 组件结构（LCA）定义。LCA 是应用多种软件组件的 LonWorks 网络组件结构。LCA 提供有标准网络工具内核程序的开放标准。为调用网络服务和 LCA 软件组件，LCA 定义了标准 Windows ActiveX 服务界面和标准应用程序界面。

LNS 结构是交互式 LonWorks 网络工具的基础。在大系统中，Windows 环境下的 PC 主机作为网络服务器。各种应用的其他网络工具作为客户网络服务应用，客户机也可以是基于 Windows 或其他平台操作系统的 PC 机。这种配置非常适用于工业控制、建筑自动化、家庭自动化领域。各种情况下，用户希望能够从大量的用户接入点控制网络。

对工具开发者来讲，LNS 结构可被看作一整套核心服务程序，可以用来实现监视、控制、安装、维护和配置的网络工具。就像多任务操作系统提供一套服务程序允许多程序共同使用存储器资源一样，LNS 结构提供共同访问 LonWorks 网络资源的工具。工具开发者同样可以把 LNS 作为基础，在此基础上开发自己的适用于其他工具的特定应用服务程序。

LNS 体系结构定义一个可被在 LonWorks 网络上的所有网络工具共享的公共网络服务层。如图 5－6 所示，在其他层应用 Windows ActiveX 技术提供的高水平接口的基础上，LonWorks 组件体系结构提供了 Windows 主机的编程界面。LCA 提供了更易于使用的框架和更多的模块化网络工具。它通过 LNS 的网络服务层提供的网络服务框架实现对 ActiveX 提供的软件组件框架支持的一体化。

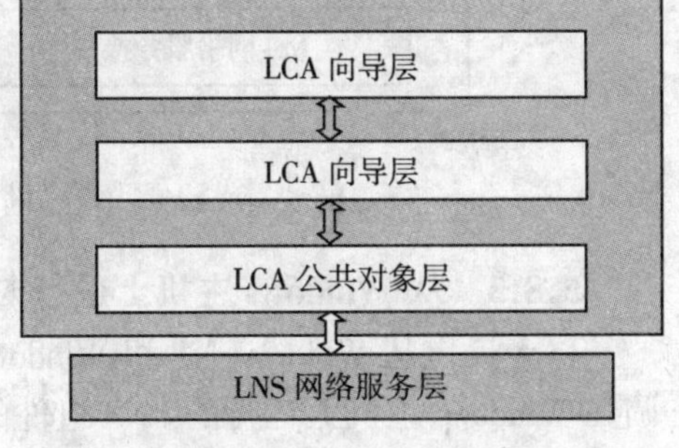

图 5－6　LonWorks 组件结构

5.8.2 LonWorks 网络服务（LNS）结构

LNS 体系结构以对象集合的方式提供网络服务，每一对象都带有方法、特性和事件。方式用来调用对象上的服务，例如用以启动设备或进行网络变量的连接。对象用作读写对象中的数据参数，例如可用来读取或设置设备的状态。事件用来通知应用程序一个事件的发生，例如一个服务引脚的消息。

LNS 对象作用客户服务器结构访问。客户向服务器提出网络服务请求，服务器执行服务并且在服务完成后通知客户机。标准网络服务由单一网络服务器提供，但专用应用服务要由应用服务器提供。每种应用提供自己的应用服务器分别用在 HVAC 系统、照明系统、安防系统中。

从物理上讲，LNS 网络服务器由两个主要组件实现，为网络服务器（NSS）和网络服务接口（NSI）。NSS 处理标准网络服务、维护网络数据库、允许和协调对其服务和数据的多点访问；NSI 提供到网络的物理连接、管理 NSS 和应用服务器的信息处理，实现对 NSS 和应用网络服务器的透明远程访问。

每个主机通过一个 NSI 连接到网络上，主机可以是任何微控制器、微处理器或运行任何操作系统的 PC 机。在每个主机范围内可以有一个或多个利用 NSS 服务的客户机。例如，如果有一个运行 WindowsNT 的主机，那么每个客户机可以作为独立任务被实现。NSI 和 NSS 共同工作，对 NSS 服务进行远程访问并将数据传送给客户机。

对多数用户，NSS 是一个远程资源，通过网络对其进行透明远程访问执行所请求的服务。但是客户机同样可以在物理上同 NSS 相连的主机上运行。对客户机来讲，处于 LNS 网络服务层上的本地或远程主机没有什么区别。任何情况下，客户机通过 LNS 的 API 访问网络服务。LNS 的 API 和 NSI 使客户机体会不到其间的差别，并且能在 NSI 和 NSS 之间进行透明地发送请求。图 5－7 所示为一个有客户机服务器主机的网络中，客户机、LNS 的 API、NSI 和 NSS 的相互关系。

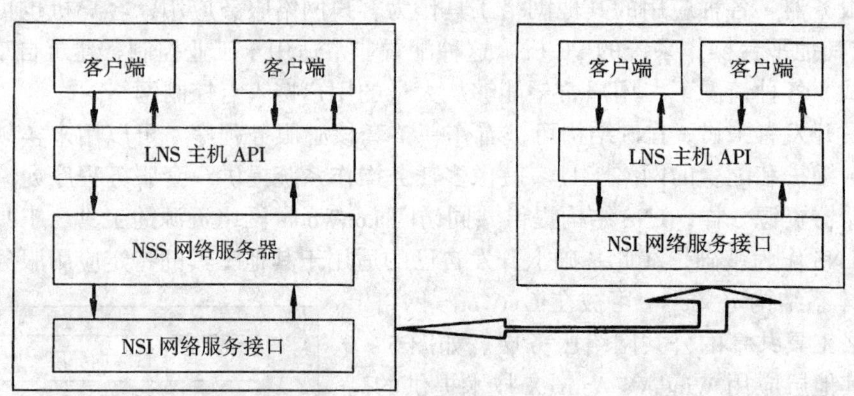

图 5－7　客户机、LNS 的 API、NSI 和 NSS 的关系图

5.8.3　从 Windows 主机上进行 LNS 服务访问

LCA 提供从 Windows NT 和 Windows95 的主机上对 LNS 服务进行访问的功能。LCA 是协调在 Windows 主机上运行的 LNS 组件的软件结构。LCA 使用 Windows 标准的 ActiveX 接口协调 Windows 软件组件。LCA 同时定义了一个共享主数据库存储在 LCA 组件间共享的但尚未存储到 LNS 网络数据库中的主机数据。

图 5－8 为 LonWorks 组件结构，如同 LonTalk 协议一样，LCA 组件有图 5－8 中所示的 4 个层次的分层结构：

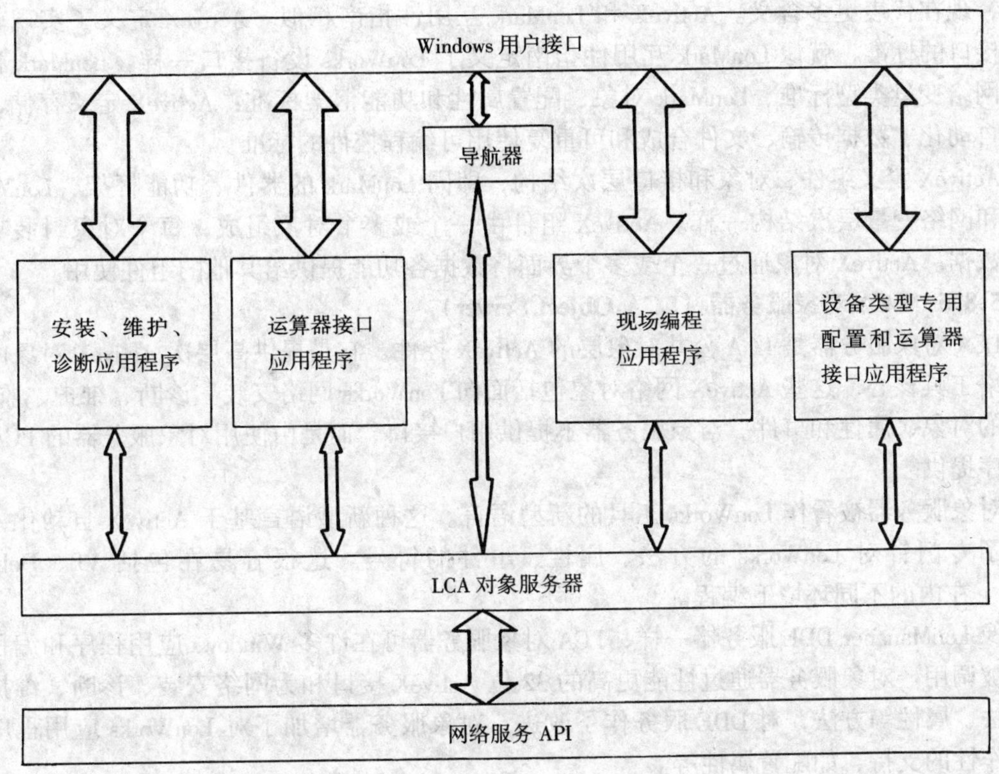

图 5－8　LonWorks 组件结构图

(1) 网络服务层。如前所述，网络服务层满足运行在任何主要上的网络应用程序的基本服务请求，网络服务层分层管理如设备和网络变量地址等网络数据。在 Windows 平台上，网络服务层通过 Windows 动态链接库（DDL）接口来访问。

(2) 公共对象层。LCA 公共对象层管理 Windows 主机上的网络服务对象，这些对象在多个网络服务组件之间共享。公共对象层包括可扩充主机数据库和特殊应用数据库，主机数据库中有不受网络服务层管理的特殊主机数据。公共对象层由 LCA 对象服务器、数据服务 API、可选现场编译器 API 和协议分析器 API 组成。公共对象层可通过设备类型专用软件扩充。

(3) 组件层。LCA 组件层由实现网络服务应用程序的应用程序软件组件组成。这些应用程序可由多数供应商提供，包括来自工具开发商的通用组件，来自设备生产商设备类型专用软件组件，来自系统制造商和系统集成商的特殊应用组件。LCA 组件同时可作为嵌入其他 LCA 组件内部的 ActiveX 控件。

(4) 向导层。LCA 向导层由一个或多个软件组件组成，这些软件组件用来浏览 LCA 对象，并用用户选中的对象调用 LCA 组件应用程序。软件组件既可以是 LCA 组件也可以是 LCA 向导。但是，每个系统的向导应用程序的数量典型地被限制在对终端用户提供的统一界面上。

5.8.4　ActiveX 控件

ActiveX 是规定软件组件相互作用标准的软件结构。ActiveX 曾经一度代表对象链接和嵌入，现在代表更多含义。ActiveX 和 LonMark 互用性指南相似。ActiveX 定义了实现软件组件接口的标准，就像 LonMark 互用性指南定义了 LonWorks 设备接口一样。LonMark 指南定义网络变量类型标准、LonMark 对象、配置属性和功能框架标准：ActiveX 定义存储、命名、自动化、数据传输、文件合成和可重复使用可编程控件的标准。

ActiveX 定义组件、对象和接口层次结构，即同 LonMark 的器件、功能框架、LonMarks 对象和网络变量层次结构一样。ActiveX 组件由一个或多个对象组成，每个对象封装功能性和数据。ActiveX 对象通过一个或多个界面将数据各功能提供给其他的组件使用。

5.8.5 LCA 对象服务器（LCA Object Server）

LCA 对象服务器是 LCA 公共对象层的 ActiveX 控件。它是提供高层次 ActiveX 对象的新型网络工具核心，这些 ActiveX 网络对象包括面向 LonWorks 网络安装、诊断、维护、监视、控制的对象、属性和事件。对象服务器不提供用户接口，而是由使用对象服务器的 LCA 应用程序提供。

对象服务器被看作 LonWorks 工具的新型语言。这种新型语言基于 ActiveX 自动化，并定义了专门针对 LonWorks 的方法、属性、事件的符号。这很容易在包括 VB、Delphi、VC + + 在内的不同环境下编程。

像 LonMananer DDE 服务器一样，LCA 对象服务器可在许多 Windows 应用程序和编程环境下被调用。对象服务器通过性能更高的 32 位 ActiveX 接口和为网络安装、诊断、维护增加方法、属性等方法，对 DDE 服务作了改进。对象服务器增加了对 LonWorks 应用程序层互操作性的支持，如配置属性等。

5.8.6 NSS 服务器

服务是可以被用户调用并在服务器上执行的操作。客户可以调用 NSS 服务完成网络安装、维护、配置等任务。一条 NSS 服务调用通常产生多条 LonTalk 消息。当主机调用服务，如连接一套网络变量时，NSS 将请求展开为要求的网络行为——分配网络资源，建立、发送、处理网络消息，执行错误检查和恢复，然后返回对主机请求的结果。通过调用适当服务，客户可以以最小的额外开销很快地完成每一网络管理任务。NSS 为客户管理节点和网络资源，发送和处理任何必要的 LonTalk 信息。

NSS 可以完成以下网络管理服务：

（1）安装、确认、移开、代替节点；

（2）连接和断开网络变量和消息标签；

（3）向网络节点装载应用程序映像；

（4）网络退出（重新）配置；

（5）访问节点中 LonMark 对象并配置属性；

（6）引进节点自记录和自识别信息；

（7）引进节点外部接口文件；

（8）从一个节点到另一个节点的配置参数的拷贝；

（9）查询、设置节点属性，如位置、优先槽、自记录、网络变量属性；

（10）复位节点；

（11）闪烁节点；

（12）测试节点。

NSS 提供下述事件：

(1) 服务引脚注消息到达；

(2) 节点网络映像更新完成；

(3) 网络上新增且尚未配置的节点；

(4) 从网络上去除已有的节点；

(5) 节点或网络变量配置变化。

5.9 我国在智能建筑产品方面 LonWorks 技术的开发应用情况

我国对 LonWorks 技术开发应用和起步较早，经过多年努力，现已开发出了适合我国国情的各种产品系列。

早在 1995 年北京建工学院、北京工业大学联合二次开发了 LonWorks 技术楼宇智能化系统应用开发平台，来访的 Echelon 公司总裁一行参观了该开发平台，给予了高度评价，总裁特别赞赏开发平台将许多国产仪表、传感器、执行器和系统接入了 LonWorks 控制网络，成功实现了互操作。该平台经过近一年的运行，于 1996 年通过建设部科技成果鉴定。

在上述开发平台基础上，智能建筑技术开发推广中心与威光公司合作开发的 BAS-V2000 新一代楼宇自控系统是早期 LonWorks 控制网技术在中国应用的一个典型系统。1997 和 1998 在广东蓄能大厦和佛山等地智能建筑工程中取得了一系列成功业绩。

1997～1998 年间 LonWorks 技术在全国范围很快取得行业界的共识，北京、苏州、上海、西安、广州等地研究单位和公司纷纷推出自己的产品和系统，并在许多楼控和工控工程应用中取得了成功。其中苏州威光公司产品生产已形成规模，并有多方面工程应用实例。北京德达公司的通用控制系统产品还打入了国际市场。

如德达公司的 iCube™通用控制系统已开发得很完善，该系统结构分为三层：管理维护层、网络设备层和控制单元层。

5.9.1 管理维护层

主要由连接在 Internet/Intranet/LonWorks 网络上的管理计算机构成，完成网络的管理、运行维护等工作。由 LonMaker for Windows 完成网络管理，如网络设备的安装、配置等。而 HMI（人机界面）则由 Internet 或 FIX 等软件完成。

5.9.2 网络设备层

除了构成 Internet/Intranet 的各种网络设备外，还需要两种设备：即 i.Lon1000 和 LonWorks 路由器。i.Lon1000 是实现 LonWorks 和 InternetIP 网络无缝连接的关键设备，通过它可以将散布在不同地域内，可以在世界范围内、城区或广区范围内，有 IP 网络相连的各 LonWorks 段连接在一起组成一个大控制系统。i.Lon1000 内置 WebServer：它支持 SNMP、TCP/IP、HTTP、FTP 并具有良好的安全性。LonWorks 路由器的主要目的是进一步延伸 LonWorks 网络，阻隔不同网络的通讯量进而提升各网段的使用率，并起到速率转换以及不同传输媒介连接的目的。

5.9.3 控制单元层

控制单元作为控制网络的基本单元，除具备一定的网络通讯能力外，主要完成现场信号采集，执行控制算法和设备控制。在控制单元的种类上共分为以下几个大类：DI、DO、

MIO、AI、AO 等。

该系统的节点控制器已进行规模生产，大量投入市场，并列入 2000 年北京市火炬计划项目，科技委领导下专门成立了中国智能建筑技术 LonMark 协作网。1999 年 11 月又在秦皇岛召开了 LonWorks 技术与产品应用及配套座谈会，会议探讨的内容和形成的共识，对促进智能建筑相关产品的国产化产生了深远影响。

在通用型 LonWorks 技术产品上，系统大量开发成功，在工程上成功应用的基础上，我国 LonWorks 技术的开发应用迅速走向深化和全面，还开发了具有自己知识产权的产品。下面例举几方面情况：

1．LonPoint 系统开发应用成功

作为一个能够被最终用户方便使用的产品，仅用常规设计智能节点的硬件和为智能节点编制应用程序还不够，还应该给智能节点编制一些用户界面，以便用户能根据自己的实际情况进行配置，这在 LonWorks 技术中，被称为节点的“Plug - in”。海湾威尔公司推出的 HW - BA5000 系统是这方面的一个很成功的楼控系统。HW - BA5000 是专门为网络集成商设计的，很方便用于集成楼控中常见的仪表、传感器、执行器，以构成楼宇控制系统，其硬件和软件均为现成产品，只需要根据实际应用进行相应的配置和安装即可直接使用。HW - BA5000 系统由以下几部分组成：

①HW - BA5010 系统模块。适用于连接集成各种不同的模拟量和数字传感器、执行器。正确地选择 HW - BA5010 模块，并组态硬件和软件，可以支持不同种类的楼宇自动化系统。

②LonMaker for Windows 系统集成工具。此安置工具基于 LNS，具有 Visio 用户界面并支持 HW - BA5010 模块，它用于系统的设计、配置、安装和维护。

③HW - BA5010 Plug - in。此软件基于 Windows95/98 和 Windows NT。它提供配置 HW - BA5010 系统模块的接口。

④LNS Server。基于 Windows95/98 和 Windows NT 的 LonWorks 网络操作系统，LNS 应用程序同时调用的中央数据库。LNS Server 可以与 LonMaker 工具和 HW - BA5010 Plug - in 运行在不同的 PC 上。

⑤LNS Network Services Interface（NSI）硬件。此硬件使 PC 机中运行的 LNS Server、LonMaker 工具及 HW - BA5010 Plug - in 与 LonWorks 网络连接。它在网络设计时可以不需要，但在节点安置、测试和浏览时必不可少。NSI 包括 PCLTA - 10 卡、PCC - 10 卡和 SLTA - 10 串行适配器。

HW - BA5000 系统作为一个基于 LNS Device Plug - in 的系统，它具有 LNS Plug - in 的所有优点，简化了系统的安装，降低了维护成本，对于楼宇自控系统的集成商和终用户是一个很好的选择。该系统已成功应用在石家庄人大综合楼等工程中。

2. 各种系统的配套逐步完善

现在我国已开发出了 LonWorks 的冷热源控制系统、路灯控制系统、火灾自动报警系统、“一卡通”管理系统等各种楼宇控制配套系统。其中德达公司的 ICMS - 2000 一卡通信息管理系统很适合市场需要。

ICMS - 2000 系统是“一卡通”管理系统，主要包括：门禁管理系统、考勤管理系统、消费管理系统、停车场管理系统、巡更系统。目前，ICMS - 2000 门禁管理系统已在工程中使用。

ICMS-2000 系统是“一卡通”管理系统，该系统是德达公司采用 LonWorks 智能控制网络技术独立开发的，系统开发最大的特点是软件的组件设计和硬件的模块化设计，使得各个子系统之间及子系统与主系统之间实现了“无缝”集成，从而实现了真正意义上的“一卡通系统”。先进的技术保证，加上研制过程中切实结合了中国智能建筑及智能小区等市场的应用需求，使得本系统具有很强的产品竞争力和市场潜力。已在哈尔滨报业大厦和北京万商大厦工程中使用。

3. 我国已有大型 LonWorks 控制网的组网能力和集成能力

几年来全国许多单位在实际工程中，不断提高对 LonWorks 控制网的组网能力，大型 LonWorks 控制网在国内不断诞生。广东省南海市我国第一个通过验收的建设行业智能建筑试点工程中就成功建成了一个 2000 多控制点的 LonWorks 控制网。现在苏州威光与北黄公司和住总合作已调通近万点的大型 LonWorks 控制网。

北京都会华庭和千鹤小区都是建设部智能建筑技术推广中心推出的建设行业智能建筑试点工程，分别有 1000 多及 1750 多个 LonWorks 节点，现已验收。该大型 LonWorks 中应用了苏州威光的组网技术。苏州威光公司通过多年的实践，提出了网络管理节点的概念，很好地解决了多节点大系统中的通信瓶颈问题。苏州威光的管理节点（SVT-GLJD2000）的构造和功能如下：

SVT-GLJD2000 是以 ECHELON 公司的神经无芯片 Neuron3150 为核心开发的智能型网络节点产品，具有网络管理和数据暂存功能。该节点由带固件的神经元芯片、收发器、接口电路和 DC-DC 隔离转换电路组成。其主要作用是：

（1）网络管理——优化网络通信性能、监视节点工程状况、配置节点参数；

（2）信息暂存——网络通信、配置与管理信息驿站。

美国 ECHELON 公司参观后对苏州威光公司的管理节点给予了较高的评价。表明我国已具备大型 LonWorks 控制网的组网能力。

我国对复杂的 LonWorks 综合控制网的集成能力也在迅速成长。如北黄自动化安装公司引进的 Sea Chang 暖通空调控制系统很有特色，它是傻瓜型，模块化，即插即用，其控制模块是预组态的，即已内置了专家控制智能模式。我们还引进了用无线扩频实现 LonWorks 控制网的互操作能力的统一的 LonWorks 控制网。

我国研制成功了 LonWorks/单片机接口控制模块，实现了单片机开发向 LonWorks 开发的简单过渡。还研制了 RS232/485-LonWorks 网关等产品，苏州威光的苏州市电力抄表系统有许多 485 产品联到 LonWorks 控制网互操作，且已稳定运行了多年。

最近 LonWorks 控制网与 IP 数据网连接是一种最新发展方向。北京工业大学电子工程系采用 LonWorks 技术研制的家庭智能化系统实现了 Internet 网远程监控和管理，采用软件技术将 LonTalk 协议的控制网与 TCP/IP 协议的信息网集成，在网上的浏览器上对家庭智能化系统进行监控。在香港的智能建筑展览会上展出，并得到好评。

4. 关于软件系统的开发

仅举我国自主开发成功的通用的 LonWorks 系统工具软件 OnLon 和 VisualLon 为例进行介绍。

我国在 LonWorks 开发方面有了长足进步，其中有冶金部自动化院推出的系列软件 On-

Lon 和 VisualLon 简化开发手段。基于 LNS 和 IEC1131－3 的 OnLon 软件，使应用工程师可以像对 DCS 和 PLC 进行算法组态一样对所有符合 LonMark 标准的 LonWorks 节点进行算法组态，借助 OnLon 集成商和控制工程师无需深入了解 LonWorks 技术细节，无需拥有昂贵的开发设备便可以从容使用 LonWorks 系统。

VisualLon 是类似于 EcheLon 公司的 LonMaker for Windows 的软件，可以用来对 LonWorks 网络进行全面的管理，生成的 LNS 网络数据库，可以给 LNS DDE Server 等软件使用。

VisualLon 提供 LonWorks 节点的安装、节点替换、节点测试、程序加载、网络变量绑定等网络管理功能，还提供节点的网络变量读取、修改及节点配置参数的设定功能。

OnLon 是全世界第二个对 LonWorks 节点图形化编程的软件，它符合 IEC1131－3 标准，用功能方块图编制控制程序，编译后下载到 LonWorks 节点上。除此之外，OnLon 还提供 Neuron C 编程环境，用户可以用此功能编程自己的功能块，并加到 OnLon 的功能块库中。

OnLon 提供的编程及调试环境，能满足用户一般的应用及开发需要，用易于使用的软件代替昂贵复杂的开发设备是 OnLon 的根本出发点，这一点对应用工程师来说，尤为重要。

OnLon 提供的标准功能块分 6 种：

①算术运算（加、减、乘、除、开方、均值、移位等）。

②逻辑运算（与、或、非、比较等）。

③控制运算（PID、滤波器、比较器、放大器、触发器、双速、死区等）。

④共享功能（锁存、时钟、折线等）。

这些功能块向用户开放 Neuron C 代码，使用者可以在基础上修改形成新的功能块。

⑤网络变量功能块，提供一个方便直观的对话环境，让用户通过简单的选择，完成网络变量的命名、类型的选择、存贮方式及网络属性的配置，通过这种功能块定义的网络变量，符合 LonMark 标准。

⑥硬件输入输出功能块，这是惟一与承载算法的硬件相关的功能块，在这一交互式环境中，用户选择所用的硬件类型，指定 IO 口及其扫描时间。不同的厂家的硬件产品提供不同的驱动软件，OnLon 接受两种形式的驱动软件：库函数和 Neuron C 代码，因此 OnLon 不仅可以用在 EIC2000 系统中，也可用到任何一种基于 3150 Neuron Chip 的 LonWorks 产品中。

OnLon 编译后的最终码是基于时间周期性执行的，系统提供秒级和毫秒级两个基本时钟，每个模块的执行周期可以用户设置。

到目前为止，OnLon 能提供 57 种标准能块和 5 种自由共享功能块。OnLon 功能块还将不断地扩展，除 OnLon 开发者开发新的功能块以外，还向全世界 OnLon 使用者征集自由共享功能块和购买 OEM 功能块。

5. 适合我国国情的开放 LonWorks 系列产品的研发

为了拓宽 LonWorks 技术国产化的道路，不断提供一整套符合中国国情的开发平台是非常必要的。可以认为以上介绍的国产化的 LonWorks 产品提供了若干软件及硬件平台。下面再介绍几种，应该能为 LonWorks 技术在我国的推广应用作出一定的贡献。

①MIPCARD－LonWorks/单片机接口控制模块。国内单片机开发资源丰富，而 LonWorks 开发则投资较大，周期较长，如果能把单片机开发的资源优势与 LonWorks 的技术优势结合

起来，对 LonWorks 技术在我国的推广应用将起到促进作用。MIPCARD 产品实现了上述希望，单片机开发人员只须将其当成一个普通的外部存贮器对待，即可实现单片机到 LonWorks 技术的过渡。

利用 LonWorks 技术开发硬件产品有两种途径：一是利用 Neuron 芯片直接开发，一是利用含有 Neuron 芯片的控制模块进行开发。由于控制模块内解决了 Neuron 芯片及其外围电路、通信接口等有关 Neuron 芯片的技术细节问题，向用户开放的只是 Neuron 芯片功能强大的 IO 口，因此被广泛采用。

其实国内的硬件开发现状是，我们拥有了一大批单片机，尤其是 MCS51 兼容单片机的开发人才，基于单片机的开发普遍来说技术扎实、成本低，这与国内 LonWorks 开发队伍人才少、门槛高形成了鲜明的对照，要充分利用国内单片机开发的优势，必须找到一种连接 LonWorks 与单片机之间的桥梁。正是基于这一思路，冶金自动化院开发了 MIPCARD，这是一种全新 LonWorks 控制模块，此控制模块不仅包含了所有与 Neuron 芯片有关的电路及通信接口电路，还带有一个 256 字节的双口 RAM 接口，对单片机来说，只须把 MIPCARD 当成一个普通的外部存贮器芯片即可。

MIPCARD 为 4cm × 6cm 大小的一个印刷线路板，有一片 3150、256 字节的双口 RAM、FTT - 10A LonWorks 通信接口以及复位等外围电路。

MIPCARD 定义的引脚有 AD0 ~ AD7，ALE，WR，RD，RESET，CS，Serverce - PIN，VCC，GND，LON +，LON -。

MIPCARD 与 8031 类单片机的接口，只须将 P0 口与 MIPCARD 的 AD0 ~ AD7 简单相连，另外将 RD/，WR/，RESET/，ALE 与 MIPCARD 的同名端相连，由译码电路产生一个选片信号，连到 MIPCARD 即可。

与 LonWorks 有关的程序开发用冶金自动化院自主开发的 OnLon 软件即可，当然也可以用 Echelon 公司的开发设备。

具体的开发步骤如下：

第一、定义好 MIPCARD 中的 256 个字节，一般按接收数据区与发送数据区分块，再对两个数据块进行细分，形成 MEMORY MAP，比如 OO：开关量输入不敷出，01：开关量输入 2……70：开关量输出 1，74：模拟量输出 1……

第二、用 OnLon 网络变量端子定义标准网络变量。

第三、用 OnLon 内置的硬件输入输出端子建立 MIPCARD 存贮器与网络变量的联系，也就是建立第 1、第 2 步的联系。

第四、用任何一种 LonWorks 网络管理工具对节点进行安装、监测。

②RS232/485 - LonWorks 网关。目前国内开发的许多智能系统都是基于 RS232/485 的，它们大都具有价格优势，但通信的可靠性、开放性相比 LonWorks 有很大的差距，为此冶金自动化院的 EIC2000 系列产品中的 BM 很好地解决了这一问题，BM 不仅有 RS232/485 接口，还有 NVRAM，时钟日历功能，使用 BM 能简单地将普通的 RS232/485 系统过渡到 LonWorks 系统。

③LonWorks OPC Server。目前人机界面软件与 LonWorks 系统之间的连接主要是通过 Echelon 公司的 LNS DDE Server，基于 DDE 的这一简单易用，但效率不太高。

目前由 Intellution 和微软发起的 OPC（OLE For Proccss Control）组织将 OLE 技术应用于

控制系统软件接口，OPC 标准的 Server 软件可以与任何一个 OPC Container 连接，OPC 数据访问不仅效率高，而且信息量大，如所有数据都带有时标等。OPC 标准已经被 FF 等国际标准化组织定为软件接口标准。

LonWorks OPC Server 也是冶金自动化院开发的产品，可以作为所有采用 LonMark 标准的系统的软件接口。

最初推广 LonWorks 技术，就是为了使国内企业与国外大公司站在同一个起路线上，面对同一个开放性的标准。这样无形中击破了一些国外企业的封闭和垄断，使国内相关智能产品有机会实现跨越式发展，直接进入国际先进行列，有利于建筑智能化产品的国产化。经过几年的艰苦努力，我国自行开发 LonWorks 建筑智能化产品已初步形成体系，逐步占领国内市场的同时，还开始走出国门，走向世界。北京工业大学曾为香港研制了 LonWorks 家庭智能化远程监控系统。德达公司 LonWorks 节点控制器 iCube™系列已销往国际市场，该系列中已有两种模块出口新加坡，为其提供 OEM 服务，现已达到出口 2000 套，到明年将为其供货 5000 多套，这些产品已被应用于日本的大厦 BA 系统以及机场的设备监控系统中。

LonWorks 技术国产化已走过了六年多的一段艰苦历程，由于不断取得业界同行的共识，加盟的公司也越来越多，并不断在市场竞争中经受考验，发展壮大，创造了众多业绩，使我国 LonWorks 技术的开发应用逐渐形成了具有若干自己特色的技术体系。总结过去，是为了与各种技术比较和鉴别，相互学习，共同寻找一些规律性的东西，以利于多方面引进和消化国际先进技术，更健康地推进我国智能建筑行业的国产化事业。

5.10 LonWorks 技术在智能化小区中的应用实例

5.10.1 工程简介

都会华庭位于北京市朝阳区十里堡，是一个集住宅、绿地、写字楼、商场、学校、幼儿园于一体的大型社区，系城市广场二期工程。一期工程已建成写字楼、商场及 3 栋公寓楼，并成功地引入了华堂商场，使其成为该社区及周边地区的购物、休闲、娱乐中心。

都会华庭是城市广场工程的组成部分，由 4 栋高层住宅及地下车库组成。4 栋高层住宅分成 A1 型住宅、A2 型住宅两组，各由 1 栋 30 层、1 栋 21 层连体住宅组成，分别称为 A1 西楼（30 层），A1 东楼（21 层），A2 西楼（21 层），A2 东楼（30 层）。每组共用一个首层大堂，地下 3 层，层高 2.8m，30 层楼宇屋面高度 86.4m，21 层楼宇屋面高度 61.2m。A1、A2 间距 36m，大堂口之间距离 120m。总户数为 879 户，总建筑面积为 13.3 万 m^2。

为给住户提供一个安全、舒适的居住环境，都会华庭住宅小区智能化系统工程将按照建设部有关智能化小区的规范进行建设。在方案设计中应体现出系统的完整性、先进性、可靠性及可实施性。由于城市广场一期工程已建成，在二期工程后尚有多栋住宅及公共设施待建。因此，系统应具有良好的可扩展性，以满足小区地域广阔、分步建设的特点。

5.10.2 智能化系统概述

都会华庭住宅小区智能化系统，按国家建设部住宅产业办下达的有关规范及业主实际需求，总体功能设计方案叙述如下：

住宅小区智能化系统应以适应现代生活为指导思想，在耐久性和经济性的基础上，突出智能化住宅小区的先进性、可靠性、便捷性、开放性、集成性和可扩展性，强调住宅小区智能化系统给住户带来的良好的居住环境、完整配套的优质服务和高度的自动化及可靠性。

在功能上，小区住宅内部具备完善的安保防灾措施与生活服务的智能化系统，且住宅与小区和社会之间具有高度的信息交互能力；整个小区内部公共部分具有完善的安保措施、公共设施监控系统，以及全方位的社区服务管理，能够为小区居民提供多种多媒体信息服务。

住宅小区智能化从发展角度看，系统集成是很重要的，只有适度集成才能保证整体运营、服务、安全可靠，提高管理效率，保证诸多系统功能得到充分发挥。

5.10.3 住宅小区智能化系统总体方案

根据都会华庭工程的具体情况，我们决定采用 LonWorks 总线作为主体的控制网平台，将小区各测控系统尽可能地进行系统集成。LonWorks 技术是国际前沿技术，已大量用于智能建筑，建设部智能建筑推广中心于 1998 年 6 月成立了“中国智能建筑 LonMark 协作网”大力推广 LonWorks 技术在智能建筑中的应用，特别是应用在住宅小区智能化系统中。应用 LonWorks 技术，使得小区智能化系统布线简单、集成度高、扩展性好；同时，利用 LonWorks 技术良好的开放性，我们可选择众多厂家的产品，为用户提供最高的质量和最合理的价格。

根据上述思想，我们将住宅小区智能化系统划分为以下几个部分，进行了如下设计：

(1) 家庭智能化系统：采用 LonWorks 技术，方便可靠地实现三表计量及自动计费；室内安防可实现紧急求助、以及煤气泄漏、火灾报警、防盗报警等功能。采用这种方式，可以实现现代住宅所要求的集智能化、安全性、便利性于一体的各项功能。

(2) 安防系统：运用 LonWorks 开放性的测控技术，将电视监控系统、巡更系统、防盗报警系统集成为一体，实现全分布的控制及管理，使得系统布线简单、风险分散，大大的增加了系统的可靠性，系统的可扩展性好，便于与其他系统进行系统集成。

(3) 机电设备监控系统：对于机电设备监控部分，由于监控制对象的分散性，采用 LonWorks 全分布控制技术，组网灵活。并以机电设备监控子系统为主体，与小区智能化测控系统进行系统集成，实现各子系统的资源共享，提高管理效率，同时便于将来系统升级、扩展。

(4) 楼宇对讲系统：可有效地限制非楼内住户进入大楼，增加安全性。本系统采用可视/非可视混合型安装系统，预先敷设视频线缆，可根据住户需求选择可视非可视分机。

(5) 小区一卡通系统：对停车场及门禁系统采用共用感应式 IC 卡的方式，既方便住户进出，也方便工作人员的管理，并可用于小区物业管理人员的考勤管理，以及小区内部消费、费用结算等。系统完成后，住户可以凭借一张卡进出地下车库、进出公寓门、完成物业管理刷卡交费、三表计量交费等日常物业费用、在小区内的娱乐中心刷卡结算、在小区内的商场进行刷卡购物等。

(6) 有线电视系统：根据业主要求，小区内有线电视网与朝阳区有线电视联网，并在此基础上，增加两套自办电视节目，可播放录像带或 VCD 光盘。

(7) 小区网络及综合布线系统：都会华庭网络系统采用全星形的拓扑结构，由路由器、主干交换机、边缘交换机和网络服务器等网络设备构成，主干网采用千兆以太网，具有支持高带宽、多传输介质、多种服务、保证 QoS 等特点，为智能小区的住户提供全面先进的网络信息及全方面的网络服务。通过小区网络及综合布线系统，住户可利用住宅小区计算机网络系统获得信息服务、电子商务、E-mail、网上教育、远程医疗等。同时利用小区的局域网，住户可方便利用家中的计算机进行 VOD 点播，享受现代住宅的舒适、快捷、丰富多彩的家居生活。

5.10.4 家庭智能化系统

1. 概述

家居的安全性是住户最为关心的问题，也是物业管理的重点。因此，家庭安防和抄表系统是小区智能化系统的重要组成部分。它应具有可靠性高，稳定性好，其系统任一部分的故障不会造成系统瘫痪，便于系统维护等特点。考虑到上述要求，在系统设计中采用 LonWorks 网络技术，进行设计。

家庭智能化系统主要实现在住宅的安全防范和远程抄表自动计费两部分：

家庭安全防范系统——包含煤气泄漏报警、火灾报警、防盗报警、紧急求助报警、家电控制等，紧急求助可保证家中病人、老人、儿童等得到及时的照顾和护理，以及住户在紧急情况下得到物业管理人员的帮助。

抄表系统——主要包括冷水表、热水表、电表和煤气表的远程自动抄送，自动计费并形成打印报表。住户可免受上门入户查表的打扰以及因此而带来的安全隐患；同时物业管理人员也可减少工作量，提高工作效率。

本系统通过 LonWorks 节点实现所有家庭智能化（包括安防及远程抄表）功能，所有节点就近连接到相应的子网上。住宅小区监控管理中心建有监控管理工作站，所有监测到的抄表数据和报警信号通过 LonWorks 网络送到监控计算机，中心计算机对数据进行分析后，自动提示物业管理人员进行相应处理。

当住宅发生盗警、火警、煤气泄漏和异常情况（异常情况下住户按动紧急按钮等）时，信号传输到物业管理中心进行报警；物业管理中心计算机收到报警信号后进行多媒声声光报警和信息提示，通知物业管理人员进行处理或外传。

连接各家庭的 LonWorks 节点都安装在住户的终端控制箱内，使用专门的线路供电，并且备有电源，保证系统在断电情况下可以正常工作。

2. 系统原理

系统由安装于住户外的用户子系统及安装于物业管理中心内的家庭安防报警中心和抄表监控中心组成，系统示意图如图 5－9 所示。

该系统模块安装在住户外，集成了家庭保安、远程抄表系统，提高了系统的可靠性，减少了布线数量，降低了施工费用，并可进一步集成到小区的 LonWorks 系统中。

3. 系统功能

（1）用户子系统：

①防盗报警：当有非法侵入时防盗报警自动启动，室内警号发出声响，同时通过网络将报警信息传至小区物业管理中心，物业管理中心监控计算机屏幕上以图形及文字形式显示报警地址及报警类型，使保安人员及时、准确地作接警处理。

②防煤气泄漏报警及煤气自动关断：当探测器检测到室内煤气浓度大于一定值时，警号发声以提醒住户，同时自动关闭煤气开关，并向物业管理中心报警。

③紧急求救：住户通过紧急按钮向中心发出求救信号，中心可显示报警地址及报警类型，并且采取相应措施。

④住户可进行布防/撤防设置。

⑤自动采集存储远传住户各表读数。

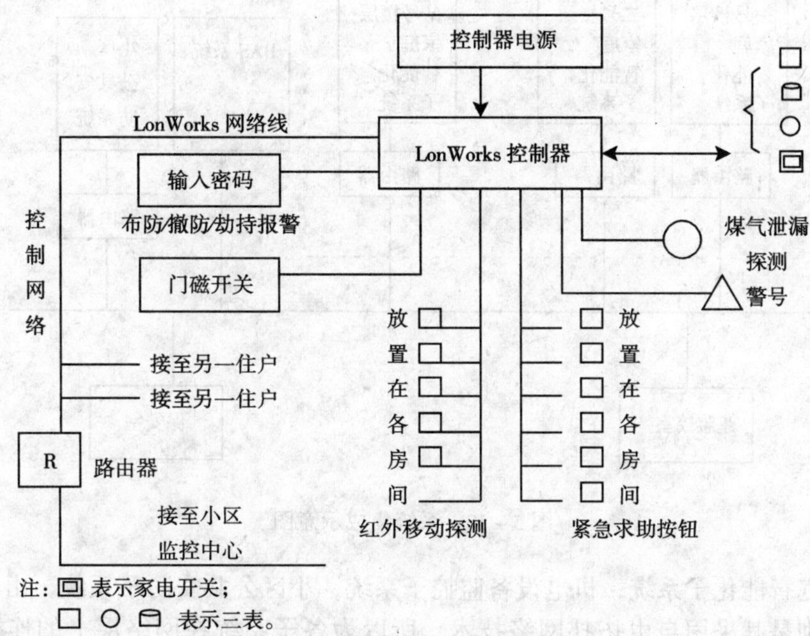

图 5-9　系统示意图

(2) 家庭安防报警中心：

①接到报警信号后，以声光形式提示保安人员；

②在计算机屏幕上弹出电子地图，电子地图上显示报警点，并以文字显示报警住户地址及报警类型；

③遇到多处报警时，显示器滚动显示相关信息及未处理的报警点数；

④系统存储全部的报警信息以备查询，并可用打印机打印出全部报警的相关信息。

(3) 抄表监控中心：

①可定时或随时巡回抄表；

②有自动统计、计费、打印相关报表的功能；

③有数据存储，分析的功能，便于查询和管理；

④有自动监控系统故障的功能；

⑤可方便地增加或取消用户。

5.10.5　公共安防子系统

该保安监控系统采用先进的 LonWorks 控制网络，将电视监控系统的摄像机云台控制、各种红外、微波探测器的报警信号、电子巡更信号进行联网测控，可与其他系统集成。

5.10.6　家庭智能化系统、小区公共安防系统及机电设备监控系统

采用 LonWorks 技术的系统集成方案。

在都会华庭工程中，为实现信息共享和联动控制，我们设计了将家庭智能化系统、公共安防系统、机电设备监控系统各子系统分离的功能、监测信号和控制信息集成于一个统一的系统中。如图 5－10 所示。

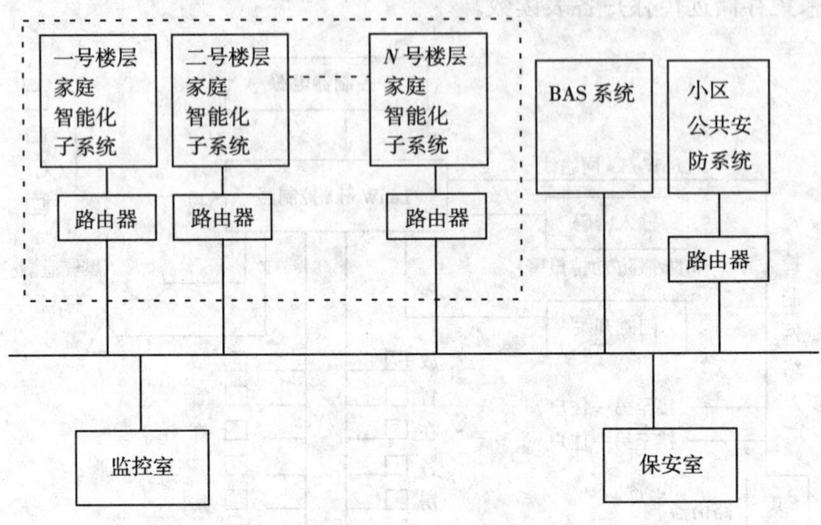

图 5－10 系统集成示意图

对于家庭智能化子系统，机电设备监控子系统，小区公共安防子系统，由于其具有上述优点，特别是其采用自由拓扑网络技术，所以为各子系统在网络层上的连接提供了方便。由于 LonWorks 节点具有现场数据采集及处理功能，所以虽然其系统规模较大，但其网络数据流量并不很大，其主要网络数据流量来源于家庭智能化子系统（见图 5－10 虚框部分）。对于该子系统，我们采用加入路由器来平衡网络数据流量以提高网络品质。具体方法是，用路由器将家庭智能化子系统分为若干网段，每段节点数原则上可达到 60 多个。考虑到网络段长度、每段节点数及该工程中 A1、A2 楼的实际情况，将上、下层对应户的节点联成一串，经路由器接入主干网。每个节点可独立完成三表读数采集、远传及报警信号的处理。同时，采用路由器可以完成路由选择的功能。

在系统集成中，以 BAS（机电设备监控子系统）为核心，在物业管理中心设备监控系统设立管理、监控主机。

小区安防子系统中，各种监控信息可分为两种：一种为从各摄像机传输来的视频信号；另一种为各种监控信号，如：摄像机云台控制信号、报警信号等。本方案中，采用视频信号由独立的视频线传送，各种监控信号进入集成系统。方法与家庭智能化子系统的接入类似。

在物业管理中心设备监控室内，用网卡（PCLTA）将中心计算机接入系统，作为系统的集成平台，各子系统的信息聚会于此，各种控制信号也可由此发出，以便于系统的运行、管理。各种报警信号、控制信号的优先取权高于三表数据的采集和处理，并有处理多重报警的功能。

在物业管理中心收费室内，用网卡将收费主机接入集成系统，各户计量表的数据记录于此，并完成报表统计、收费等工作。

在物业管理中心保安室内，用网卡将安防主机接入集成系统，家居及小区公共安防报警信号由该主机处理。保安人员可察看各监控点的监控图像。报警信号有较高的优先权。

5.10.7 机电设备监控集成

机电设备监控系统包括：给排水及泵系统、电梯、照明系统、变配电系统、采用 LonWorks 技术组网，并可与其他系统集成。如图 5－11 所示。

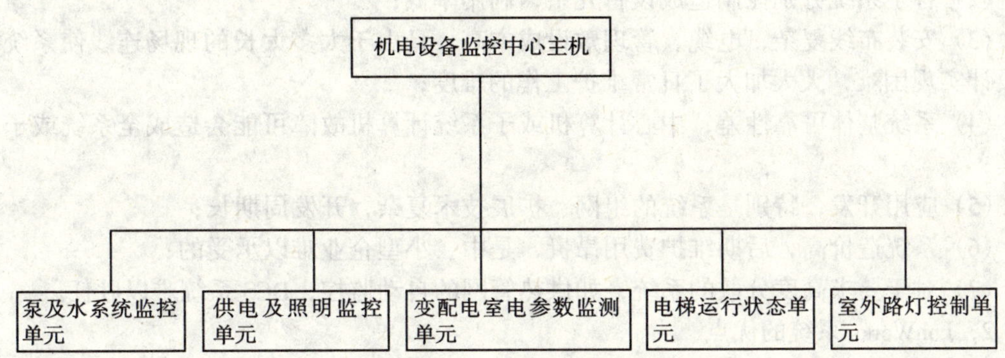

图 5－11 机电设备监控图

5.11 LonWorks 技术在供热小区锅炉计算机管理控制系统中的应用

5.11.1 锅炉控制技术的发展

目前在我国各种行业中各型工业锅炉的保有量已达几十万台，每年消耗大量能源。由于大部分锅炉没有采用先进的控制技术，因而造成了能源浪费和较为严重的环境污染。采用计算机控制技术可有效地改善工业锅炉的运行工况，达到节能、减少污染、延长锅炉的使用寿命和提高管理水平的目的。

多方实践和经验证明，应用计算机技术自动控制锅炉的运行，是提高锅炉运行综合效率的有效方法。

根据统计，应用计算机控制技术可使锅炉节约燃料 10%～15%，也可延长设备使用寿命，减少维修费 8%左右，且可使锅炉的各种有害物质的排放量指标达到国家规定的要求，减少环境污染。其综合经济效益可达 30%以上。

锅炉控制系统的发展，可分为简单仪表系统、电动组合仪表系统、单板机系统、系统机系统、集散型系统（DCS）和全分布式集散型系统。前两种系统主要用于锅炉运行参数的监测，而后四种系统则可用于锅炉的监测和自动控制。

近些年来，随着计算机技术的飞速发展，在工业自动化控制领域，电动仪表系统、用单板机、微型机的单机单控系统，其各项性能已均显落后，不能满足日趋发展的对自控系统的要求，尤其不能适应对众多工业数据的实时管理和分析。因而，大量的 DCS 集散型计算机控制系统已被应用在各个相关行业。但是 DCS 系统本身也存在不少缺点，越来越不能适应应用的需求。人们研究实用现场总线技术对锅炉控制系统进行改造。

5.11.2 DCS 系统与 LonWorks 系统的对比

1. 国内现有 DCS 系统缺点

虽然，当今 DCS 系统已应用广泛，但是，国内现有的 DCS 系统，大多存在如下一些缺点：

(1) 系统封闭、互操作性差，不同厂商的设备互连困难；

(2) 各子系统分别控制造成设备冗余，利用率低；

(3) 安装布线复杂，电缆、管理敷设成本高，且由于太多太长的现场连线使系统抗干扰设计实现困难，大大加大了日常维护工作的难度；

(4) 系统整体可靠性差，中心计算机或子系统计算机故障可能会造成全系统或子系统瘫痪；

(5) 应用开发，特别是系统的组网、扩展技术复杂，开发周期长；

(6) 系统造价高，后期维护费用昂贵，是中、小型企业难以承受的；

(7) 对于要求高度分散的系统，如供热管网的自动监控，DCS 系统难以胜任。

2. LonWorks 系统的优点

应用 LonWorks 技术可构成全分布式集散型系统。所谓"全分布式集散系统"，是指可以将系统的控制软件及硬件分散安装于最接近传感器和执行机构的位置，或干脆与传感器和执行机构合为一体，通过其先进的多种媒体通讯技术，将若干台各种传感器、执行机构以及人、对讲话的操作站等连成一个统一的整体（现场总线技术），将系统的各种运行数据实时地传递到操作站，进行统一的管理、调度、遥控、记录等。其先进性在于：

(1) 系统采用无中心控制，是真正的分布式系统。系统任意监测点的数据均可通过通讯总线实时传递到系统的各个控制点，即使在操作站或某个监测点出现故障时，也不会影响整个系统的运行。举例来说，假如一个燃气锅炉在运行时，出现了煤气泄漏，则煤气泄漏传感器会立即通知煤气总管的阀门关闭，开大引风门，打开各点的报警装置，并同时将有关的信息传送给操作站，通知有关人员，避免事故的进一步扩大。又如，在供热小区的热力管网中，在管网的各个节点安装控制器，自动调整供热平衡，从而提高供热效率。

(2) 开放性系统结构，具有良好的互操作性。系统允许不同的厂家的产品容易连接到同一系统中协调工作，如果系统是封闭的，则难以和其他厂家的产品互连，将给系统的维护、扩展、更新带来无穷的麻烦。

(3) 系统的软、硬件组态灵活，便于重新调整系统构造或随时修改配置，易于变更系统设计。对于某些工业过程很难一次确定的控制方案，可在调试过程中多次变更调整。

(4) 多种媒体通讯，组网简单，布线容易，使安装成本大大降低。通迅技术的改进，也大大简化了系统的硬件配置，降低了系统成本，其性能/价格比明显优于现有的各种计算机控制系统。

(5) 网络通讯协议已经固化在控制节点（每个节点中包括神经元芯片、扩展内存、通讯接口、I/O 接口等）内部，编程简单，开发周期大大缩短。系统可根据被控系统规模大小，监控点的多少、分布的范围及对象的特点灵活应用，随时更改。

3. 选用 LON 技术实现锅炉自动控制系统的原因

到目前为止，我国生产的各型计算机锅炉控制系统，依然停留在单机单控、单机多控和小型（微型）集散控制的水平上，其性能与国外的 DCS 系统相比差距较大，但是要想从国外引进一种完整的 DCS 系统，在价格上，对于国内的许多用户来说承受不了。因此，随着国家及企业对生产、能源、环境管理的日趋严格，亟待研制一种先进的、适合中国国情的、性能/价格比高的计算机锅炉、热网监控系统，改善我国在这方面的落后局面。LON 网是现场技术中的优秀系统，最适合多台锅炉及过热管网的集散控制。

因此，我们决定把 LonWorks 技术应用于锅炉控制系统的改造，对于把 LonWorks 技术应用于锅炉控制进行深入研究。

5.11.3 整体设计方案

本控制系统主要由二层网络组成，上层为管理信息网，底层为控制网（由 LonWorks 技术完成）。

上层网的主要作用为完成管理功能，例如，在各厂长办公室、财务室、统计室等，都有工作站，各主要负责人都可以根据自己的权限访问有关锅炉运行状况，查阅有关煤量统计、节能效果等信息，从而完成管理、决策功能。

下层网由 LonWorks 技术完成，主要完成对锅炉本体运行状况的检测与控制，整个下层控制系统包括 3 个智能节点，完成对几十个量的检测、监控，完成对 1 个主要控制回路的控制，从而保证锅炉能运行在安全、高效、节能的状态之下。

整个控制系统的网络层次结构可以用图 5 – 12 来表示：

图 5 – 12 中，由服务器、工作站 l 及其他系列工作站以及网络交换机组成上层局域网。工作站 1，作为监控中心（兼作网关），其余工作站为管理站（完成管理功能）。

由智能节点 I、智能节点 II、智能节点 III 构成底层控制网。节点 I 与节点 II 完成所有数字量与模拟量的采样以及相应的处理与运算，节点 III 为控制节点，专门完成控制输出功能。

整个网络通过网络交换机与 Internet 网互联。

5.11.4 系统工作过程简述

智能节点 I 对锅炉本体的出水温度、回水温度、出水流量、环境温度、炉排转速、炉膛温度等量进行采样，并根据环境温度得出设定的出水温度，与实际出水温度相比，取得偏差，进行 PID 调节，通过输出节点 III 控制给煤机与炉排转速，从而调节实际的出水温度。

智能节点 II 对锅炉本体的烟气含氧量、炉膛负压、出水压力、鼓风门开度、引风门开度等量进行采样，通过烟气含氧量与设定的烟气含氧量进行比较取得偏差，进行 PID 调节，通过控制节点 III 控制鼓风门的开度来调节氧量。通过炉膛负压与设定的负压进行比较取得偏差，进行 PID 调节，通过控制节点 III 控制引风门的开度来调节炉膛负压。

为了取得更好的调节效果，给煤回路、鼓风回路、引风回路考虑了回路之间耦合问题的问题。

工作站 1：运行监控程序。底层网的各种数据都可通过适配器送到监控中心显示，另外，通过工作站 1 可以对煤、引风、鼓风 3 个回路实行远程手动控制。底层网的各种运行数据，由工作站 1 获得存放上层网的服务器中，可以用作管理系统的数据来源。

工作站 2：运行管理软件。根据锅炉运行中的各种数据来产生各种统计报表，用于管理与决策。

在以后的章节里，将对每一子系统的实现进行详细的论述。

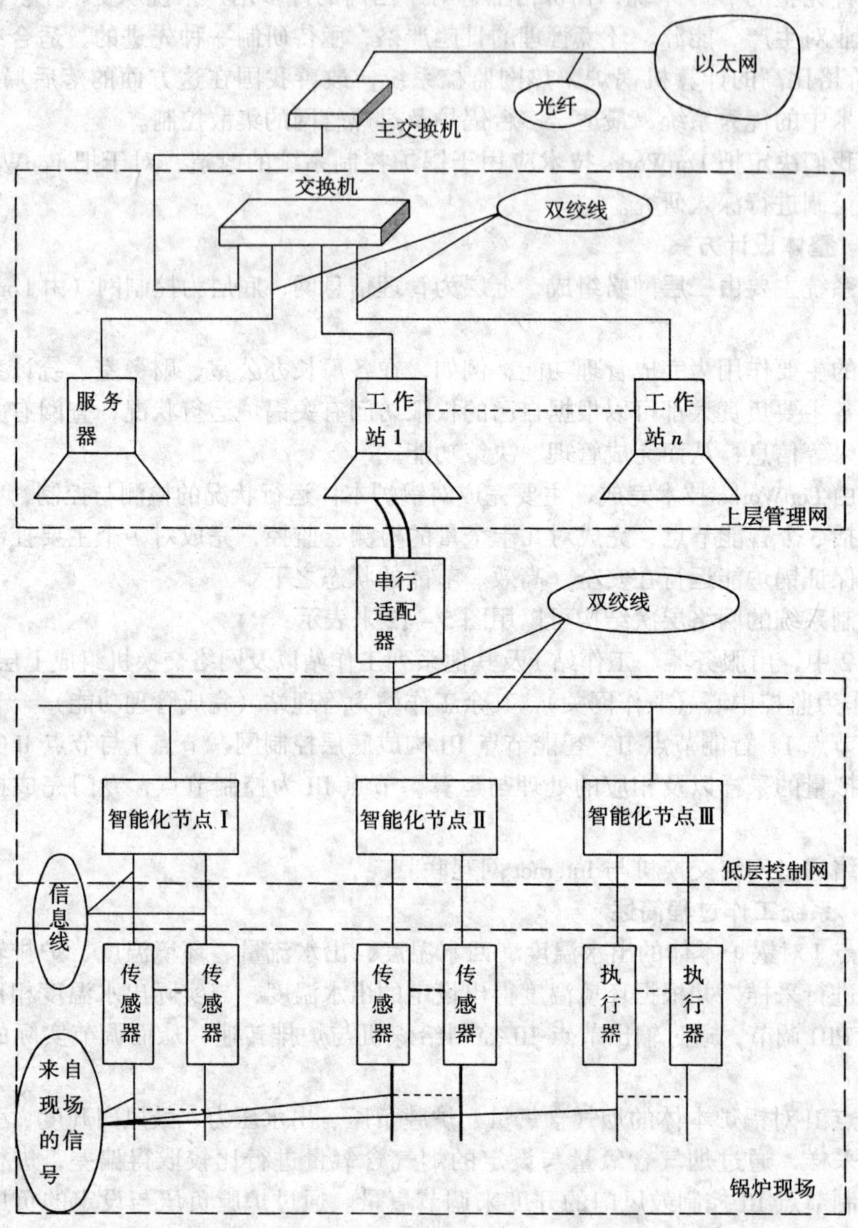

图5-12　控制系统原理图

5.11.5　底层网的设计

1. LonWorks技术主要特点

(1) 网络结构简单，不需专用中央处理机和服务器；

(2) 安装方便，不需要铺设专用电缆，可利用普通电源线、普通双绞线载波或无线电波传输网络信息；

(3) 采用扩频技术，抗干扰能力强；

(4) 网络采用总线结构，具有标准通讯协议，系统扩展方便，组态灵活；

(5) 网络结构成本低，便于批量推广应用；

(6) LonWorks模板齐全，可与各种接口连接，并能直接接收和转换各种传感器的开关量、数字量和模拟量等信息，适宜应用于各种自动检测、管理和控制系统；

(7) LonWorks软件丰富，可编程性好，并配有功能强大的开发系统，能大大缩短研制开发周期。

2. LON与LAN之间的主要区别

(1) LAN（Local Area Networks——局部网络）主要用于局部区域内计算机机系统之间相互通讯；LON（Local Operating Networks——局域操作网）主要用于小范围内各种仪器（传感器）、仪表、设备之间互通讯。

(2) LAN需要一套中央处理机和服务器控制和管理整个局部网络；LON无需中央处理机和服务器即可实现各节点之间相互通讯。

(3) LAN传输信息速率高，适合大数据量的传输（如：文件、图像等数据信息）；LON传输信息速率低，适宜于数据量较小的检测信息、状态信息和控制信息的传输。

(4) LAN结构复杂，需要专用网络电缆，成本高；LON构成简单，可利用电源线载波或廉价的电缆（如：双绞线）传输信息，故成本低，十分适用于各类大、中、小型自动检测和控制系统组网。

3. 底层网的设计方案

本系统的低层主要完成整个锅炉本体的监测与控制，本控制系统的被控制对象为一台40t的热水锅炉，针对该对象，我们设计了一个多变量、大惯性、大滞后的锅炉自动控制系统。被控对象具有3个回路，分别为给煤、引风、鼓风回路，涉及几十个测控点，为此采用了3个不同的节点和1个通讯适配器，操作站（兼作监控中心）为一台通用的486型计算机，管理软件在Windows3.2的操作环境下编制，图形显示功能丰富，操作直观、方便，多任务的处理方式保证了显示、操作、打印等任务可在同一时间内进行。控制软件均固化在各个节点之中，每个节点不仅可相对独立工作，并通过现场总线，与其他节点和操作站实时交换数据，构成一个完整的控制系统。

下面简要介绍一下操作站与各控制节点的主要功能。

(1) 操作站的主要功能：

①监测功能：

从操作站可以观察到以下主要画面：工况流程图、运行参数显示、主要控制量棒状图、运行曲线图、参数设置图表，并可以查阅班组报表以及报警表等。

②操作功能：

A. 手动/远动及手动/自动切换功能，并可进行远动控制（远程手动控制）。

B. 进行PID参数、主要控制量设定值等参数在线修改功能。

③打印、记录功能：

A. 打印各类报表及运行曲线。

B. 实时打印报警信息。

(2) 控制节点的主要功能：

①检测采样：对锅炉运行过程中的温度、压力、流量、风门开度、给煤机转速、烟气含氧量等量进行采样并进行数字滤波、量程转换、线性化等处理。

②控制调节功能：实现对锅炉的出水温度的自动调节，炉膛负压的自动调节，烟气含氧的自动调节，从而使锅炉运行在安全、节能的状态。

我们要控制的3个主要的量分别是负压、温度与含氧量。对于含氧量，为一阶惯性与纯滞后环节串联的对象，负荷变化不大，要求控制精度较高，可采用PID比例积分控制。对于温度和负压，纯滞后时间较大，负荷变化也大，控制性能要求较高，可采用PID控制。另外，针对被控对象的滞后时间较长，为了解决超调与振荡的问题，对于积分环节进行了如下的改进：遇限削弱积分、使用有效偏差法、积分分离。整个算法为带有死区的PID控制。鉴于以上分析，使用PID控制可以完全满足控制系统的控制要求（事实上，调试结果也比较理想），所以我们的控制算法使用PID控制。另外，PID参数相互独立，参数整定比较方便；PID算法比较简单，计算工作量较小，容易实现多回路控制，也是我们选择PID控制算法的一个原因。

(3) 控制系统原理图：

图5－13中画出了给煤、引风、鼓风3个回路的控制原理以及3个控制回路的相互关系。

5.11.6 软件设计

底层控制系统主要由3个智能节点完成采样与控制功能。

1. 节点Ⅰ中运行的子程序主要功能介绍

节点Ⅰ，完成对出水温度、回水温度、出水流量、环境温度、炉排转速、炉膛温度等量进行采样，并根据环境温度得出设定的出水温度，与实际出水温度相比，取得偏差，进行PID调节。

程序中运行的主要子程序为：采样子程序、滤波子程序、标度变换子程序、线性与插值子程序、PID子程序。

节点I的整个程序流程图如图5－14所示。

2. Ⅱ中的各子程序设计

节点Ⅱ中的各子程序的具体实现同节点I中的各子程序类似，这里不再赘述。节点Ⅲ的程序流程图如图5－15和图5－16所示。

3. 节点Ⅲ中的子程序设计

节点Ⅲ主要完成模拟量输出功能，对于模拟量的输出，NEURON C提供了一个很方便的I/O函数。

5.11.7 监控软件的设计

1. 概述

作为系统的上层控制程序，它要具备执行的正确性、可靠性、快速性、界面的实用性友好性，以及功能的易修改、易扩充性等。

首先，由于被控对象是运行状态、控制状态都比较复杂的锅炉。先进、完备的LonWorks技术已确保了底层控制的正确性和有效性，那么作为上层控制程序，它不能成为整个系统的“瓶颈”——由于它的性能低劣而影响整个系统的运行效果。因而选择了DELPHI。正如前面所述DELPHI的显著优点和特点，在程序员开发出完整、正确的应用程序后，它完全可以保证该程序的正确性、可靠性。并且由于它执行时的高速性，使得上层控制程序执行起来快速，完全可以对复杂的控制对象进行实时的监测和控制。

其次，基于 Windows 的 DELPHI 开发工具能够在较短的时间内开发出 Windows 风格的程序，多重的菜单、各种快捷键、各方面的提示、帮助等，使得那些不熟悉计算机的非专业性人员也很容易掌握如何使用该应用软件。

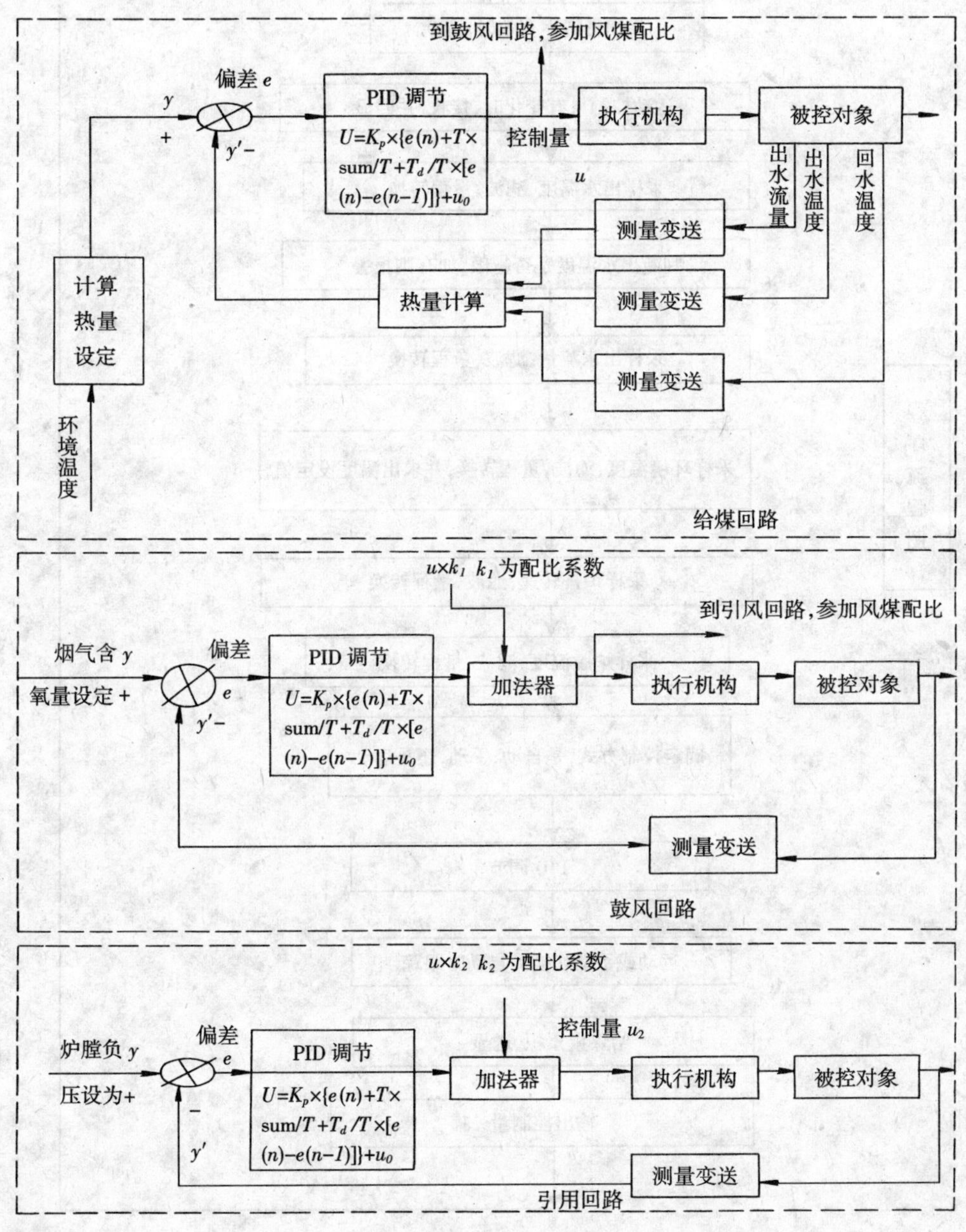

图 5-13　控制系统框图

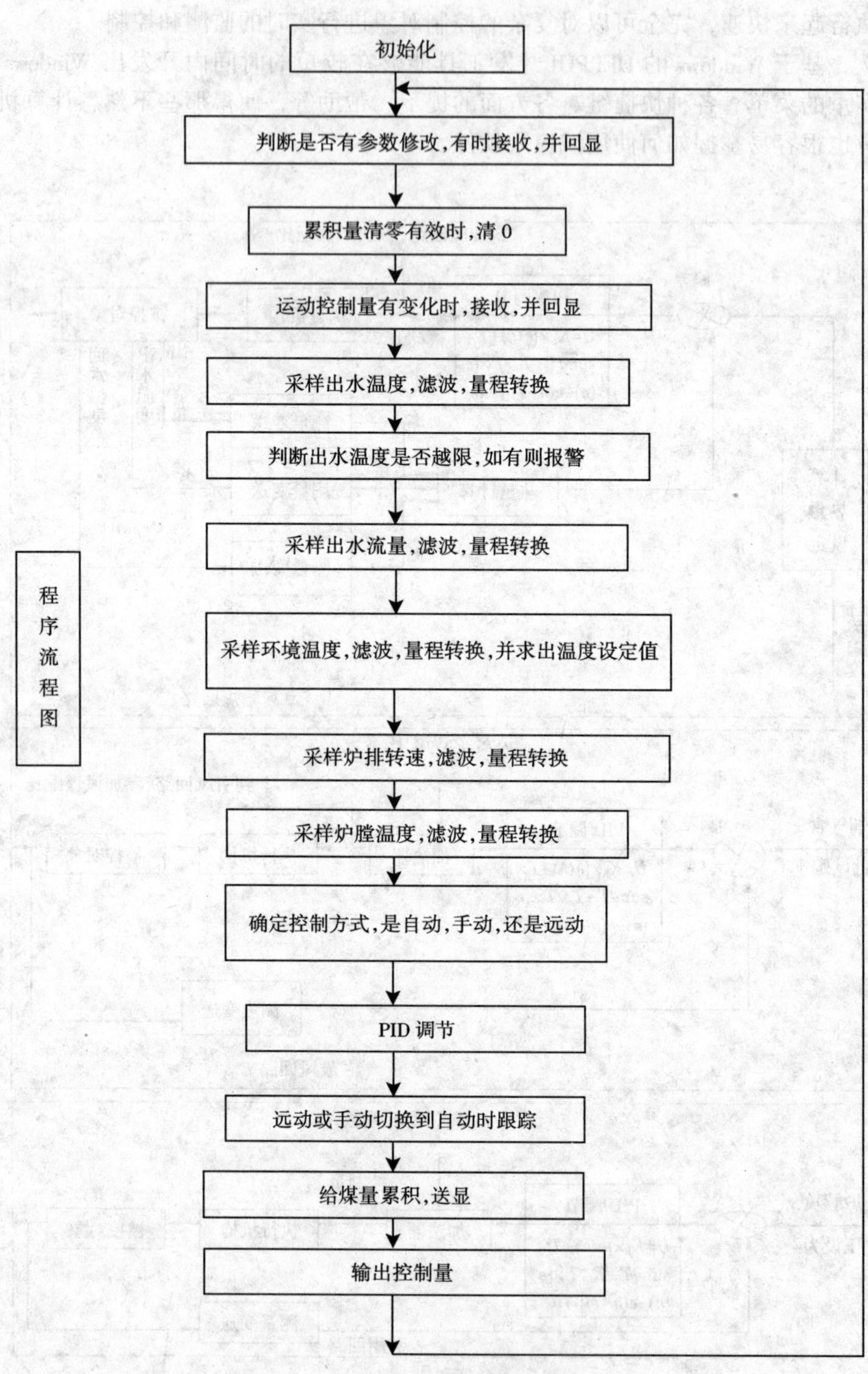

图 5-14　节点 I 的整个程序流程图

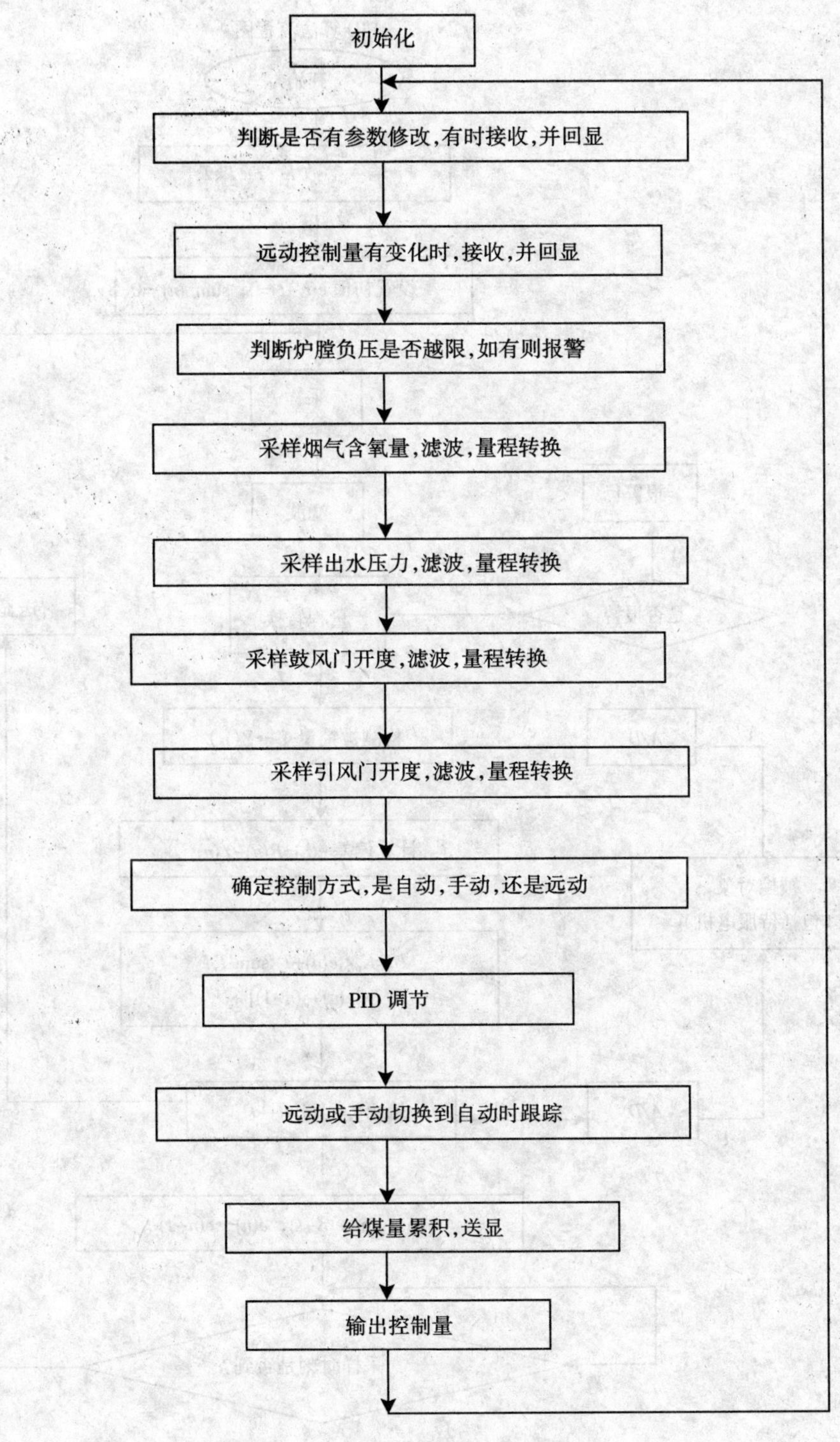

图 5-15　节点Ⅱ的程序流程图

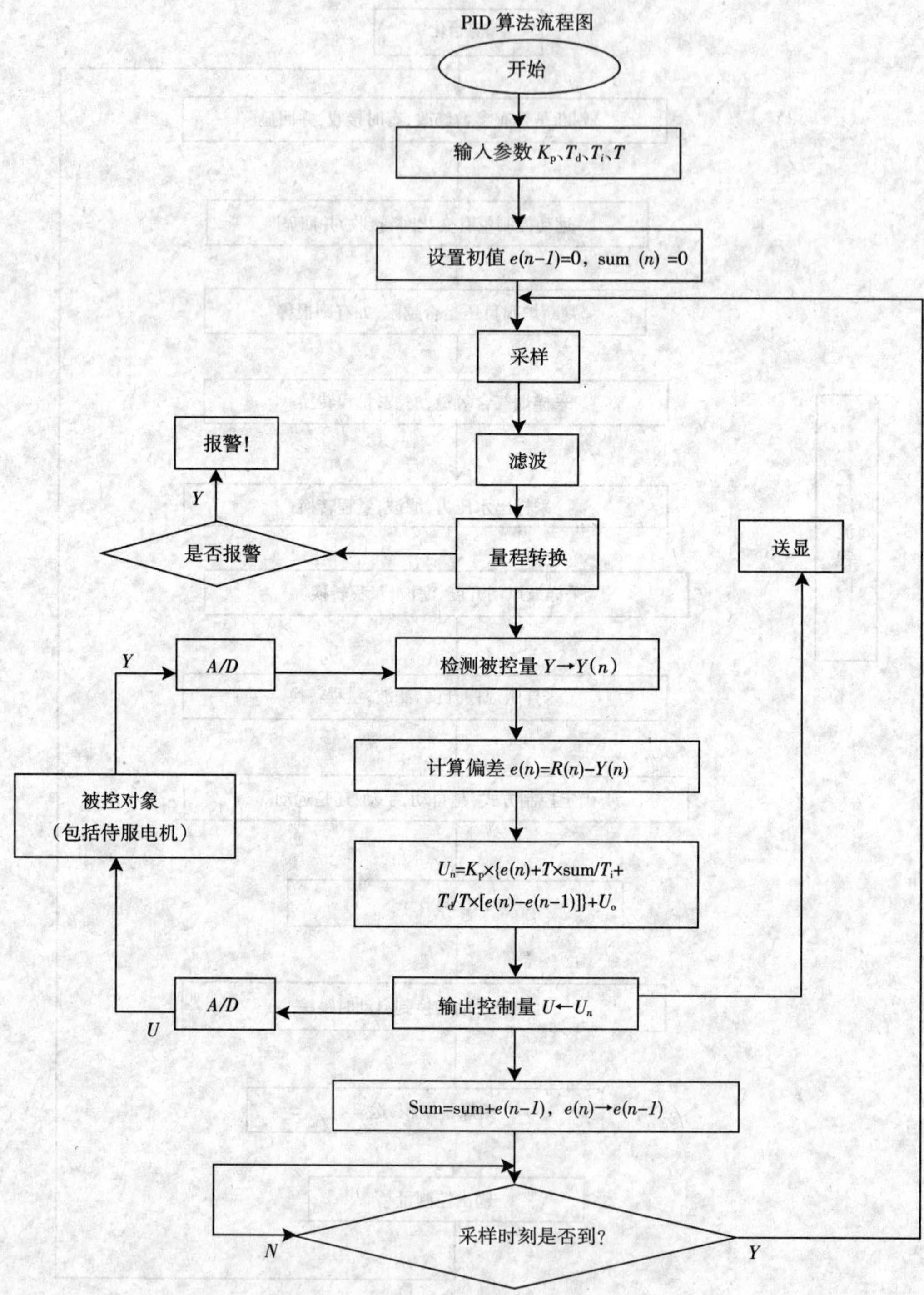

图 5-16　节点Ⅲ的程序流程图

另外，由于这种面向对象的可视化编程工具给程序员提供了诸多方便，而且我们知道任何程序，特别是为用户特别编制的一些程序，经常会出现需要修改的情况。此时，DELPHI开发的程序的易修改性、易扩充性就显示了其优越的性能。

对于锅炉控制系统设计，上层控制程序需要DELPHI提供以下几项具体功能：

（1）文字的输入、输出控制；

（2）图形的显示；

（3）上层控制程序与底层网络的数据交换；

（4）数据库的存储和查阅。

对于以上设计目标，DELPHI都有相应的功能来实现它：

（1）DELPHI在文字输入输出方面提供多个对象，其中输入的为EDIT、MEMO、MASKEDIT和RICHEDIT对象，输出为LABEL对象。运用这些对象即可完成基本的文字输入输出工作。

（2）在DELPHI中对于绘图与图像的处理有3种方式：在执行阶段绘图，在设计阶段使用SHAPE对象直接画出图形，以及读取已有的图像文件。

（3）DELPHI为不同的程序之间交换数据提供了DDE（动态数据交换）功能。DELPHI的对象中有专用于DDE的对象，可以较为方便地实现该课题中底层与上层之间的数据交换。

（4）DELPHI提供了一个数据库引擎BDE，所有数据库链接使用的指令，均会通过BDE处理。在DELPHI中提供了几个设计数据库的工具以及文件。程序员同样可以有序地运用它们，达到设计目标。

综上所述，DELPHI在上层控制应用程序开发中完全可以胜任“开发环境”这个角色。实际使用情况证明也确实如此。

2. 控制软件的具体说明

（1）系统总体设计：本控制系统要实现监测锅炉的工况、对锅炉几个控制回路中的设备进行远动控制、处理各种实时参数的在线修改、各种报表的自动生成、打印输出以及参数报警等功能。根据系统要求和用户需求，首先设计了如图5–17所示的功能框图。由于DELPHI所编制的应用程序执行时采用的是事件触发方式，因此只需把各种情况的处理程序码写在可能被触发的事件的过程中。这样，分别设计不同功能相应的界面，并写入有关事件的处理程序代码即可。

（2）系统功能说明：作为上层控制软件，它所要实现的具体功能如下：

①参数显示：通过参数列表、棒状图、运行曲线3种方式对采样的数据进行显示。

A. 参数列表：把各参数值进行列表。若有参数越限，则报警参数显示在“报警参数”的下拉框中。

B. 棒状图：显示出水温度、炉膛负压、烟气含氧量的给定值与实际值的比较。显示并可控制炉排转速、引风门开度、鼓风门开度值。画面最下方显示了控制炉排、引风、鼓风的3种控制方式：自动、键动（又称为“远动”）、手动。

当控制柜上的手/自动开关拨至“自动”状态时，3种控制方式中“自动”和“键动”可选，“手动”变暗，表示不可选。此时可在“自动”和“键动”间切换。

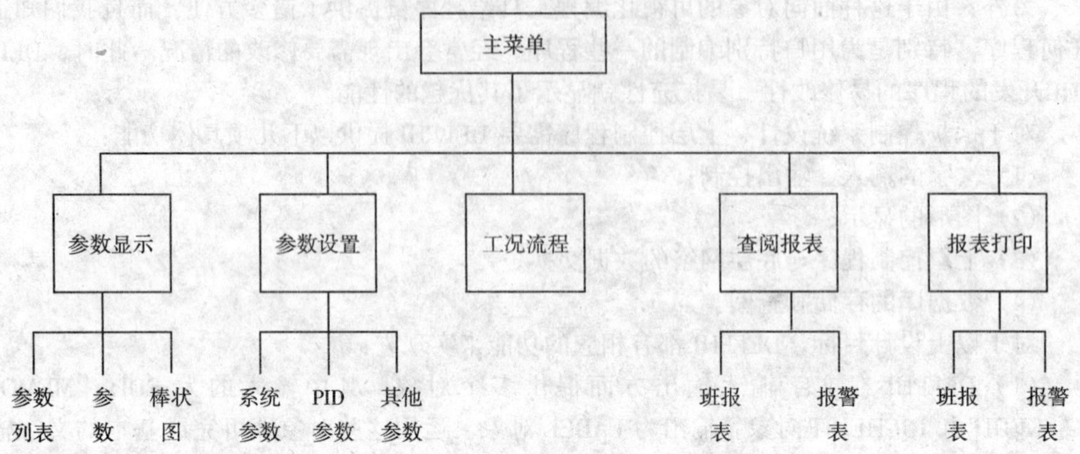

图 5-17 系统功能框图

②参数设置：在此项可对系统参数、PID 参数进行设置和修改。

A. 系统参数：

a. 密码；

b. 报表文件；

c. 参数设定及传送。

B. PID 参数：

可对燃烧回路、鼓风回路、引风回荡路的相关参数设置并传送。

③工况流程：显示出锅炉结构的图形画面，并动态显示锅炉运行时各参数值。

④查阅报表。

A. 班报表：可记录各个时间的参数值，参数内容同上述参数列表中的各项一样。

B. 报警表：可对各个报警值的名称、类型、报警日期、报警时间、清除日期、清除时间进行记录。

⑤打印：在对报表进行查阅后，可点击处理打印的快捷键，或直接在菜单中选择欲打印项。

⑥报警：参数越限时，越限参数变红，在各个画面凡是有此参数的均有报警显示。显示的红色在参数恢复到限值以内时会自动消失。

⑦退出锅炉测控系统：在主菜单中双击“退出”，或按“ALT + X”，或用鼠标点击快速菜单中的退出项后，即可退出该系统。

在功能间切换时可用以下几种方法：在菜单中进行选择、按下快捷键进行选择、点击快速按钮（主菜单下方的一排按钮，鼠标移至按钮上方有功能提示出现）进行选择。

5.12 基于 LonWorks 技术的智能建筑一体化集成系统

5.12.1 引言

目前，系统网络化与集成技术的发展使网络集成已由以主处理器为中心的集中处理模式和基于局域网的以 Client/Server（客户机/服务器）为中心的分布式信息处理模式，发展到目前的基于 Web 的更方便、更优越的浏览器/服务器模式。这种一体化集成完全基于智能建筑智能化住宅小区内部的企业网（Internet），通过 Web 服务器和浏览器技术来实现建筑内信息的交互，做到信息、资源和任务的综合与共享，以及全局事件的处理和一体化的综合管理，从而在新的互联网技术基础上达到提高服务质量，实现高效率管理的理想目标。

为了实现上述目标，北京工业大学与香港某大学合作开发了基于 LonWorks 的一体化集成系统，它是指以 LonWorks 现场总线为基础，利用 LNS 技术实现 Internet/Intranet 和 LonWorks 的结合，从而提供了建立远程监控和管理的解决方案，通过信息网络实现了用户与信息的集成和数据传输。一方面通过 LonWorks 现场总线将网络中的所有智能节点统一管理，完成一系列网络服务功能，另一方面在 Web 端实现数据和页面的集中服务和人机交互界面的统一，实现在局域网上的任何装有浏览器软件的微机或在远程通过上网，均可访问 Web 服务器站上的信息，监控智能节点。页面完全遵循浏览器的操作规则，支持构架显示，窗口推出，支持查询，实现带有口令验证的安全管理操作。

在该系统中，充分利用了已经成熟而被广泛采用的 Internet 技术，在智能建筑及智能化住宅小区内部构成统一和便利的信息交换平台。用户通过 WWW 的工具能方便地浏览智能大厦及智能化住宅小区内部 Intranet 和 Internet 上丰富的信息资源，最重要的是通过 LNS 将大厦及智能化住宅小区内部各智能节点的管理和各种数据库应用等系统集成到浏览器上来，从而将 BMS 的机电设备的实时监视与控制，该一体化集成系统实现信息网和控制网的集成，通过充分利用已有的网络通讯资源，极大地提高系统的集成度。

5.12.2 系统的设计

（1）建立基于 PC 机的 Internet Web Server 软件。该 PC 机上有两块接口卡，一块是 TCP/IP 网卡，另一块是 LonWorks Network 接口卡（NSI），提供信息网络与控制网络的通信链路。

（2）当向服务器发出指令时，服务器端软件可以被外部访问，并可通过服务器端软件查询 Web 数据库信息。

（3）通过远程用户 Web 页面，建立用户命令和 LNS 命令连接的表单，通过动态网页 ASP 技术将用户使用的 LNS 网络变量命令清单提交给 LonWorks 网络服务器（LNS）中的网络服务器（NSS）和网络服务接口（NSI）。NSS 处理标准网络服务、维护网络数据库、允许协调对其服务和数据的多点访问。NSI 提供到 LonWorks 网络的物理连接、管理 NSS 和应用服务器的信息处理、实现对 NSS 和应用网络服务器的透明远程访问，从而满足在任意地点通过浏览器实现对智能节点进行监控的要求。

（4）所设计的服务器端软件应能进行用户命令和 LNS 命令的转换，反之亦然。LCA 是协调在 Windows NT 和 Windows95 的主机上对 LNS 服务进行访问的软件组件。主要有向导层、公共对象层、组件层和网络服务层。LCA 通过向导层来浏览 LCA 对象，网络服务层满足基本网络服务请求，分层管理设备和网络变量地址，在 Windows 平台上，网络服务层通过 Windows 动态链接库（DLL）接口来访问。

集成系统示意图如图 5－18 所示。

5.12.3 系统的实现

1. 采用的技术

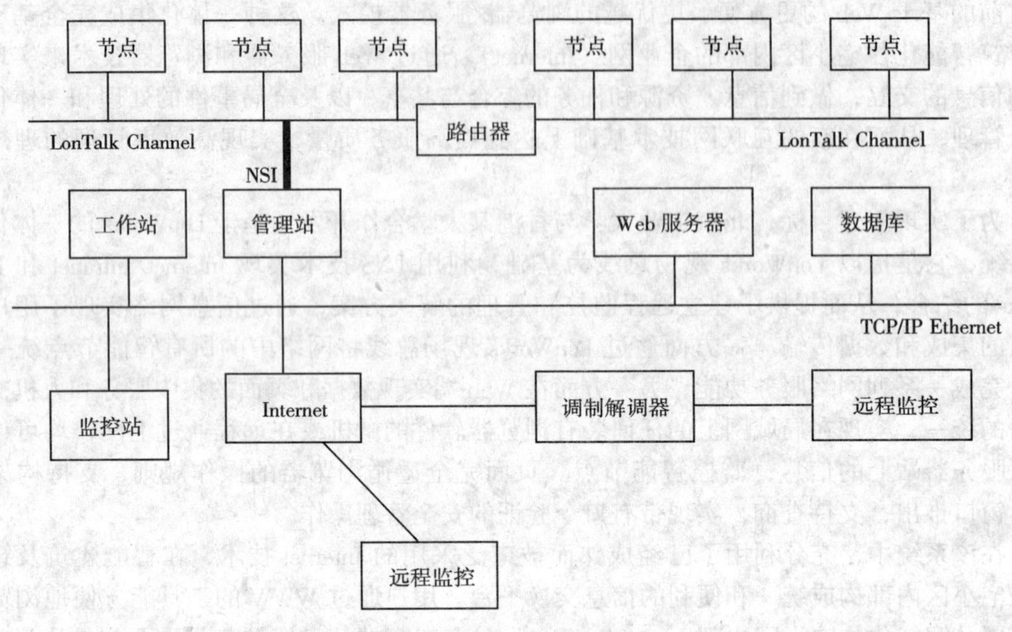

图 5-18　系统的集成

①LNS 技术。LNS（LonWorks Network Service）是 Echelon 公司最新开发出来的 LonWorks 总线的开发工具，它提供给用户一个强大的客户机/服务器网络构架，是未来 LonWorks 总线互操作性的基础。LNS 是网络控制领域中的多客户端网络操作系统，是一套给 LonWorks 网络提供基本目录、管理、监视和控制服务的网络操作系统。LNS 为所有需要与 LonWorks 网络相互作用的应用程序提供这些服务，以确保各个应用程序可以不间断地观察网络而且保持同步。这种特性使那些无论是运行在同一主机或不同主机上的软件组件，都可以进行互操作。比如，用户可以在不限数量的用户界面上操作系统级的监视和控制，而且可以和网络的配置改变保持同步。安装者可以并行工作以减少安装时间，维护工程师可以在网络上的任意一点访问所有的网络和网络服务，这就给终端用户和系统集成者提供了更大的功能性和效率。

LNS 结构支持运行在任何平台上的客户网络工具。For Windows NT 和 For Windows95 的 LNS 应用程序界面由 LonWorks 组件结构（LCA）定义。LCA 是应用多种软件组件的 LonWorks 网络组件结构。LCA 提供有标准网络工具内核程序的开放标准。为调用网络服务和 LCA 软件组件，LCA 定义了标准 Windows ActiveX 服务界面和标准应用程序界面。

LNS 技术为开发者提供了极大的方便性，正如许多行业使用的软件正在趋于简单化，这是由于终端用户要求减少软件应用的复杂性并且增加其功用性的原故，同时软件结构的进步支持了复杂应用程序的快速开发。对工具开发者来讲，LNS 结构可被看作是一整套核心服务程序，可以用来实现监视，是控制、安装、维护和配置的网络工具。就像多任务操作系统提供一套服务程序允许多程序共同使用存储器资源一样，LNS 结构提供共同访问 LonWorks 网络资源的工具。工具开发者同样可以把 LNS 作为基础，在此基础上开发自己的适用于其他工具的特定应用服务程序。

LNS 对象使用客户/服务器结构访问。客户向服务器提出网络服务请求，服务器执行服务并且在服务完成后通知客户机。标准网络服务由单一网络服务器提供，但专用应用服务要由应用服务器提供。从物理上讲，LNS 处理标准网络服务、维护网络数据库、允许和协调对其服务和数据的多点访问。NSI 提供到网络的物理连接、管理 NSS 和应用服务器的信息处理、实现对 NSS 和应用网络服务器的透明远程访问。

②数据访问技术。数据有几种不同的类型，本系统中利用了 Microsoft 的 Access 数据库，它是当今世界上最通用的数据库类型。利用 Microsoft 的 ADO 数据访问技术，它是应用层的编程接口，它通过 ActiveX 提供的 COM 接口访问数据，适合于各种客户机/服务器应用系统和基于 Web 的应用，尤其在一些脚本语言中访问数据库操作是 ADO 的主要优势。ADO 是一套用自动化技术建立起来的对象层次结构，它比其他的一些对象模型如 DAO（Data Access Object）、RDO（Remote Data Object）等具有更好的灵活性，使用更为方便、并且访问数据的效率更高。ADO 的另外一个特性是使用简单，不仅因为它是一个面向高级用户的数据库接口，更因为她使用了一组简化的接口用以处理各种数据源。这两个特性使得 ADO 必将取代 RDO 和 DAO，成为最终的应用层数据接口标准。图 5－19 表示了 ADO 对象与数据集合之间的关系。

在图 5－19 中，Connection 对象与 Command 对象可以通过 Execute 方法产生 Recordset 对象，而 Recordset 对象可以通过 Fields 数据集合取得 Field 对象的内容；而 Connection 对象也可以通过 Parameters 数据集合产生 Parameter 对象，并利用 Parameter 对象将参数在应用程序与数据库之间传递；Recordset 对象也可以利用 Source 属性在程序中动态地指定 Command 对象。

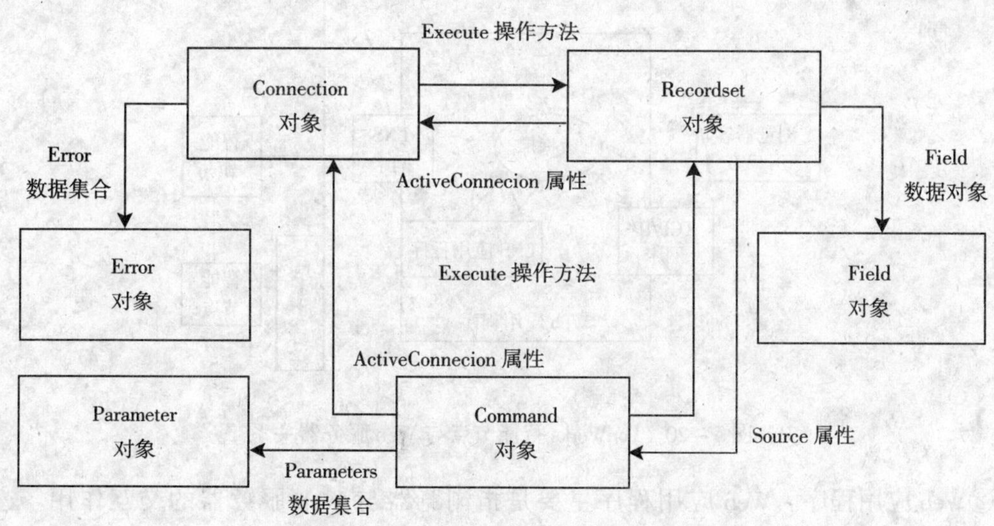

图 5－19　ADO 对象与数据集合之间的关系

③基于 Web 的 ASP 技术。ASP（Active Service Pages，动态服务器主页）提供了一个服务器端（Server－Side）的 Scripting 环境，使你能够利用它建立和运行动态的、交互的、高效的网络服务器（Web Server）的应用程序。只要运行普通的浏览器，不必担心浏览器能否运行设计出来的 ASP 程序，网络服务器会自动地将 ASP 程序解释成标准的 HTML（Hypertext Markup Language）格式的网页内容（Web Pages），在送到用户的浏览器端显示出来，这样你的浏览器只要能运行一般的 HTML 代码就可以浏览 ASP 所设计的网页了。

当我们在浏览器输入一个统一资源定位符（URL）时，浏览器解析 URL，发送一个消息给域名服务器把文本名称（如www.bjpu.edu.cn）转换成 IP 地址（207.84.25.32）。然后浏览器用此 IP 地址连接 Wed 服务器并请求文件。一般地，这种请求针对一个指定文件。服务器的响应则取决于所请求的文件类型。如果文件是 HTML 文件（有 .htm 和 .html 扩展名），服务器简单读取文件内容，编码内容字符串，然后把编码后的字符串送回到请求浏览器。若是 ASP 文件，则是把服务器处理后的结果送回到浏览器。整个过程，从请求到应答，是客户端和服务器之间的事务。总是客户端启动事务，然后等待服务器返回响应，在服务器返回响应这个时刻事务才完成。

2. 系统实现的过程

①数据库访问与 Web 应用程序。LNS 应用程序编制好后，为了实现通过浏览器直接监控 LonWorks 智能节点，需要构建一个 Web 服务器。存放节点信息和管理信息的数据库可以放在该服务器或与之相连的一台 PC 机上。从图 5－20 基本模型可以看出，LNS 应用程序通过 NSI 网络接口卡管理和监控 LonWorks 网络上的各个智能节点，并将网络中各个节点的状态以及网络变更的情况与数据库交互。对于浏览器端的客户，则可以通过登录到 Web 服务器，利用 ASP 技术实现对 Web 服务器上数据库的远程访问，并对节点状态命令信息库进行修改，从而最终实现对智能节点设备的远程监控（如图 5－20 所示）。

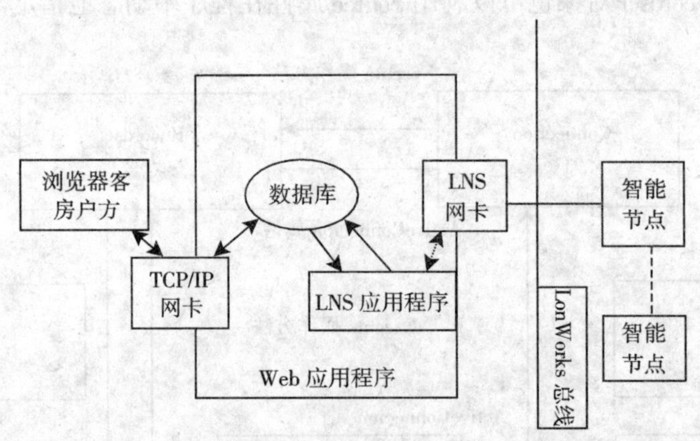

图 5－20　LonWorks 智能节点与 Web 服务器关系

②Web 应用程序。Web 应用程序主要是指浏览器与 Web 服务器的交互作用。这里，Web 应用程序不同于 Web 站点。Web 站点所提供的信息都是预先建立好的并且能够存储在静态的超文本标记语言（HTML）文件中。Web 站点中的信息主要是从服务器传送到客户端。当用户必须输入信息时，服务器会提供一个一般的、固定的响应。在多个请求之间，服务器不会在意客户端所做的事情。客户端可以从一个地方跳跃到另外一个地方而不会影响 Web 站点，因为每个页面都是一个独立的单元；Web 站点是由分离的多组超文本文档组成。与此不同，Web 应用程序用来提供由单个用户或一组用户专门检索的和格式化的信息。信息的传送是双向的——用户的输入或身份通常决定了浏览器上所显示的内容。在

此，通过 Microsoft 推出的 ASP 这一服务器脚本规范，一方面利用 ADO 强大的数据访问能力实现与数据库的交互，另一方面通过 ASP 引擎使用户在浏览器端可以与 Web 应用程序进行交互。这样就可以通过改变数据实现对节点设备的远程监控。比如，不管用户在世界上的任何地点，只要他能够通过上网登录到该 Web 服务器，就可以方便地监视到远端设施的情况，还可以方便地控制远端设施，如照明、空调、安全防范等。

5.13 大范围 LonWorks 控制网络的互联

5.13.1 无线扩频通信技术

随着无线通信的快速发展，扩频技术正在得到广泛的应用。扩频技术是将窄带无线传输信号扩展为很宽的频带（远远宽于所传输信息所需的带宽），扩展频谱的直接效果是信噪比（SNR）增益，对于给定的信噪比，通信位误码率（BER）由于传输信息所用的带宽增加而有所改善，这对信噪比会产生增益。扩频通信的主要优点是抗干扰能力，包括对于相同频道的其他用户发射信号的干扰，或其他无线干扰。同时由于传输信息使用伪随机码进行频带展宽，在接收端采用相同的编码对所接收到的信号进行解扩，普通无线接收机无法收到，因此扩频通信具有较强的安全保密特性。

扩频有两种方式：一种是直接序列扩频，另一种是跳频扩频。

在直接序列扩频系统中，基带信息数据直接由频率比它高得多的扩频信号（伪随机码序列，称为 PN 码）进行调制。PN 码序列是周期性的二进制序列，其波形与噪声非常相似。在接收端，采用与发射端用于扩频时相同的 PN 码序列对接收到的信号进行相关处理（解扩），即得到要接收的数据，如果接收机采用的 PN 码系列与发射机不同，则不能进行解扩。因而接收不到发射机信号，只能接收到噪声。

在跳频扩频通信系统中，被传输信号按时间顺序跳到不同的频率进行频谱扩展，跳频频率的选择是由伪随机序列确定的。传输信号的频率变化非常快（每秒变化几次到几百次），非授权的接收机很难发现传输信号。

一般无线传输信道比较容易受噪声和其他信号干扰，在传输过程中有路径损耗、且由于折射、反射、绕射的影响产生多径效应，使得无线通信的可靠性受到影响。采用扩频技术，将被传输信号在很宽频带的区域上扩展，扩频带宽远远宽于传输信息信号带宽，传输信号的功率谱密度非常低，低到和背景噪声相似，易于和窄带干扰区别开来。信号即使在传输过程中部分丢失或损坏，亦可重构恢复。对于一般的接收机，接收到的只是噪声，但扩频接收机通过伪随机码的相关处理将所有信号收集起来，即可恢复原来的信号。采用跳频技术，传输频率变化非常快，使得一般接收机想要截获它的信号非常困难。

扩频无线通信系统由于其高抗干扰性、可靠性和保密性，除了广泛用于军事、公安和机密通信以及银行、电力和公用事业部门数据通信之外，也是远程控制网络之间互联的一种较为理想的手段。其主要应用领域如：电力系统数据采集和监控，热力系统数据采集和监控，交通管制、信号控制，石油、天然气远程监测，铁路信号通信，采矿设备监控，安全和报警，管道监测，遥测、遥读，遥感数据采集，远程设备诊断等。无线扩频通信技术与控制技术的结合，必须大大拓展控制系统的应用范围，使得一些局部控制网络系统，例如 LonWorks 局部操作网络技术，能够用在大范围的控制应用中。

5.13.2 LonWorks控制网大范围测控存在的问题

LonWorks技术体现了控制网络技术发展的最新趋势，由于它对控制领域各种不同应用的适应性，它的无中心真正分布正式控制模式，它的开放性、互操作性，以及它被工业界的广泛接受，成为控制网络的实际主流标准，便利基于LonWorks平台开发适用于各种应用领域的控制系统成为控制领域一个具有广阔前景的崭新课题。目前LonWorks相关技术已经在国内引起广泛的重视，基于LonWorks的应用发展很快，但是，由于LonWorks网络是一种局部控制网络，对于一些大范围的测控应用主要存在以下问题：

(1) 使用LonWorks技术所建立的网络称为局部操作网（LON），它能覆盖的地域范围十分有限（一般不采用重发器时，节点之间的最远距离不超过2800m），而在实际应用中，多个控制网络之间可能相距很远，例如可能是几千米到几十千米。

(2) 随着控制网络规模的增大，可能会造成网络中节点数目的急剧增加。而LonWorks网络每个信道或子网节点数是有限制的（不超过127），故在一般情况下子网或信道之间采用增加路由器的方式，这必然增加网络的复杂性和连接造价。

(3) 网络管理站的设置比较困难。由于LonWorks网络基本构型是一个总线型网络（也有自由拓扑结构形式），随着网络规模的不断扩大，被管理的某些节点与网络管理站之间传输的距离可能会很远，使得传输延迟加大，而管理站要频繁地与被管理节点交换信息，这样就会使网络性能下降。

随着LonWorks网络应用的不断普及，多个远程LonWorks网络间的相互连接，实现数据交换或实现网络的相对集中管理，不但是LonWorks技术发展的必然趋势，也是在实际应用中需要解决的一个课题。

5.13.3 多个控制网络的远程无线连接

由于无线扩频技术具有可靠性、抗干扰性和保密性等优点，并且根据LonWorks网络流量较小数据帧较短（一般为单字节和双字节数据包）的特点，在进行LonWorks网络互联时选择使用这种技术具有明显的优势。使用无线扩频通信技术来实现远程LonWorks网络互联时，一般可有两种基本方式：一种是直接使用扩频无线路由器，另一种是使用扩频无线MODEM。

1. 使用扩频无线路由器

扩频无线路由器是扩频无线通信信道与其他类型通信信道（如双绞线）的连接部件，由扩频无线通信收发器和其他类型通信（如双绞线）收发器对接而成。采用扩频无线路由器实现互联时，对于相距较远（无线路由器间不能直接通信）的两个LonWorks控制网络，可以采用不同名字的通信信道；而在所有网络都可被子无线扩频通信覆盖的情况下，则采用一个无线通信信道即可。例如，有A、B、C、D四个自由拓扑结构的双绞线LonWorks网络。A、B、C 3个网络可以由无线扩频通信覆盖，而网络D只能与网络C直接进行无线扩频通信，与A和B不能建立直接的无线扩频通信这时就应建立两个通信信道，一个是网络A、B、C，可以用一个无张扩频信道相连接，而在网络C和D之间使用另一个无线扩频信道相连接，如图5-21所示：

2. 使用扩频无线MODEM进行连接

使用扩频无线MODEM，构成一种管理站为中心的星型网络。在这种情况下LonWorks控制网络中应设置类似网关（Gateway）的管理代理节点，它的主要功能是实现本地Lon-

Works 网络的管理代理工作，以及与中心管理站有通信。中心管理站的管理程序必须具有多点通信能力，远程网络节点以分时方式（TDMA）或竞争方式（CSMA）进行通信。能够实现多点通信能力的扩频产品有 VACOM－威世达公司的 VSTAR 扩频多点系统。具有多点功能的 GRE GINA 系列扩频无线 MODEM 等。

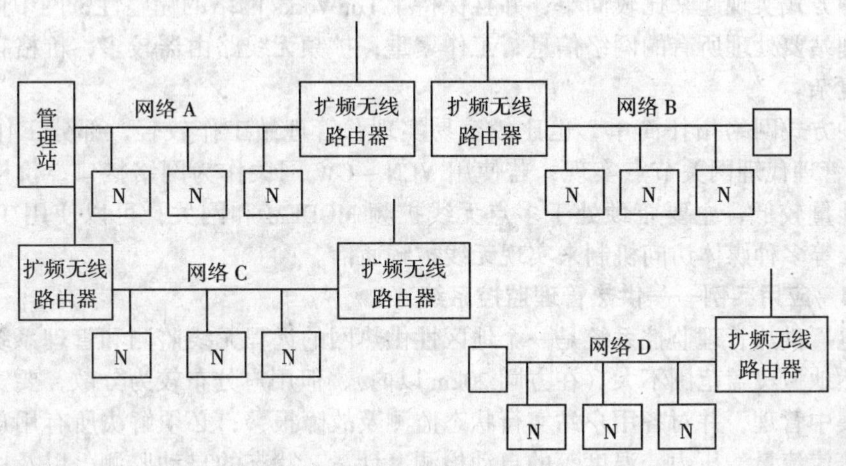

图 5－21　用扩频无线路由器的互联方案

在这种连接方式下，每个远程 LonWorks 网络内部必须有一个网关节点，网关节点可以使用 Echelon 的 LonTalk 产品。VACOM－威世达公司的 VCN－GW 网关节点可以用于这种连接形式下 LonWorks 网络与无线扩频 MODEM 之间的接口，实现必要的网络管理功能。

例如有 4 个 LonWorks 网络 A、B、C、D，要实现这 4 个网络的集中管理，可以按图 5－22方式连接。

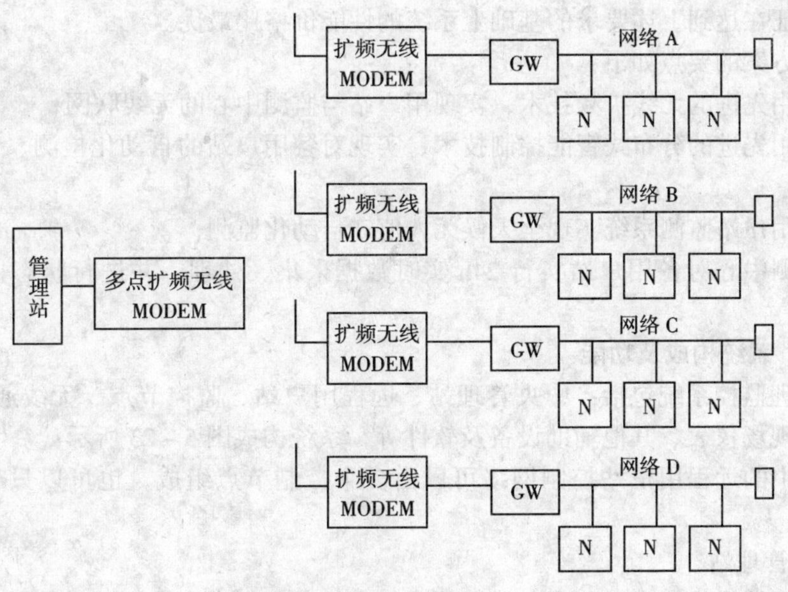

图 5－22　用无线扩频 MODEM 的互联方案

本方案中的远程 LonWorks 控制网络可以由多个控制节点组成，也可以只有一个控制节点。

3. 两种连接方式的比较

比较上述两种 LonWorks 控制网络的连接方式，可以发现：

第一种方式实现起来比较简单，并且保持了 LonWorks 网络的完整性；网中信息吞吐量较大；管理站要处理所有的网络信息，工作繁重；扩频无线路由器较多，价格较高，且网络拓扑较复杂。

第二种方式网络拓扑简单，也比较容易实现；管理站工作较轻，部分工作由各 LonWorks 网络管理代理网关节点实现；若使用 VCN - GW 网关作为网络接口，价格较低；网络信息吞吐量较低，主要瓶颈处于多点无线扩频 MODEM 和网关；可以使用 TDMA，CDMA，CSMA 等多种媒体访问机制来实现无线扩频通信。

5.13.4 应用实例——供热管理监控系统

某市电厂供热管理监控系统是一个地区性供热网的远程无线监测和管理系统，由于该供热网虽然地域覆盖范围不大（在方圆 20km 以内），但用户分布较为分散，要实现对所有用户站的集中管理，并对各用户站实行状态监测及故障报警，必须解决所有用户站供热参数，包括蒸汽流量、压力、温度等的自动检测、计量，状态的自动监测，以及用户站与监测中心的联网问题。

该技术方案是根据该供热网的管理监控要求，基于如下原则提出的：

(1) 技术方案必须保证达到用户对系统的各项管理及监控要求，包括对系统的操作方式、监测精度范围，系统的可靠性、安全性等方面的要求；

(2) 尽量采用国内外最先进的、成熟的技术，保证系统的技术先进性；

(3) 保证系统操作维护方便、扩展容易；

(4) 保证该管理监控系统容易与其他系统如电力局的 MIS 系统互连；

(5) 保证在达到上述要求的基础上系统的性能价格比最优。

该技术方案的要点如下：

(1) 采用先进的无线扩频技术，实现用户站与监测中心的无线联网；

(2) 采用先进的分布式智能控制技术，实现对各用户站的自动化检测、计量及状态监测；

(3) 各用户站监测系统实现全天候无人值守自动化监测；

(4) 监测中心对各用户站实行 24h 实时数据采集、处理，并进行状态监测和故障报警。

5.13.5 系统构成及功能

供热管理监控系统包括：中央管理站、远程用户站、监控节点、无线通信联网部件、接口部件、现场仪表、其他辅助设备及软件等，系统构成图 5 - 23 所示：

该方案中的远程用户站控制网络可以由多个控制节点组成，也可以只有一个控制节点。

1. 中央管理站

包括主监控微机、大屏幕彩色显示器、打印机，及具有多点通信功能的扩频无线 MODEM（采用具有多点功能的 GINA8000N - 5 扩频无线电台）组成，其主要功能是：中央管理站对所有远程用户站通过无线网络进行实时数据采集、计量和状态监测，对用户站实行集中管理。

通过大屏幕彩色显示器、图形及中文用户界面，显示整个供热管理网所有用户站的有关状态，并通过多媒体声、光等方式提供故障报警信息。检测参数及计量结果保存在中央管理站，并可通过报告打印程序打印各种报表。中央管理站并且提供与 MIS 管理信息系统的接口，将检测计量数据提供给上层 MIS 系统，供领导部门作为决策依据，中央管理站运行通信和网络管理软件，保证各用户站与中央管理站之间数据信息的无差错传输以及整个网络的正常运行。

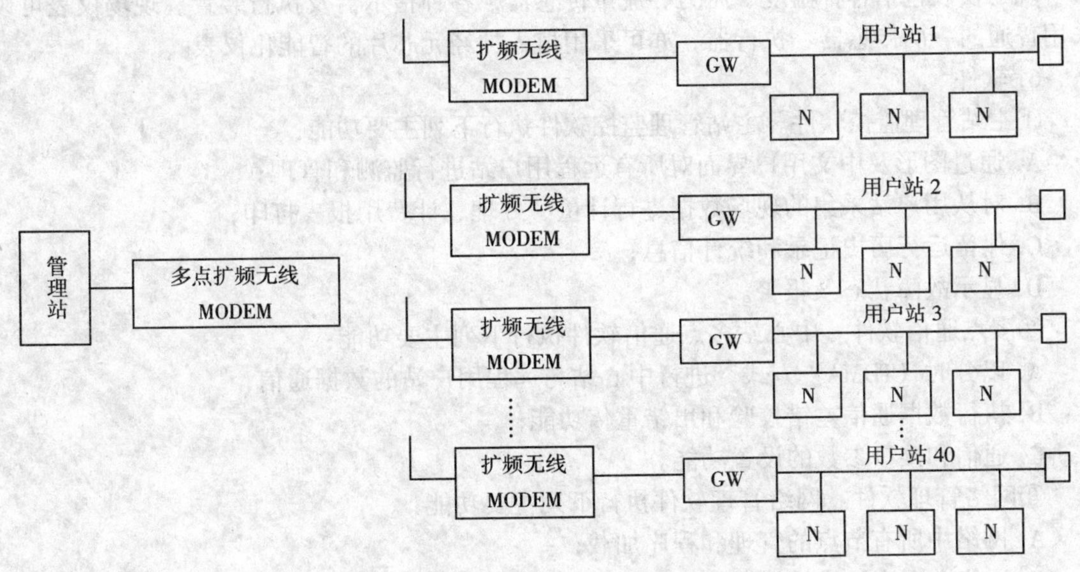

图 5－23　热力站远程管理监测系统

2. 用户站监控节点（或用户站监控网络）

根据各用户站监测点数目及功能要求，用户站可采用单个具有多路扩展模拟量、开关量/数字量输入输出的智能节点，或由多个这样的智能节点构成的智能控制网络，智能节点可采用 VACOM－威世达公司 VCN－A11，该节点有 8 路模拟量输入，可作为温度、湿度、流量等参数的采集；2 路开关量数字量输入，作为用户站状态信息的监测；1 路开关量数字量输出，可作为备用控制信号。根据各用户站监测点数目及功能要求，可以采用 VCN 系列其他智能节点，亦可由多个 VCN 智能节点构成智能控制网络。

VCN 系列智能节点通过节点中包含的神经元芯片 CPU 及驻留在节点内的监控程序，可实现用户站现场的数据采集、监测及控制功能。节点的非易失性存储器可以在掉电时外保存现场检测的数据。

3. 扩频无线 MODEM

每个用户站有一个扩频无线 MODEM（采用 GINA8000N－5 扩频无线电台）与中央管理站的多点扩频无线电台构成无线通信信道，将用户站智能节点采集的现场数据、状态及报警信息送到中央管理站。中央管理站与各用户站采用分时方式通信，数据速率为 300bit/s～

38.4kbit/s，分时机制使中心站在要求的足够短的时间内轮询各远程站，以保证信息传送的实时性，扩频无线 MODEM 内部的差错检查协议及通信程序，以保证数据通信的正确性。

4. 通信接口部件

在用户站扩频无线 MODEM 和用户站智能节点之间采用通信接口部件，称为网关（Gateway）。网关执行智能节点网络与无线 MODEM 串行接口（RS－232）之间的协议转换功能。网关同时也是智能控制网络的一个节点，包含神经元芯片和非易失性存储器，可执行驻留在节点内部的程序，代理中央管理站完成控制网络必要的管理功能。

5. 现场仪表

现场仪表包括各种温度、压力、流量传感器，各种指示器及执行装置。现场仪表可以采用普通的一次传感器、执行器，亦可采用植入神经元芯片的智能化仪表。

6. 软件

①主站管理监控软件。主站管理监控软件执行下列主要功能：

A. 通过图形及中文用户界面对所有远程用户站进行监测和管理；

B. 对从用户站采集的现场数据进行计量、处理、计费用报表打印；

C. 保留运行历史记录和统计信息；

D. 显示故障状态及报警。

②多点通信软件。中心站多点通信软件执行下列主要功能：

A. 以分时（TDMA）方式，进行中心站与远程用户站的数据通信；

B. 执行数据通信差错校验和出错重传功能；

C. 通信和接口参数的设置功能。

③网络管理软件。网络管理软件执行下列主要功能：

A. 网络中所有节点的管理和程序加载；

B. 网络数据库的维护管理；

C. 网络故障诊断。

④网关节点管理软件。网关节点管理软件固化在网关节点的 EPROM 中，执行如下功能：

A. 智能节点网络与 RS－232 通信接口的协议和数据格式转换；

B. 智能节点的部分管理功能；

C. 中央管理站与现场节点的数据交换。

⑤智能节点监控软件。智能节点监控软件固化在节点的 EPROM 中，执行如下功能：

A. 现场数据（如蒸汽流量、压力、温度等）的采集和计量；

B. 现场状态的监测记录；

C. 现场设备控制功能。

第6章 无线通信技术在智能建筑中的应用

无线通信与无线网络技术是目前IT的热点，近几年来，在全球范围内，技术/产品/系统发展极为迅速。它作为一种既传统又新兴的技术IT的市场占有率越来越大。在我国，无线技术及系统受到广大用户的青睐，无线技术已经渗透到各个应用领域，其中无线移动通信的终端数已占世界首位。在智能建筑领域也越来越受到它的影响，可以认为，无线技术及其产品已经出现在智能建筑的绝大部分子系统中，冲击着传统的设计理念，推动了智能建筑技术的发展。

6.1 智能建筑中常见的无线系统

目前在智能建筑中常见的无线系统主要包括如下。

(1) 无线局域网；

(2) 无线接入网；

(3) 卫星电视及卫星通信；

(4) 蓝牙技术与家居网络；

(5) 无线移动通信连接家居智能控制器；

(6) 三表无线远传集抄系统；

(7) 无线广播系统；

(8) 无线现场总线控制器；

(9) 无线远程仪表监控系统；

(10) 无线摄像机；

(11) 无线可视对讲系统；

(12) 无线探测器；

(13) 无线巡更系统；

(14) 手机信号增强系统；

(15) BP机呼叫信号增强系统；

(16) 安保移动通信系统；

(17) 无线会议系统。

6.2 无线局域网及其在智能建筑中的应用

随着信息技术的发展，人们对网络通信的需求不断提高，希望不论在何时、何地、与何人都能够进行包括数据、语音、图像等任何内容的通信，并希望主机在网络环境中漫游和移动，无线局域网是实现移动网络的关键技术之一。根据国外统计，无线局域网市场自

1998年的30亿美元将发展到2005年的160亿美元。根据权威机构IDC调查，2000年的亚太区市场（日本除外）约为4500万美元，到了2005年将增至3.5亿美元。另一项调查报告显示，在2007年亚太区的无线局域网市场将达到约8.8亿美元，其中无线局域网网卡将售出近530万张。这项称为Wi-Fi的无线技术将成为信息产业未来发展的一个亮点。

无线局域网在以下几个方面有着非常现实的意义。

（1）在不能使用传统布线或者使用传统布线困难很大、不确定因素较多的地方；

（2）租用专线耗资高的地方；

（3）重复地临时建立和安排的网络环境，使用有线不方便、成本高、耗时长的环境；

（4）局域网用户需要在一定范围内进行移动通信的环境。

对于智能建筑的应用环境，特别是众多的公共场所或专业场所，如机场、车站、会议大厅、会展中心、图书馆以及大开间的办公室等地方，会越来越多地使用连接有线局域网的无线局域网，满足用户无线终端联网的需求。

但是，目前无线局域网在数据传输率、传输范围、安全性等方面都还不如有线局域网，所以在应用环境中无线局域网在相当长的时期中会与有线局域网共存。

总的说来，无线局域网强调流动性、轻便性和灵活性，由于不受一大堆电线所约束，因此可以轻便地在一定范围内移动，部署容易，组网灵活，成本低廉。它是网络快速使用者的明智选择。

目前，全球主要有以下4个机构制定无线局域网标准。

（1）美国IEEE802.11标准系列；

（2）欧洲ETSI BRAN的HiperLAN标准系列；

（3）日本ARIB的多媒体移动接入通信MMAC标准系列；

（4）美国HomeRF组织的共享无线接入协议SWAP标准系列。

无线局域网产品的主流厂商已经联合起来，组成一个被称做无线以太网兼容性联盟（WECA）的国际性组织。WECA的任务是负责认证IEEE802.11b无线局域网产品的互操作性和兼容性，并推动无线局域网在企业和家庭中的应用。继IEEE802.11b后，具有54Mbit/s传输率的符合IEEE802.11a和IEEE802.11g标准的无线局域网技术及其产品正在发展之中。此外，家居无线网络HomeRF2，欧洲比较推荐的具有54Mbit/s传输率的HiperLAN，新一代具有108Mbit/s传输率的5-UP也在不断发展之中。

在中国，无线局域网的应用起始于2000年，真正启动是在2001年下半年。2002年上半年无线局域网的应用需求急速增加，促进了国内无线局域网设备市场的飞速发展。据估计，2002年下半年的无线局域网设备市场销售额为人民币5000万元左右，比去年同期增加100%。无线局域网作为有线网络的延伸和补充已经被国内广大用户所认同。上海APEC会议，2002年日韩世界杯上，无线局域网的应用影响深刻。目前，北京、上海、广州、深圳等大城市已经完全接受无线局域网的应用，并走向普及，特别在上海，其无线局域网的应用居全国之首。业内人士预言，无线局域网的应用不仅作为有线局域网的补充，而且在某些应用环境中完全可以取代有线网络。

6.2.1 IEEE802.11标准层次结构

无线局域网只涉及OSI/RM模型中的数据链路层和物理层两层协议，网络结构相当简单，无复杂的中转、路由机制。IEEE802.11体系结构与IEEE802.3，IEEE802.4，

IEEE802.5 等一样，如图 6－1 所示。

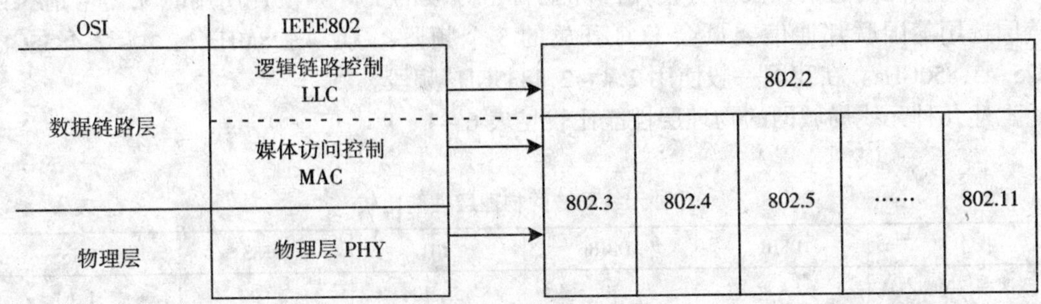

图 6－1　IEEE802.11 层次结构

6.2.2　IEEE802.11 标准物理层规范

IEEE802.11 定义了 3 类物理层规范，如图 6－2 所示，分别为红外线（IR，Infared）、扩频（SS，Spread Spectrum）和窄带（NB，Narrow）。其中红外线可分为散射红外线（DFIR）和直射红外线（DBIR）两种。而扩频又分为直接序列扩频（DSSS）和跳频扩频（FHSS）。

1. 红外线局域网

采用小于 1μm 波长的红外线作为传输媒体，基本传输速率为 1Mbit/s，包括散射和直射两种方式传输。散射方式不要求有明显的通信链路，信号传播可以受室内物体反射，通信链路上不要求没有障碍物，但会受到多径传输的影响，特别会受到太阳光的影响，适用于单个房间内或开放的办公环境。而直射方式具有较强的方向性，使得发射机与接收机之间的联系较脆弱，传播距离主要与发射机功率和功率的集中程度有关，可用于室内和室外环境。红外线局域网目前用得较少。

2. 直接序列扩频局域网

采用伪随机码（PN 码）方式与要传输的位信号进行复合，经调制并扩展到一个比原始信号宽得多的频带范围内进行传输，实现了扩频。在接收端，利用与发送端相同的 PN 码进行解扩。对干扰信号，由于与 PN 码不相关，扩频后，落入信号通带内的干扰信号功率降低 G（扩频增益系数）倍，从而提高接收端输出的信噪比（S/N）。达到抗干涉目的。对于不能解释直接序列扩频技术的接收机，DSSS 信号就如低功率的多频率噪声而被大多数窄带接收机所拒收或忽略。达到了安全抗窃听的目的。目前，基于 IEEE802.11b 无线局域网产品的物理层就是使用 DSSS 技术。

3. 跳频扩频局域网

使用一种窄带载波按照发送器和接收器都知道的模式（伪随机序列控制方式）变换频率。通过收发双方的同步，其净作用是维持一个逻辑信道。对于不能解释 FHSS 信号的接收器，其接收到的 FHSS 信号实际上是一种持续时间很短的脉冲噪声。

4. 窄带局域网

采用标准的射频（RF）技术，在几个特定的无线电频率上发送和接收信息。既可工作在 18～19GHz 特定的频段上，也可以在低功率情况下工作在无需申请的自由频段上。窄带无线网将无线电波信号频率保持在一个或几个尽可能窄的范围内，仅使信号能够恰好通过，通信信道之间的串扰通过对不同频道的仔细协调得以避免。

无线局域网的通信频段推荐使用国际上自由频段的 ISM 频段，使用时无需申请执照。在美国选用美国联邦通信委员会 FCC 开放的 3 个频段：902~928MHz，2.4~2.4835GHz，5.725~5.850GHz。在我国一般使用 2.4~2.4835GHz 频段。

上述几种无线局域网的物理层性能比较见表 6-1。

几种无线局域网物理层性能比较 **表 6-1**

技术	DFIR	DBIR	RF	DSSS	FHSS
数据速率（Mbit/s）	1~4	10	5~10	2~20	1~3
移动能力	好	无	很好	最好	最好
范围（m）	20~60	24	10~40	30~250	30~250
波长/频率	800~900nm		18GHz	ISM 频段	
调制技术	OOK		FS/QPSK	QPSK	QPSK
发射功率	–		25MW	<1W	
媒体访问控制方式	CSMA	Token Ring CSMA	CSMA		

6.2.3 IEEE802.11 标准 MAC 层规范

1. 两种媒体访问控制功能

如图 6-2 所示，IEEE802.11MAC 层中包括两种媒体访问控制功能子层：分布协调功能（DCF）子层和点协调功能（PCF）子层。DCF 适用于由各个节点（包括访问点）同等地位组成的以及具有突发性通信的无线局域网，即支持 CSMA/CA（载波听音多路访问/碰撞避免）无线媒体争用服务，由它直接提供竞争业务，这是目前无线局域网上一般使用的媒体访问控制方式。PCF 支持无竞争的业务，由访问点利用时隙来协调各个无线站点的媒体访问控制，目前的无线局域网上不使用这种方式，PCF 位于 DCF 之上，利用 DCF 的特性最终来保证用户对无线媒体的访问。

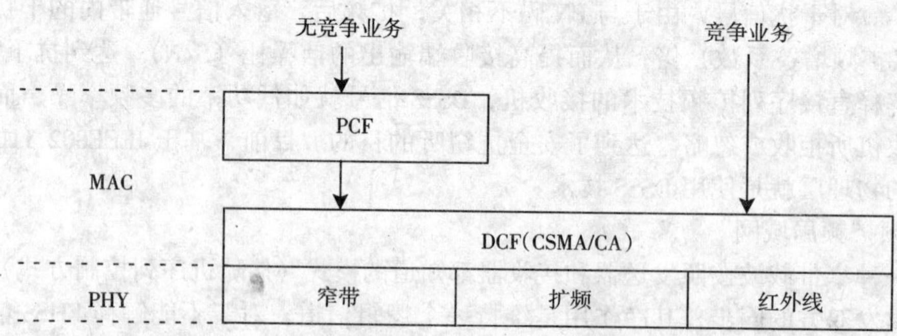

图 6-2 IEEE802.11 MAC 层和 PHY 层结构

2. CSMA/CA 机理

CSMA/CA 的机理类似于以太网的 CSMA/CD，但用简单的碰撞避免取代了碰撞检测。这是由于无线电空间中的动态范围相当大，发送站在发送信号时不能再有效地来判断输入的碰撞信号。DCF采用延时算法进行访问控制，帧间隔（IFS）是一种简单的延时，利用IFS的CSMA/CA的访问控制的操作过程如下。

(1) 当一个要发送的站点检测到信道空闲，站点再继续监听等于IFS的一段时间，如果信道仍然是空闲的，则站点可发送帧；

(2) 若信道忙，站点推迟发送，并继续监听信道，直至信道空闲；

(3) 一旦检测到信道空闲，站点要监测一个IFS，若在此期间信道仍是空闲，站点则按照二进制指数退避算法延迟一段时间后继续监听信道，如果信道还是空闲，站点就可以发送帧。

按二进制指数退避算法计算出的延迟时间是IFS的整数倍，目的是为了避免几个发送站的数据再一次发生碰撞。

可以看到，站点要成功地发送帧，整个过程要经过2~3次的检测，这是CSMA/CA的特点。

在CSMA/CA的访问过程中，由于可能不止一个站同时发送帧而引起的碰撞，造成不能正确接收。为了验证接收站是否正确接收，接收站在正确接收到发送站发送的帧后，必须回答一个专门的应答帧（ACK）给发送站，以确认发送的帧正确地到达目的地。

在多点访问一点的无线局域网系统中（注：目前绝大多数均是这种系统），位于访问点相反方向的两个发送站都能够监测访问点的活动，但是由于距离或障碍物的原因，发送站之间可能监测不到彼此的活动，为了解决CSMA/CA帧碰撞问题，802.11b在MAC层规定了一种可选的请求发送/清除发送（RTS/CTS）协议。这个协议的功能类似于发、收双方的握手功能。使用这个协议时，需要发送帧的站首先发送RTS，并且等待访问点应答一个CTS。由于系统中所有的端站都能够监测到访问点的活动，所以CTS将会延时其他端站的发送。这样，正在进行“握手”的发送站就可以在没有碰撞的情况下发送信息帧和接收ACK，但RTS/CTS功能会增加系统负担，因此一般只在发送较大的信息帧时才选择。

3. 访问点协调功能

在需要发送实时数据的环境中，例如要发送语音或视频数据，802.11b MAC层的访问点协调功能PCF规定了以访问点为核心来控制各个发送站对媒体的访问。在系统处于PCF访问方式期间，访问点逐个连接每个发送端站，只有当端站被访问点连接时，发送端站才有可能发送数据，或者接收访问点的数据。这种方式的特点是PCF按预定的顺序来确保每个端站与访问点的连接，保证了每条数据流的最大延时，体现了发送数据的实时性。但是PCF访问方式会使网络效率较大的降低。

4. 漫游功能

如果在上述多点访问的系统中，设置的访问点不止一个，即一个802.11b的发送站进入一个或多个访问点的覆盖范围中，该发送站将根据信号强度和监测到的帧传输的错误率，选择其中性能最好的一个访问点与之联系，一旦被该访问点接受，发送站将无线信道调整到设置该访问点的地方。在工作过程中，发送站定期检查所有的802.11b信道，以便确定是否还有提供更好性能的其他访问点，如果有性能更好的其他访问点存在，则发送站就会重新与它建立联系，并调整到新的信道。出现这样重新连接的情况通常是由于发送站物理位置移动而远离了原来访问点，导致信号变弱。此外，当建筑物中无线特性发生变化，或者原来访问点的网络通信量过高时，也会发生重新与其他访问点建立联系的情况。

在后一种情况下，这种功能称为"负载平衡"，因为它的主要作用是将总的系统负载有效地分布到系统中的各个访问点上。

5. 信息帧重整

当传输的帧受到严重干扰导致错误接收时，发送端必然会重发帧，如果帧的长度越长，则越容易遭到破坏，且重传的耗时也越大，若减少帧的长度，把长帧分成若干短帧，因为短帧的传输，遭到破坏的机率小，所以即使遭到破坏后重传帧，耗时也会大大减少。因此信息帧重整功能会大大提高无线网在噪声干扰地区的抗干扰能力。

6. 安全机制

目前在无线局域网上常用的安全机制包括如下几种。

（1）连线等价保密 WEP（Wired Equivalent Privacy）。在数据链路层中采用 RC4 对称加密技术，用户的加密密钥必须与访问点的密钥相同时才能获准访问网络上资源，从而防止非授权用户的访问和监听。802.11b 标准中提供了 40 位长的 WEP 加密技术，这种强度的加密技术对于大多数的无线局域网应用来说应该是足够的，然而，在许多情况下，无线局域网只是整个网络的一部分，无线局域网的安全措施需要集成到整体网络的总体安全策略中。在这种情况下，只使用 40 位加密技术就不够了，目前 WEP 提供了 64 位、128 位长度的密钥机制。

（2）服务集识别号 SSID。为了进行安全的访问控制，每个访问点上配置了 SSID，SSID 可用来进行认证检查，如果端站不知道访问点的 SSID，将不允许与访问点联系。

（3）MAC 地址过滤。也称物理地址过滤，每个站点的无线局域网网卡（或接口）中都保存了一个惟一的 MAC 地址，每个访问点中设置了一个 MAC 地址访问控制列表，这样就可以将访问限制在访问控制列表中的端站地址。

（4）虚拟专用网 VPN。该安全技术虽然不属于 802.11 标准，但在无线组网时可以应用该技术来加强无线网络的安全性，同时还提供了基于 Radius 的用户论证和计费。

（5）端口访问控制技术 802.1X。是针对以太网和 802 数据链路技术的论证和密钥管理标准。该标准也可作为无线局域网上一种增强型的网络安全解决方案。当站点与访问点连接后，是否可以获得访问点的服务要取决于 802.1X 的论证结果。如果论证通过，则访问点打开相应的逻辑端口，允许用户上网。

6.2.4 几种无线局域网标准的性能比较

目前我国用户熟悉的无线局域网标准是北美的 802.11 系列、HomeRF、蓝牙等标准，也是目前用户经常选择产品的依据，它们的性能比较见表 6－2。

几种常用的无线局域网标准的性能比较 **表 6－2**

	802.11b	802.11a	802.11g	HomeRF	蓝　牙
传输速率	11Mbit/s	54Mbit/s	54Mbit/s	10Mbit/s	1Mbit/s
传输距离	100m	80m	150m	50m	10m
应用范围	数据、图像	数据、图像、视频	数据、图像、视频	家庭、小型办公室联网	家电联网
组网产品	已有	已有	2003 年	已有	已有

此外，欧洲推荐的无线局域网标准 HiperLAN2 类似于 802.11a，但具有更好的性能，关

于北美和欧洲所推荐的无线局域网标准在技术和性能上的比较见表6-3。

北美和欧洲无线局域网标准的比较 **表6-3**

标 准	传输速率 Mbit/s	实际吞吐率 Mbit/s	最大距离 m	无线物理接口	信道带宽 MHz	频率 GHz	信道数量			QoS	产品推出时间
							美国	亚太	欧洲		
802.11b	11	6	100	DSSS	25	2.4	3	3	4	无	已有
802.11a	54	31	80	OFDM	25	5	12	4	0	无	已有
802.11g	54	12	150	OFDM/DSSS	25	2.4	3	3	4	无	2003
HomeRF	10	6	50	FHSS	5	2.4	15	15	0	有	已有
HiperLAN2	54	31	80	OFDM	25	5	12	4	15	有	2003
5-UP	108	72	80	OFDM	50	5	6	2	7	有	2003

IEEE802.11b产品于2000年推出，采用DSSS技术，其技术比较简单。而IEEE802.11a产品在2002年推出，它采用比较复杂的正交频分复用（OFDM）技术，传输速率可达54Mbit/s。但传输范围较小。为了扩展传输范围，又能获得高传输速率，802.11g产品在2003年推出。

由于媒体访问控制和物理层的额外开销，实际的传输速率可能只有40%左右，即6Mbit/s。在传输时，由于无线局域网使用自由频段，容易受到干扰而出错，出错的数据要重传又会影响传输效率，最后有效的传输速率还会更低。如IEEE802.11b的实际有效的传输速率可能是2Mbit/s左右。为了降低传输误码率，802.11具有自动降低传输速率的功能，802.11b具有1M/2M/5.5M/11Mbit/s 4个速率档次，802.11a包括了6M/9M/12M/18M/24M/36M/48M/56Mbit/s 8个速率档次。在信道上每个端站只能实现带宽共享的半双工操作。

2.4GHz和5GHz两个频段在许多国家中都属于自由频段，无需申请就可以使用，许多民用的无线设备都在2.4GHz频段上使用，显得较拥挤，而5GHz频段就比2.4GHz频段宽松得多，且5GHz频段上分配的带宽也较大，能够使用的无线信道（每个信道对应一个独立的网络）更多，2.4GHz频段上只允许3个信道，而5GHz频段上可达10余个信道。两个频段上的无线局域网产品（802.11b与802.11a）是不能兼容的，而推出802.11g产品既可以与802.11b产品兼容，又能提高速率和传输距离，但是802.11g的弱点是由于2.4GHz频段上的干扰决定了其不能达到如期的高传输速率。

各类标准的无线局域网的传输距离是有差别的，并不是距离越长越好，距离越长，要求的发送功率越大，但是将遭遇到更多的干扰和障碍物。如果要考虑无线局域网的安全性以及限制发送功率两个因素，那么传输距离要有约束。802.11b产品最大传输距离为100m，802.11a产品由于在5GHz频段上，比2.4GHz频段衰减要大，会影响传输距离，但是由于物理层采用了OFDM调制技术，克服了多径效应的影响而延伸距离，结果802.11a与802.11b两者的最大传输距离相差无几。对于802.11a来说，最大的传输距离上并不能获得最高的传输速率，802.11a的54Mbit/s只能发生在10m范围内，随着距离的增加，传输速率下落得很快，到了80m范围，传输速率可能只有10Mbit/s了。802.11g产品与

802.11b 兼容，在 2.4GHz 频段上，由于采用了 OFDM 调制技术，最大的传输距离可达 150m。802.11g 的以上优点会使其有较大的市场。但是，传输距离越大会带来数据传输被干扰、泄漏的问题越严重，入侵者的远端闯入的机遇也会增加，且传输距离越大用户的接入数也会增加，由于是带宽共享的机制，导致用户接入的有效带宽下降。要解决以上问题，可以采用定向天线等措施。

对于无线局域网数据传输的安全性是用户关心的问题。为了数据传输的安全性，802.11b 标准中提供了 40 位长的 WEP（Wired Equivalent Privacy）加密技术，这种强度的加密技术对于大多数的无线局域网应用来说应该是足够的，但是还存在安全漏洞，其在于较短 40 位长度的密钥，容易被破译，且由于一个访问点的服务区内所有的用户使用相同的密钥，因此某个用户丢失密钥将威胁整个网络的安全。目前在一些产品中提供了 WEP2，IEEE 称为 TKIP（Temporal Key Integrity Protocol），使用了 128 位长的密钥，采用了 Kerberos 密码，和 WEP 完全兼容。即使这样，TKIP 也易受到攻击，因为 Kerberos 密码可以用简单的猜测方法攻破。IEEE 正在制定新的安全标准来解决无线局域网的安全问题。但是在完善的安全标准尚未推出之前，为了提高无线局域网的安全性，目前一些厂家采用了如下种种补救措施。

（1）注意密钥的管理，要经常更改默认的密钥。

（2）对于硬盘或重要的文件夹需用密码来保护。

（3）在 MAC 层提供了安全的访问控制。为了进行安全的访问控制，每个访问点上都配置了 SSID（服务集识别号），ESSID 可用来进行认证检查，如果端站不知道访问点的 SSID，将不允许与访问点联系。为了加强安全性，要经常改动默认的 SSID。此外，每个访问点中还包括了 MAC 地址访问控制列表，这样就可以将访问限制在访问控制列表中的端站，实现了 MAC 地址过滤的功能。使用以上两种办法可以安全地实现客户端站的访问控制。

（4）在整体网络上提供加密措施，如采用适合于整体网络包括有线和无线部分的用户认证、VPN、RADIUS 等技术。使用 VPN 技术，就要求配置 VPN 服务器，管理员能强制所有用户通过 VPN 服务器，从而实现不同的 VPN 安全解决方案，例如限定分享网络资源，引导用户访问 Internet 或 Intranet 等，VPN 客户端软件已经包括在 WIN2000 及 WIN XP 中。使用 RADIUS 技术，需要配置 RADIUS 服务器，在服务器中实现用户资格的认证，确认资格后，服务器授权访问点准许该用户访问。

欧洲市场上并不欢迎 802.11 系列标准的产品，他们推崇 5GHz 频段上的 HiperLAN2 标准，该标准由 ETSI 推出，与 802.11a 同样的是使用 OFDM 调制方法和具有同样的传输速率，不同的是在协议的上层更类似于 ATM，HiperLAN2 的真正目的不在于 LAN，而是为宽带移动通信而设计，将成为第四代移动通信（4G）的基础。目前，IEEE 正与 ETSI 合作联合推出 5GHz 统一的标准——5 - UP，5 - UP 是 802.11a 与 HiperLAN2 两者融合的标准，该标准可以把 2 ~ 3 个信道捆绑起来使得传输速率达到 100Mbit/s 以上。5 - UP 不仅有高的传输速率，而且拥有 QoS 和好的安全性，将是 3G 和有线数据网有力的竞争者。

HomeRF 和蓝牙技术两种产品已经应用在家庭和小型办公室环境中，其中 HomeRF 本意是面向家庭用户，应该简单且价廉，但与 802.11b 相比，它既不简单又不价廉。但是由于它支持 QoS 且具有比 WEP 更可靠的加密系统，因而企业用户反而选择它。

6.2.5 无线局域网组网技术

1. 建筑物内部组网方式

在建筑物内部，有线局域网的使用已达20余年的历史，但始终存在两个问题：一方面是由于地理环境的限制，布线系统局限性往往妨碍了有线网络的进一步的延伸；另一方面是随着移动计算设备的日益广泛使用，有线连接点的固定性使得笔记本电脑等移动设备不能充分发挥自由访问网络的功能。要解决上述有线局域网所存在的问题，可以使用无线局域网。有以下两种架构。

(1) 对等方式。对等方式无线局域网的架构如图6-3所示。若干个具有无线局域网网卡的笔记本电脑或台式机，构成一个主机对等局域网络，在此网络中不需要配置具有控制能力的访问点，所有主机都能对等地相互通信。这种架构适用于用户组成临时性网络，如野外作业、临时流动会议等应用。

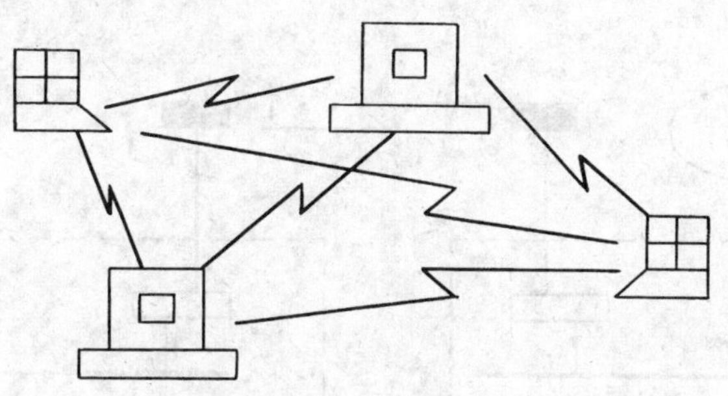

图6-3 对等方式无线局域网架构

(2) 访问方式。访问方式无线局域网的架构如图6-4所示。在这种架构中，必须配置具有控制功能的若干个访问点，它们分别连接在局域网规定的地点。每个访问点具有不同的无线覆盖范围，使得带有无线网卡的笔记本电脑在不同的地方都能够访问网络。由于IEEE802.11标准严格制定了多信道漫游功能，作为站点的电脑在不同的访问点间自动地无缝切换，保证了数据传输的完整性和流畅性。

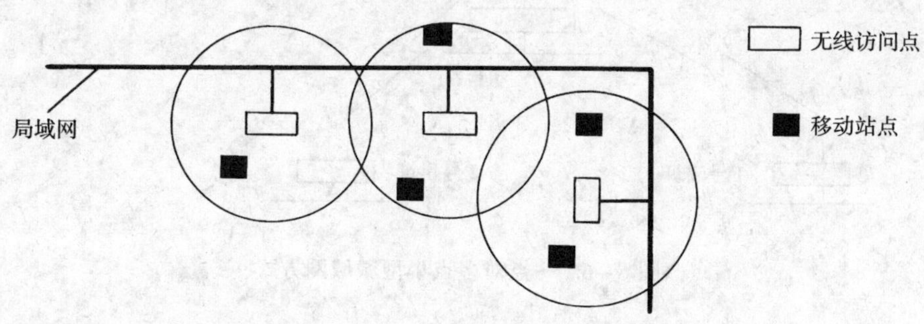

图6-4 访问方式无线局域网架构

这种架构的拓扑结构是以访问点为中心的星型结构，所有的站点通信都要通过访问点转接，站点的MAC帧中不仅包括了源地址、目的地址，而且还包括访问点点地址。通过各个站点的响应信号，在访问点内部建立一个桥接表，该表把站点地址和访问点端口联系起来，当转接信号时访问点就通过查询桥接表进行。

2. 建筑物外组网方式

建筑物外无线局域网主要有以下3种方式。

(1) 点对点方式。此方式主要解决处于建筑物内的两个有线局域网通过无线点对点方式在建筑物外进行互联。如图6-5所示。选用直扩产品，传输速率可达11Mbit/s。

(2) 园区网方式。在校园、社区或街道等小区域范围中，建立一个无线园区网，用户无论处在什么位置上，都可以通过无线网联上学校主干网。

(3) 一点对多点小型城域网方式。这种方式是一个中心点可同时应对若干个外围分支点，如图6-6所示，主要用于较小城域范围内多个站点与有线局域网的互联。由于范围较大，因此网上的传输速率明显不如以上两种方式，但对某些环境而言确是比较经济实用的解决方案。

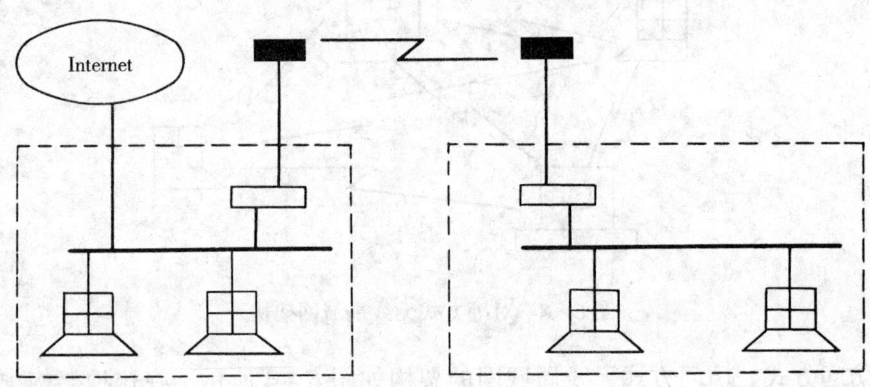

图6-5 建筑物外无线点对点方式

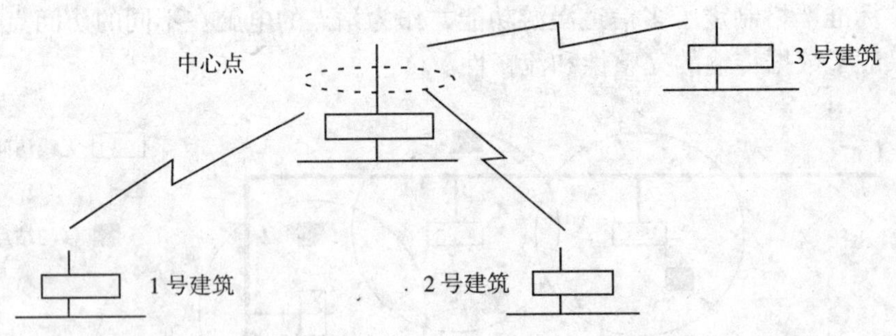

图6-6 一点对多点小型城域网方式

6.2.6 无线局域网产品的选用

目前国内无线局域网主要应用于企业内部网、校园网以及政府机关等领域。随着产品价格的不断下降以及技术的日趋成熟，校园网中应用无线局域网会越来越多，尤其是高等院校和科研机构对无线局域网的需求不断地增长，将为无线局域网的应用创造广阔的空间。另外，在政府机关内部，由于电子政务建设的全面展开，无线局域网在政府机关的网络建设中有着较大的市场。

无线局域网产品与有线网络产品相比，有其自己的技术特点，选购无线局域网产品时，要根据实际的需求，考察产品的技术标准、功能、安全性、成本等几个重要因素，并不是技术上最先进的就是最需要的。最重要的一点是符合当前的需求，解决当前的问题。

目前，符合 IEEE802.11a 标准的高带宽产品在国际市场上刚刚推出，而市场上主流的仍是 802.11b 标准的产品。在国内的市场上几乎全部都是 802.11b 产品，随着去年无委会宣布开放 5.8GHz 频段以来，不久在市场上出现了两种标准兼容的产品，由于两种标准在频段和传输速率等方面相差甚远，要想达到两种标准产品在系统中的互操作是困难的。且目前完全使用 802.11a 标准产品所组成的无线系统在成本上要比使用 802.11b 产品高得多。

即使 802.11b 产品，不同厂商的产品在性能和功能上也不完全一致。例如，虽然标准规定的传输速率均为 11Mbit/s，但是有效传输速率却有较大的差异；不同厂商的产品在安全性能、支持的最大用户数、漫游功能、管理方式以及有线网的接口类型上可能不完全一致，甚至差别较大。当前，在国内市场上的无线局域网产品大致包括以下几种。

(1) 无线局域网网卡，可连接桌面和笔记本电脑，目前大部分笔记本电脑已经内嵌无线局域网接口；

(2) 无线网桥，具有数据链路层和物理层协议转换功能的无线网络与有线网络的连接设备，常用作无线访问点；

(3) 无线路由器，具有路由功能的无线网络与有线网络的连接设备，也可用作无线访问点；

(4) 无线网关，具有低层至高层协议转换功能的无线网络与有线网络的连接设备。

在选用无线局域网产品时，从技术和性能层面上有如下几个基本原则。

(1) 产品是否通过 Wi - Fi 论证，即无线以太网兼容性联盟 WECA 的论证；

(2) 整个无线系统能否满足建筑物内和（或）建筑物外的距离范围；有的无线访问点可以外接天线以扩展两者之间的距离，特别用于建筑物之间的无线组网；

(3) 有效传输速率：虽然符合 802.11b 标准，但是不同厂商产品其有效传输速率相差较大，并要注意，随着距离的增加，传输速率会自动降低；

(4) 支持的最大用户数，不同厂商的无线访问点产品支持的最大用户数并不相同，少者为 64，多者为 2048；当然，在组网配置时，并不是一个无线访问点连接的用户站点数越多越好，因为会影响用户站点数据的有效传输速率；通常，在满足用户站点有效带宽需求的情况下，要尽可能配置少量的无线访问点来满足组网的用户数；

(5) 产品所构成的无线系统是否支持漫游功能，漫游功能使得用户移动更方便，移动范围更大；

(6) 有线网接口类型和数量，包括 10M/100M 以太网接口、使用电话线的 ADSL 接口、也可能是 Cable Modem 接口，或者广域网接口等。如果访问点支持广域网接口，则该访问点要配置无线路由器产品；

(7) 安全性能，包括多少位 WEP 加密（目前有 40、56、64、128 位），有否 MAC 地址过滤，是否支持 SSID、RADIUS 和 802.1x 论证，是否具有防火墙和 VPN 功能等；

(8) 便于升级，由于无线局域网技术发展，产品更新较快，有的无线访问点产品具有模块化结构，只要更换网卡就可以升级到符合 802.11a 或 802.11g 标准的产品，不必重新更换设备；

(9) 管理方式，一般的管理方式是 Web 和 SNMP，也可通过 Telnet，FTP 或串口进行管理，可以在本地，也可以在远程对无线局域网进行管理和监控。

显然，在性能和功能的需求满足后，价格是必须考虑的因素。

6.3 蓝牙技术及其在智能建筑中的应用

1999 年 11 月，IT 时代“软件王国”的缔造者比尔·盖茨专程来到拉斯维加斯一间只有 11 名员工的小公司。为什么？只因这家公司已研制成功一种含蓝牙技术的胸卡。

1999 年 12 月，微软宣布全面支持“蓝牙”技术。到 2000 年初，蓝牙 SIG（Special Interest Group，特殊利益集团）已有 3com、爱立信、IBM、英特尔、朗讯、微软、摩托罗拉、诺基亚、东芝等 9 大集团公司和 2000 多家成员企业。蓝牙技术到底如何，竟让盖茨如此动心，让 IT 行业的巨头们和众多的厂商走到一起？

蓝牙的英文名称是 Bluetooth，是 1998 年 5 月由爱立信、IBM、英特尔、诺基亚、东芝等 5 家公司联合制定的近距离无线通信技术标准，其目的是实现最高数据传输速率 1Mbit/s（有效传输速率为 721kbit/s）、最大传输距离为 10m 的无线通信。Bluetooth 原为欧洲中世纪的丹麦国王 Harald Ⅱ 的名字，他为统一四分五裂的瑞典、芬兰、丹麦立下了不朽的功劳。瑞典爱立信公司为这种即将成为全球通用的无线技术命此名，也许大有一统天下的含义。

1999 年 7 月，蓝牙 SIG 公布正式规范 1.0 版本，而遵从这一规范的移动电话和笔记本电脑也将在 2000 年底上市，声称要把蓝牙技术产品化的企业也与日俱增。

2000 年 6 月在新加坡召开的“Communic Asia”展览会上，爱立信公司推出了全球第一部使用蓝牙技术的 GPRS 手机——R520，R520 手机融合了 GPRS、高速数据（HSCSD）、蓝牙技术和 WAP，除了高速率外，R520 还可以借助其内置蓝牙芯片提供全面无线连接解决方案，从而避免了在电话和其他移动设备（如 PC 和免提设备）之间铺设线缆。据了解，除了 R520 外，另一款采用蓝牙技术的手机——T36 适用于 GSM 标准的 3 种制式（900/1800/1900MHz），支持高速数据通信 HSCSD 技术。

作为蓝牙技术的另一倡导者，IBM 也宣布了一系列对蓝牙计划的支持，主要体现在拳头产品 ThinkPad 笔记本电脑上。IBM 已在第二季度出台了一系列新的无线增强技术，与 IBM 成功的 ThinkPad 笔记本电脑的线路设计相配套，同时在 2000 年 5 月推出应用在蓝牙技术的全新 ThinkPad 笔记本电脑上。这款笔记本电脑带有 portofino 端口，能方便地接到无线调制解调器、照相机和其他设备上。新款 ThinkPad 支持 IEEE802.11 规程，所以只要给笔记本插上这种规格的网卡就可以进行无线网通信。IBM 有关负责人表示，在推出新产品的同时也会考虑 ThinkPad 老用户的需要。第三季度，IBM 已为使用老式 ThinkPad 的用户推出一种蓝牙 PC 卡和一种连接到较新式机型的蓝牙收发器，同时发布的还有用于 palm 便携设备上的调制解调器。通过蓝牙技术，笔记本电脑将不再需要无线调制解调器或是单独的无线 ISP 账号，而是将来自笔记本电脑的数据通过无线电设备发送到蜂窝电话，然后再由蜂窝电话进行传输。

业界人士认为爱立信、IBM 将使蓝牙技术产品化具有战略意义，他们在很多方面具有优势，广泛的合作伙伴关系将为他们提供很大的发展空间。除爱立信、IBM 外，东芝、摩托罗拉、英特尔等公司也将纷纷推出基于蓝牙技术的笔记本电脑芯片等。一直难有突破性进展的掌上电脑，如果运用蓝牙技术，毫无疑问，则可以形成一个很大的市场，也许能使“掌上时代”的到来成为现实。

据 Frost&Sullivan 公司发布的市场调查和预测报告显示，1999 年蓝牙技术产品的全球销售量几乎为零，2000 年猛增至 3670 万美元，2001 年将达 1.26 亿美元，2006 年有望高达 6.99 亿美元；2002 年，全球使用蓝牙技术的调制解调器等外围设备将达 1.5 亿台，使用蓝牙技术的笔记本电脑将达 2500 万部；2003 年，全球 90% 以上的笔记本电脑将使用蓝牙技术；2005 年，全球将推出 6.7 亿台使用蓝牙技术的信息家电。蓝牙技术的发展对智能建筑业中旧楼的改造将有十分重要的意义，可以避免复杂的家庭布线。

6.3.1 蓝牙技术及其产品发展现状

蓝牙（Bluetooth）技术自提出以来，在短短 2 年时间里已风靡全球。目前，全球已有 2000 多家企业推出了蓝牙芯片、蓝牙平台、应用程序、测试设备等产品。在摩纳哥蓝牙 2000 年大会上有公司预测，今后 2 年内使用蓝牙技术的设备将达到 5000 万台，到 2005 年蓝牙设备产量将超过 14 亿台。

客观地说，蓝牙采用的技术中有些并非是当前该领域最先进的技术。蓝牙的目标是全球通用、价格低廉、结构紧凑，因此它并不强调技术的先进性。比如纠错编码方式，蓝牙采用的是 1/3 率的重复码、2/3 率的汉明码，而没有采用相同编码速率的卷积码、TURBO 码或其他更先进的编码方式。作为用户，总希望使用的产品所采用的技术越先进越好，而对实现者和产品生产商而言，总希望产品的制造成本越低越好。

Micrologic 的 Quinn 说：“蓝牙芯片必须具有小巧、廉价、结构紧凑和功能强大的特点才能放进蜂窝电话中”。蓝牙芯片的价格和大小下不来，既有经济原因，也有技术原因。从技术角度看，蓝牙芯片集成了无线、基带和链路管理层的功能，事实上，链路管理层既可通过硬件实现，也可通过软件实现，如果由软件实现链路管理层的功能，那么芯片将被简化，其价格和大小将变得合理。

索尼在日本无线展览会的现场进行了蓝牙和 IEEE802.11b 与微波炉之间的相互干扰实验。结果表明，在无干扰的情况下，数据传送速度为 500 ~ 600kbit/s。一旦使用微波炉，由于干扰的出现，数据传送速度降至 300kitb/s，此时再使用对应 IEEE802.11b 规格的无线 LAN，由于干扰的加大，数据传送速度下降至 100 ~ 299kbit/s。未来的蓝牙产品应用环境包括扩频设备、跳频设备、无线 LAN、微波炉等。根据 SIG 英特尔公司在北京的一次会议上谈到，国际 SIG 在各种环境中做过实验，低功率蓝牙产品对其他同类产品的干扰微乎其微，相反，其他产品对蓝牙产品的干扰可通过软件或硬件方法解决。

安全问题包括信息安全和生态安全。信息安全问题更多是在软件协议栈中加以强调。OEM 希望知道说明特殊应用（如商务、国防等）中的安全要求，以便由软件工程师去解决它。生态安全问题是指当蓝牙设备靠近人体时是否带来危害，对此人们非常关心。蜂窝电话业多年来一直在这个问题上进行讨论，但是到目前为止一直不能证明是否真正有危害，也不能给出造成危害的根据。不可避免地，蓝牙产品的主要问题是由于蓝牙产品使用和微波炉一样的频率范围，这是否会带来不良后果，目前也尚无定论。一些组织认为蓝牙产品输出功率很小（只有 1mW），是微波炉使用功率的百万分之一，是移动电话的一小部分。而在这些输出中，仅仅有一小部分被物体吸收，根本检测不到温度的增加。

互操作性是蓝牙产品的重要特性。从理论上说，只要通过了产品的一致性和互连性测试，互操作性问题就可以得到解决。目前蓝牙协议中的许多互连测试规范尚未推出，即使推出了，其测试的完备性也有一个过程。国际 SIG 对蓝牙互操作性非常重视，因为它涉及到蓝牙产品的进一步应用，各大公司接连不断开会进行沟通、测试、试验，目的就是使其产品具有相互可操作性。

以下是近期蓝牙产品研发的几个"第一"：

1．Motorola 引入新的蓝牙产品，使这一新术第一次用于移动电话

2000 年 9 月 25 日，Motorola 又推出新的蓝牙产品，一种应用蓝牙技术的移动电话。这是将 Motorola Timeport270 电话与蓝牙智能模块和 PC 卡组合构成的新产品。

2．Toshiba 第一个蓝牙 PC 卡投放市场

2000 年 9 月 25 日，计算机系统集团（CSG）的东芝（Toshiba）美国信息系统公司率先在美国推出全集成的蓝牙 PC 卡。东芝是 1998 年成立的蓝牙 SIG 9 个发起人之一，致力于开发无线电产品和服务，是第一个把蓝牙 PC 卡投放市场的公司。利用东芝的蓝牙 PC 卡及其 SPANworks 软件，用户可以在 100 英尺范围内共享信息，即时交换信息和传送文件，以及交换商务卡。

3．Motorola 的 PC 卡和 USB 适配器成为第一批得到认证的产品

2000 年 9 月 28 日，Motorola 宣布它是接受 Allied Business Intelligetce（ABI）蓝牙产品全面认证的第一个公司。其认证的产品有 PC 卡和 USB 适配器，它们通常用于笔记本电脑和台式计算机。由于 Motorola 在市场时间上的领先，因此能使其下家（如 Toshiba 和 IBM 公司）首先将它们的产品送到用户手中。蓝牙产品的产值会很快增长，预计会从 2001 年的 5600 万美元增至 2005 年的 14 亿美元，其中半导体产业的商机约为 5.3 亿美元。

4. 世界上第一个蓝牙无线电网络

英国的 Red – M 公司在 2000 年 10 月 20 日宣布推出第一个网络产品。该公司是一个无线因特网服务开发商，它的新的接入服务器称为 Red – M 3000AS（接入系统），它利用蓝牙技术实现短距离无线通信。服务器提供对因特网和本地互联网的移动接入，有关带蓝牙功能的设备有 PC 机、电话、PDA 和 WAP 电话等。服务器可与 WAN 和 LAN 接口匹配，也可以作为 Wed 的高速缓存器、安全防火墙和虚拟个人网络，还可以作为主机发送电子邮件，作为网络服务器向蓝牙设备发送 mail 和 Web 内容。这样的蓝牙应用远远代替并超出了电缆的作用，开拓了一种新的移动通信应用，这就是无线人域网（PAN）系统。

5. 第一个有望冲击 5 美元价格极限的消息

从 1998 年启动蓝牙行动至今，其市场迟迟不能起来，关键是在价格。谁又能跨越这个门槛呢？Cambridge Silicon Radio（CSR）相信他们能超越 5 美元这个价格极限。CSR 的 Bluecore02 芯片提供给 OEM 的是基于 CMOS 的无线电、基带，以及与全集成的蓝牙软件栈在一起的微控制器，每个芯片为 5 美元。蓝牙芯片用于移动电话、笔记本电脑、台式计算机和打印机，估计 2001 年底蓝牙芯片销售额将达到 5600 万美元。Fujitsu 媒体设备公司最近利用 CSR 的蓝牙 CMOS 产品开发成一种智能卡，它可用于 PC 机、便携机、PDA 和数字照相机。

6. 第一次证明蓝牙是世界上最小、价钱最低的服务器

Madge 网络公司属下的 Red – M 于 2000 年 10 月 17 日证实，能实现智能机间连接的低

价格小服务器可由蓝牙技术来应对。服务器可以是内置的，也可以是操作台，使工作区内的蓝牙设备能及时进入因特网和个人互联网。Red - M 服务器是利用蓝牙技术将电子设备连接起来的一个行动，目标是实现蓝牙网络解决方案。

7. 第一个直接变换的蓝牙单芯片

全球通信技术（GCT）公司是前卫的新一代芯片开发商，致力于无线电通信和因特网。该公司在 2000 年 10 月 18 日宣布正式进入蓬勃发展的无线电芯片市场，并推出了第一种专门为蓝牙应用设计的无线电芯片 GDM1100，它是直接变频单片蓝牙产品，这一具有自主知识产权和专利技术的射频（RF）设计给 OEM 厂商建立了一个出类拔萃的蓝牙 RF CMOS 平台。尽管 GDM1100 很小，它却把无线电前端和 MODEM 集成到了一个 CMOS 芯片上，其无线电作用距离为 10m，可实现点对点和点对多点的无线通信，邻道选择性为——6dB/MHz，60dB 的接收机动态范围，是多种多样的手持设备的理想配套设备。

8. 世界上第一个得到认证的蓝牙单芯片

Silicon Wave 公司在 2000 年 10 月 19 日宣布，它的 Odyssey SiW1502 无线电 MODEM 集成电路（IC）得到蓝牙认证，成为世界上第一个得到认证的用于蓝牙无线电通信的单片无线电。作为无线电产品领先的开发商，Silicon Wave 得到认证的蓝牙产品还有 Odyssey 无线收发系统（WDS）和无线电 MODEM 评价系统（WMES）。

6.3.2 蓝牙技术介绍

蓝牙是一种低功耗的无线技术，目的是取代现有的 PC、打印机、传真机和移动电话等设备上的有线接口。主要优点是：可以随时随地用无线接口来代替有线电缆连接；具有很强的移植性，可应用于多种通信场合，如 WAP、GSM、DECT 等，引入身份识别后可以灵活实现漫游；功耗低，对人体危害小；蓝牙集成电路应用简单，成本低廉，实现容易，易于推广。

蓝牙技术提供低成本、近距离的无线通信，构成固定与移动设备通信环境中的个人网络，使得近距离内各种信息设备能够实现无缝资源共享。

蓝牙技术作为一种无线数据与语音通信的开放性标准，它以低成本的近距离无线连接为基础，为固定与移动设备通信环境建立一个特别连接。如果把蓝牙技术引入到移动电话和便携型电脑中，就可以去掉移动电话与便携型电脑之间连接电缆的不便，而通过无线建立通信。打印机、PAD、桌上型电脑、传真机、键盘、游戏操纵杆及所有其他的数字设备都可以成为蓝牙技术系统的一部分。除此之外，蓝牙无线技术还为已存在的数字网络和外设提供通用接口，以组建一个远离固定网络的个人特别连接设备群。

蓝牙技术工作在全球通用的 2.4GHz ISM（工业、科学、医学）频段，蓝牙的数据速率为 1Mbit/s。从理论上来讲，以 2.45GHz ISM 频段运行的技术能够使相距 30m 以内的设备互相连接，传输速率可达到 2Mbit/s，但实际上很难达到。应用了蓝牙技术——PLUG&PLAY 的概念（类似“即插即用”的概念），任意蓝牙技术设备一旦搜寻到另一个蓝牙技术设备，马上就可以建立联系，而无需用户进行任何设置，可以解释成“即连即用”。在无线环境非常嘈杂的环境下，其优势更加明显。

蓝牙技术的另一大优势是它应用了全球统一的频率设定，这就消除了“国界”的障碍，而在蜂窝式移动电话领域，这个障碍已经困扰用户多年。

另外，ISM 频段是对所有无线电系统都开放的频段，因此使用其中的某个频段都会遇到不可预测的干扰源，例如某些家电、无绳电话、汽车房开门器、微波炉等，都可能是干扰源。为此，蓝牙技术特别设计了快速确认和跳频方案以确保链路稳定。跳频技术是把频带分成若干个跳频信道，在一次连接中，无线电收发器按一定的码序列不断地从一个信道跳到另一个信道，只有收发双方按这个规律通信，而其他的干扰源不可能按同样的规律进行干扰。跳频的瞬时带宽很窄，但通过扩展频谱技术可使这个窄带成倍地扩展成宽频带，使可能干扰的影响变得很小。与其他工作在相同频段的系统相比，蓝牙跳频更快，数据包更短，这使蓝牙技术系统比其他系统更稳定。

蓝牙技术目前主要以满足美国 FCC 要求为目标。对于在其他国家的应用，需要做一些适应性调整。蓝牙 1.0 规范已公布的主要技术指标和系统参数如表 6-4 所示。

蓝牙技术指标和系统参数 **表 6-4**

工作频段	ISM 频段：2.402～2.480GHz
双工方式	全双工，TDD 时分双工
业务类型	支持电路交换和分组交换业务
数据速率	1Mbit/s
非同步信道速率	非对称连接 721kbit/s、57.6kbit/s，对称连接：432.6kbit/s
同步信道速率	64kbit/s
功率	美国 FCC 要求小于 0dbm（1mW），其他国家可扩展为 100mW
跳频频率数	79 个频点/MHz
跳频速率	1600 次/s
工作模式	RARK/HOLD/SNIFF
数据连接方式	面向连接业务 SCO，无连接业务 ACL
纠错方式	1/3FEC，2/3FEC，ARQ
鉴权	采用反应逻辑算术
信道加密	采用 0 位、40 位、60 位加密字符
语音编码方式	连续可变斜率调制 CVSD
发射距离	一般可达 10m，增加功率情况下可达 100m

蓝牙支持点对点和一点对多点的通信。蓝牙最基本的网络组成是匹克网。匹克网实际上是一种个人区域网，这是一种以个人区域（即办公室区域）为应用环境的网络架构。需要指出的是，匹克网并不能够代替局域网，它只是用来代替或简化个人区域中的电缆连接。

匹克网由主设备单元和从设备单元构成。主设备单元负责提供时钟同步信号和跳频序列，而从设备单元一般是受控同步的设备单元，交接受主设备单元的控制。在同一匹克网中，所有设备单元均采用同一跳频序列。一个匹克网中一般只有一个主设备单元，而从设备单元目前最多可以有 7 个。

蓝牙协议模型主要包括：

(1) 物理层，即蓝牙无线接口层；

(2) 核心协议，基带（Baseband）协议、LMP、L2CAP、SDP 等；

(3) 电缆替代协议，RFCOMM；

(4) 电话传送控制协议，TCS 二进制、AT 命令集等。

由于蓝牙技术独立于不同的操作系统和通信协议之外，可以移植到许多应用领域，因而应用场合很普遍。蓝牙力求与不同的操作系统和通信协议有良好的接口，从而保证一定的兼容性。蓝牙技术适用于任何数据、图像、声音等短距离通信场合。目前所能看到的应用有：替换蜂窝电话和远端网络之间的通信时所用的有线电缆；提供新的多功能耳机，并可在 PC、蜂窝电话、随身听中共用；笔记本、PDA、蜂窝电话之间的名片数据交换等。

6.3.3 蓝牙协议体系结构

蓝牙特殊利益集团（SIG）开发的蓝牙规范 Version1.0，允许开发人员开发基于具有可互操作的无线模块和数据通信协议的交互式服务和应用。本节主要对该规范中的协议和它们各自的功能及其相互关系进行概括性描述。

蓝牙协议规范的目标是允许遵循远规范的应用能够进行相互操作。为了实现互操作，在远程设备上的对应应用程序必须以同一协议栈运行。下述协议列表就是一个支持业务卡片交换应用的协议栈（自上向下）实例：vCard→OBEX→RFCOMM→L2CAP→基带。该协议栈包括一个内部对象表示规则、vCard、无线传输协议和其他部分。不同应用可运行于不同协议栈。但是，每一协议栈都使用同一公共蓝牙数据链路和物理层。图 6－7 就是互操作应用支持的蓝牙应用模型之上的完整蓝牙协议栈。

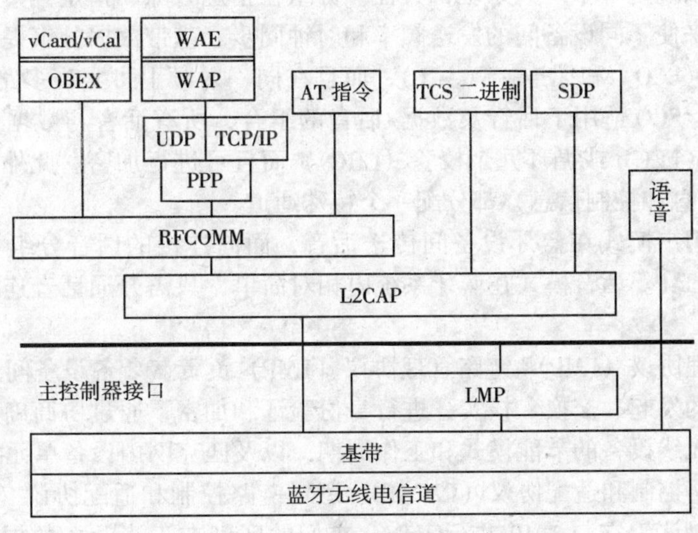

图 6－7 蓝牙协议栈

并不是所有应用程序都利用全部协议。相反，应用程序往往只利用协议栈中的某些部分。并且，协议栈中的某些附加垂直协议子集恰恰是用于支持主要应用的服务，比如说 TCS（语音控制规范）或 SDP（服务搜索协议）等。实际上，示意图 6－7 描述的是当需要无线传输数据有效载荷时，利用其他协议服务过程中的协议间关系。这些协议应具有与其他协议之间的关联。例如，一些协议（如 L2CAP、TCS 二进制）当需要控制链路管理器时，可以使用 LMP（链路管理器协议）。

如图 6-7 所示，整个蓝牙协议栈包括蓝牙指定协议（LMP 和 L2CAP）和非蓝牙指定协议（如对象交换协议 OBEX 和用户数据协议 UDP）。设计协议和协议栈的主要原则是尽可能利用现有的各种高层协议，保证现有协议与蓝牙技术的融合以及各种应用之间的互通性，充分利用兼容蓝牙技术规范的软硬件系统。蓝牙技术规范的开放性保证了设备制造商可自由地选用其专利协议或常用的公共协议，在蓝牙技术规范基础上开发新的应用。

1. 蓝牙体系结构中的协议

蓝牙体系结构中的协议可分为四层。

（1）核心协议：基带、LMP、L2CAP、SDP；

（2）电缆替代协议：RFCOMM；

（3）电话传送控制协议：TCS 二进制、AT 命令集；

（4）可选协议：PPP、UDP/TCP/IP、OBEX、WAP、vCard、vCal、IrMC、WAE。

除上述协议层外，规范还定义了主机控制器接口（HCI），它为基带控制器、链路管理器、硬件状态和控制寄存器提供命令接口。

蓝牙核心协议由 SIG 制定的蓝牙指定协议组成，绝大部分蓝牙设备需要核心协议（加上无线部分），而其他协议根据应用的需要而定。

2. 蓝牙核心协议

（1）基带协议。基带和链路控制层确保匹克网内各蓝牙设备之间由射频构成物理连接。蓝牙的射频系统是一个跳频系统，其任一分组在指定时隙、指定频率上发送，它使用查询和寻呼进程来使不同设备间的发送频率和时钟同步。基带数据分组提供两种物理连接方式：面向连接（SCO）和无连接（ACL），而且在同一射频上可实现多路数据传送。ACL 适用于数据分组，SCO 适用于话音及数据/话音的组合，所有话音与数据分组都附有不同级别的前向纠错（FEC）或循环冗余校验（CRC），而且可进行加密。此外，不同数据类型（包括连接管理信息和控制信息）都分配一个特殊通道。

可使用各种用户模式在蓝牙设备间传送话音，面向连接的话音分组只需经过基带传输，而不到达 L2CAP。话音模式在蓝牙系统内相对简单，只需开通话音连接，就可传送话音。

（2）链路管理协议（LMP）。链路管理协议（LMP）负责蓝牙各设备间连接的建立和设置。它通过连接的发起、交换、核实、进行身份验证和加密，通过协商确定基带数据分组大小；它还控制无线设备的节能模式和工作周期，以及匹克网内设备单元的连接状态。

（3）逻辑链路控制和适配协议（L2CAP）。逻辑链路控制和适配协议（L2CAP）是基带的上层协议，可以认为它与 LMP 并行工作。它们的区别在于当业务数据不经过 LMP 时，L2CAP 为上层提供服务。L2CAP 向上层提供面向连接的和无连接的数据服务时，采用了多路复用技术、分段和重组技术及组概念。L2CAP 允许高层协议以 64K 字节收发数据分组。虽然基带协议提供了 SCO 和 ACL 两种连接类型，但 L2CAP 只支持 ACL。

（4）服务搜索协议（SDP）。服务在蓝牙技术框架中起到至关重要的作用，它是所有用户模式的基础。使用 SDP，可以查询到设备信息和服务类型，从而在蓝牙设备间建立相应的连接。

3. 电缆替代协议

RFCOMM 是基于 ETSI 07.10 规范的串行仿真协议。“电缆替代”协议在蓝牙基带协议上仿真 RS232 控制和数据信号，为使用串行线传送机制的上层协议（如 OBEX）提供服务。

4. 电话控制协议

电话控制协议（TCS 二进制或 TCS BIN）是面向比特的协议。它定义了蓝牙设备间建立语音和数据呼叫的控制信令，定义了处理蓝牙 TCS 设备群的移动管理进程。基于 ITU－T Q.931 建议的 TCS 二进制被指定为蓝牙的二元电话控制协议规范。

另外，SIG 还根据 ITU－T V.250 建议和 GSM07.07 定义了控制多用户模式下移动电话和调制解调器和可用于传真业务的 AT 命令集。

5. 选用协议

(1) 点对点协议（PPP）。在蓝牙技术中，PPP 位于 RFCOMM 上层，完成点对点的连接。

(2) UDP/IP/TCP。UDP/IP/TCP 协议由 Internet 工作任务组（IETF）制定，广泛应用于互联网通信，在蓝牙设备中使用这些协议是为了与互联网相连接的设备进行通信。

(3) 对象交换协议（OBEX）。IrOBEX（简写为 OBEX）是由红外数据协会（IrDA）制定的会话层协议，它采用简单的和自发的方式交换对象。OBEX 是一种类似于 HTTP 的协议，这里假设传输层是可靠的，采用客户机/服务器模式，独立于传输机制和传输应用程序接口（API）。

(4) 电子名片交换格式（vCard）、电子日历及日程交换格式（vCal）都是开放性规范，它们都没有定义传输机制，而只是定义了数据传输模式。SIG 采用 vCard/vCal 规范，是为了进一步促进个人信息交换。

(5) 无线应用协议（WAP）。无线应用协议由无线应用协议论坛制定，它融合了各种广域无线网络技术，其目的是将互联网内容和电话债券的业务传送到数字蜂窝电话和其他无线终端上。选用 WAP 可以充分利用为无线应用环境（WAE）开发的高层应用软件。

6.3.4 蓝牙技术的应用

蓝牙技术把各种便携式计算机设备与蜂窝移动电话用无线链路连接起来，使计算机与通信更加密切结合起来，使人们能随时随地进行数据信息的交换与传输。因此蓝牙技术虽然出现不久，但已受到许多行业的关注。据国际开发中心（IDC）预测，到 2004 年，蓝牙在美国将被嵌入到 102 万台设备内，在全世界将被嵌入到 449 万台设备内；到 2006 年，其市场规模将达到 7 亿美元。在智能建筑领域，蓝牙技术有着非常广阔的应用范围。

1. 蓝牙技术应用概述

蓝牙技术典型的应用包括如下几方面。

(1) 手机与计算机相连。目前手机多数通过 IrDA 红外线或 RS232 串行口与计算机相连，蓝牙技术可以取而代之，不仅方便，而且资料传送的速度更快（有些情况下 IrDA 的速度更快些），也许将来手机下部的连接器也会消失，或是变得更简单。

(2) 可作无绳电话使用。内置蓝牙芯片的手机，在家里可以当作无绳电话使用，不用双向收费，节省手机费用。当然离开子层一段距离后便会自动切换至无线网络基站上。

(3) 数据共享，办公更方便。无论是手机、计算机、PDA、打印机、或是数码相机、MP3 播放器、D 播放器等都可以利用蓝牙技术互传语音、文字、图像、文件等。蜘蛛网式的会议室将不复存在，白板纪录仪、摄影机等都可以利用蓝牙技术来简化操作。

(4) Internet 接入。内置蓝牙芯片的笔记本型计算机或手机等，不仅可以使用 PSTN（公用电话交换网）、ISDN、LAN、xDSL（如 ADSL）等接入，而且可以使用蜂窝式移动网络进行高速连接。

(5) 无线免提。笔记本电脑具有话筒和喇叭，用蓝牙技术连接将来的手机（也许是宽带网），可使多人视频会议更为容易。免提手机也不再是汽车独有。

(6) 同步资料。无论在办公室或家里，你的 Note Book、手机或是 PDA 可通过蓝牙产品及相应程序，与其他设备同步，内部信息永保最新。当然 E-mail 也可以实时接收并同步输入计算机，而且 E-mail 可以在飞机上完成，下机后自动发出。

(7) 影像传递。这有点类似 NODIA9110 的影像传输方式，但更加简单。带有蓝牙功能的数码相机在拍摄完成后，影像传至手机后可直接送至世界任何一个角落。当然也可以直接将影像送入打印机，即拍即现。

(8) 蓝牙技术还可应用于键盘、鼠标、家庭网络、高速无线内部网络、电子名片等方面。

2. 几个蓝牙应用系统

以下分别在 5 个方面讨论蓝牙技术的应用系统。

(1) 各种电话系统。蓝牙技术作为产品将会首先应用于数字手机、家庭及办公室电话、小型 PBX 等电话系统中，实现真正意义上的个人通信。这样，从消费者的角度来讲既方便又节约，相当于手机既连接着蜂房系统，又连接着 PSTN、办公室电话系统、局域网及 Internet，使用手机但可享受合理的通信开支。目前，国际上各大手机制造商都在加紧开发蓝牙手机，无绳电话和有线电话的制造商也感受到蓝牙带来的挑战和机遇，竞相研发带有蓝牙的新产品，这些都将推动蓝牙技术迅速发展。

尽管有线电话仍具有不可替代的作用，然而采用无线技术进行通信的手机带给人们的极大便利，是前者远远所不能及的。采用蓝牙技术组成的个人网络如图 6-8 所示。

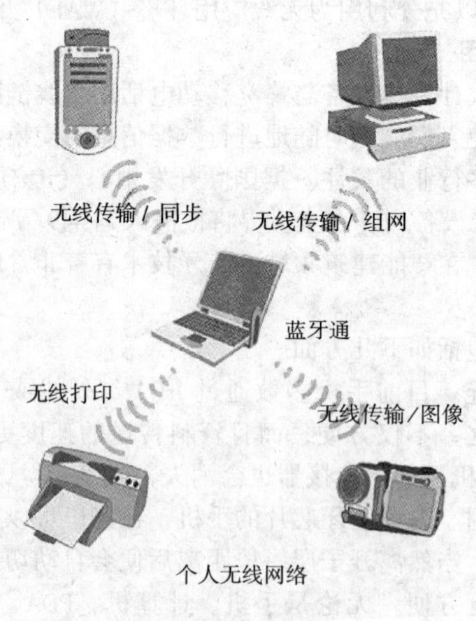

图 6-8 个人无线网络

在笔记本电脑上，安装上 USB 接口的蓝牙适配器，便能够与支持蓝牙技术的设备如 PDA、手机、打印机和 PC 机等组成一个个人网络。蓝牙适配器在 PC 上的安装过程很简单，用蓝牙适配器附带的安装光盘，将蓝牙驱动程序和“蓝牙邻居”、“PC Control”等应用软件安装到机器上，然后将蓝牙适配器插入任意一个 USB 插槽。重新启动后，“蓝牙配置”图标出现在屏幕右下角的任务栏中，在其上右击后会出现相关菜单选项。其中选择“浏览”后会弹出资源管理器下的“蓝牙邻居”；选择“设置”→“配置”后可对 PC 的蓝牙特性进行相应调整；然后选择“服务”下的一系列子选项，则进入蓝牙应用的关键，可以分别进行拨号、文件传输、信息同步等应用的设置。相应设置完成后，就完成了笔记本电脑与手机的连接。

PC 除了可以将手机当做无线 Modem 上网以外，还能利用自身更方便的键盘输入方式，帮助手机管理电话本和短信等信息；更有趣的是，还可以利用手机，反过来达到遥控 PC 的目的。用户在使用手机写短信、管理电话簿时，经常会抱怨手机小键盘带来的不便。在手机与 PC 连接后，就可以利用 PC 的全尺寸大键盘，像使用 PC 进行录入一样在手机上录入文字了。此外，还可以通过软件，利用电脑发送手机短信。通过借用电脑的全尺寸键盘、灵活的鼠标以及宽阔的屏幕界面，使得手机电话簿内容的修改、添加、删除等常见的编辑操作方便、高效而直观。享受到这些便利的关键，首先应归功于方便的蓝牙连接。

上面介绍的应用实例中，PC 是主人，手机却充当了一个仆人的角色。反过来，也可以通过手机来遥控 PC。在蓝牙适配器中，捆绑了一款遥控软件“PC Control”，通过它，既可以将手机当做一个无线鼠标，也可以用它来点播电脑上的 MP3 歌曲。由于手机单调的按键、窄小的屏幕和简单的界面，不能指望它完成复杂的操控，但是凭借蓝牙连接的无线特性，可以对电脑上的有些应用程序进行很好的遥控。除了上面举例的无线点播歌曲以外，通过蓝牙连接对手机附加的无线鼠标功能，在 PowerPoint 等投影演示中非常实用。

(2) 无线电缆。无论是实验室、办公室还是家庭，计算机及其外设的应用越来越普及，它们之间的通信传统上必然要通过网线，这给使用带来很大的不便。蓝牙基于无线电缆的概念，使这类信息传输设备除电源线外再无其他连线，甚至包括键盘、鼠标等也采用无线传输。蓝牙系统企图建立一个全无线的工作环境和生活环境。这样很适合于频繁搬家的小公司使用。

(3) 无线公文包。以便携式计算机和掌上计算机为代表，采用无线方式和其他设备或网络相连接，使人们拥有一个可流动的办公室。蓝牙标准已制定了和计算机以及与 Internet、PSTN、ISDN（Integrated Services Digital Network）、LAN、WAN、xDSL（x Digital Subscriber Loop）等网路的接口协议，其目标是用单一的蓝牙标准来建立起和众多国际标准的连接。目前它用 1Mbit/s 的速率已完全可以胜任这些工作，将来根据 IEEE 802.15 的发展计划，可以将速率提高到 20Mbit/s 以上。

目前通过 GPRS 上网是一种很流行的无线上网方式，实现方式除了在 PC 内安置 GPRS 模块外，也可以通过连接具有 GPRS 的手机，利用手机的 GPRS 功能上网。笔记本电脑和具有蓝牙功能的手机通过蓝牙连接后，开启手机的蓝牙功能，并设置为可接收状态；然后在手机端搜索新的蓝牙设备，发现蓝牙笔记本电脑后相互进行配对，配对成功后二者就进行了绑定，还可以保证一定的安全性。在笔记本电脑系统启动“蓝牙配置”→“服务”→“连接向导”，会弹出“添加蓝牙连接”对话框，其中选择“拨号网络”服务和蓝牙手机名称如“T39”，连续点击两次“下一步”，便会在“蓝牙邻居”下出现“T39 Dial－up Networking”图标。双击该图标，“用户名”和“密码”留空，“拨号”输入“＊98＊2＃”（具体号码可咨询当地电信运营商），便完成二者的无线拨号设置。点击“拨号”按钮，几秒内即可接入 GPRS 网。接下来，可以通过笔记本电脑展开无拘无束的网上冲浪：浏览网页、收发邮件、IM 聊天、下载文件等。

笔记本电脑与手机之间通过蓝牙无线相连，而手机又通过无线方式接入覆盖范围广阔的 GPRS 网（Internet），这种无线公文包结构如图 6－9 所示。这种双重无线连接极大地拓展了其应用价值——既摆脱了有线 Modem 将应用环境仅仅固定在室内的局限性（可以让您在旅途或宾馆中，实现真正的移动上网），又实现了笔记本电脑与手机在连接状态时的最大自由（上网过程中，既不需要一根数据线将手机“拴”在笔记本电脑上，也不需要将二者的红外窗口严格对准，反而可以将手机随意挂在腰间或放在行包中）。GPRS 上网，可以做到上网、接收来电两不误，表现出相比于普通情况下有线拨号上网的优点；但目前当有来电时，上网自动挂起，待电话接听完毕后才恢复，使其优势打了点折扣。当前的电信运营商基本上能保证其 GPRS 服务提供稳定的速率和接通率，并且信号覆盖范围越来越广，基本上涉及了全国所有的大中型城市。

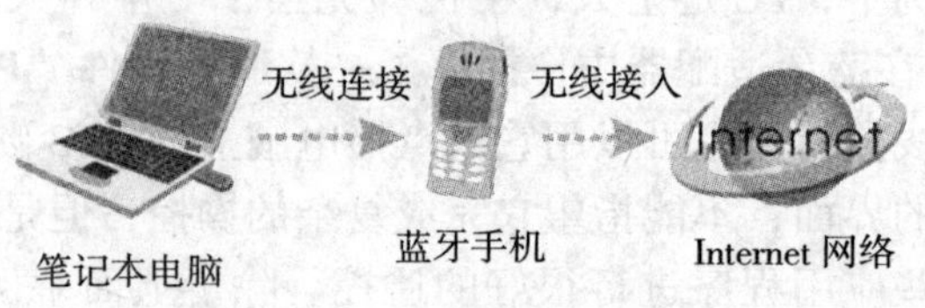

图 6－9　无线公文包结构

（4）各类数字电子设备蓝牙化。数字照相机、数字摄像机等设备装上蓝牙系统，既可免去使用电缆的不便，又可不受内存溢出的困扰，随时随地可将所摄图片或影像通过同样装上蓝牙系统的手机或其他设备传回指定的计算机中。PDA（Personal Digital Assistant）装上蓝牙系统后，采用无线方式收、发 E-mail 甚至浏览网页将更为方便。蓝牙的硬件电路可以做到微型化，非常合适在耳机（Headset）上应用。装上蓝牙系统的 Headset 可以使它和手机进行无线连接，也可以使人在小范围内自由走动地打电话、收听音乐，在较大的范围内召开电话会议。

微型化、低功耗和低成本的特性给蓝牙系统在人们日常生活中的应用开拓了近乎无限的空间。例如，蓝牙构成的无线电电子锁比其他非接触式电子锁或 IC 锁具有更高的安全性和适用性，各种无线电遥控器（特别是汽车防盗和遥控）比红外线遥控器的功能更强大，在餐馆酒楼用膳时菜单的双向无线传输或招呼服务员提供指定的服务（如添茶、加某种饮料）将更为方便等。

（5）智能家居组网。在智能建筑快速发展的今天，蓝牙技术渴望用于家庭控制网络中发挥其他技术无法比拟的作用。尤其是在旧楼改造项目，这是一个非常广阔的市场。在智能化社区中，家居组网是家居智能化的重要技术。蓝牙技术的出现使得各种家电设备（包括笔记本电脑、电话机、电视机、电冰箱、微波炉、报警设施等）连接家居智能控制器

（或家庭网关）构成一个家居无线网络变得很容易。这些家电设备可以通过家居智能控制器（或家庭网关）连接外部网络或通信线路。例如利用蓝牙技术作出来的传感器可以随时监视家庭中冰箱的存量变化，从而随时反映出用户所需要的物品，如果在连接到 Internet 上的话，可以实现网上购物。

总之，蓝牙技术在电信业、计算机业、家电业和智能建筑业中有着极其广阔和诱人的应用前景，它也将对未来的无线移动数据通信业务产生巨大的推动作用。蓝牙技术会有突飞猛进的发展。但是，它仍然有大量的应用技术细节问题需要解决，仍然是一项发展中的技术。例如，为了防止语音和数据信息误传或被截收，用户必须事先为自己应用的各种设备设定某个共同的频率，即不同的用户有不同的频率，这样才能保证无线连接时不发生误传或被滥用。

3. 应用蓝牙技术的注意事宜

在蓝牙技术的应用过程中应注意以下几点。

(1) 应当与具有系统级经验，并能与提供应用帮助和开发工具的供应商合作；

(2) 充分考虑可选择的蓝牙芯片、模块以及外部设计资源，根据设计要求进行选择；

(3) 根据应用所需的数据传输率、距离和相互操作要求，选择适当的连接模式；

(4) 考虑应用软件对不同模式进行管理时对电源功耗的要求和影响；

(5) 注意蓝牙技术的最新进展，避免盲目性。

第7章 智能建筑系统集成技术

7.1 我国智能建筑中系统集成的现状

1996~1997年智能建筑专家们曾对我国的部分地区智能建筑的现状进行了调查，调查表明，当时我国智能建筑的水平比较低下，绝大部分智能大厦中3A系统配置不全，只有极个别智能大厦具有较全的配置，由于系统集成的概念刚刚推出，尚未被人所接受，所以建智能大厦基本上是各个子系统分离运转。

1997年上海博物馆建成基于楼宇自控系统（BAS）的BMS系统，由于控制精度高，节能效果好。建设部科技委智能建筑技术开发推广中心于1997年5月12日~13日在上海主持召开了“上海博物馆智能建筑系统技术评审委员会”，对其系统集成技术和实践经验给予了充分肯定。

继而我国又建成的不少的智能大厦均已开通，由于种种原因均未采用中央集成管理的方案而采用了部分子系统集成的方案。

住宅小区智能化系统集成的初期，是简单地将各种应用系统进行叠加，各应用子系统之间的信息沟通，必须通过管理员的操作才能进行。由于对应用系统的开放性和兼容性没有特别的要求，以这种方式进行的系统集成难度不大，集成度较低，但对管理员能力的要求却较高，因为熟练操作各种应用系统并将各种信息在诸多应用系统中进行相互传递需要相当高的技能。

1997年以后，系统集成的概念逐渐被业主及承包商所接受，1998年后完成的外交部大楼采用了基于BAS的BMS系统的方案。目前正在建设的一些智能大楼中，业主往往提出了智能化系统的综合管理系统的集成要求。

7.2 正确认识“系统集成”

目前对智能建筑系统集成的认识有两种不同的倾向。

一种倾向是“炒的过热’，认为只要是智能建筑就必须进行一体化集成，反之如果不进行一体化集成就不能叫做智能建筑。把英文中“Integrate System”翻译成中文的“一体化集成”，在实际上起到了一种误导的作用。

另一种倾向认为IBMS没有必要，只要能做到BMS就是系统集成了。

因此，目前有关“系统集成”成了智能建筑的讨论“热点”。对于以上的两种提法我们都不能同意，我们认为每一个智能化系统都应该有一个综合管理系统，以便于进行系统的管理或远程管理。

我们认为“系统集成”是智能建筑中一项重要的技术，是手段，而不是目的，更不是一个子系统。在设计综合管理系统时仍然应体现“以人为本”的指导思想，要体现个性化。

7.3 智能建筑系统集成的必要性

7.3.1 “系统集成”是智能建筑中重要的技术

目前世界上技术比较发达的国家都在发展系统集成的技术。例如，欧洲智能建筑团体（EIBG – European Intelligent Building Group）他们提出“集成系统”的理念，以及完整的解决方案。他们认为，每一个智能建筑必须有集成系统，而且认为系统集成一定是可以节省资金的。又如，韩国三星 SDS 公司按照其独有的方法论 INNOVATOR 开发了不同的四种产品，在设备与能源管理方面、物业管理和智能楼宇系统等方面，实现了一个整体解决方案。虽然技术难度大，投资大，但运行效果很好。从技术发展趋势来看，专家们共同认识到系统集成是智能建筑的发展方向。

在我国，随着人员成本的不断增加，管理内容和管理要求的不断扩大和提高，希望以统一的操作界面来管理各种应用系统，以神经元方式有机地结合各应用系统，从而形成反应快速、精确的管理机制，以便达到更高的系统性能，同时降低对管理人员操作能力的要求。于是以软件为主的系统集成应运而生，这种系统集成就是将各种应用系统的信息在一个软件平台上进行统一的处理和管理。并能在各应用系统间传递、共享相关的信息资源。这种模式要求各应用子系统输出和输入的信息格式有统一的约定，即要求各应用系统有一个开放的界面或标准的接口，以保证软件系统对各种信息的统一处理。这种模式的系统集成对应用系统的开放性要求较高，相对其集成的软件成本也较高。

7.3.2 系统集成是高效物业管理的客观需求，可以提高工作效率，降低运行成本

众所周知，在智能大厦中一般都有楼宇设备自动化系统，消防报警系统，安全防盗系统，以及其他子系统。如果没有集成都要设置自己的控制室，每个控制室都有值班人员，造成值班人员大量重复，管理效率低下，人力和物力的大量浪费。系统集成可以把建筑物内各个子系统采用同一操作系统的计算机平台用统一的监控和管理的界面环境，在同一监控室内进行监视，控制操作，减少管理人员的人数，提高管理效率，同时降低了对管理者素质的要求，降低了人员培训的费用，加强了事件综合控制能力，使物业管理现代化。

统一的软件操作平台界面和数据接口结合，形成高开放性和高兼容度的硬件传输平台，将现有的各种应用系统进行统一的接入和控制，则总体的硬件成本和软件成本将会降至最低，其开放性、可靠性、可扩展性将会最优，而功能单一的信号采集和控制终端的可靠性高和可扩展性强，且成本也最低。将各应用子系统汇聚在一个中央平台上，解决了因多个系统、多种平台带来的施工管理及应用管理的诸多不便，使整个系统纳入一个有序的、规范的、可靠的集成管理平台上，可减少小区建设中重复布线的状况，降低施工成本，减少管理人员，为系统的运行、维护等带来方便。同时，也可以降低运行成本。

据统计，集成管理系统能达到以下效果：

（1）节约人员 20% ~ 30%；

（2）节省维护费 10% ~ 30%；

（3）提高工作效率 20% ~ 30%；

（4）节约培训费 20% ~ 30%。

集成系统在应急状态或其他涉及整体协调运作时，为管理者提供统一指挥和协调能力，从而更加有利人身安全及设备安全。

综合管理系统提高了智能建筑的智慧程度，他像一个非常理智的人，能聪明地应付一些突发的事件。那么，综合管理系统通过软件编程和功能模块设计，智能建筑中央集成管理软件提供弱电系统整体的联动逻辑，从而提高了全局事件的控制能力，以保证人身及设备安全。

例如：发生火灾时的联动：假设消防系统设有联动设备，当火灾报警发生时，除了消防系统需要对发生地点进行自动灭火外，火灾探测器向主机发出报警信息并联动其他系统和设备，其联动过程如下：

→IBMS 主服务器→BAS 主机→送排风→电视监控主机→门禁主机→紧急广播主机→电梯群控主机→空调

电视监控系统使火灾附近摄像机对火源进行实时监测。紧急广播系统通知人员疏散。门禁主机接到 BAS 主机控制信号后开启门禁系统管制通道。

BAS 系统将空调及排风、送排风机关闭，开启正压及防排烟系统。

又如：非工作时间有人持卡进入或非法侵入时的联动，门禁主机发出报警信息。

→IBMS 主服务器→BAS 主机→照明系统→电视监控主机→电梯群控系统→紧急广播

电视监控系统将附近摄像机对准报警点。开启照明系统对准报警区域开启紧急广播系统向保安中心及 110 电话报警。关闭相应电梯。

7.3.3 开放的数据结构有利于共享信息资源

集成管理系统的建立提供了一个开放的平台，采集、传输各子系统的数据，建立统一的开放的数据库，使信息系统根据功能的需要自由的选择所需要的数据，充分发挥其强大的功能，提高这些信息的利用率，发挥增值服务的功能。

7.3.4 系统集成是智能建筑系统工程建设的需要

智能建筑不是各种产品和子系统的堆集，而是利用系统工程方法和系统工程技术使各厂家产品充分发挥他们的功能，集成一个具有高效服务，便于管理和使用的应用系统，充分发挥综合应用的优势。有利于工程建设和工程总承包，减少了工程的承包面，便于工程实施和施工管理，有利于提高工程质量，保证工程进度，降低工程管理费用。由于减少了工程承包面，所以可以有效解决各子系统之间的界面协调，有利于系统正常开通。

7.4 系统集成的内涵

系统集成其含义极为广泛。这里“集成”是指“综合”、“组合”、“结合”。“系统”是指实现某种目标而形成的一组元素。“系统集成”是指为实现某种目标而将这组元素有机组合（或结合，综合）。如计算机应用系统的组建称为计算机系统集成。

目前系统集成尚无权威定义，一般理解为把涉及不同领域，不同技术领域的综合性项目中的各个分系统、子系统有机的结合和组织起来，形成一个完整的系统或为整体工程提供一个综合管理系统的解决方案。

在智能建筑中所谓的系统集成实际上是指“智能建筑综合管理系统”或“住宅社区综合管理系统”。

因此智能大厦的系统集成是将智能大厦中从属于不同技术领域的电话通讯、数据通讯、综合布线、计算机网络、楼宇自控、消防保安、电视系统等所有分离的设备、功能、信息有机的结合成为实现通讯自动化、办公自动化、楼宇控制自动化，并能实现信息综合管理的一个相互关联，统一协调的整体，并将所有的硬件平台、软件平台、网络平台、数据库平台组合成为一个满足用户功能需要的完整的系统，提供和完成各子系统之间的连接和集成。

数字化住宅社区的系统集成是指在一个住宅社区内将住户的各种信息（包括语音、数据和图像等信息）、物业管理公司的服务信息、社区内各种设备的信息及整个社区与外界互通的信息，按管理者的要求，在一个硬件架构上由一个系统软件在同一个数据库进行统一的管理。

如果给系统集成下一个简单的定义即：将智能大厦或数字化住宅社区中分离的设备、功能、信息借助于计算机网络和综合布线集成到一个相互关联的统一的协调的系统之中，这个系统称为综合管理系统，以实现信息、资源、任务共享。

综合管理系统构筑起数字化社区完整的中枢和神经系统，通过中枢和神经系统的协调和管理，可以再生许多新功能，从而优化数字化的整体运作，降低运行和管理费用，为用户提供一个舒适、方便的工作和生活环境。

综合管理系统实现监控、管理一体化，使物业管理人员可以获取的能量耗费数量和客户对使用的情况及收费约定，通过网络向使用者收取费用；物业的管理人员也可以利用集成系统获取控制系统设备运行时间，根据物业管理系统中记录的设备资料，制定设备的维修保养计划，以降低设备故障率。

集成系统的实现，使各系统之间的信息实现共享，从而实现用户办公效率提高。

集成系统采用集成的思想和开放的技术，保证用户可以根据自已的需求和能力规划自已的数字化系统，并保障根据用户需求的变化，系统方便地实现功能扩展。鉴于智能化系统用户的特点，系统集成的产品多采用浏览器页面，方便系统维护和使用，同时也使用户通过远程办公和监控、维护系统的愿望得以实现。

系统集成以人为本，系统根据用户的不同，向用户提供不同表现页面和功能，实现个性化服务。

7.5 系统集成技术与控制网络（综合管理系统的实施方案）

建立综合管理系统工作的关键是软件工作，其中包括选择可靠稳定的系统软件，开发中间软件和应用软件，这有很大的工作量。（这部分内容在本章中不展开。）但是，建立综合管理系统工作的难点是硬件接口的不标准，而需要开发各种不同的网关，这是一件复杂的工作。以下，我们就这部分内容进行论述。

从目前国内数字化住宅社区系统集成的经验来看，社区的各应用子系统的信息采集终端设备，不管是国产还是进口的产品，其技术水平和质量指标相差不大，设备的优劣差异主要体现在设备的外观造型设计和集成度上。信息采集之后的传输和控制方式的差异，直接导致系统设计、工程实施及设备安装调试方式的不同，而且系统的价格相差很大。

很多应用系统方案采用总线或网络的方式，但缺少和应用层之间的连接层。由于没有统一的接口约定或协议，各应用系统的开发只能自成体系，因此，目前数字住宅社区的系统集成尚停留在一个比较低的水平。要提高系统集成度，应把重点放在对应用层和管理层之间通道的集成上，也可以说重点是在控制层和管理层之间。只有实现在最少的物理通道上传输尽可能多的信息，才能体现系统集成的意义。在已有的网络上尽可能多地传输各种信息是性能价格比最优的方案，将成为系统集成的发展趋势。

按传统的方式，从网络的架构来看，网络可以分为三层，即广域网（Internet），局域网通常也称为企业网（Intranet）及控制网（Infrenet）。近几年来，从实践中人们已经认可，广域网采用 Internet，局域网采用以太网。这是由于以太网近年来网络速度提升很快，而性价比又好。因此 TCP/IP 已经成为人们公认的网络协议标准，更重要的是，TCP/IP 协议使得广域网与局域网实现了无缝连接。因此，业内人士认识到，实现系统集成主要是解决控制网与信息网络的互联互融。于是，几种标准的控制网产品都向着 IP 方向发展，以便满足越来越多的远程监控和远程管理的需求。

下面我们将简单介绍几种常用的控制网络以及实现综合管理系统的模式。

7.5.1 LonWorks 技术

LonWorks 网络是一种开发式的具有互操作性全分布式控制网络，LonWorks 技术提倡将神经元芯片嵌入到传感器或执行器中，而 LonWorks 网络可以提供端到端服务，因此笔者认为 LonWorks 网络特别适合设备非常分散的控制环境，LonWorks 技术支持多种介质在同一个网络中工作，尤其是支持电力线传输，特别适合于住宅社区中使用。近年来美国 ECHELON 公司又推出了 LonWorks/IP 的新产品，i.LON 系列产品，以实现 LonWorks 网络与 TCP/IP 协议的无缝连接。图 7－1 中表示了采用 LonWorks 控制网络技术构成的系统集成的示意图。

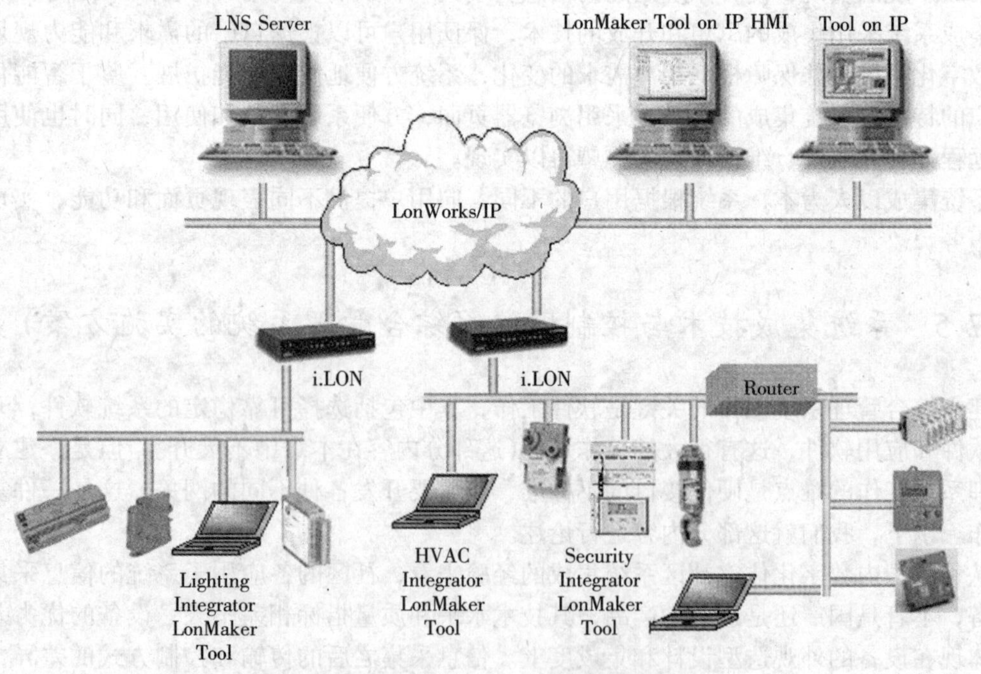

图 7－1　采用 LonWorks 技术的系统集成示意图

LonWorks 技术的发展可以说经历了三个阶段。

第一代的 LonWorks 产品主要是 LonBuilder 开发系统，双绞线收发器，LPT - 10 接口卡，LonManager 网络测试软件等。主要用于子站的监控系统，没有开发性和互操作性，主要的优点是节省现场的布线。

第二代的 LonWorks 产品 FTT 带变压器隔离的双绞线收发器，PLT - 21 电力线收发器，LNS 操作系统/LonMeker For Windows 网络组态软件，MIP 单片机与 Nueron Chip 的接口软件，NonBuilder 单节点开发设备。在这一时期，成立了 LonMark 国际互操作性协会，使 LonWorks 技术真正实现了互操作性。第二代产品在楼宇控制行业中发展很快，占了 80‰的市场。

第三代的产品主要是对第二代产品的改进与升级。进一步发展了电力线的传输的应用。尤其，推出了 i.LON 路由器，发展了 LonWorks/IP，使 LonWorks 技术可实现远程控制和远程管理，大大拓展了市场。以下具体介绍第三代产品的新发展。

作为该技术的发明厂商，美国 Echelon 公司提供的硬件和软件产品使 OEM 生产厂商和集成商制作生产了智能设备和系统，使他们降低成本，增加实用性，提高服务和增加生产率、提高质量和安全性。经过了几年的努力 Echelon 公司终于将这一技术和产品推向了第三代。第三代的 LonWorks 技术充分利用互联网的基础结构将一个局部的现场设备控制网络变成是一个广域网或局域网的信息技术应用的一部分，提供一个端到端的应用方案。在这一个端到端的架构上使各种增值服务相继产生，比如，连锁便利店的统一管理。通常，这些小的便利店有节能和防盗方面的应用需求，并且这些店的数目庞大，遍及城市的大街小巷。通过将这些小店的控制网络联上互联网，公司总部便可以及时获取有关信息资料。还有电力系统的变电站，电话局机站的远程监控，大厦物业管理等方面的工作都可应用这种新的技术。第三代的 LonWorks 技术应用结构如下：

在这个应用系统结构中，LonWorks 技术嵌入了现场设备中，使设备与设备之间保持对等的、平坦地通讯结构。同时，这些控制网络又通过各种互联网的连接设备，比如 LonWorks/IP 路由器、网关、Web 服务器以及 SOAP/XML 接口将控制网的信息通过互连网接入某个数据中心或远营商主持的企业数据库。通过 LNS 控制网络操作系统建立上层的企业解决方案，同时与信息技术的应用相结合，比如，与 ERP 和 CRM 等应用相结合。正因为有了这样一个基础架构，一些服务供应商便可利用这一平台向最终用户提供各种增值服务。

综上所述，我们可以说采用 LonWorks 技术是一种实现数据共享，达到系统集成的好方法。有关 LonWorks 技术的其他内容，在本书的其他章节已有详细论述，这里不再赘述。

7.5.2 BACnet 协议

BACnet 协议是美国暖通空调工程师协会定义的“楼宇自动控制网络数据通信协议”。他们的初衷是将各个厂家的暖通空调设备实现互操作性。最近，BACnet 协议的产品新推出 BACnet/IP 的产品，以实现 BACnet 与 TCP/IP 协议的无缝连接。这也是一种系统集成的方法，但多用于智能大厦的楼宇自控系统。

1. BACnet 应用背景

楼宇自动化系统（BAS，Building Automation System）出现于 20 世纪 70 年代末期。由于各个生产厂家开发的都是自己专有的通信协议（Proprietary Communication Protocols)，因此，不同厂家控制设备之间的通信需要“网关”（Gateways）来解决；这使得应用工程师和用户在同一个 BAS 系统中选用不同厂家的产品变得非常复杂和昂贵，应用工程师、用户的选择范围和灵活性受到很大限制，甚至被“锁”在一个供应商的产品上，最终是用户的系统性能和投资效益受到损失。

社会需求推动着技术向前发展。人们期待着开放的，统一的通信协议，亦即不同厂家的产品能够采用共同的“语言”和“语法”轻松地进行“交谈”。最终的目标则是希望形成一个“即插即用”（plug-play）的环境，使得BAS系统可以容易地进行组态和变更。

国际标准化组织（ISO，International Organization For Standardization）于1984年公布了“开放系统互连模型”（OSI，Open Systems Interconnection model），是推进通信协议标准化的重要一步。

BACnet（Building Automation and Control Network）标准以ISO/OSI模型为基础，朝着使不同厂家产品能够通信而无需中间网关的方向努力。

2. BACnet的基本思路

BACnet标准的目的是：为计算机控制暖通空调和制冷系统及其他楼宇系统规定通讯服务和协议，从而使不同厂家的产品可以在同一个系统内协调工作。

为了达到这个目的，BACnet标准的制定者采用了与LonTalk协议不同的思路和实现途径：统一和灵活兼顾。LonTalk协议对ISO/OSI模型的全部七层都作了规定，而BACnet标准仅对ISO/OSI模型中，BA系统应用最多的四层作了规定，即物理层、数据连接层，网络层和应用层。对中间的四、五、六层未作规定，从而保证了协议的灵活性。各楼宇自动化厂商在不破坏标准基本结构的前提下可增加其专有功能。例如，BACnet在以下方面未作具体规定：

（1）每个设备除最低要求外还应具备怎样的BACnet功能；

（2）某一设备的何种功能可使其他设备对其访问；

（3）应用程序接口（APIS）；

（4）在某一设备内的数据表示；

（5）设备平台（如：操作系统和特定硬件接口）。

BACnet标准对BACnet设备必须具备什么功能可被网络访问未作规定，因此可以创建一个设备并保护其设计的专有部分。比如你首创了一种温度控制算法，你的BACnet温度控制设备允许其他BACnet设备利用你的控制算法设定温度，但温度控制算法可以是不公开的。又如，BACnet标准未规定应用程序接口（APIS），于是建立BACnet软件库上就有更大的自由度。

其次，在BACnet标准作了规定的四层中，物理层和数据连接层又采纳了五种标准或协议，它们大多是应用范围广泛的行业标准或国家标准（详见本文“五种有关通信协议要点”）。

BACnet标准为设备设计师在选择设备具有多少BACnet特性方面也提供了灵活性，BACnet标准为此规定了六个级别。一级最低，六级最高，完成的应用服务最多（详见本文“BACnet的具体规定”）。一个控制系统和各组成部分因复杂程度不同，从而具有不同的功能，并不需要所有设备都具有BACnet标准规定的全部功能。例如，美国ALC公司生产的BACnet/ALC系统的符合等级为三级。

最后要说明的是，BACnet与常用的网络协议（TCP/IP协议）有很大区别，它侧重于监控设备之间的通讯数据结构。而Ethernet的TCP/IP协议则强调网络设备间的数据传输。

两者差别表明 Ethernet 和 TCP/IP 对于 BACnet 是非竞争性的协议；事实上，Ethernet 和 TCP/IP 可以在 BACnet 设备之间传送 BACnet 信息。

综上所述，BACnet 标准采用统一和灵活相结合的思路。这在目前仍是专有协议占主导地位的情况下，尤其具有实践意义。它为实现不同厂家产品的互操作提供了一个可行的途径。

3. 简介 BACnet 的具体规定

ISO 模型中的应用层是用来规定一种步骤，使得软件应用可以访问下层的网络服务。BACnet 标准在应用层的具体规定体现在下述三方面内容：

（1）BACnet 的对象（Objects）；

（2）BACnet 的服务（Services）；

（3）BACnet 的功能组（Functional Groups）。

“对象”是用来规定一种数据结构，这个结构既有数据的存储，也包括在这个对象内处理和记录数据的一系列过程。BACnet 具有以下 13 类对象：

（1）模拟量和数字量的输入和输出；

（2）模拟量和数字量的值；

（3）日历；

（4）命令；

（5）设备；

（6）事件注册；

（7）文件；

（8）组；

（9）循环；

（10）多重输入和输出；

（11）通知级别；

（12）程序；

（13）时间表。

因此，对象是用一种统一的方式来表达某些功能。每个对象具有一系列特性，例如“模拟量的输入”这个 BACnet 对象，具有当前值、传感器类型、发生地点、报警极限等一系列的标准特性。详细规定见表 7－1。

“服务”即使用和提供者之间的相互作用，BACnet 规定了 5 种服务：

（1）报警和事件的服务。

①数值的改变（COV）；

②内在的（含有报警的对象）；

③算法的改变。

（2）文件访问服务——用来在 BACnet 设备内处理文件。

（3）对象访问服务——用来处理 BACnet 对象/点的特性。

（4）远程设备管理服务——用于管理 BACnet 节点，询问设备所含内容。

（5）虚拟终端服务——建立与另一个 BACnet 设备的应用程序服务器的联系，目的在于交换数据。

一个模拟量输入对象所包含的特性　　表 7-1

Update interval	10s
Min. Present Val.	0.00
Max. Present Val.	120.00
Resolution	0.50
COV increment	2.00
Time Delay	15s
Notification Class	5
High Limit	84.00
Low Limit	60.00
Deadband	1.00
Limit Enable	HighLimit = T，LowLimit = T
Event Enable	ToOffnormal = T，ToFault = T，ToNomal = T
Acked Transitions	ToOffnormal = T，ToFault = T，ToNomal = T
Notify Type	EVENT

“功能组”是应用服务和标准对象类型的组合体，用于支持某一楼宇自控功能的通讯要求，BACnet 规定了 13 个功能组：

（1）时钟；
（2）手持工作站；
（3）PC 工作站；
（4）事件初始化；
（5）事件应答；
（6）COV 事件初始化；
（7）COV 事件应答；
（8）文件；
（9）重新初始化；
（10）虚拟操作界面；
（11）虚拟终端；
（12）设备通信；
（13）时间管理。

一个控制系统的各个组成部分具有各自不同的功能，这些功能的复杂程度不同，所以并不需要所有设备都具有 BACnet 规定的全部功能。BACnet 标准为此规定了 6 个级别：

级别	应用服务	举例
第 1 级	读特性（Read Property）	智能型传感器、操作工作站
第 2 级	写特性（Write Property）	智能型执行器、操作工作站
第 3 级	我—是（I-Am）	
	我—有（I-Have）	

	多重读特性（Read Property Multiple）	第三方单元控制器
	多重写特性（Write Property Multiple）	
	谁—有（Who - Has）	
	谁—是（Who - Is）	
第 4 级	增加表元（AddlistElement）	现场控制器
	删除表元（RemovelistElement）	第三方单元控制器
	读特性	
	写特性	
	多重读特性	
	多重写特性	
第 5 级	创建对象（CreateObject）	现场控制器
	删除对象（DeleteObject）	
	读特性条件（ReadPropertyCondition）	
	谁—有（Who - Has）	
	谁—是（Who - Is）	
第 6 级	以上所有要求再加下述功能组	现场控制器
	时钟（Clock）	
	事件初始化（Event Initiation）	
	事件响应（Event Response）	
	文件（Files）	
	PC 工作站（PCWS）	

为了帮助客户和工程人员确定不同 BACnet 产品之间的互操作性，需要控制厂商建立一个针对某一设备的 BACnet 协议符合等级的说明，即 PICS（Protocol Implementation Conformance Statement)，它包括：

（1）厂商的基本情况和对其 BACnet 设备的描述。

（2）设备符合 BACnet 标准的级别。

（3）全部所支持的功能组。

（4）所支持的所有标准的和专有的应用服务，设备启动或响应一个服务请求的能力。

（5）列出所支持的全部标准的和专有的对象类型。

（6）对每个所支持的对象类型。

①所支持的可选特性；

②应用 BACnet 服务，哪些特性能被写入；

③应用 BACnet 服务，是否可动态创建或删除此对象；

④对特性数据的数值范围的限制。

（7）所支持的数据连接层的选项。

（8）是否支持分段请求。

（9）是否支持分段响应。

因此，对于生产厂商来说，生产符合 BACnet 标准的设备要做以下 4 个方面的工作：

（1）以 BACnet 对象的形式，编写代表设备功能的程序；

（2）编写产生和解释 BACnet 通讯信息（服务）的代码；

（3）为设备选择适宜的网络技术；

（4）编写描述设备符合 BACnet 协议等级的说明，即 PICS。

以上是 BACnet 标准的简单介绍，更详细的内容请参看《BACnet 楼宇自动控制网络数据通信协议》。

4. BACnet/IP 的新发展

1999 年根据 ASHRAE 的新闻发布会，ASHRAE 已经批准了 BACnet/IP（135A）作为 135－1995BACnet 标准的补充，这意味着 Internet 协议已经正式成为 BACnet 标准所采纳的第 6 种通信协议。这使得用户可以在世界上任何一个地方通过 Internet 监控自己的设备和系统，制造厂商可以制造直接拥有 Internet 能力的自动化和控制设备。以便实现远程控制与远程管理。

BACnet/IP 技术是 BACnet 协议的新扩展，它比 PAD（Packet－Assembler－Disassembler）装置更有效。它可以允许设备在 IP 网络的任一点进入系统，它支持使用 IP 语言的 BACnet 装置，有效地把 IP 广域网当作 BACnet 的局域网来用。美国 ALC 公司已于 2001 年推出采用 BACnet/IP 技术的新产品 WebCTRL，这项技术受到业界人士的广泛重视。

图 7－2 表示了采用 BACnet 协议的设备构成系统集成的架构。

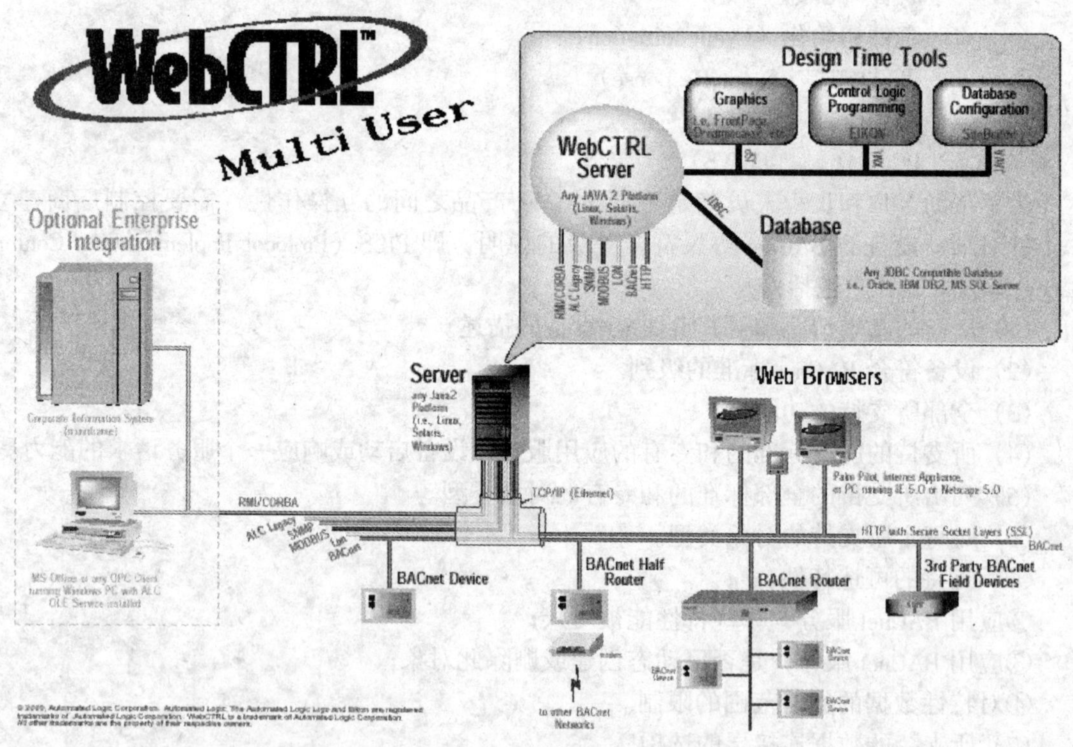

图 7－2　采用 BACnet 协议的设备构成集成的示意图

7.5.3 OPC 技术

1. OPC 技术简介

OPC 是近年来国际上新推出的自动控制领域内与厂商无关的软件数据交换标准接口和规范，由微软倡导而成立，到 1999 年 3 月，OPC Foundation 成员数已经达到 240 家，包括了世界上大多数知名的设备制造厂家和工业控制软件供应商，如 Rockwell、Honeywell、Intellution、Wonderware、FactorySoft 等。可以说 OPC 是工业监控软件的现场总线。其基本思想是：每个硬件厂商为其设备开发一个通用的数据接口（即 OPC Server），供其他系统读写信息，应用软件也通过 OPC 规范的接口来读写硬件设备的信息（作为 OPC Client）。通过 OPC Server 访问过程数据，可以克服异构网络结构和网络协议之间的差异。

系统集成的关键在于解决系统之间的互连性和互操作性问题，这是一个多厂商、多协议、面向各种应用的体系结构，需要解决各类设备、子系统之间的接口、协议、系统平台、应用软件、建筑环境、运行管理等各类面向集成的问题。

能否方便、灵活地接入各种差异极大的子系统，是系统集成软件设计和实现时的一个重要问题，这个问题解决得好，会给系统带来极大的适应性。

现场总线是自动化系统的最底层即现场设备层的标准；OPC 是控制级的标准。在现今自动化领域，基于 PC 的软件解决方案的发展趋势是不可阻挡的。但当将众多的软件模块组合在一起时，由于通讯接口的不兼容性，则必须增加适配通信接口的时间和资金投入，这就增加了系统的成本。OPC 为这种情况提供了一个补救办法：OPC 使诸如软件连接器等软件组件组合在一起，这些组件不需要特殊的适配就能相互通信。因此即插即用在自动化中成为现实。

OPC 定义了一个开放的接口，在这个接口上，基于 PC 的软件组件能交换数据。因而，OPC 为自动化层的典型现场设备连接工业应用程序和办公室程序提供了一个理想的方法。Windows 程序的标准接口的引入，使得硬件制造商为其部件所开发的接口程序的数量减少到一个，只需要开发一个针对 OPC 服务器的接口程序；同样，软件制造商也只需要开发惟一的通讯接口程序即 OPC 客户机接口。这不但对制造商有利，而且对最终客户也有利。

在国内很多企业中，其控制装置是单元性的，单独的每套系统都很先进，但由于各系统之间缺少一个统一的接口标准，造成各系统之间无法相互联网，给企业的信息化进程及 ERP 带来困难，增加了很多额外的投入。但如果所有的设备都符合 OPC 标准，则不会再出现类似问题。企业只需选用 OPC 标准的产品，所有系统即可轻松联网，无须投入额外的资金，可大大加快实现信息化工厂的步伐。

由于 OPC 技术的使用，使得整个软件的上层与底层独立，用户可以任意选用不同厂家的设备，只需安装相应的 OPC Server（由设备制造厂家提供）即可，不用更换 BMS 系统就可集成不同厂家的不同设备。如果设备制造厂家不提供 OPC Server，系统可为用户提供 OPC RAD 快速开发工具，或可直接为用户开发。

2．OPC 技术的特点

（1）一体化集成的技术选择。有两种技术可供我们选择，一种是传统的客户机/服务器模式，它采用的是非 Internet 技术。另一种是先进的浏览器/服务器模式，完全基于 Internet 技术。

（2）为什么选择 Internet 技术。Internet 技术是网络、计算机行业的新革命，Internet 及其相关协议成为 20 世纪 90 年代的支配驱动力量。具体来说，它带来如下的技术变革：客户机/服务器模式转变为浏览器/服务器模式。系统特征为三层或多层架构。系统采用 ActiveX 或 Java 技术，提供 HTML 和 XML 等标准协议。Internet 技术目标是通过网络为特定用户提供特定服务。Internet 技术的好处：

①系统部署、管理主要是在服务器端，降低对使用者技术要求，减少工作量，用户只需简单培训便可以进行系统维护和管理；

②用户可在建筑物内的任何地方、任何时候用标准 Web 浏览器浏览对系统进行监视和管理；

③提供与信息管理系统接口，便于实现功能集成、界面集成，真正实现无缝集成。

(3) 广泛连接的技术选择。BMS 作为智能建筑最为关键的中枢神经系统，要解决各子系统之间的互连和互操作的问题。楼宇自动化现有的几个针对楼宇自控设备而创立的标准通讯协议，如 LonWorks 与 BACnet、现场总线协议，但这些协议主要是针对设备层，只有当所有的设备，如空调单元的控制器或安保系统均符合相应的通信协议时才能实现互操作。这种互操作性实际上是基于硬件技术，这不是用户实际所需的解决方案。

而在基于软件技术的通讯标准 DDE、ODBC、OPC 中，我们选择了最近出现的 OPC 通讯标准。OPC 是 OLE for Process Control 的缩写，是微软公司面向工业控制领域的对象连接与嵌入技术。它与基于硬件技术的通讯协议 LonWorks、BACnet、现场总线协议、Modbus 等协议的关系并非是一种竞争关系，而是一种补充、合作关系。由于 OPC 技术的快速发展和被广泛接受，因此目前许多 LonWorks、BACnet 的系统或设备已提供标准的 OPC 支持。

3. OPC 技术的好处

(1) OPC 标准基于微软的 COM 技术，是工业界的一种主流技术。

①带来实现上的灵活性——支持多种应用，不管是与具体硬件、设备的通讯，还是软件程序的通讯，都可以很好的支持；

②有效性、伸缩性——支持大型项目应用；

③高性能——在网络上工作良好；

④易于理解，被广泛接受；

⑤被广泛支持——目前世界上 200 多家公司 500 多家产品都提供对 OPC 标准的支持，包括楼宇自动化行业内大多数知名公司及众多产品。

(2) OPC 带给系统集成商的好处：

①提供简单、通用的系统接入方式；

②快速的组态工具；

③丰富的组态图库；

④大幅减少系统集成的工作量。

(3) OPC 带给最终用户好处：

①提供先进经济的集成管理系统；

②确保系统运行的可靠性和经济性，便于维护、管理、升级；

③最大程度保护用户的投资。

综上所述，OPC 技术的硬件平台是采用 Internet（TCP/IP）技术，软件是采用 WEB 技术。OPC 技术是由美国微软公司倡导的，由 OPC 基金会规定的与厂商无关的软件数据交换标准接口和规范。OPC 被称为是工业监控软件的现场总线。如果设备能够提供 OPC Server（比较容易开发），那么就可以实现子系统集成。尤其是针对各个子系统的功能已经比较全，产品也已经比较成熟的情况下，采用 OPC 的技术非常适合于各子系统的集成。这可以说是目前实现系统集成的捷径。

图 7-3 表示采用 OPC 技术实现的系统集成的方案。

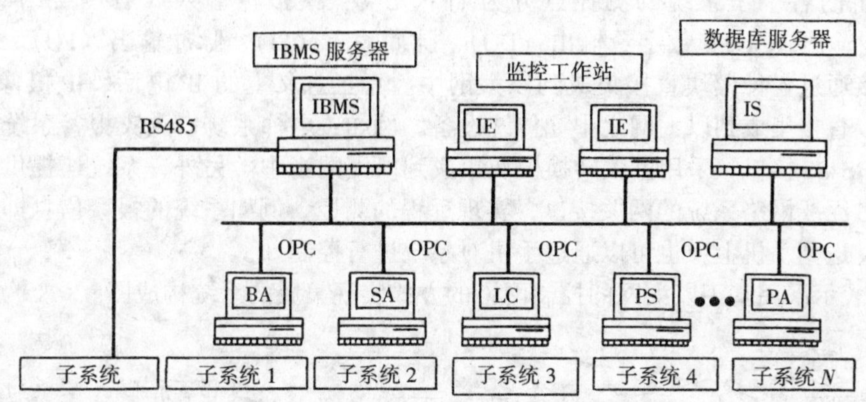

图 7-3　采用 OPC 技术实现集成的系统框图

7.5.4　基于以太网的控制网络

基于以太网的控制网络，充分利用了 TCP/IP 协议和 WEB 技术的资源，打散子系统，重新整合信息点，走出一条系统集成的捷径。提出了一个全新的方法，也是十分可取的。尤其是充分利用 WEB 技术，非常方便的实现远程监控，远程图像的传输，对于实现远程管理十分便捷，更具有独特的灵活性。

基于以太网的控制网络的设计思想是将智能建筑看作一个统一的整体，所有的测控信息点直接基于以太网，网络上建立基于 WEB 的虚拟子系统服务体系。这样子系统的概念就变成了逻辑上的，而物理上只有各种不同的测控点，已经没有子系统的概念了。它完全可以满足智能建筑的实际需要。也就是说，采用基于以太网的控制网络打散传统子系统的概念，重新整合信息点。

其实，采用以太网作为现场测控平台已不是一个新鲜事物，国外的核加速器的最新测控方案都选择了这种以太网现场测控平台，另外工业以太网也在蓬勃发展。主要的原因是采用以太网作为控制网络有他先天的优势：

(1) 软硬件协议开放、完善；

(2) 线路双端变压器隔离，抗干扰性强、防雷性能好；

(3) 速度快、网络速度可达到数千兆，可同时传输控制信息、音视频数据；

(4) 数据有多条通路抵达目的地，抗线路故障能力强；

(5) 系统容量几乎无限制，不会因系统增大而出现不可预料的故障；

(6) 作为信息传输介质，性价比高；

(7) 设备市场基础好。

北京楼宇自动化工程中心在国内首先实现了这个设计方案，并已经有了成功的工程案例。他们选择以太网并把它同时作为现场测控物理平台（即综合布线）。让每一个测控点都变成一台服务器，都遵循以太网标准协议。不再使用 LanTalk 协议，也不再使用 BACnet

协议，而是使用 TCP/IP 协议，实现与数据网络的无缝连接。在此基础上利用当前最先进的网站建设技术，建造一个专业网站，它提供基于 WEB 技术的智能建筑的控制和管理。到目前为止，已有不少厂家采用了 TCP/IP 协议直接作为控制网络的协议。

智能建筑的各个子系统的测控点分为如下几类：模拟量输入（AI）、数字量输入（DI）、模拟量输出（AO）、数字量输出（DO）、脉冲输入（FI）、脉冲输出（FO）。这些参量都可以直接通过各种模块直接集成到以太网中。真正意义上的 IP 电话、IP 摄像机、IP 音箱等都可以直接集成到以太网之中。传统设备，例如：电梯系统，火灾报警系统一般提供 RS232 或 RS485 接口，采用网关转换模块集成到以太网当中。另外，系统还提供以太网到 GSM/GPRS 无线网络系统的网关接口，实现远程的测控。例如系统的报警信息即可通过此网关直接发送到手机上，也可以通过手机对系统进行控制。

图 7－4 表示采用基于以太网的控制网络的方式实现集成的系统构成图。

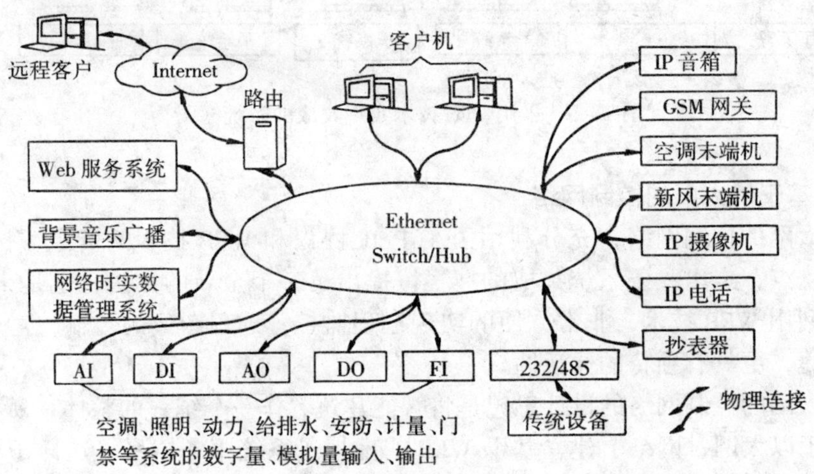

图 7－4　采用基于以太网的控制网络方式实现集成的系统框图

究竟选择那种集成的方法，还是应该权衡用户系统的功能需求以及综合管理系统方案的性价比，找到一个平衡点，综合考虑后作出决定。

这一节，我们仅仅论述了“系统集成与控制网络”这个命题，要实现综合管理系统更大量的工作是软件的编制，在这里就不再论述了。

7.6　智能建筑系统集成的实施要点

7.6.1　总体规划的原则

在这里，我们特别强调在进行综合管理系统的总体规划时，除了业主和系统集成单位外，必须有物业管理部门的人员参加。

以住宅社区为例，社区数字化系统由许多子系统组成，各子系统分别完成不同的功能，它们相对独立又有机结合，有些系统必不可少，有些系统可视情况而选用，以不同系统的组合完成不同的功能。目前，社区的应用系统包括了如社区机电设备监控系统、社区

IC/ID卡门禁系统、IC/ID卡车辆出入管理系统、家庭安全防范系统、周边红外防范报警系统、在线/离线式巡更管理系统、访客对讲系统、背景音响和紧急广播系统、社区电子公告显示系统、物业管理系统和信息通信系统等。各应用子系统是各成一体、自成网络。因此，为了能实现数字化社区真正意义的系统集成，所选用的各个子系统必须要求协议公开，开发各种相应的网关，才能实现。否则会给数字化住宅社区的开发建设，尤其是给建成后的运行、管理、维护带来诸多不便。

对开发商而言，就是要以最低的造价，寻求最佳的系统组合，以完成最完善的功能。为此，首先要对社区的开发建设进行定位，以确定社区的功能需求及大概的投资预算；然后详细了解社区物业管理的模式以及智能化系统各子系统的功能及其相互之间的联系，初步选择符合系统集成要求的子系统；最后寻找有经验和资质的系统集成商根据需求和预算进行整体的规划、设计和集成实施。其总体规划原则如下：

(1) 功能选择应实用和适当超前。住户作为业主，希望以最低的价格获得最大的住宅空间和完善的生活功能，而开发商则希望以最少的投入得到最大的利润。如何平衡和协调两者之间的关系，成为总体策划或总体规划成功与否的关键。住宅社区数字化是在满足住户对住宅基本功能要求的情况下对住宅生活功能的提升；同时，住宅社区数字化顺应了信息社会发展的潮流，使住户的生活跟上信息高速发展的节拍。但它毕竟是一项新兴的技术，在功能和性能上很难实现所谓的“一步到位”。所以，先进和实用相结合、经济和适当超前为要点应成为其设计原则。

(2) 户内、楼内、社区内的管线一次规划设计，并预留发展空间。住宅社区数字化系统的功能可适当超前，但与电子信息技术的高速发展速度还存在一定的差距，因此，预留今后的发展空间，以保证系统具有一定的生命力，这在总体规划设计空间中。

(3) 选择设备应考虑各子系统通信协议开放，具有互操作性，能长期提供备品备件。为了实现综合管理系统的集成，在选择设备时应要求各子系统通信协议开放。

另外，住宅作为特殊的耐用消费品，其生命周期长达40~50年，与之相配套的设备必须充分考虑使用过程中的备品备件，从根本上解决，应该采用可以实现互操作的系统和产品，从而保证社区数字化系统能长期地正常运行。

所以，在确定功能后，对设备选型应考虑今后设备的保养和维修的可操作性。

(4) 房地产开发商应加大对智能大厦和社区局域网的投资力度，以利于中央管理集成系统的实施。

7.6.2 分期实施应考虑的问题

1. 社区数字化系统的完整性

在分期建设住宅社区的开发过程中，数字化系统如何在分期实施过程中保持其完整性，将是避免开发商重复投资的有效保证。

2. 分阶段实施时各系统的前后合理衔接

在数字化系统的实施过程中，首期的系统方案往往比较明确，但后期的住宅建设方案可能会有所改变。例如，根据首期的销售情况，对后期的房型、结构、楼层和户数进行大的调整；数字化系统的管理中心在后期进行建设等。如何针对上述情况制作合理的数字化方案以达到合理的前后衔接，便于实现最终的综合管理系统，这也是对智能建筑系统集成商集成能力的考验。

7.7 应用实例

在智能建筑中，系统集成是必须的，但系统集成的方式并没有统一成固定的模式。应该是根据实际的需求规划实施，以达到便于管理，节约能源的目的。当谈到关于智能建筑系统集成时，有人会提出不同意见。认为，系统集成是“锦上添花”，有一些失败的案例，造成了资金的浪费。但是，我们不能因噎废食，我们应该认真分析失败的原因。如果认真分析其失败的原因，多数是为了“集成”而“集成”，具有一定的盲目性，没有从实际需求出发，与管理水平是脱节的；那么那些失败的案例就是没有按照“统一规划，分步实施”的原则去作而造成的。

下面，我们想举一个成功的案例，从中大家会得到有益的启发。

以下以“上海浦东国际机场 BA 系统”为例。上海浦东国际机场航班运营的信息与楼宇自控系统进行集成，有效地节约了电能，降低了运营的成本，经过两年时间就可收回设备的投资。

候机楼总建筑面积近 30 万 m^2，其中近 20 万 m^2 旅客活动区域是采用中央空调系统来控制室内温度，其余的办公用房是采用风机盘管通过就地控制器来控制室温。中央空调系统共分为 9 个水系统并设置了 9 个热交换机房，每个机房内均配置 6 台板式热交换器，11 台配套的水泵，能源中心提供的冷冻水或蒸汽通过板式热交换器完成热交换以后，为循环空调机组和新风空调机组分别提供二种不同温度的冷水和二种温度的热水，需要对水泵进行开关控制和监测，对二次水温度进行调控，对各种压力、温度、流量进行监测。

候机楼配置了 401 台循环空调机组和 42 台新风空调机组，分别布置在候机楼主楼位于 9.9m 的技术夹层内（216 台循环空调机组）、16.8m 的技术夹层内（22 台新风空调机组）、候机长廊 40 个空调机房内（185 台循环空调机组、20 台新风空调机组）。循环空调机组负责调节室内的温度，新风空调机组负责将室外的新鲜空气经过预冷（预热）处理后分别送至循环空调机组和各办公室，其中送往办公室和用风机盘管来控制室温的区域采用定风量的方式，送往循环空调机组的新风通过 VAV BOX 变风量控制装置来调节送往空调机组的新风量。

候机楼每天有 7～8 万人进出，如何给旅客和工作人员提供一个舒适的候机和工作环境，体现以人为本的设计理念是十分重要的，而且在这样巨大的建筑空间内，如何调节和控制建筑环境、节约能源，更是一个重大的课题。于是，浦东国际机场候机楼面临着一系列的问题需要解决，例如：控制问题、管理问题、维护问题、能耗问题等。为此，候机楼采用 BA 系统作为设备系统控制和管理的主要手段，依靠现代计算机控制和通讯技术，通过对大楼内空调、通风、给排水、环境监测、照明电力等系统的集中监控与优化管理来实现节约能源、减少工作人员的目标。动态管理系统和智能化控制系统的集成，不仅保证了浦东国际机场候楼内设备的准确、高效的运行，而且节约了大量的能源和人力，取得了良好的经济效益和社会效益。

浦东国际机场 BA 系统采用西门子楼宇科技有限公司的 APOGEE S600 作为控制平台。该系统是一个集散型系统，通过设有中央图形工作站的计算机网络系统，将分布在各监控现场的控制器连接起来，共同完成集中操作、集中管理和分散控制。所有受控设备以总线方式连接，并采用 Insight 软件进行系统管理。每个子系统（即每个 DDC 和所连接的现场设备）都能独立控制，同时在中央工作站上能做到集中管理，充分体现了分散控制，集中管理的特点。在大量的研究工作基础上，使之能满足浦东机场实际使用需求。

机场候机楼使用BA系统来进行管理，由于候机楼体量巨大且有着与其他建筑物不同的特点，带来了一系列的技术问题。

第一，系统规模庞大，其受控设备数量众多，候机楼BA系统的监控点数超过14000点。受控设备分布在候机楼的各个角落，分布情况十分复杂，若单靠人工进行监视、控制，无法对现场设备进行有效的管理。而且整个候机楼几乎全为公共区域，绝大多数的设备机房在公共区域的包围之中，操作人员不便经常出入公共区域，这就造成了管理上的难度。

第二，民用机场候机楼必须严格按照航班计划来明确所有系统的工作，只要有航班，有旅客，候机楼的设备就要运转，而这些航班信息又是动态的、变化的。浦东国际机场的BA系统要与机场中央数据库CEDA通过接口联网单向通讯，自动获取航班信息，根据航班的变动情况，BA系统控制相应区域的灯光和通风空调设备的开启与停止。该信息是实时的，并要包含BA所需的所有信息字段，方便编程与控制。

第三，机场作为公共建筑，有形形色色的旅客，而各位旅客对于环境必然会有各自的要求，在客流量较大的浦东国际机场这一矛盾将十分突出。要合理调配现有设备，提高设备的完好率，以保证有合适的照明，合理的温湿度控制，和新鲜、清洁的空气，尽量满足每一位旅客的需要。

第四，浦东国际机场作为中国上海面向世界的窗口，国内、国际影响十分巨大。所以系统必须具有极高的稳定性和与众不同的安全性以应付突发情况。这就要求操作人员可在中央计算机上跨越程序、遥控现场各种设施，具有应变措施。

第五，由于浦东国际机场未来的发展目标是成为亚洲乃至世界的枢纽机场，最终将兴建4座大规模的候机楼，将来可以实现在一个中央控制机房内完成4个候机楼的BA系统的监控。这个问题从第一期工程就必须进行考虑。

浦东国际机场BA系统是由中央管理站、各种DDC控制器及各类传感器、执行机构组成的、能够完成多种控制及管理功能的网络系统。中央计算机要对200个DDC进行控制，只有采用更为先进的网络结构，才能保证通讯的畅通及系统的稳定。

上海浦东国际机场的BA系统在系统的设计阶段就已考虑BA系统与机场航班信息系统中央数据库（CEDA）的联网通讯，构建一个BA系统的航班信息管理系统平台，使其能更准确、灵活地控制候机楼的相关设备，更好地节约人力、节约能源。

在浦东机场测试实验室多次的联网测试获得成功后，将BA系统设备接入机场局域网，经过为期2个月的观察与修改，最终将航班信息管理系统调试成功，保持误差率为0。该平台使浦东机场BA系统融入整个机场的营运管理信息系统，并为今后实现大型公共建筑群的楼宇自动控制打下了坚实的基础。

浦东国际机场信息集成系统将营运指挥中心等信息发布单位输入的航班信息，经过相应处理通过CDI（CEDA Data Interface）接口协议发往与之相连的各子系统。信息集成系统中央数据库将与BA系统有关的数据发往BA系统网关。该数据包括：惟一标识号、完整的主/副航班号、航班状态信息、航班类型、IATA5字代码、航班类别（出发还是到达航班）、航班航空器型号、目的地机场、经停机场、出发地点、航班计划出发时间、实际出发时间、出发航班登机口/候机楼/候机厅、降落地点、航班计划到达时间、航班预计到达时间、实际到达时间、行李转盘所在候机楼、国内航班延误原因、国际航班延误原因、备降路线、办票柜台惟一标识号、办票柜台计划/实际开启时间、办票柜台计划/实际关闭时间、AFT 列表中对应于柜台的惟一航班标识号、ALT 列表中对应于柜台的惟一航班标识号等全部必要的航班信息。

BA 系统在处理航班信息的过程中运用了 OPC（OLE for Process Control）技术，采用微软 ActiveX，COM / DCOM 等标准的软件技术，支持多种开放式协议以满足信息集成的需求，减少浦东国际机场 BA 系统航班信息管理平台所需要的开发和维护费用。浦东国际机场 BA 系统示意图如图 7-5 所示。

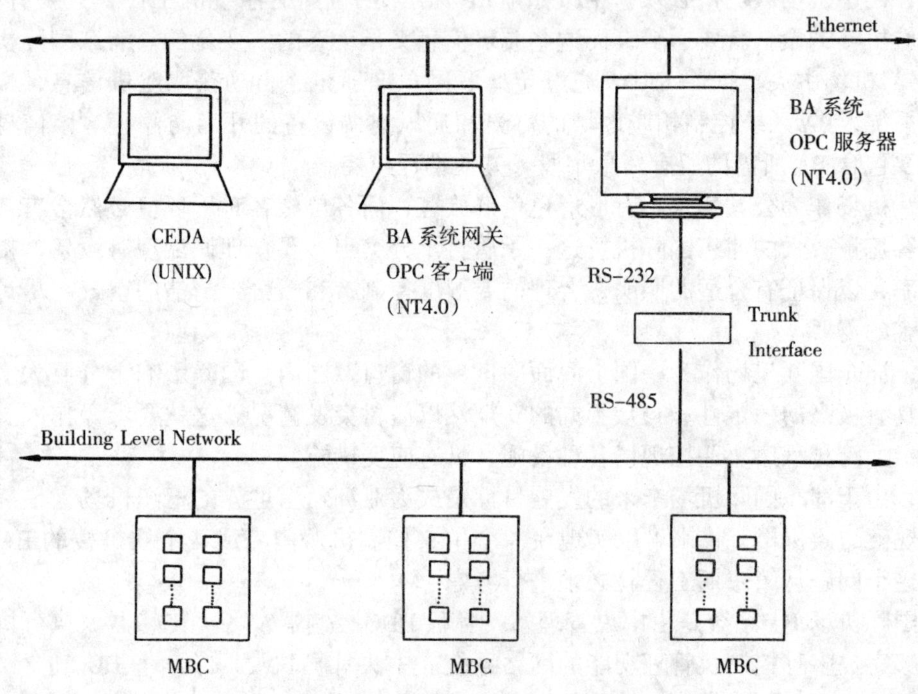

图 7-5　浦东国际机场 BA 系统示意图

系统采用客户机/服务器体系结构。BA 系统的 OPC 服务器程序安装在中央控制计算机中，客户端应用程序运行在航班信息管理平台的网关上。如果客户端应用程序和服务器程序安装在不同的计算机上，那么它们之间需要通过网络（TCP/IP 协议）进行通讯。OPC 客户端应用程序即网关程序在连接至 BA 系统服务器之后，BA 系统 OPC 服务器还可向网关应用程序输出 BA 系统中点的列表，网关的应用程序可以从中选取所需的控制点。OPC 客户机/服务器结构图如图 7-6 所示。

浦东国际机场的 BA 系统利用 OPC 技术不仅十分成功地完成了航班信息接口，而且还做到了整个系统的开放，使今后第三方系统对 BA 系统的集成变得更为标准和方便。OPC 服务器允许第三方系统利用 OPC 客户端的应用程序对 BA 系统实行监测和控制，也可从 BA 系统上获取报警信息和事件记录。OPC 客户端应用程序在连接至 BA 系统 OPC 服务器之后，BA 系统 OPC 服务器将向 OPC 客户端应用程序输出 BA 系统中点的列表，OPC 客户端应用程序可以从中选取所需监视和控制的点。在航班信息接口正确处理完信息并传送到BA系统后，BA系统中央计算机显示以下内容。

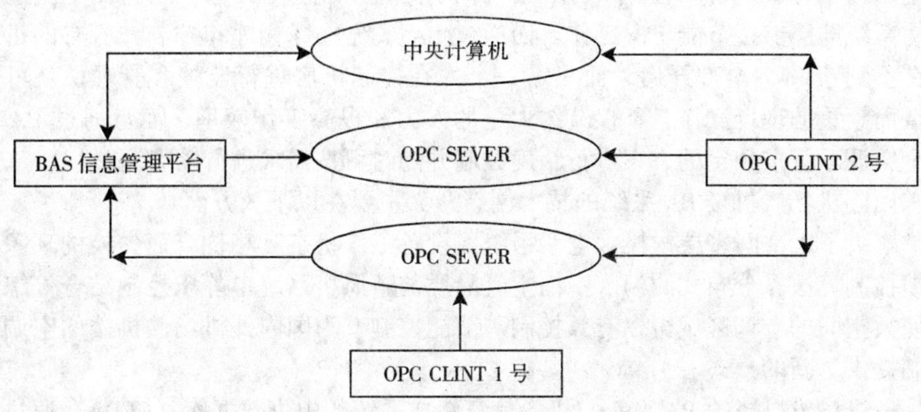

图7-6 OPC客户机/服务器结构

整个候机楼共分为48个控制区域，BA系统可以对每一个控制区域内的设备进行组合控制。BA系统接受来自于机场信息集成系统中央数据库CEDA的航班计划信息，每天最早到达和离开的航班信息，提早2h送达BA系统，用来提示BA操作人员或自动开启当天早晨空调和灯光系统。利用每天最晚到达和离开的航班信息来提示BA操作人员或自动关闭空调和灯光系统。对当天的每个航班，提早半小时告知BA系统，离港航班离开后10min及进港航班到达后半小时通知BA系统关闭空调和灯光系统。

航班信息反映了候机楼资源的利用情况以及旅客在候机楼活动的区域和时间，为此BA系统在候机楼每层每段设置一控制开关，实现灯光分区域控制。

候机楼为保证空气质量，给旅客一个舒适的环境，按最大客流量计算出新风量，而实际上在候机楼由于航班的原因，室内各区域旅客数量的动态非常大，随着航班的出发和达到，在某一时段某一区域短时间内可能集中很多的人也可能旅客很少，如果按照最大设计客流量固定一个新风量，将使空调系统的无谓的能耗增加许多。

为了适应机场的特点和节约能源，我们采用变频控制新风空调机组加VAV BOX变风量控制装置的方式来控制进入室内新风量，通过分布在候机楼内各地点的CO_2传感器所测得的CO_2浓度的数值来控制新风空调机组的风机转速和VAV BOX变风量控制装置的阀门开度。当旅客集中到达时，该区域的CO_2会很快提高并将数据传递给系统，系统根据要求发出指令来控制风机转速和VAV BOX的开度，旅客离开后随着CO_2传感器的读数下降，系统进行反向的调整，但由于2个都是可变的参数，而一台新风空调机组要向多台空调机组和许多办公室送新风，协调控制使系统达到最优化。

同时，室内温度、新风温度、空调水温从节能角度和舒适性考虑，应该是一个浮动的数值。我们制定了控制原则，即在室内温度与室外温度保持一定的温差的情况下，室内控制温度在22～27℃这个范围的情况下，对室内温度进行浮动控制，由于室外温度的提高室内温度也相应提高但最高不超过27℃。新风温度在不增加循环空调机组负荷的前提下，也进行浮动控制，空调冷冻水亦按照室外温度进行调整。但是由于系统有几百个室内温度设定点和其他参数的设定点，而且每天的室外温度在不断变化，如果由人工来干预室内温度设定值和其他设定值，将给操作人员带来很大的工作量。因此我们对控制程序进行修改，按照制定的控制方案进行编程，BA 系统计算机根据室外温度对每个控制设定值进行自动修改，使系统即能够按节能工况工作。而通过 BA 系统进行管理和控制，所有的机组可以按要求在不到 5min 内全部开启，而只需一个人在控制机房进行监控和管理，就可以完成上述复杂而繁重的现场操作，不仅节约大量的人力和提高工作效率，而且通过 BA 系统可以对整个空调系统按预定的方案进行精确控制并随时可按需求进行动态调整。

浦东国际机场候机楼 BA 系统的技术创新意义主要在以下 3 方面：

（1）解决了大空间多层候机楼空调系统因设备工作状态互相耦合而失控的现象。由于采用前馈控制算法、分布式测温、室内空气品质与新风机系统定静压控制结合等综合技术措施，使大空间的空调区域得以有效控制与节能控制，为国内外机场候机楼的空调系统的有效控制提供了新的模式。

（2）把机场候机楼的 BA 系统与机场信息集成系统的中央数据库（CEDA）通过 CDI 接口协议相连，使机场的航班信息自动生成候机楼内设备群的控制命令，并按确定的控制策略自动调整照明设备、空调设备的工作状态，实现动态、优化、分区域与通道进行投运控制，在确保候机楼服务工作质量的前提下，实现节能控制。

（3）充分重视候机楼设备运行情况的监测数据，不断地从运行数据的分析中，调整控制策略，加强管理措施，从而编制确定针对机场候机楼空调与照明设备的动态优化智能群控策略，为实现节能控制提供了技术基础。

浦东机场候机楼空调系统风机总电功率近 4000kW，候机楼夏季冷负荷相当于电功率 13250kW，候机楼空调系统运转每小时需用电 17250kW，照明系统耗电总功率近 3600kW。空调和照明的总耗电量达 21000kW，由于耗电量巨大且空调和照明都是 BA 系统的主要控制对象，所以通过 BA 系统的合理控制达到节能，对国家、企业和环境保护等各方面来说意义重大。优化控制方案投入运行后，在以下三方面为上海国际机场股份有限公司节约了开支：

（1）节约了值班用房。浦东机场候机楼面积巨大，有近 30 万 m^2，根据计算，至少需要四个 $50m^2$ 的联合值班室。由于采用 BA 系统进行控制与管理，机房租用费每年节约约 240 万元人民币。

（2）节约了大量的能源。由于控制方案实现了和航班信息的联动，大大减少了设备无谓工作时间，节约了电能。其中照明全年节约电费约 660 万元，空调全年节约电费约 234 万元（尚不包括冷冻站的能源节省）。

（3）节约了大量的人力支出。浦东机场候机楼由于使用 BA 系统，人力配置至少节约了 4 个电工岗位和 4 个空调工岗位，每个岗位按 3 个人的编制计算，节约了 24 个人，以每人 3 万元人民币的人力成本计算，至少每年节约了 72 万元人民币。

这样，不计设备寿命延长所带来的收益，每年约可节约 1000 余万元的支出，经过两年时间就可收回设备的投资。

结论：从以上的论述是否可以得出这样的结论，智能建筑系统集成**不仅仅是一套系统、设备、软件，也没有一个统一的模式。而是一种理念，是一种指导智能化系统工程建设的总体规划、分步实施的方法和策略。**希望在工程实践中分析用户需求，统一规划分步实施，采用实用先进的技术手段建好综合管理系统，取得明显的效益。

第 8 章　多媒体技术在智能建筑中的应用

8.1　多媒体技术概述

多媒体技术是一种综合性电子信息技术，虽然发展历史不长，但它对人们的工作、学习和生活等方面的影响却不可忽视。它综合了计算机技术、网络技术、信息处理技术、广播电视技术、微电子技术等，形成的博采众长、功能多样的多媒体系统图文并存、声情并茂、信息量大、交互界面友好，得到了广泛的应用。尤其是它给传统的计算机系统、音频视频设备带来了方向性的变革，使计算机具有了综合处理声音、文字、图像、视频、动画等信息的能力，以丰富的图、文、声、像等媒体信息和友好的交互性，极大地改善了人机界面，改变了使用计算机的方式，为计算机进入人类社会的各个领域打开了大门，给人们的工作、生活和娱乐带来了深刻的革命。本章介绍多媒体的有关概念和技术原理，以及多媒体技术在智能建筑中的应用。

8.1.1　多媒体技术基础

1. 多媒体的概念

媒体是指信息传输和存储的载体。ITU 把媒体分为 5 种类型：感觉媒体、表示媒体、显示媒体、存储媒体、传输媒体。感觉媒体是指作用于人的感觉器官，能使人的感官直接产生感觉的一类媒体。人有 5 种感觉器官：视觉、听觉、触觉、味觉和嗅觉。作用于视觉而产生的感觉形式如图像、视频，作用于听觉而产生的感觉形式如声音等。一方面，人类从外界获取的信息中 90%以上是通过视觉听觉这两种途径获得；另一方面，视频（包括图像）音频因其表现信息丰富、处理技术复杂，是多媒体技术两类重要媒体。表示媒体是指为了更好地加工处理感觉媒体而人为研究出来的一类媒体。如对声音、图像、视频等信息的数字化编码表示。显示媒体是指表现和获取信息的物理设备，它又分为输出显示媒体（如显示器、打印机等）和输入显示媒体（如键盘、鼠标等）。存储媒体是指存储数据的物理设备如磁盘、光盘、半导体存储器等。传输媒体指传输数据的物理设备，如双绞线、同轴电缆、光纤、电磁波等。日常生活中所指的媒体主要是指感觉媒体，而在多媒体技术中所说的媒体一般是指表示媒体，主要研究各种各样的媒体表示和表现技术。

多媒体一词译自英文 Multimedia，它由 multiple 和 media 复合而成，核心词是媒体。多媒体的定义或说法很多，一般认为：多媒体是指能够同时获取、处理、编辑、存储和显示两种以上不同类型信息媒体的技术。这些信息媒体包括：文字、声音、图形、图像、动画、视频等。所谓的多媒体，它常常不是指媒体本身，而主要是指处理和应用它的一整套技术。因此，多媒体最终被归结为是一种技术，实际上被当作多媒体技术的同义词。

2. 媒体元素

多媒体的媒体元素是指多媒体应用中可显示给用户的媒体组成。目前主要包括文本、图形、图像、声音、动画和视频等。

（1）文本（Text）：数字和文字可以统称为文本，它是符号化的媒体中应用得最多的一种，是非多媒体的计算机中使用的主要的信息交流手段。也是多媒体应用程序的基础，通过对文本显示方式的组织，多媒体应用系统可以使显示的信息更易于理解。

超文本是超媒体文档不可缺少的组成部分。超文本是对文本索引的一个应用，它能在一个或多个文档中快速地锁定特定的文本内容。

（2）图形（Graphic）：指计算机绘制的画面，如直线、圆、任意曲线、图表等。也称为矢量图。

矢量图是由点和线构成的二维、三维，黑白或彩色无灰度图片，它们用点、线、面的几何坐标与有关参数定义图形，图形只保存算法和特征点，其数据文件只占用很小的存储空间。对图形进行放大和缩小不会产生失真，矢量图的缺点是不能表示物体的质感。

（3）图像（Image）：指由一些排成行列的像素点组成的画面，又称为位图。描述一幅图像的参数主要有两个：分辨率和颜色深度。

位图是用像素点的图像颜色灰度数据逐点描述的图片，整幅图像是一组点阵数据。美术色彩作品，风光人物照片等都需要用位图表示。位图可以表现图像的颜色细节，可以逼真的表现物体的质感。位图图像的大小和精度是由点阵大小决定的，改变点阵大小会引起图像精度的变化。位图图像的颜色品质是由描述每个像素点颜色的数据位数决定的，数据位数越多表现颜色越丰富，所以评价一幅位图的颜色品质用数据位数说明。位图数据文件占用的存储空间很大，为节省存储空间在允许图像有一定失真的情况下常采用压缩格式存储位图文件。当前较通用且压缩效果较好的压缩格式是 JPEG 格式，它的压缩比可调，能达到 30:1 甚至更大而且失真较小（失真大小与压缩比大小成正比关系）。

（4）视频（Video）：在多媒体技术中，视频是一类重要媒体，图像和视频是两个既相互联系又相互区别的概念。静态的画面称为图像，若干有联系的图像数据连续播放便形成了视频。计算机视频是数字的，数字视频有几个重要的技术参数：帧速、数据量、图像质量。

（5）音频（Audio）：指人类听觉频率范围内的声音。人耳能听到的范围大约为 20Hz ~ 20kHz。音频信号主要有 3 类：波形音频、语音和音乐。影响数字声音波形质量的主要因素：采样频率、采样精度、频率范围、通道数。在多媒体技术中有 4 种声源，它们也代表 4 种声音质量：

①数字激光唱盘，又称 CD－DA 质量，也是常说的高保真，其频率范围为：10Hz ~ 22kHz；

②调频无线电广播，简称 FM 质量，频率范围为：20Hz ~ 15kHz；

③调幅无线电广播，简称 AM 质量，频率范围为：50Hz ~ 7kHz；

④电话质量，频率范围为：200Hz ~ 3.4kHz。

声音的质量与它的频率范围有关，频带越宽，信号强度的相对变化范围就越大，声音越饱满，效果也就越好。

（6）动画（Animation）：是指采用计算机动画软件创作并生成的一系列可供实时演播的连续画面。与视频一样，动画之所以具有动态的视觉效果，是因为人的视觉特性——视觉暂留。

计算机设计动画的方法有两种：造型动画——对每一个运动的物体分别进行设计，赋予每个对象一些特征如大小、形状、颜色等，然后用这些对象构成完整的帧画面。帧动画——由一幅幅位图组成的连续的画面，如同电影胶片或视频画面一样，要分别设计每屏幕显示的画面。

3. 多媒体的主要特性

多媒体的特性主要包括信息载体的多样性、集成性、交互性和实时性。

（1）多样性：指媒体种类的多样化。如最简单的文本，与空间有关联的图形图像，与时间有关联的声音，与时空同时有关联的视频等。在多媒体技术中，输入、处理、传输、输出的媒体信息的多维化，可以丰富信息的表现力和增强效果。另一方面，多样性也使人与计算机的交互具有更广阔更自由的空间。

（2）集成性：指将不同的媒体信息有机地组合在一起，形成一个完整的整体。另一方面集成性还包括处理这些媒体信息的设备集成和软件系统的集成。集成不等于简单的组合。

（3）交互性：多媒体的交互性为用户提供更加有效的控制和使用信息的手段。交互可以增加对信息的注意力和理解，延长信息的保留时间。而且交互本身也作为一种媒体加入到信息传递和转换的过程，从而使用户获得更多的信息。

（4）实时性：视频音频信息都是与时间有关的媒体，在加工、存储和播放它们时，需要考虑时间特性。比如，在播放音频文件时，应该保证声音的连续性。这就对存取数据的速度、解压缩的速度以及最后播放的速度提出了很高的要求，这就是媒体的实时性。对于具有时间要求的媒体进行处理时，若不能保证实时性，就没有任何应用价值。

4. 多媒体技术的发展简史

多媒体技术初露端倪是X86时代的事情，如果从硬件上来印证多媒体技术全面发展的时间，准确地说应该是在PC上第一块声卡出现后。早在没有声卡之前，显卡就已经出现了，至少显示芯片已经出现了。显示芯片的出现自然标志着电脑已经初具处理图像的能力，但是这不能说明当时的电脑可以发展多媒体技术，20世纪80年代声卡的出现，不仅标志着电脑具备了音频处理能力，也标志着电脑的发展终于开始进入了一个崭新的阶段：多媒体技术发展阶段。1988年MPEG（Moving Picture Expert Group，运动图像专家小组）的建立又对多媒体技术的发展起到了推波助澜的作用。

进入20世纪90年代以来，由于“信息高速公路”计划的兴起，Internet的广泛使用，刺激了多媒体信息产业的发展和网络互连的需求，在全球掀起了一股家电行业、有线电视网、娱乐行业、计算机工业及通信业相互兼并、联合建网的浪潮，从而使得20世纪90年代被称为多媒体时代。

多媒体技术产生和发展极其迅速。不过，无论在技术上多么复杂，在发展上多么混乱，有两条主线可循：一条是视频技术的发展，一条是音频技术的发展。从AVI出现开始，视频技术进入蓬勃发展时期。这个时期内的三次高潮主导者分别是AVI、Stream（流格式）以及MPEG。AVI的出现无异于为计算机视频存储奠定了一个标准，而Stream使得网络传播视频成为了非常轻松的事情，那么MPEG则是将计算机视频应用进行了最大化的普及。而音频技术的发展大致经历了两个阶段，一个是以单机为主的WAV和MIDI，一个就是随后出现的形形色色的网络音乐压缩技术的发展。

以下是多媒体技术发展历程中一些重要事件：

（1）1984年，Apple公司推出被认为是代表多媒体技术兴起的Macintosh系列机，使用窗口和图标作为用户接口；

（2）1985年，Commodore公司推出第一个多媒体系统Amiga，具有音响、视频、动画功能；

（3）1986年，Philips和Sony公司联合推出CD－I系统；

（4）1987年，Apple公司引入了超级卡（Hypercard）；

（5）1989年，Intel将DVI技术开发成一种可普及的商品；

（6）1991年，第六届国际多媒体大会宣布CD－ROM标准；

（7）1991年，微软制定出MPC1.0技术规范；

（8）1995年，微软公布32位的微机操作系统Windows 95。

目前，多媒体技术的发展，已显示出许多突出的特点：如多学科交叉、顺应信息时代的需求、促进和带动新产业的形成和发展、多领域的应用等。将来多媒体技术将向着以下6个方向发展：高分辨化，提高显示质量；高速化，缩短处理时间；简单化，便于操作；高维化，三维、四维或更高维；智能化，提高信息识别能力；标准化，便于信息交流和资源共享。其总的发展趋势是具有更好、更自然的交互性，更大范围的信息存取服务，为未来人类生活创造出一个在功能、空间、时间及人与人交互更完美的崭新的世界。

8.1.2 多媒体计算机

多媒体计算机也译为多媒体个人计算机（Multimedia Personal Computer），简称MPC，是指符合MPC标准的具有多媒体功能的个人计算机。

多媒体计算机需要计算机交互地综合处理声、文、图信息，尤其是图像和声音信息的数据量大，处理速度要求高，用过去的通用计算机很难完成任务。例如，多媒体计算机中用的最多的静态图像压缩和解压缩算法，如果用Motolora公司的25MHz的68030处理器芯片，完成一幅512×512的24位彩色图像的JPEG算法大约需要15min，用IBM PC/386（33M）则需约1min，这是不能容忍的。为了较好地解决多媒体计算机综合处理声、文、图信息的问题，可以采用以下3种方法：

（1）选用专用芯片设计专用接口卡单独解决；

（2）设计专用芯片和软件，组成多媒体计算机系统；

（3）把多媒体技术做到CPU芯片中。

1．MPC硬件系统

多媒体计算机硬件系统除了需要较高配置的传统计算机硬件之外，一般还包括声音、视频处理装置、光盘驱动器，以及各种媒体的输入和输出设备和装置。

（1）声音卡。声音卡是应用最广的多媒体硬件产品。它的主要功能是将模拟声音信号数字化采样存储，并可将数字化音频转为模拟信号播放。通常声音卡还具有MIDI音频合成功能，声音卡将输入的模拟声音波形信号数字化采样，生成WAVE文件存盘。高档声音卡还可对数字化WAVE音频进行压缩和解压缩，以及初步的语音识别功能。

声音卡中涉及的主要技术有A/D、D/A转换，语音合成，压缩解压缩，语音识别等。

（2）视频卡。视频卡的主要功能是将视频信号在VGA上开窗口实时播放，并可捕捉图像存盘。视频卡可将输入的视频信号数字化，并存入帧存（Frame Buffer），经数模转换后在 VGA 上输出。通过对帧存的控制实现图像的静帧，并可将其以图像文件存盘。有些视频卡还可对静帧实施压缩后存盘。有的视频卡还可通过相应的软件连续地捕获视频信号存盘。

(3) 视频编码卡。视频编码卡也称为视频转换卡，可以将 VGA 信号编码成 PAL 或 NTSC 标准的视频信号。编码卡根据编码质量的好坏有较大差距。低档的可达 VHS（Video Home System 家用录像机系统）质量，高档的可达专业级甚至广播级水准。这种卡可用于演示、现场教学和制作电脑教育节目录像带等。

(4) 视频实时压缩卡。视频实时压缩卡除具备一般多媒体视频卡功能外，还具有视频压缩功能。它将视频信号实时压缩存盘，并可从盘上实时解压缩回放。

(5) 静态图像压缩卡。静态图像压缩卡是使用算法对彩色和单色图像实施压缩和解压缩。

2. 多媒体软件系统

普通的 PC 机要成为多媒体 PC 机除要配备声音卡、视频卡等特殊硬件外，还需要装配多媒体软件。多媒体软件综合了利用计算机处理各种媒体的最新技术，如数据压缩、数据采样、二维三维动画等，且能灵活地调度使用多种媒体数据，从而使各种媒体硬件和谐地工作，形象逼真地传播和处理信息，一些解压软件，可以代替或部分代替视频卡的功能（俗称软解压），使计算机可以播放 VCD、SVCD、DVD 的节目。

多媒体软件是多媒体技术的灵魂，它主要可以分成多媒体操作系统、多媒体数据准备软件、多媒体创作工具和多媒体应用软件这 4 个层次。在多媒体计算机软件中直接和硬件打交道的软件称为驱动程序，它完成设备的初始化，使设备完成各种操作，以及设备的关闭等。在驱动程序之上的是多媒体系统软件的核心即多媒体的操作系统或称为多媒体软件平台。它负责多媒体环境下多任务的调度，保证音频、视频的同步控制以及信息处理的实时性；提供对多媒体信息的各种基本操作和管理；具有对设备的相对独立性与可扩展性。由于它依赖于特定的主机和外部设备构成的硬件平台，一些比较出名的多媒体系统专门开发了自己的多媒体操作系统。在 MPC 标准中，以 Windows 作为标准操作系统，Windows 也是目前应用最广泛的平台。

由于多媒体技术是计算机与影像等技术相结合的产物，所以多媒体应用系统的开发和研制在很大程度上是一个创意的活动。而这种创意活动一般来说不是计算机专业人员能够胜任的，为了使非计算机软件开发人员能够方便地使用多媒体计算机开发多媒体应用系统，提高其劳动生产率，就需要有专门的多媒体创作工具。一个好的多媒体创作工具一般应具备良好的编程环境、超级链接、媒体输入、动画制作等能力和易学、易用的特点。由于创作工具的重要性，目前已经在各种硬件平台上推出了许多创作工具。

3. MPC 标准

1985 年 Commodore 公司推出世界上第一个多媒体计算机系统 Amiga。此后，多媒体计算机技术得到了蓬勃的发展和广泛的应用。为了避免计算机厂商各自为政，1990 年，世界几家较大的计算机厂商，包括 Microsoft，IBM，Philips，NEC 等联合成立了多媒体计算机市场协会（Multimedia PC Marketing Council），负责制定多媒体个人计算机的标准。

1991 年该组织根据当时的 PC 机发展水平制定了多媒体计算机的基本标准，即 MPC1。MPC1 规定多媒体计算机的最低标准是：CPU 是 80386 以上，内存 2MB 以上，配备 CD－

ROM 驱动器、8 位声卡，系统软件是 Windows3.0 多媒体扩展版或 MS－DOS CD－ROM 扩展版。1993 年多媒体计算机市场协会颁布了多媒体 PC 机的新标准 MPC2。MPC2 规定的多媒体计算机标准是：CPU 是 80486 以上，内存 4MB 以上，配备数据传输率为 300kB/s 的 CD－ROM 驱动器、16 位声卡且具有 MIDI 功能。

在显示输出方面，要求使用 Super VGA；系统软件是 Windows3.0 多媒体扩展版或 Windows3.1。

1995 年多媒体计算机市场协会更名为多媒体 PC 机工作组（The Multimedia PC Working Group）并颁布了多媒体 PC 机的最新标准 MPC3。MPC3 规定的多媒体计算机标准是：75MHz 以上的 Pentium 级微处理器，内存 8MB 以上，配备数据传输率为 600kB/s 的 CD－ROM 驱动器、16 位声卡且具有波表合成技术以及 MIDI 功能；在显示输出方面，要求具备颜色空间的转换和缩放功能，能以 65535 色，352×240 分辨率，30 帧/s 播放动态视频；要求硬盘容量不少于 540MB。系统软件是 Windows3.11 及更高版本（Windows9.x）或 MS－DOS6.0 及更高版本。目前使用的多媒体计算机多数采用或超出了这一标准。

4. MPC 的功能

MPC 主要是面向个人和家庭的用户，为使 MPC 被广泛采用，它的价格必须低廉。所以在设计 MPC 系统时，并不是追求完美和先进的指标，而是在性能和价格之间寻求合理的平衡，以达到高的性能价格比。以下介绍 MPC 系统对各种多媒体信息的处理能力以及能实现的功能。

（1）对音频信号的处理功能。录入、处理和重放声音信号，用 MIDI 技术合成音乐。

（2）对图形的处理功能。MPC 具有较强的图形处理功能，可以产生色彩丰富、形象逼真的图形，能实现一定程度的 3D 动画。

（3）对图像的处理功能。MPC 通过 VGA 接口卡和显示器可以逼真、生动地显示静止图像，利用相应的硬件或软件可以对图像进行压缩与解压缩。

（4）对视频的处理功能。由于视频图像包含大量的数据，而压缩处理又需要强大的计算能力，所以 MPC 对视频图像的处理很有限。MPC 一般不能实时录入和压缩视频图像，只能播放已压缩好的视频图像。当然，随着压缩算法的改进和 CPU 运算速度的提高，对视频信号的处理能力也将不断提高。

从上述介绍可以看到 MPC 的主要功能是播放存储在 CD－ROM 上的电子出版物、电子游戏、计算机辅助教学等。如果在 MPC 上配置相应的软件开发工具及视频图像获取卡，就可以利用 MPC 对动画、音频和图像的处理能力制作出生动的多媒体演示，用于公司广告、产品介绍、旅游服务、信息咨询、职业培训等许多领域。

8.1.3 流媒体技术

1. 什么是流媒体

在网络上传输音/视频等多媒体信息目前主要有下载和流式传输两种方案。音视频文件一般都较大，所以需要的存储容量也较大；同时由于网络带宽的限制，下载常常要花数分钟甚至数小时，所以这种处理方法延迟也很大。流式传输时，声音、影像或动画等时基媒体由音视频服务器向用户计算机的连续、实时传送，用户不必等到整个文件全部下载完毕，而只需经过几秒或十数秒的启动延时即可进行观看。当声音等时基媒体在客户机上播放时，文件的剩余部分将在后台从服务器内继续下载。流式不仅使启动延时成十倍、百倍地缩短，而且不需要太大的缓存容量。流式传输避免了用户必须等待整个文件全部从Internet上下载才能观看的缺点。

那么什么是流媒体？简单说流媒体是指在网络中使用流式传输技术的连续时基媒体，如：音频、视频、动画或其他多媒体文件。而流媒体技术就是把连续的影像和声音信息经过压缩处理后放上网站服务器，让用户一边下载一边观看、收听，而不需要等整个压缩文件下载到自己机器后才可以观看的网络传输技术。该技术先在使用者端的电脑上创造一个缓冲区，在播放前预先下载一段资料作为缓冲，当网络实际连线速度小于播放所需的速度时，播放程序就会取用这一小段缓冲区内的资料，避免播放的中断，也使得播放品质得以维持。流媒体技术不是单一的技术，它融合了流媒体数据的采集、压缩、存储、传输以及网络通信等多项技术，是一种解决多媒体播放时网络带宽问题的软技术。

2. 流媒体技术的实现

流媒体实现的关键技术就是流式传输。流式传输定义很广泛，现在主要指通过网络传送媒体（如视频、音频）的技术总称。其特定含义为通过Internet将影视节目传送到PC机。在网络中要真正实现流媒体技术，需要解决诸如传输协议、数据压缩等多项技术问题。

流式传输的实现需要缓存。因为Internet以包传输为基础进行断续的异步传输，对一个实时音视频源或存储的音视频文件，在传输中它们要被分解为许多包，由于网络是动态变化的，各个包选择的路由可能不尽相同，故到达客户端的时间延迟也就不等，甚至先发的数据包还有可能后到。为此，使用缓存系统来弥补延迟和抖动的影响，并保证数据包的顺序正确，从而使媒体数据能连续输出，而不会因为网络暂时拥塞使播放出现停顿。通常高速缓存所需容量并不大，因为高速缓存使用环形链表结构来存储数据：通过丢弃已经播放的内容，流可以重新利用空出的高速缓存空间来缓存后续尚未播放的内容。

流式传输的实现需要合适的传输协议。流媒体传输协议与其他网络协议一样，是流媒体技术的一个重要组成部分。但它不同与HTTP、FTP传输协议，主要包括RTP（实时传输协议）、RTCP（实时传输控制协议）、RTSP（实时流协议）和RSVP（资源预留协议）。

RTP（Real－time Transport Protocol）是用于Internet上针对多媒体数据流的一种传输协议。RTP被定义为在一对一或一对多的传输情况下工作，其目的是提供时间信息和实现流同步。RTP通常使用UDP来传送数据，但RTP也可以在TCP或ATM等其他协议之上工作。当应用程序开始一个RTP会话时将使用两个端口：一个给RTP，一个给RTCP。RTP本身并不能为按顺序传送数据包提供可靠的传送机制，也不提供流量控制或拥塞控制，它依靠RTCP提供这些服务。通常RTP算法并不作为一个独立的网络层来实现，而是作为应用程序代码的一部分，实时传输控制协议RTCP。RTCP（Real－time Transport Control Protocol）和RTP一起提供流量控制和拥塞控制服务。在RTP会话期间，各参与者周期性地传送RTCP包。RTCP包中含有已发送的数据包的数量、丢失的数据包的数量等统计资料，因此，服务器可以利用这些信息动态地改变传输速率，甚至改变有效载荷类型。RTP和RTCP配合使用，它们能以有效的反馈和最小的开销使传输效率最佳化，因而特别适合传送网上的实时数据。

实时流协议RTSP（Real Time Streaming Protocol）是由Real Networks和Netscape共同提出的，该协议定义了一对多应用程序如何有效地通过IP网络传送多媒体数据。RTSP在体系结构上位于 RTP 和 RTCP 之上，它使用 TCP 或 RTP 完成数据传输。HTTP 与 RTSP 相比，HTTP 传送 HTML，而 RTP 传送的是多媒体数据。HTTP 请求由客户机发出，服务器作出响应；使用 RTSP 时，客户机和服务器都可以发出请求，即 RTSP 可以是双向的。

资源预订协议 RSVP（Resource Reserve Protocol），由于音频和视频数据流比传统数据对网络的延时更敏感，要在网络中传输高质量的音频、视频信息，必须在 IP 网络中引入一定的 QoS 机制。RSVP 协议就是基于这方面考虑而开发的，它可以让流数据的接收者主动请求数据流路径上的路由器，为该数据流保留一定的资源即带宽，从而保证一定的服务质量。

实现流式传输一般都需要专用服务器和播放器。

3. 流媒体的播放方式

（1）单播。在客户端与媒体服务器之间需要建立一个单独的数据通道，从一台服务器送出的每个数据包只能传送给一个客户机，这种传送方式称为单播。每个用户必须分别对媒体服务器发送单独的查询，而媒体服务器必须向每个用户发送所申请的数据包拷贝。这种巨大冗余首先造成服务器沉重的负担，响应需要很长时间，甚至停止播放；管理人员也被迫购买硬件和带宽来保证一定的服务质量。

（2）组播。IP 组播技术构建一种具有组播能力的网络，允许路由器一次将数据包复制到多个通道上。采用组播方式，单台服务器能够对几十万台客户机同时发送连续数据流而无延时。媒体服务器只需要发送一个信息包，而不是多个；所有发出请求的客户端共享同一信息包。信息可以发送到任意地址的客户机，减少网络上传输的信息包的总量。网络利用效率大大提高，成本大为下降。

（3）点播。点播连接是客户端与服务器之间的主动的连接。在点播连接中，用户通过选择内容项目来初始化客户端连接。用户可以开始、停止、后退、快进或暂停流。点播连接提供了对流的最大控制，但这种方式由于每个客户端各自连接服务器，因此会迅速用完网络带宽。

（4）广播。广播指的是用户被动接收流。在广播过程中，客户端接收流，但不能控制流。例如，用户不能暂停、快进或后退该流。广播方式中数据包的单独一个拷贝将发送给网络上的所有用户。使用单播发送时，需要将数据包复制多个拷贝，以多个点对点的方式分别发送到需要它的那些用户，而使用广播方式发送，数据包的单独一个拷贝将发送给网络上的所有用户，而不管用户是否需要，上述两种传输方式都会非常浪费网络带宽。

4. 流媒体产品介绍

目前在流媒体领域中，竞争的公司主要有 3 家：Microsoft，RealNetworks 和 Apple，它们的产品分别是：Windows Media、Real System 和 QuickTime。这里只介绍 RealNetworks 公司的 RealSystem 产品。RealNetworks 公司是世界领先的网上流式视音频解决方案的提供者，提供从制作端、服务器端到客户端的所有产品。它的客户端播放器 Realplayer 的全球注册人数已经超过了 1.6 亿人。RealNetworks 公司最新的网上流式视音频解决方案叫 RealSystem IQ，RealSystem IQ 容易安装，在高低带宽均可提供良好的视音频质量，但价格较贵。作为流媒体领域的主导厂商，RealNetworks 公司凭借其优秀的技术，占领了一多半的网上流式视音频点播市场。

（1）RealSystem 系统组成。RealSystem IQ 由服务器端流播放引擎（realserver）、内容制作、客户端播放 3 个方面的软件组成：

制作端产品：RealProducer 有初级版（Basic）和高级版（Plus）两个版本。RealProducer 的作用是将普通格式的音频、视频或动画媒体文件通过压缩转换为 RealServer 能进行流式传输的流格式文件。它也就是 RealSystem 的编码器（encoders）。RealProducer 是一个强大的编码工具，它提供两种编码格式选择：HTTP 和 SureStream，能充分利用 RealServer 服务器的服务能力。

服务器端产品：服务器端软件 RealServer 用于提供流式服务。根据应用方案的不同，RealServer 可以分为 basic、plus、intranet 和 professional 几种版本。代理软件 RealSystem Proxy 提供专用的、安全的流媒体服务代理，能使 ISPs 等服务商有效降低带宽需求。

客户端产品：客户端播放器 RealPlayer 分为 Basic 和 Plus 两种版本，RealPlayer Basic 是免费版本，但 RealPlayer Plus 不是免费的，能提供更多的功能。RealPlayer 既可以独立运行，也能作为插件在浏览器中运行。个人数字音乐控制中心 RealJukebox 能方便地将数字音乐以不同的格式在个人计算机中播放并且管理。

（2）RealSystem 的通信过程与协议。RealServer 使用两种通道与客户端软件 realplayer 通讯，如图 8－1 所示。一种是控制通道，用来传输诸如“暂停”、“向前”等命令，使用 TCP 协议；另一个是数据通道，用来传输实际的媒体数据，使用 UDP 协议。RealServer 主要使用两个协议来与客户端联系：RTSP（Real Time Streaming Protocol）和 PNA（Progressive Networks Audio）。

图 8－1　Encoder、RealServer 和 RealPlayer 之间的通信

在 RealSystem 中，通信过程可分为两部。

①Encoder 与 RealServer 之间的通讯。当 Encoder 需要向 RealServer 传输压缩好的数据时，通常使用 one－way（UDP）与 RealServer 通讯。而一些防火墙通常禁止 UDP 数据包通过，因此，RealProducer 可以设置成使用 TCP 协议的方式向服务器传输数据。

②RealServer 与 RealPlayer 之间的通讯。当用户在浏览器上点击一个指向媒体文件的链接时，Realplayer 打开一个与 RealServer 的双路连接，通过这个连接与 RealServer 之间来回传输信息。一但 RealServer 接受了客户端的请求，它将通过 UDP 协议传输客户请求的数据。

（3）Realplayer 播放过程。如图 8－2 所示，浏览器通过 HTTP 协议向 RealServer 服务器发出请求，URL 请求中包含激活 RAMGEN 的参数。指向被请求 SMIL 文件的 URL 引发 RAMGEN 自动产生一个包含 SMIL 文件位置的 RAM 文件，这个 RAM 文件将被传送给浏览器。RAM 文件的扩展名（.ram 或者 .rpm）将使得浏览器激活 RealPlayer 程序。

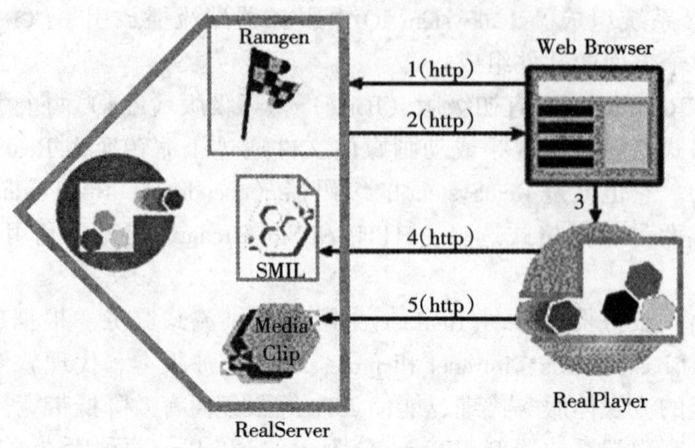

图 8－2　RealPlayer 的视频播放过程

RealPlayer 接受浏览器传递过来的 RAM 文件，然后用 RTSP 协议与 RealServer 进行通讯，请求该 RAM 文件中包含的 SMIL 文件。根据在 SMIL 文件中包含的信息，Realplayer 向 RealServer 请求、接受并播放媒体元素。

①RTSP 通信数据包格式。RealNetWorks 公司在 RealSystem 系统中率先实现了 RTSP 标准协议通信。RTSP 协议通信是一种有状态的通信，在语法及操作上均与 HTTP/1.1 很相似，但仍有许多方面区别很大，如 RTSP 服务一般需要保持状态，而 HTTP 本质上是无状态的。

对于 RTSP 通信，数据可以通过不同的协议进行传输（如 RDT 或 RTP）。目前，RealServer 通过标准的实时传输协议 RTP 和 Real 数据传输协议 RDT 两种数据包格式将流媒体数据发送到 RTSP 客户端。

②标准 RTP 通信。RTSP 客户端在 UDP 上使用 RTP 协议与 RTSP 服务器通信时建立 3 个网络信道，如图 8－3 所示：全双工 TCP 连接用来进行控制、协商，单工 UDP 信道用来使用 RTP 包格式传送媒体数据。全双工 UDP 信道访问 RTCP 用来向客户端提供同步信息，将包丢失信息发送给服务器。

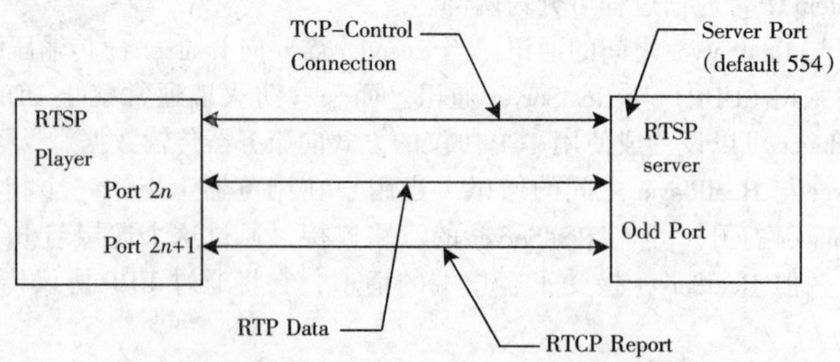

图 8－3　RTSP Client/Server 通信的标准 UDP 模式

③RealNetworks' RDT。当数据使用 RDT 发送时，RTSP 客户端与 RTSP 服务器通信时建

立3个网络信道，如图8－4所示：

全双工TCP连接用来进行控制、协商，单工UDP信道用来使用RTP包格式传送媒体数据。另一条UDP信道客户端用来向服务器请求重发送丢失的UDP媒体数据包。

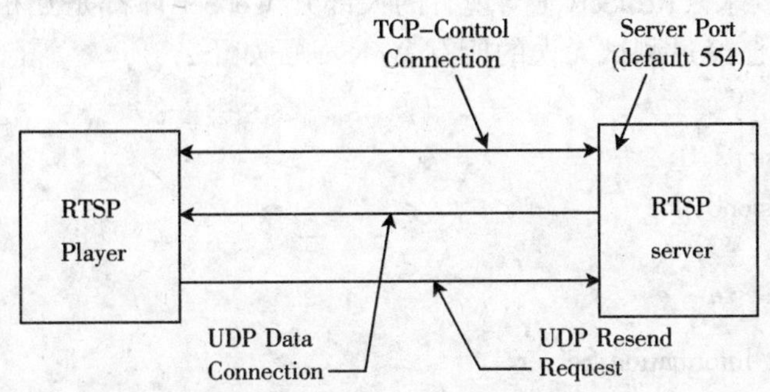

图8－4　RTSP Client/Server 通信的标准 RDT 模式

5．RealServer的系统需求

支持的操作系统及硬件见表8－1和表8－2。

RealServer支持的操作系统及硬件　　**表8－1**

Processor	**Operating System**
Intel Pentium	Windows NT 4.0 or 2000 Workstation or Server，Linux 2.2（glib c6），Free BSD 3.0
Sun SPARC	Solaris 2.6，2.7，2.8
IBM RS/6000 PowerPC	AIX 4.3
HP PA－RISC 2.0	HP－UX 11.x
R4000 running MIPS3 instruction set	IRIX 6.5

①内存需求。在原先RealServer占用的64MB可用内存基础上，每千字节数据流还要占用12K的内存。例如：

20kbit/s需占用240KB的内存；

100kbit/s需占用1200KB的内存。

比较常见的算法　　**表8－2**

Stream Data Rate	Max Size of Audience	Bandwidth Required	Example Connection
20kbit/s	60	1200kbit/s or 1.2Mbit/s	T1
60% 20kbit/s，40% 80kbit/s	100	4400kbit/s or 4.4Mbit/s	Fractional T3
80kbit/s	100	8000kbit/s or 8Mbit/s	10Mbit/s fractional T3
20kbit/s	2000	40000kbit/s or 40Mbit/s	T3

②存储需求。RealServer本身大约需要8MB的存储空间和另外的媒体数据流所需空间，算法如下：

磁盘空间=数据流速率（bit/s）×所需时间（s）÷8　　（bit）

对于自适应流式媒体文件的算法相对更困难一些，要求对每个嵌入式速率都进行运算。

③WebServer的要求。RealServer与现有的大部分WebServer都是互相兼容的，并且支持MIME格式的建立。已经过测试无误的所有WebServer如下：

Apache1.1.1;

CERNHTTPDversion3.0;

EMWCHTTPSversion0.96;

HTTPD4Mac;

MacHTTP;

Microsoft Internet Information Server;

NCSAHTTPDversions1.3or1.4;

Netscape Netsiteand Netscape Enterprise Server;

0'Reilly Website NT;

Spinnerversion1.0b12through1.0b15;

WebstarandWebstarPS。

6. 流媒体技术的应用

流媒体技术的应用广泛，可以从不同的角度来看待。

（1）从技术的角度分：

①视频点播；

②音视频网上直播。

（2）从应用的角度分：

①网上影视剧收费欣赏；

②网上音乐收费欣赏；

③重要活动直播；

④远程教育；

⑤交互教学；

⑥内部培训；

⑦产品介绍；

⑧远程监控；

⑨视频会议；

⑩远程医疗；

⑪针对宽带的网络游戏。

（3）从行业的角度分：

①企业：可用到内部培训、重要活动的网上直播、产品介绍、企业形象推广、视频会议、视频协作、远程监控、客户服务等；

②政府：内部培训、重要活动的网上直播点播；

③学校：远程教育、交互教学、电视转播；

④宽带运营商：远程监控ASP、视频会议ASP、影视剧收费服务、在线音乐收费服务、

网上直播服务。

目前，流媒体技术在国内应用最多的行业是教育，流媒体技术在学校可以有如下用途：

(1) 课件点播：从1995~2000年，全世界的远程教育市场规模以每年45%的速度扩张着。课件点播是远程教育的主要形式。它和传统授课方式比较具有如下优势：多媒体课件具有更丰富的表现力；而且，学生可以在方便的时候学习，更加灵活自由。实现方式如下：

先制作课件，将教师授课过程用摄像机拍摄下来，用采集卡（例如Osprey200）采集进计算机后编码成流媒体格式；将教材输入计算机；如果有必要，利用FLASH制作演示动画；搜集和课程相关的音视频素材，并转化成流媒体格式；最后，利用SMIL语言将教师讲课的录像、教材文本、FLASH演示和搜集到的其他素材集成在一起，制作出表现力丰富的多媒体课件。然后将课件放在流媒体服务器上，再集成到网站里，如果需要对学生收费，还要加上身份认证、计费的功能。这样，即实现了课件点播功能。

(2) 交互教学：随着教育改革的进展，学生可以更加自由的选择教师，这使得听名师授课的学生会很多，即使是很大的教室，也可能容纳不下。出现这种情况可以利用流媒体技术解决这一问题，解决办法如下：

将一台摄像机放在教师授课的教室，摄像机拍摄的教师授课过程实时的传输到流媒体编码机，经过采集卡的采集、编码后实时的上传到流媒体服务器，再由流媒体服务器实时发布到终端计算机，利用投影仪将教师授课过程实时的播放出来，供其他教室的学生观看。为了方便其他教室的学生在听课过程中实时的和教师讨论问题，可以在其他教室也安装摄像机，来拍摄提问学生的影像，经由编码计算机上传到流媒体服务器，再在教师授课的教室安装一台投影仪，用来播放提问学生的视频，从而达到教师和异地学生的实时交流。

(3) 电视转播：学生宿舍一般既有电视机，又有计算机。为了使学生能了解更多的信息，并丰富学生的业余生活，可在校园网上转播电视节目。利用电视卡接收电视信号，输出到视频采集卡，经过采集、编码、上传到流媒体服务器后，再集成到网站里，就可以在网上实时转播了。要转播几路电视节目，就需要几块电视卡和视频采集卡。

(4) 远程监控：虽然大学里罪案发生率比校外要低些，但也不是世外净土。为了增加学校内的安全系数，可以考虑实施远程监控系统。低成本的方式，可以利用免费版本的RealSystem或者Windows Media来实现，当然这样延迟会比较大，功能也不很全。如果想得到更好的性能，更多的功能，可以采用专门的基于MPEG4开发的监控产品。实现方式：在校园内适当的位置布置一些摄像机，因为一般一台编码计算机可负担4路监控输入，所以可以将摄像机每4路编为一组，连接到编码计算机的视频采集卡上。由编码计算机采集编码后上传到控制中心，在控制中心即可监视整个校园。另外，得到控制中心授权的用户还可以在校园网内安装监控客户端软件的联网计算机上查看各监控点。

(5) 视频会议：大学之间经常会有学术或者合作项目上的交流，利用视频会议系统会极大地提高办公效率。在IP网上的软件视频会议系统和基于硬件的传统视频会议系统比较，具有成本低、方便灵活的优势。教育网充足的网络带宽，更为实施视频会议提供了便利条件。

可以预见，流媒体技术在学校内会有更广泛的应用前景。

流媒体技术在企业里的主要应用包括职工培训、信息发布、产品介绍、远程监控、视频会议、客户服务等。

①职工培训　方便灵活。随着市场经济体系的逐步完善，国内的企业越来越重视对职工的培训。这样做不但可以提升企业的竞争力，还可以提高职工对企业的忠诚度。具体的实现方式是将培训课程做成流媒体格式的课件，放在公司的流媒体服务器上供本地和分支机构的职工点播。利用流媒体技术做培训，可以方便职工利用空闲时间学习。流媒体格式的文件占用网络带宽更少，因此可以降低成本，而利用 SMIL 语言可以使课件的表现力更丰富。企业不仅可以对内部职工进行培训，还可以对合作伙伴和客户进行培训，这对公司的业务同样有积极意义。当然，对不同的培训对象进行培训，需要编制不同的培训计划，制作不同的培训课件。

②信息发布　传播更广。作为企业，尤其是透明度更高的上市公司，经常需要发布一些重要信息。以前的发布方式主要是通过一些传统媒体，如电视、报纸等，其缺点是成本高、只能覆盖某些特定地理区域。现在，利用流媒体技术，可以在互联网上面向世界发布，极大地降低了成本并扩大了覆盖面。对于一些重大事件的网上发布，可能观看的人会比较多，从而造成比较大的网络流量，需要配置比较高的服务器和比较大的网络带宽。企业可以自己配备流媒体系统，但如果考虑到事件结束后服务器和网络带宽会有比较大的闲置，也可以租用主机提供商的流媒体服务器和 CDN（Contents Delivery Network，内容分发网络）服务提供商的 CDN 服务。

③产品介绍　生动活泼。经过了 2000 年的“企业上网年”，大多数企业建立了自己的网站。网站上基本都有自己的产品和服务介绍，通常是用文字和图片的方式。如果能够利用流媒体技术介绍自己的产品，会有更好的表现力。实现方式也很简单，只要将自己拍摄的产品介绍利用采集卡和流媒体编码软件转化为流媒体格式的文件，然后放到自己的或者租用的流媒体服务器，网民就可以看到了。此种方式不但可以利用流媒体技术介绍产品，还可以用它来宣传企业形象。

④视频会议　经济高效。美国“9·11”事件后，为了减少乘机风险，视频会议的应用越来越多。视频会议系统适用于那些有分支机构的企业，或者需要经常和合作伙伴交流的企业。视频会议系统可以明显地提高工作效率。

随着网络带宽的增加及流媒体技术的成熟，软件视频会议系统逐渐被大家所看好。除了具有成本上的优势，软件视频会议系统还可以增加很多附加功能，如会议主席、会议中的流程控制、共享文档等。硬件视频会议对网络要求非常苛刻，不仅要求带宽的保证，而且要求网络中不能存在任何防火墙，软件视频会议则可以在大多数互联网环境下使用。

8.1.4　多媒体技术研究的主要内容

1. 视频音频数据压缩与解压缩技术

多媒体数据的一个显著特点就是数据量大，如音频媒体，1min 的 CD 音质的声音文件大小约为 10MB，一幅 640×480 的 24 位 RGB 图像，其数据量为 900KB，而 1min 的 PAL 制式的视频文件大小约为 29.7MB。对于如此大的文件数据，如果不进行压缩，将给存储和传输都带来极大的问题。对视音频数据的压缩与解压缩方法，人们研究了半个世纪之久，提出了许多行之有效的算法，国际标准化组织也相继推出了一系列的标准。例如音频编码技术，20 世纪 60 年代实现 64kbit/s 的 PCM 算法，70 年代出现 32kbit/s 的 ADPCM，到 90 年代，使用矢量和码本激励线性预测算法可压缩至 8kbit/s 甚至更低。国际标准有 G 系列音频标准，适用于连续色调、多级灰度、彩色/单色静态图像压缩的 JPEG，用于运动图像及其伴音的 MPEG 系列，用于视频电话和视频会议的 H 系列等。

数据压缩解压缩技术是多媒体技术的一个主要研究内容，是多媒体普及推广的一个前提。随着应用领域的扩大，应用要求的提高，这方面的研究还在不断深入，以期获得更高的压缩比和更好的恢复质量。

2. 多媒体专用芯片技术

多媒体数据的压缩和解压缩、播放处理、以及特技等的实现，都需要大量计算，只有采用专用芯片，才能获得较快的处理速度，取得满意的效果。

多媒体专用芯片可分为两类：一类是固定功能的芯片。一类是可编程的数字信号处理器 DSP 芯片。最早推出的固定功能的专用芯片是静态图像处理的压缩处理芯片，后来又有支持运动图像及其伴音的 MPEG 标准芯片，以及多功能视频压缩芯片。

3. 多媒体数据存储技术

多媒体数据的保存一方面依靠数据压缩技术，另一方面则依靠存储技术。存储设备的变革一直没有停滞，从最早的纸带穿孔、磁心、磁带、磁盘到光盘、磁光盘等。随着多媒体技术的发展，光盘技术也逐步走向成熟，光盘种类也从只读存储器发展到读写型、可擦写型等。

目前一片 CD－ROM 盘片容量为 650MB，一片 DVD 盘片的容量最小为 4.7GB，最大可达 17GB。并且光盘存储技术还在不断发展，存储容量还将提高。

4. 多媒体网络和通信技术

多媒体通信要求能够综合地传输、交换各种信息类型，而不同信息类型又呈现不同的特征。比如语音、视频等动态媒体有较强的适应性要求，它容许出现某些比特的错误，却对实时性要求高。而对与数据文本等静态媒体容许有一定的延时，但不容许出错。传统的通信方式各有各的优点，但又都有各自的局限性，不能满足多媒体通信的要求，因此，研究适用于多媒体数据特点的网络和通信技术，是保证多媒体通信实施的前提条件。

5. 多媒体硬件平台技术

硬件平台是实现多媒体系统的物质基础。在过去的研究与开发中，每一项重要的技术突破都直接影响到多媒体的发展与应用的进程。大容量的光盘、数字视频交互卡等都曾直接推动了多媒体技术向前迅速发展。在这个方面，输入、输出、处理、存储、管理、传输等都是需要研究的内容，包括各种技术和设备。

各种多媒体的外部设备现在已经成为了标准配置，例如光盘驱动器、声音、适配器、图形显示卡等，而现在的计算机 CPU 也都加入了多媒体与通信的指令体系，许多过去不敢想像的性能在现有的计算机上都成为了可能。扫描仪、彩色打印机、带振动感的鼠标、机顶盒、交互式键盘遥控器、数码相机等，都越来越普及到每个家庭。像 DVI、CD－I 这两个最早的典型视频多媒体接口虽具有里程碑意义，但当前确实已经没有任何应用价值。多媒体现在已经在向更复杂的应用体系发展，其硬件平台自然要更加复杂，例如视频点播系统、虚拟显示系统等。目前在基于网络的、集成一体化的多媒体设备上在做更多努力。

6. 多媒体软件平台技术

在软件方面，随着硬件的进步，也在快速发展，从操作系统、编辑创作软件，到更加复杂的专用软件，早已是遍地开花，形成了相应的工业标准，产生了一大批多媒体软件系统，特别是在 Internet 发展的大潮之中，多媒体的软件更是得到了很大的发展，还促进了网络的应用。

多媒体操作系统是多媒体的基本操作环境。一个系统要能够是多媒体的，其操作系统必须首先是多媒体化的。但是，将计算机的操作系统转变成为能够处理多媒体信息，并不是增加几个多媒体设备驱动接口那么简单。其中基于时间媒体的处理就是最关键的环节。媒体是传播信息的载体，而空间和时间则是信息表现与交互的舞台。研究多媒体，必须首先研究媒体的时间和空间性质与相应的处理方法，必须要充分考虑基于时间的连续媒体的特性。对连续性媒体来说，多媒体系统必须能够支持时间上的时限要求，支持对系统资源的合理分配，支持对多媒体设备的管理和处理，支持大范围的系统管理，支持应用对系统提出的复杂的信息连接的要求。这些问题集合起来，就是对多媒体系统设计提出的主要要求。

7. 多媒体信息管理技术

超媒体被有的人称为天然的多媒体信息管理方法，它一般也采用面向对象的信息组织与管理形式，由于多媒体各个信息单元可能具有与其他信息单元的联系，而这种联系经常确定了信息之间的相互关系。因此各个信息单元将成一个由节点和各种不同类型的链构成的网，这就是超媒体信息网。超媒体在多年的理论研究的基础上，出人意料地在 Internet 上找到了自己的最佳位置，不仅引爆了 Internet 网的应用，而且也将自己大大地扩展。这就是 Web 技术，它为我们带来的不仅仅是限于超媒体这个领域的东西，更多的是对信息管理方面的巨大变革。

多媒体的数据量巨大、种类繁多，各种媒体之间的差别十分明显，但又具有种种信息上的关联，这些都给数据与信息的管理带来了新的问题。处理大批数据主要有两个途径，一是扩展现有的关系型数据库，二是面向对象数据库系统，以存储和检索特定信息。在多媒体信息管理中最基本的是基于内容检索技术，其中对图像和视频的基于内容的检索方法将是主要的内容。

8.2 多媒体技术的应用

人类社会已进入信息社会，各种信息以极快的速度出现，人们对信息的需求在日益增加，这个增加不仅表现在数量的剧增，同时还表现在信息种类的不断增加。社会的文明程度可以用信息交换的手段来衡量。愈是发达的社会，信息的产生和交换愈是频繁。技术的进步和发展为通信提供了各种手段，常用的电报可以用电码来传递信息；电话可以用声音使双方进行交流；传真可以把各种信件、图表和真迹传给对方。而多媒体技术的主要目标之一就是满足人们对各种信息的处理和交流的需求，多媒体技术与计算机技术、通信技术相结合发展而成的多媒体通信技术，又为人们提供了更多样、更先进的通信手段。多媒体通信技术是在计算机技术、电视技术和通信技术的基础之上建立和发展起来的，是它们相互渗透、相互影响的结果。它突破了计算机、电话、电视等传统产业的界限，把计算机的交互性、广播电视的实时性、通信系统的分布性、多媒体业务的综合性融为一体，向人们提供综合的信息服务。

除简单的多媒体应用以外，多媒体系统一般说来都是基于网络的分布应用系统。多媒体通信网络系统将为多媒体的应用系统提供多媒体通信的手段。这种手段不仅仅是可以支持快速的、高带宽的通信和数据交换，更重要的是它可以支持符合多媒体信息特点的通信方式，如实时性要求、同步性要求等。要想广泛地实现信息共享，计算机网及其在网络上的分布化、协作性操作就不可避免。基于计算机的会议系统、计算机支持的协作工作、视频点播及交互式电视技术的研究，将缩小个体工作与群体工作的差别，缩小地区局部性合作与远程分布性合作的差别，使其能更有效地利用信息，超越时间和空间的限制，协同合作，相互交流，同时也可以节省大量的时间和经费。

在本章将介绍多媒体技术在智能建筑中的一些具体应用。由于多媒体技术涉及到的范围广，它的应用也是极为广泛的。不仅涉及到计算机的各应用领域，也涉及到教育训练、消费性电子产品、通信、传播、电子出版、商业广告及购物、文化娱乐、各种设计等领域或行业。这里以视频点播、视频会议、可视电话为主，同时也简单介绍一些其他应用。

8.2.1 视频点播 VOD

在现行的电视节目中，收看者完全是被动的。节目提供者播放什么节目，观众就只能看什么节目，节目时间也是固定不变的。尽管电视台可以提供很多的节目，但要想真正完整地收看到一个自己满意的节目，对于许多人来讲也是不太容易做到的，因为在快节奏的现代社会中，许多人不可能为了看某一个电视节目而预先安排自己的时间。被迫习惯了这种被动收看方式的人们，对于有朝一日能够按照自己的需要自由地点播，充满了美好而迫切的憧憬。为了使人们摆脱这种被动地位，有人想到能不能像点播广播节目那样点播电视节目呢？最初的解决办法有两种形式，一种是延时广播，即人们通过电话或其他信息方式通知服务台自己想在哪个时间段收看什么节目。到那时，对方就按你的要求播放你点播的节目，还有一种方式是服务台每隔一段时间就从头广播一套节目，这样你总能看到节目的开头，这两种方式虽然可以给用户一定的主动权，但从本质上讲，它们还是广播业务，因为用户还是无法随时控制节目进行暂停、重放、快放、慢放等操作。于是，人们开始研究交互式电视系统，以期实现用户能够随时点播收看自己想看的精彩节目。这在以前还是异想天开的事，而现在计算机技术的发展及数字通讯技术的长足进步使得人们的憧憬变成了现实。用户只要操作遥控器，主动点播，即刻就可心想事成，收看和欣赏节目库中自己喜爱的任意节目，并可进行快慢等自由的控制，节目内容除了影视节目、卡拉 OK 外，还包括提供查询、浏览、指南、交易、广告、教学等各类节目。VOD 就是在这种背景下产生和发展的。

1. 基本概念

VOD（Video on Demand 的缩写）的意思是“视频点播”，也叫点播电视。它是一种最近发展起来的用于家庭娱乐的多媒体通信系统，是多媒体通信应用的一个典型代表。ITU－T 对它的定义是：VOD 是这样一种业务，即用户可以根据自己的需要在任意时刻收看信息库中的任意一个视频节目，而用户无须为接收信息去适应信息发送者在时间、内容等方面的安排。VOD 具有提供给单个用户对大范围的影片、视频节目、游戏、信息以及其他服务进行几乎同时访问的能力，用户和被访问的资料之间高度的交互性使它区别于传统的视频节目的接收方式。下面引用一个例子，来说明用户是怎样接受信息的，具有什么样的应用需求。

接近中午时，用户考虑想看看电影，他拿起了遥控器，按动一个功能键，打开电视机。电视屏幕上显示一组菜单，菜单项包括：电视、电影体育、新闻、购物等。

如果该用户决定观看一部电影，于是用遥控器选择“电影”菜单，下一级菜单把电影分为：浪漫传奇片、动作惊险片、经典著作片、科幻片、戏剧片等。如果用户选择动作惊险片，下一级菜单显示一系列动作惊险片的片名。他选择史泰龙主演的“攀岩者”。选定电影后，他想到还没有吃午饭，于是再选择购物菜单，屏幕上显示卖比萨饼店。他操纵遥控器，走进饼店，选购了某种口味的比萨饼。屏幕上通知用户30min以内比萨饼将送到。用户不必告诉将比萨饼送到哪儿，因为系统知道用户是谁，在什么地方。接下来，他又选购了饮料。购完物后，返回到电影画面。屏幕上出现用户选择的电影中的一些节选镜头序列，使用户再次确定是否要看这部片子，从哪个镜头开始看。用户确认后，电影开始播放。

从开始选择到电影播放大概花了2min时间。电影开始后不到半个小时，门铃响了，送比萨饼的人来了。用户接过比萨饼，但不需付现金，因为系统已经通过信用账户付过钱了，用户只需付点小费。该用户到厨房取些餐具，然后回到电视机旁接着观看电视。

在这个过程中，可能错过了几分钟的精彩片段，这时，他可以拿起遥控器，按某个功能键，屏幕上立刻显示出15个小屏幕，每个小屏幕表示同一部影片中不同的起始段，用户选择自己刚刚看过的后面一个片段，从那里（被打断的地方）重新开始观看。

用户边看电影边用餐，电视又放了12min后，出现了一个令人作呕的画面，他拿起遥控器，按功能键，屏幕上出现了小屏幕。用户选择跳过这个场面的下一个片段，继续收看。以这种方式，用户可以比录像机更快地绕过一些恐怖的或无聊的情节，因为他可以从一组小镜头中随意访问任何一个镜头。

随着计算机技术（特别是多媒体数据压缩解压缩技术）、通讯技术、广播电视技术的发展，上述美好的情景已从愿望变成现实。

一个VOD系统可以分成节目制作中心、服务器、网络传输和用户终端几个子系统，如图8-5所示。其中网络传输部分又可分为交换网和接入网，对于规模较大的VOD系统，节目制作中心和服务器之间也由网络连接，对于规模较小的VOD网络，节目制作中心和服务器可以合并在一起，称之为视频服务中心。

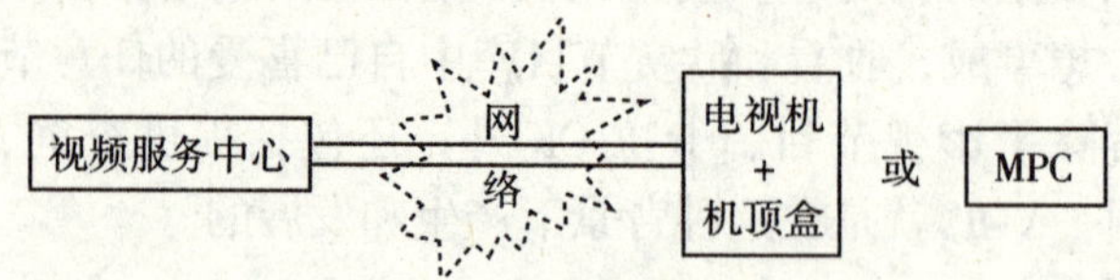

图8-5 VOD系统组成

VOD用户终端可以是电视机+机顶盒或多媒体计算机（MPC），网络可以是电信网、CATV网或计算机网，通过网络，把点播节目的指令送给视频服务中心。视频服务中心实际上是一个由高速计算机控制的庞大的多媒体数据库，它在检测到用户的点播指令后，立即将用户所需的节目发送给用户，这种互动方式称之为交互式电视系统（ITV）。VOD业务允许用户根据自己的需要可在家庭、办公地点选择节目（如电影、电视、VCD、MTV等娱乐节目、教育），是面向家庭消费者的业务。如果说视频会议系统关系到各个企业、事业单位，则 VOD 关系到千家万户。国外有关专家分析指出：VOD 是当前最有希望的多媒体业务，是多媒体通信应用的一个代表性的方向。

目前，世界上许多国家都在试验和发展 VOD。它的出现使得电视机变成了一种可以随机获取的媒体，更像是一本书或是一张报纸，可以浏览，可以调整，不再局限于某一时间或日期。VOD 的本质是信息的使用者根据自己的需求主动获得多媒体信息，它区别于信息发布的最大不同：一是主动性、二是选择性。从某种意义上说这是信息的接受者根据自身需要进行自我完善和自我发展的方式，这种方式在当今的信息社会中将越来越符合信息资源消费者的深层需要，可以说 VOD 是信息获取的未来主流方式在多媒体视音频方面的表现。VOD 的概念将会在信息获取的领域快速扩展，具有无限广阔的发展前景。

2. VOD 分类

（1）TVOD：VOD 业务是一种交互式的多媒体业务，VOD 用户不但可以收看电视节目，还可以对节目实行多种控制。如同控制录像机那样，可以进行倒带、暂停、快进、快退以及搜索等操作。这是一种标准的 VOD 系统，也称为真点播电视（TVOD—True Video on Demand）。每个用户都可占有一套节目，视频服务器对用户的点播能即时响应。也就是说 TVOD 要求能够随机地、以任意间隔对开始播放的视频节目的任意帧作即时的访问，即要求存储设备能够迅速地从一个随机的位置切换到另一个位置。要实现这些功能，不仅视频服务器和视频磁盘驱动器要求较高，而且通信信道的费用也比较昂贵。

（2）与 TVOD 相对应，还有一种叫准 VOD 系统（NVOD—Near Video on Demand），它是一种非对称的双工传输系统，对前端及网络系统没有 TVOD 那样严格的要求，但用户的控制权也要受到限制。其功能稍逊于 TVOD，如实时性，用户在发出指令后要等待一段时间才能看到所点播的节目。NVOD 只要求从选择节目到发送节目之间的时间能够被用户所接受即可。这种情况下，时间间隔为几秒到几分钟。在这段时间间隔中，系统可以向用户终端发送准备好的资料，包括广告、视音频插曲等，使用户的等待感觉减少。NVOD 是把一个节目分段地组织成多个线程，每个线程偏移一段时间进行播放，用户从中选择。也即充分利用数字信号丰富的频道资源，在多个频道循环播放同一个节目。图 8-6 表示利用 9 个频道，每隔 10min 重新播放一部 1.5h 的影片时的进度情况，用户从头收看节目的等待时间最多为 10min。

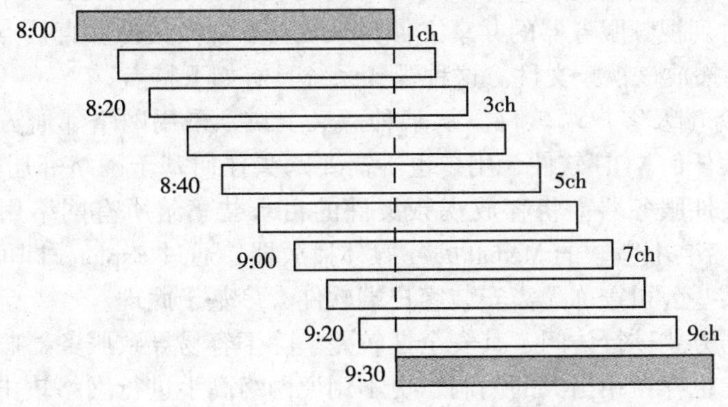

图 8-6　利用 9 个频道循环播放一部影片

准 VOD 这种工作方式实质上是结合广播方式和交互方式各自工作的优点，既具有广播方式的高效率低成本的特点，又具有交互方式的按需获取的特点。与标准 VOD 系统相比，可以大大减少系统的投资，提高设备的利用率。

3. 实现方案

根据不同的质量要求和实现方式，可有以下几种常见的点播方式。每一种点播系统均能提供相应的点播服务给用户，差别在于各种系统的服务性能、扩展性能、安全性能以及与标准的接轨程度。

（1）基于计算机网络视频应用系统。在计算机网络中，终端用户可以在网络数据库中提取信息。根据这一原理，可以把节目放在网络服务器里，用户可通过网络从服务器中提取所需要的节目进行观看，这里系统主要考虑的是在有限的带宽中提供尽可能好的视频、音频服务。对运行于窄带计算机网络的视频应用系统，用户连接的带宽主要为 33.6kbit/s，56kbit/s，128kbit/s 等窄带连接，其提供的视频、音频质量是无法和 VCD 或模拟电视相比的。微软的 NetShow/MediaServer、RealNetWork 的 RealServer、Cisco 的 IP/TV 广播系统均提供了这方面的产品。

（2）有线电视模拟视频点播应用系统。中心服务器将用户点播节目的数字信号，通过 VCD 解码转换成视频信号，然后通过有线电视模拟调制器，将每个用户的视频信号分别调制成一路射频信号在 HFC 上传输，客户端通过 TV 接收。由于受限于 HFC 上能传输的频道数，所以可扩展的空间有限。

该种方式的点播，格式上只支持 VCD/MPEG－1 及图形叠加，无法支持 DVD/MPEG－2，Divx/MPEG－4，甚至 MP3 音乐等。该种方式的点播，采用电话线路作为回传，适用于有内部电话线路的用户。

（3）有线电视数字视频点播应用系统。采用与有线电视的数字高清晰电视一样的方式，将数字信号调制成射频信号在 HFC 上传输，用户端再用专用的机顶盒将数字信号解调还原出视频信号。

该种方式的点播，一般采用电话线路作为回传，由于点播过程中电话线不宜实时连线，只能做到有限的交互，比如无法实时的快进快退操作，属于准视频点播系统。采用这种方法可以在一定程度上改善模拟方案频道过少的缺陷。

（4）基于网络邻居的视频系统。采用这种方式的视频系统，在客户端 Windows 的"网上邻居"中可以看到视频服务器的共享文件目录及共享视频文件。直接点击视频文件即可启动 MediaPlayer，播放该视频文件。这种视频系统具有如下特点：

没有 VOD 服务端及客户端软件。从某种意义上讲，采用网络邻居方式，服务端及客户端并不需要开发任何 VOD 软件，用户也不需要购买任何基于网络邻居方式 VOD 软件系统。用户只要在文件服务器上将存放视频文件的目录共享给所有网络用户，在客户端有 Windows98 系统或者装上微软的 MediaPlayer 媒体播放器，通过 Explorer 即可进行所谓的网络邻居视频点播。某些公司宣称无需安装客户端软件大多基于此理。

通过网络邻居方式进行访问，其安全性较差。除了容易导致服务器收到非法帐号的侵袭外，帐号管理上也存在相当大的漏洞，更不用说网络高手进行网络攻击了。由于服务器资料均有一定的权限，将服务器的资料目录共享出来，一旦泄密，将造成服务器资料外泄，严重的造成所有资料外泄，所有口令密码外泄，造成严重损失。这也是为什么因特网上不采用网络邻居协议的主要原因了。

另一方面，这种系统的服务稳定性也较差。网络邻居方式直接采用操作系统（如 Winnt）的文件服务功能作为视频服务器。服务器操作系统的文件服务功能，其读盘，调度是针对文件服务处理的，与视频音频不同，对文件来说，内容早一点服务，晚一点服务不会出问题，而视频音频则不同，晚一点才获得的视频音频会导致客户端产生图像停顿、声音抖动。采用文件服务器无法保证每个用户得到持续、平稳的视频数据服务。

(5) 基于 IP 技术的视频点播系统。基于 IP 技术的视频点播是目前视频点播系统发展的方向，能够提供包括视频点播、视频广播、实时转播以及新闻录制等在内的完整的视频解决方案，同时具有较为完善的 PC、数字机顶盒、无盘工作站等末端支持以及用户管理、课程管理、计费管理等系统，在存储、集群、点播性能等方面均有较为满意的效果，能够提供完整的视频点播方案以及软硬件配套方案。这种点播系统有如下优势：

①安全性。通过 TCP/IP 方式传输，服务器不共享任何目录给用户，用户不需登录服务器，用户端在 Windows 的“网上邻居”中看不到视频服务器的任何视频资料。

②服务稳定。采用专用视频点播软件进行服务器的读盘请求，系统调度，可保证服务器持续、稳定的从存储系统中获得用户所需的视音频数据。

③发送稳定。采用专用视频点播软件进行服务器的网络发送调度，可保证服务器持续、稳定的将内存视音频文件发送到客户端，网络可优先处理视频音频数据，保证用户端可得到稳定的视频流，看到平稳的视频。同时在客户端及服务端均有很好的缓存机制，可抵消网络瞬间抖动对用户端的视频音频的影响。

④节约服务器授权费用。基于 TCP/IP 的视频系统，每个用户不需要登录到网络视频服务器，视频服务器自然也不用为每个点播用户购买登录连接授权。

4. 基本功能

一个好的视频点播系统应具备以下基本功能：

(1) 强大的点播功能：自动搜索视频服务器和视频节目表单；因为采用多级索引结构，用户能够迅速查找喜爱的节目；多人同时点播同一或不同节目，也能流畅观看；提供进度条、总时间和播放时间显示；提供播放、暂停、停止、窗口/全屏切换等功能。

(2) 卓越的视频服务：在大量用户点播节目时要能实时存取视频数据，保证数据通畅无阻地到达每一位用户，要能支持从几十点到几百点并发的视频点播。任何人均可依照个人喜好或需要在视频点播服务期内点选节目播放，不论节目长短，声音图像要清晰逼真。

(3) 完善的目录管理机制：可随意添加、删除或修改目录、视频节目；多级目录索引，轻松管理视频节目；可打开、保存、修改不同的节目表单；实时状态显示，能够随时反映出各个节目的播放状态，点播人数。

(4) 支持多种视频格式：支持 MPEG1、MPEG2、AVI 等多种格式的数字视频文件。

另外，对于一个完整的视频应用系统还应包含：

(1) 实时转播功能：将实时的视频信号（摄像头信号、电视信号）实时压缩成数字信号，通过广播形式传送到每一个请求的客户端。在一台服务器可以实时转播多台实时数字电视信号。

(2) 视频广播功能：将存储的数字视频信号通过广播形式传送到每一个请求的客户端。

5. 系统构成

整个 VOD 系统的结构由 3 个子系统组成，即前端子系统、网路子系统和用户终端子系统。前端子系统（视频服务中心）一般由视频伺服器、各种档案管理伺服器以及控制网路部分组成。各种档案管理伺服器主要完成一些用户数据管理和计费工作，以及影视材料的整理工作和安全保密等。控制网路部分主要完成各种伺服器中的各种数据传递的工作，后台的影视材料和资料的交换。视频伺服器主要由存储系统和建立其上的各种控制器管理系统组成，其目标是实现压缩媒体资料的存储，以及按请求进行媒体数据的检索和传输。视频伺服器与传统的资料伺服器在很多方面有显著不同，需要解决许多问题，以求能够支援新功能，例如：媒体资料检索、数据流的即时传输以及数据的加密和解密工作。对于互动式的 VOD 系统来说，前端系统还需要完成诸如用户及时请求处理、允许控制（admission control)、支援 VCR 服务等功能。网路子系统包含主干网路和本地网路系统两部分，是影响连续媒体网路服务系统性能的关键部分。由于媒体服务系统的网路部分投资巨大，所以在设计时不仅需要考虑当前的媒体应用需要，而且还要考虑将来发展需要和相容性。当前，用于建立这种服务系统的网路物理介质主要是：CATV 的同轴电缆、光纤、双绞线和无线网。而采用的网路技术主要是：以太网、FDDI 和 ATM 技术。这些网路实现技术都有各自具体的服务物件、带宽范围和环境特征。终端子系统是用户终端设备，是使用者与某种服务或服务提供者进行互操作的媒介。实际上，在电脑系统中，它是由带有显示设备的 PC 终端完成；在电视系统中，它是由电视机加机顶盒（Set - top Box）完成；而在未改造的电话系统中，它是由电话预约完成。在客户终端系统中，除了处理硬体问题外，还需要处理与之相关的各种软体技术问题。例如，为了满足用户的多媒体交互需求，客户系统的介面必须加以改造。此外，在进行连续媒体演播时，媒体流的缓冲管理、声频与视频资料的同步、网路中断与演播中断的协调等问题都需要进行充分的考虑。

6. 视频服务中心

视频服务中心通过通信网络面向众多的用户，是 VOD 系统中最为核心的部分之一，它是由软硬件设备构成的一个复杂组合体。它能够大容量地存储经压缩的视频数据，并能按照各种要求并行播放它们：

(1) 可能有许多用户同时点播不同的节目；

(2) 或者同时点播同一个节目的同一部分；

(3) 或者同时点播同一节目的不同部分等。

视频服务中心必须能满足用户的这些要求，具有允许访问、数据重放、数据加密及播放控制等功能。此外，还要满足每个用户的暂停、快进、快退等类似于录像机操作的要求。其组成如图 8 - 7 所示。

图中各部分功能为：

节目录入工作站——录制各种影视节目，它可以把磁带、LD、VCD 等片源的音频、视频信号进行数字压缩，存储到影视库中供用户点播。

辅助制作中心——根据图文编辑系统丰富的字幕和特技功能，编辑制作各种图文画面及视频、音频节目。主要用于字幕、歌单、广告、图文页等制作，以便在用户点播时间播出。

视频压缩系统——对所录节目进行数据压缩。

播控系统——接受或拒绝用户点播请求。当用户请求被接收时，向视频服务器的码流检索并给输出系统发出相应的操作指令。

计费系统——完成用户开户、点播授权、点播结算、报表统计等。

调制器——把用户点播的影视信号调制到指定频道上供其收视。

交换系统——接收和发出各种指令。用于接收用户打入的电话并对其点播的节目进行自动编辑。它可同时接入多部用户打入的电话，按其要求自动安排播出时间，并对用户的指令（语音）进行检查、修改、决定是否播出。同时，还可以在节目播出时加字幕、照片等。

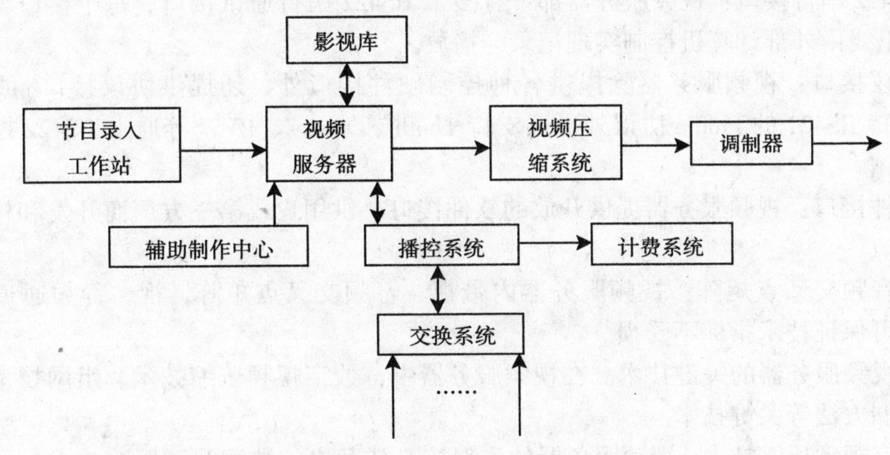

图 8－7　视频服务中心各组成部分

视频服务器——根据播控系统的指令控制节目的播出，连接录入工作站，补充和更新影视库。

(1) 视频服务器。视频服务器是一种对视音频数据进行压缩、存储及处理的专用计算机设备，它在广告插播、多通道循环垫播、延时播出、硬盘播出及视频节目点播等方面都有广泛的应用，是 VOD 系统中最关键的部件。视频服务器采用 M－JPEG 或 MPEG－2 等压缩格式，在符合技术指标的情况下对视频数据进行压缩编码，以满足存储和传输的要求。它使用 SCSI 接口硬盘或 FC 接口硬盘作为视音频数据的在线存储器，具有多通道输入输出、多种视、音频格式接口。可配备 SCSI、FC 等网络接口进行组网，实现视音频数据的传输和共享。视频服务器由视音频压缩编码器、大容量存储设备、输入/输出通道、网络接口、视音频接口、RS422 串行接口、协议接口、软件接口、视音频交叉点矩阵等构成。

①视音频压缩编码器：由于视频数字化后，数据量很大，故要利用成熟的压缩技术，将视频数据在满足技术指标要求的条件下进行高压缩比的压缩，满足存储和传输要求。视频服务器一般采用 M－JPEG 或 MPEG－2 等压缩编码器，用户可根据实际情况选择压缩码率和压缩结构，以适合于各种不同的播出场合，达到既节省硬盘空间，增加节目存储量，

又能保证播出质量的目的。

②大容量存储设备：视频服务器使用高速、宽带的SCSI接口硬盘或最先进的FC接口硬盘作为视音频素材存储介质。同时视音频数据的硬盘扩充也比较灵活。

③输入/输出通道：视频服务器具备多通道输入/输出系统，使多路录入、播放能同时进行，实现多任务。

④网络接口：视频服务器都带有网络接口，方便组网，实现数据共享。一般视频服务器都带有FC和以太网接口。FC光纤网采用IP协议作为视频服务器之间快速、实时复制和移动素材的交换网络，以太网用于传送控制数据和状态检测的信息。

⑤视音频接口：视频服务器都带有标准视音频接口和模拟监视视频接口，方便监视各通道的视频信号。输入/输出信号可以在模拟、分量和SDI中选择。

⑥RS422串行接口：视频服务器都带有多个RS422串行通讯接口，每个接口均可通过RS422通讯线由外部计算机控制实现记录与播放。

⑦协议接口：视频服务器除提供各种控制硬件接口外，还提供协议接口。如RS422接口除支持RS422的Profile协议外，还支持Louth、Odetics、BVW等通过RS422控制的协议。

⑧软件接口：视频服务器提供开放的软件接口，供用户或第三方厂商开发和构建新的应用方式。

⑨视音频交叉点矩阵：视频服务器内带视、音频交叉点矩阵，视、音频通道调度灵活，同时可保证技术指标不受损。

（2）视频服务器的关键技术。在视频服务器中，数字视频压缩技术、组网技术、存储介质与存储方法等关键技术。

①数字视频压缩技术。视频服务器的关键核心技术之一数字视频压缩技术，目前在视频服务器中实用的是M－JPEG和MPEG－2两种。

M－JPEG技术即运动静止图像（或逐帧）压缩技术，广泛应用于非线性编辑领域可精确到帧编辑和多层图像处理，把运动的视频序列作为连续的静止图像来处理，这种压缩方式单独完成压缩每一帧，在编辑过程中可随机存储每一帧，可进行精确到帧的编辑，此外M－JPEG的压缩和解压缩是对称的，可由相同的硬件和软件实现。但M－JPEG只对帧内的空间冗余进行压缩，不对帧间的时间冗余进行压缩，故压缩效率不高。采用M－JPEG数字压缩格式，当压缩比7:1时，可提供相当于Betecam SP质量图像的节目。

MPEG－2使用多帧压缩技术，传输码率为4～50Mbit/s可变，MPEG－2对图像序列中不同的帧采取不同的压缩编码方式，应用运动补偿帧间预测与DCT编码，在帧间压缩中以若干帧图像作为一个图像组进行处理，帧内压缩与帧间压缩相结合的方法，大幅提高压缩率，而且对图像质量影响不大。压缩后传输速率相当于Motion－JPEG的一半就可得到相同质量的节目，节约了大量的存储容量，MPEG－2的压缩和解压缩是一个不对称的技术装置，压缩的过程、器件及算法比解压缩要复杂的多，各MPEG－2压缩器件设计厂商的压缩方法和器件可以不一样。但MPEG－2的解压缩是标准的，不同厂家设计的压缩器件压缩的数据可由其他厂家设计解压缩器来解压缩，这一点保证了各厂家的设备之间能完全兼容。MPEG－2已成为数字电视传输的统一标准，未来大量的节目传输，变换和存储都将采用MPEG－2格式。

MPEG－2 具有两大特点，第一，因为采用运动预测帧相关的压缩方式针对视频有很好的压缩效果，在获得广播级数字视频质量的前提下，可以实现 20:1 的压缩率，数据率可降到 1Mbyte/s（8Mbit/s），1h 视频节目占用 3.6Gbyte 空间。数据存储空间利用率高，网络传输率是 M－JPEG 系统的 5 倍以上。第二，由于 MPEG－2 格式只有 I 帧是一个完整的帧。所以在电视需要进行帧精确编辑时会带来一定的困难。基于 I 帧的 MPEG－2 系统虽可以保证帧精确编辑，但不能达到节省硬盘的目的。现在，很多厂家推出基于 MPEG－2 IBP 的非线性编辑系统，采用非等长 MPEG－2 压缩包技术和帧缓存技术，很好地解决了精确到帧的出入点编辑，可实现素材的入点出点精确到帧的设定及零帧精确的 MPEG－2 无缝连接点编辑（在上一个素材的出点是 B 帧或 P 帧，下一个素材也是 B 帧或 P 帧的情况下，可以无缝连接），实现 MPEG－2 素材的实时分切。另一种解决 MPEG－2 帧精确编辑的办法是在一个解码通道中设置双解码器，将编辑点前后的 GOP 分别在解码器恢复成 SDI 信号后进行精确编辑。目前许多视频服务器采用这种方式。

几种压缩格式对比情况如下：无压缩 72G/h，M－JPEG 7MB/s 25G/h，MPEG－2 I 帧 7MB/s 25G/h，MPEG－2 IBP 15MB/s 6.75G/h，MPEG－2 IBP 5MB/s 2.25G/h。

②视频服务器组网技术。视频服务器由于存储的是视音频数据，其海量般的数据要实现传输、共享，是传统的网络技术所无法实现的，传统的计算机网络技术一般用于构建对视频服务器控制和监视工作状态的网络。

目前主流视频服务器都采用 FC 光纤网作为视频服务器之间快速、实时复制和移动素材的交换网络。FC（Fibre Channel）是 ANSI 为网络和通道输入/输出接口建立的一个标准。FC 与传统的输入/输出接口技术（如 PCI、SCSI 等总线）不同，它是一种综合的通道技术，它既支持输入与输出通道技术，同时还支持多种网络协议，它支持 HIPPI、IPI、SCSI、IP、ATM 等多种高速通信协议，支持点对点、仲裁环、交换等多种拓扑结构。FC 包含了通道的特性，也兼具网络的特点，它描述了从连接两个设备的单条电缆到由交换机为核心连接许多设备的网络结构。

FC 技术规范共有 5 层，从 FC－0 到 FC－4。具体如下：

A. FC－0 是物理接口和媒介层，它定义了通道点与点之间的物理连接，涵盖了缆线、连接器、驱动器、发送机和接收机。

B. FC－1 是传输协议，它定义了 8bit/10bit 的编码、解码和传输协议，包括串行编码、解码和差错控制。

C. FC－2 定义了传送机制，包括数据的传输、序列、FC 使用的交换。

D. FC－3 是公共服务协议，它提供高级特性的公共服务，如搜索组和多路播放。

E. FC－4 是 ULP（上层协议）映射。它定义了与现行标准的应用接口，它是 FC 技术规范中定义的最高层。它定义了 FC 的底层和上层协议（ULP）之间的映射关系。

FC 具有如下特点：a. 提供从 266Mbit/s～4Gbit/s 的传输带宽；b. 支持超过 10km 的传输距离；c. 高带宽对距离不敏感；d. 适用范围广，从点到点的小系统到超大型系统都能适用；e. 支持上述提到的多种高速通信协议，同时还由于 FC 将网络和设备的通信协议与传输物理介质隔离开，这样具备多种协议在同一个物理连接上同时传送的特性，目前视频服务器中多采用 IP 协议；f. 支持各类传输介质。

目前有些厂家在传统的 100Mbit/s 以太网基础上通过重新编写协议和采用创新的连接

方式，以获得低成本、满足可靠性要求的视频服务器网络。

100Mbit/s 工业标准双向快速以太网，通过双向网络线将每个视频服务器与其他视频服务器互联，构成两两相连的双向拓扑结构，使网络带宽利用率达 80%。这种组网方式要求至少有 3 个节点，如图 8-8 所示：

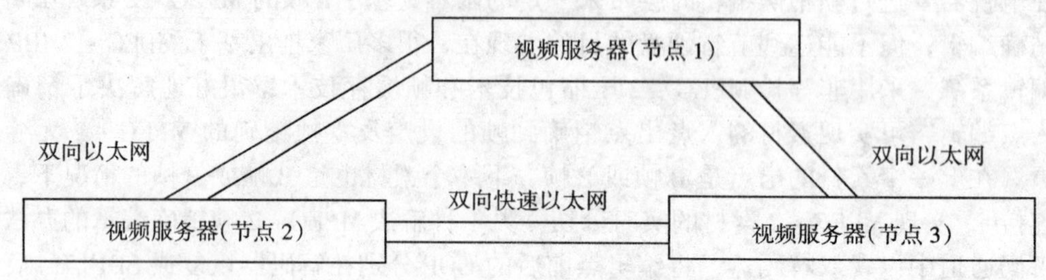

图 8-8　双向快速以太网

视频服务器是实现准视频点播（NVOD）播放的核心设备，利用其多通道特性和素材可共享的特性，实现一个节目相隔一段时间重播，收视者能在等待最短时间收看自己点播的节目。如：在视频服务器内一个时间长度为 N 的节目，经视频服务器 10 个输出通道分别输出，第二个通道相对第一个通道延时 N/10 时间播放，第三个通道相对第二个通道延时 N/10 时间播放，依此类推。每个通道节目循环播放，那么第一个通道下一次开始播放的时间相对第八个通道也是延时 N/10 时间播放。这样相邻通道播放的是相同节目，但时间间隔均是 N/10。用户点播时，其点播信息经节目请求计算机处理后，由节目播放控制计算机将马上要播放的通道号、授权等信息返送给用户接收设备，用户在 N/10 时间内就可看到自己点播的节目。视频服务器要解决的另一个问题就是存储介质和存储方法的问题。用于视频数据的存储介质通常是大容量的硬盘，磁盘阵列，RAM，磁带，也可以是光盘 CD-ROM 等。选择存储介质应考虑存储量及输出速度。VOD 系统对存储量要求很大，对调用数据的速度也要求很高。如典型的视频存储容量至少 20GB（20 部 90min 的电影）以上，视频服务器的数据传输率（包括硬盘机存取时间在内）要求达到 15Mbit/s 以上，若 MPEG-2 的平均编码率为 5Mbit/s，即可使 1 部电影同时供 3 个用户点播。目前，小型机的最高连续数传率已达 90Mbit/s，且仍有潜力。

为此，视频服务器一般有多种存储方法可供选择，如多级存储方式、多重拷贝方式、按帧分割存储、多磁盘按帧分割存储以及其他一些存储技术，可增加几倍于 20GB 的影片数量。服务器可以作为通信网的一部分设备，为一个地区内的众多用户服务，典型的可提供 1~5 万个用户同时使用，下行传送的信息容量在一个时间共达 20Gbit/s，用户控制的最大容量大于 100Mbit/s，音频视频数据库存储 2000h 以上的节目，总容量达 2T 字节。小型服务器可以作为通信网附设的外围设备，典型的可提供 200 个用户同时使用。下行传送的信息容量在一个时间共达 400Mbit/s，用户控制的最大容量大于 2Mbit/s，音频视频数据库存储 200h 以上的节目，总容量达 0.2T 字节。

7. 传输网

(1) HFC——光纤同轴电缆混合网（Hybrid Fiber Coax）。VOD 属宽带多媒体业务，采用光纤作为传输媒介最理想。根据光纤深入用户的程度不同，有以下两种方式。

一种是 FTTH（光纤到家）和 FTTO（光纤到办公室）：从电话交换局到用户住宅都用光纤传输，一步到位，实现用户接入网络的光纤化。日本采取这种发展策略，这与日本的国情有关，国土狭窄，用户相对密集，又有雄厚的经济实力。据报道，从 1995 年开始日本计划投资 200 亿美元，全面建设用户光纤网，到 2015 年全国实现光纤到家。FTTH 需要大量的用户光纤、光端机及相应的高速信号处理设备，投资巨大。

另一种是 FTTC（光纤到路边）：这是以美国为代表的一些国家的发展思路。把用户接入网的光纤化分两步走，先把用户接入网的主干电缆部分用光纤，待用户业务需求量扩大，经济效率增加时再向用户住宅延伸，实现用户接入网的全部光纤化。

其他还有光纤到小区（FTTZ）、光纤到远端模块（FTTR）、光纤到大楼（FTTB）等。只要不是 FTTH，就必然存在光纤与其他传输媒介的混合，如：光纤同轴电缆混合 HFC、光纤双绞线混合 HFP、光纤无线接入方式混合 HFW。

HFC 是一种很经济的实用方案，它的主干线用光纤传输，保证高速带宽的优势；它的用户线则利用现有的有线电视网络（CATV）的同轴电缆接入千家万户。这样形成的混合光纤同轴网大大减少建网投资，目前正以极快的速度发展。这样组网除了成本低、实施容易、保留原有的模拟电视传输以外，还可提供综合宽带业务，如电话、数据、数字电视、VOD 等。

HFC 网接入方式包括单向 HFC 网接入和双向 HFC 网接入。在单向 HFC 网接入时，由于缺乏上行信道支持，需要其他的上行信道的支持（目前最普遍的是采用公众电话网 PSTN 辅助上行）。在双向 HFC 网接入时，由于取消了电话上行线路，信号上行的时延问题会大大减轻。

目前，各国开发的 HFC 系统主要有 750MHz、860MHz、1GHz 三种。北美地区流行 750MHz，欧洲流行 860MHz，有些地区流行 1GHz，我国在已建的 CATV 系统中，三种都有，其中以前两种居多。以 750MHz 带宽为例，其频谱安排如图 8-9 所示。

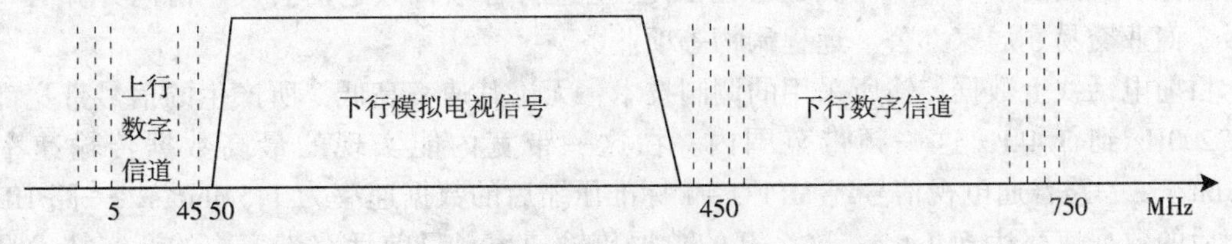

图 8-9　HFC 频谱图

当今是数字化时代，各种信号包括话音、传真、图像、数据、TV 等都可数字化并经数字信道传输。在 HFC 的电缆频谱安排上，为了考虑 HFC 能与原有的模拟电视兼容，在 50~450MHz 的下行带宽内留作传输模拟电视用，如每路电视信号占用 6MHz 的带宽，则该 400MHz 带宽可传送约 60 个电视频道。4~45MHz 的上行频带及 450~750MHz 的下行频带可用于传输数据及数字视频信息，都是数字信号。对于一个 6MHz 带宽的下行频道，当有足够的信噪比时，即信道较好，采用 2.56QAM，最高传输速率可达 43Mbit/s，而每路数字电视信号经 MPEG-2 压缩后，则只需 3~4Mbit/s 的速率便可支持高质量的电视。因此每个 6MHz 的下行频道可支持 10 个左右的数字电视，即使信道稍差，一般支持 3~6 个经压缩的数字电视电视频道是没有问题的。因此，当前在有线电视网上提供 VOD 或 NVOD 业务时，都是用数字传输模式，300MHz 下行频带可开放 1300 多个数字 VOD。对于原有的 400MHz 带宽的模拟电视信道，若改成数字视频广播（DVB），采用 MPEG－2 编解码，每 6MHz 带宽的频道的 1 路模拟电视可变成 10 路数字电视，从而原来的 60 个模拟电视频道可变成 600 个数字电视频道。

HFC 系统提供的业务，除电视广播、VOD 外，还有：高速 Internet 的接入、数字广播、有线或天线的电缆电话、家庭办公、远程医疗、远程学习、可视电话、数字化的音乐点播、本地信息服务、广告和商业购物、电子游戏等。

（2）ATM/ADSL 网络。ATM（异步传送模式）技术是近年来数字通信发展的新的里程碑。ATM 技术结合了传统的两种网络：交换式网络和共享式网络的优点，通过“统计复用”、“虚电路连接”等手段，很好地解决了传统交换网络中由于用户独占信道带来的信道带宽利用率低下和共享式网络的实时性较差的缺点。ADSL（Asymmetrical Digital Subscriber Loop 非对称数字用户线）同样是在普通电话线上进行的一次技术革新，它利用 DTM（离散多频调制）技术使原来只有不到 64kbit/s 带宽的普通电话线达到上行 2Mbit/s 左右、下行 9Mbit/s 左右甚至更高的速率。在 ATM/ADSL 网络平台上进行视频点播，可以充分利用 ATM 网络实时性好、带宽利用率高的优势，在公用电话网上大规模开展视频点播业务。

公用电话网（PSTN：Public Switched Telephone Network）是公用通信网中规模最大、历史最长、覆盖面最广、用户最多的基础网络。而电话用户线是为话音而设计的，电话网的主要用途是传输语音信号，用户信息可通过传输线路和交换设备进行交流，因此，该网的终端设备主要是普通模拟电话机。要求所传输的信号带宽在 200Hz 到 3.4kHz 之间。当然，要传输数字信号，则必须加调制解调器。

从世界范围来看，PSTN 仍然是主要的通信网，还将长期存在，因此在 PSTN 上提供多媒体业务有相当的市场需求。例如可在 PSTN 上进行音频视频电话会议、协同计算、共享白板、商业交易、居家办公、远程购物等项业务。

目前电话线上数据传输所采用的调制技术，无论其速率高低，所产生的信号带宽都必须在 200Hz 到 3.4kHz 这一频带范围内。在这一带宽内能实现的最高数据传输速率是 114kbit/s。一路普通电视信号经 MPEG－1 标准压缩后的数据速率为 1.5Mbit/s，一路 HDTV 压缩后的数据速率达 6Mbit/s。这么高的数据传输速率，目前话路带宽内的调制技术是无能为力的。ADSL 采用拓宽频带的办法解决了这一问题。而在现有的双绞线上可以提供高达 1.5～14Mbit/s 的下行带宽，可以满足 VOD 要求。

ADSL 线路传输信号的频谱如图 8－10 所示，该系统的频谱分成 3 段：低频段为基带，传送话音，提供普通模拟电话业务（POTS），通过无源滤波器使其与数字通道分开，即使 ADSL 系统出故障或电源中断等也不影响正常的电话业务；中间的窄段为上行数字信道，传输速率为（160kbit/s～6Mbit/s），用于传输控制信息等，如用作 VOD 的反向通道；其余部分为下行数字信道，所用带宽宽、数据传输率高，最高可达 9Mbit/s 以上。ADSL 正是由于上行与下行信道的传输能力的“不对称性”而得名。

采用 ADSL 技术所开展的业务种类及所需的带宽见表 8－3。说明如下：

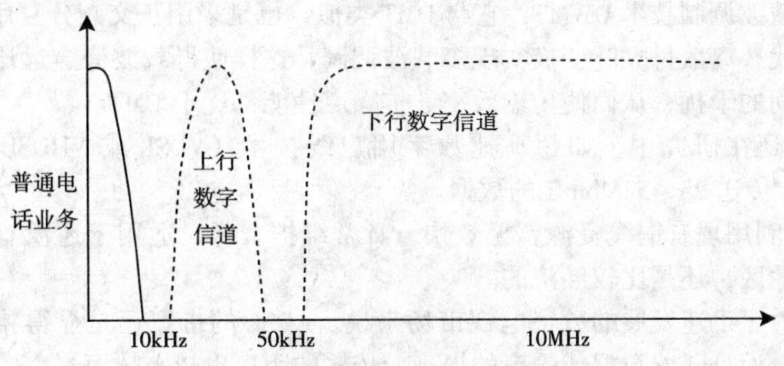

图 8-10　ADSL 信号频谱

ADSL 的业务及所需带宽　　**表 8-3**

业务种类	下行信道所需频带 Mbit/s	上行信道所需频带 kbit/s
数字电视	3~6	0
电视点播	1.5~3	16~64
交互式游戏	1.5~6	低
电视会议	0.384	384

①下行数字信道可提供 4 条 1.5Mbit/s 的 A 信道，相当于 4 条 T1 业务信道。每条 A 信道可传送 MPEG-1 质量的图像；或 2 条 A 信道合起来可传输更高质量的图像；或 4 条 A 信道合起来传送 MPEG-2 质量的图像。

②可提供 1 条 384kbit/s 的 ISDN H0 双向信道，它可与拨号的宽带业务兼容，也可作部分宽带（$P \times 64$Mbit/s，$P = 1 \sim 6$）的个人家庭电视会议业务。

③可提供 1 条 ISDN 基本速率 2B+D 信道，使住宅用户能享用 ISDN 的多种业务，如果采用 2B+D 接口，就不能提供 H0 信道。

④可提供 1 条信令/控制信道，用户点播电视时，通过这条信道控制 A 信道上传送的点播节目，如“快进”、“快退”、“暂停”等。

上述各项宽带业务的传输速率的总和达到 9Mbit/s，这是过去人们认为只有在同轴电缆或光纤上才能传输的速率，如今在一对非屏蔽的双绞铜线对上也可传输。

之所以 ADSL 的数据传输率能达到这么高，是因为它采用了一系列的技术措施，如在信号调制、数字相位均衡、回波抵消等方面采用了先进的动态控制技术，使性能更好。在信号调制技术上，ADSL 采用了 QAM（正交幅度调制）和 DMT（Discrete Multitone 离散多音频）调制技术，DMT 技术早在 1964 年 MIT 的理论研究已证明多载波技术可获得最佳传输性能，但当时及以后很长一段时间无法实现，直到低成本高性能的 DSP 和 VLSI 技术成熟后，DMT 技术才得以实用化。

DMT 把下行信道分成 256 个子信道，各个子信道之间的噪声互不干扰，相互独立，根据各个子信道的瞬时衰减、时延和噪声特性，把输入数据流动态地分配到各个子信道，简单地关闭那些不能载送数据的子信道，否则在 1 个码元内载送 1~11 位信息，这种动态分配数据的技术，大大提高了可用频带的平均传输率而且减少了传输差错，改善了传输质量。

另一种多载波调制技术 DWMT，它与 DMT 类似，也是采用正交频分复用，不同的是用离散小波变换代替离散付立叶变换实现多载波调制，这样使得载波旁瓣远比主瓣低，降低了临近信道之间的干扰，从而使传输效率、抗噪声性能都优于 DMT。

ADSL 技术还在研究中，如超高速数字用户线技术（VDSL 或 VHDSL），可在 300～1600m 双绞线上传送 25～52Mbit/s 的数据。

ADSL 充分利用现有铜线资源，见效快，日常维护费低，适用于还没有铺设光缆，用户密度较小的地区，还是比较经济的。

但是，相对于迅速发展的数字电视市场来说，ADSL 的带宽还是显得狭小，用户终端设备成本较高，而且随着数据传输率的提高，传输的距离也越来越短。

（3）IP 网络。使用 IP 平台进行视频点播是目前应用的点播方式。IP 协议早已广泛用于计算机之间的通信，并且由于 IP 协议对上层应用的完全透明性，因此可以比较容易地实现视频数据包的传递。但 IP 网络同时又是一个共享网络，本身存在着数据时延不确定的特性，因此，需要在应用层增加一定的实时性保证措施。

8. 机顶盒（STB—Set Top Box）

用户终端是网络与用户之间的接口。VOD 终端有两种形式：一种是多媒体计算机 MPC；一种是电视机加机顶盒。

机顶盒是一个很广泛的概念，从广义上说，凡是与电视机连接的网络终端设备都可称为机顶盒，从基于有线电视网络的模拟频道增补器、模拟频道解扰器，到将电话线与电视机联系在一起的“上网机顶盒”、数字卫星的综合接收解码器（IRD，Integrated Receive Decoder）、数字地面机顶盒，以及有线电视数字机顶盒都可称为机顶盒。从整体来讲，可实现的机顶盒的主要功能有：

①完成模拟电视到数字电视的过渡；

②接收卫星电视节目；

③进行交互式的数字化娱乐、教育；

④浏览环球网和收发电子邮件。

从功能上看，机顶盒可以分成 3 类：

（1）卫星数字机顶盒（卫星综合接收解码器）。主要工作原理是将接收到的数字视频信号进行解码生成模拟的复合视频或分量视频（S－video）信号，以便于用模拟电视机收看。卫星数字机顶盒不需要上行数据，因此其主要技术功能是：对接收数据的解复用，对压缩数据的解压缩及解密收费控制等。

（2）Internet 机顶盒。Internet 机顶盒主要完成 Internet、电脑、电视功能的融合，它与电视机构成 Web TV 或 Internet TV。一般，该机顶盒除包含上述基本功能外，主要还有接入 Internet 网的功能、Web 浏览器功能及下载 Internet 数据等功能，必要时，还可增加 IP 电话接口，开放 IP 电话。目前，在 Internet 上播放电视节目仍然存在技术上的难度：主要是网络频带；影像压缩技术；电脑软件技术；Modem 速率等。但网络电视有着巨大的商业前景，各国厂家纷纷展开研究，推出形形色色的产品。现在的 Web TV 机顶盒是只要将机顶盒插到电视机的插孔就可以工作，在电视机上“上网冲浪”，收发 E－mail，用遥控器来选网页和链路。

（3）有线电视机顶盒（如 VOD 机顶盒）。有线电视机顶盒的功能是通过数字视频交互技术实现有线电视的互动，又称之为交互电视，VOD 机顶盒基于宽带网，可实现上网和双向视频点播功能，这是国内需求量最大，也是被业界认为发展前景最好的产品。它的作用有两个：一个是对视频中心下行的已调高频信号进行解调，然后再对解调出来的数字信号进行解压缩。因为从 VOD 视频中心来的信号一般都是经过压缩的 MPEG-2 格式的视频音频数据流，必须经过机顶盒的解码才能将它转化为模拟 PAL 制或 NTSC 制的视频信号和两路立体声信号。第二个作用就是将用户的节目选择信号、用户的收视状态及用户在收视过程中发出的控制信号送往上行线路到达视频服务中心。

其主要应用如前面讲的 VOD，其他还有家庭购物、家庭办公、视频邮件、会议信息、电子游戏等交互式的业务。点播电视广泛用于智能住宅、宾馆、饭店、高级娱乐场所和部分家庭。

VOD 机顶盒的组成如图 8-11 所示。

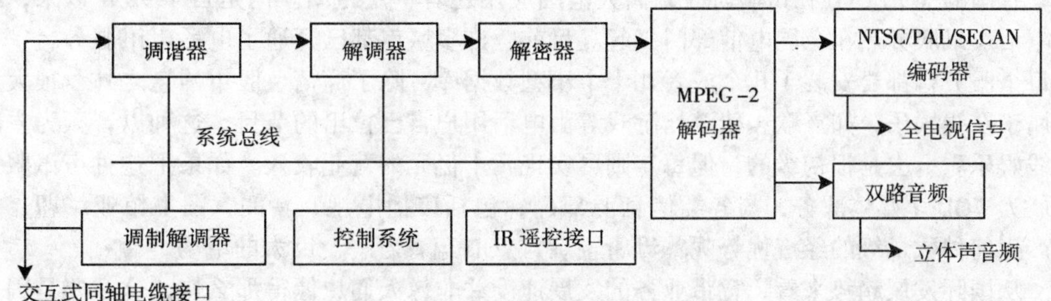

图 8-11　VOD 机顶盒的组成

解调器：它主要用于在 6MHz 或 8MHz 带宽的频道内解调来自前端的调制信号，通常它采用 16QAM、64QAM 或 256QAM 等调制方式，其解调后的数字信号供解压器处理。

解压器：通常是 MPEG-2 解压器，用以对前端或电视台来的经压缩过的视频信号进行解压缩、信号复原工作，并提供必要的接口与电视机连接。

控制与管理模块：用于提供用户界面和图像控制，进行频道的选择及发送用户的控制信息等。

有线调制解调器模块化：在一般无双向通信能力的 CATV 系统中，通过它及电话线传送上行的点播控制信息。

从技术核心来看，STB 就是一台不带硬盘的傻瓜 PC，只是用遥控器代替了键盘，用电视机代替了监视器。目前关于机顶盒的技术还没有国际标准，功能也繁杂各异，比较统一的方面在：支持基于 MPEGII 的 DVB 和相关的视频服务（PPV，NVOD，VOD），具有强大的信息处理功能（计算机网络功能，Internet 等），多种网络接口选择（ATMF/25Mbit/s，10BaseT 等），多媒体功能等。不一致的方面有：三维图形的支持，DVD 和 CD-ROM 的支持，对 Java 的支持，对 ATM 的支持，统一的操作系统和统一的体系结构等方面。另外机顶盒需要利用浏览器来访问 Internet 国际互联网，以及收发电子邮件等。机顶盒具有复杂的软件系统，目前常用的机顶盒用的操作系统主要有：PowerTV、DAVID、MicroWareOS9 以及微软 Windows 等，机顶盒操作系统应该具有可扩充性、可移植性、可靠性、跨平台等特点。它实现的功能包括：实时多媒体传送；满足用户使用的简单性、可靠性、便利性和娱乐性；低成本；支持混合业务和传输操作；多开发平台；提高二次开发的子函数库和工具包等。

机顶盒是一种过渡性产品，当前很多国家都在逐步推广数字电视，用户的模拟电视机会用高清晰度电视（HDTV）替代。由于数字电视广播耗费巨大，在很长一段时间内会是模拟电视广播与数字电视广播并存，此时，机顶盒就是一种好的过渡方案。通过它可以把卫星、有线电视广播用原有的模拟电视机接收，还可开展 Internet 接入及其他多种服务。

9. 视频点播发展前景

视频点播技术的出现，在某种意义上讲是视频信息技术领域的一场革命，其巨大的潜在市场，使世界主要发达国家都投入了大量的资金，加速开发和完善这一系统。VOD 技术之功能远远超出人们的想像。这一技术的出现，极大地提高和改善了人们的生活质量和工作效率。

我国的 VOD 还处在试验阶段，离大范围应用还有一定距离。但是自 1992 年以来，一场电话声讯服务热在全国电信部门兴起。目前，许多城市都已开通了电话声讯服务台，一般每个服务台都要安装十几个或者几十个小型数据库，除了商情、股市信息之外，很大成分属于在线娱乐，如点歌、猜谜、游戏等由电话用户自己拉出的节目。这种以音频为主的在线娱乐看上去是很初级的，但每年则可实现几十亿元的营业收入。如果把这种声讯服务扩展为 VOD 多媒体服务，与各类信息源部门，包括广播电视、新闻、图书馆业结盟，将会产生何种数量级的经济优势呢？毋庸置疑，VOD 蕴育着一个巨大的市场。

从国际发展趋势来看，宽带业务的发展速度并非像人们想像得那么快，这主要是因为这些业务尚未成为人们生活的第一需要，或为用户带来更大利益，以及昂贵的费用等诸多因素的限制。从技术的角度来讲，要使 VOD 网络进入商业运营，除了多媒体视频服务器外，ATM 交换机的实用化；IP 网络上传输服务质量的保证问题的解决；接入网的瓶颈的解决；高效实用的用户终端成本的降低；相应软件业的兴起等，都是必须加以考虑的问题。从业务的角度来讲，国家必须尽快制定与信息业的高速发展相适应的法律和法规，如信息版权、许可证等。VOD 系统刚问世数年，目前大都处于试验阶段，但其巨大的发展潜力与广阔的应用前景确是十分诱人的。在当今社会向高度信息化迈进的时代，VOD 作为最形象、最直接、最合乎用户需求的信息服务手段之一，必将在今后的信息高速公路上传送最多的信息，对社会产生重大的影响，给人们带来巨大的经济效益。对这一新兴的产业，我们应给予足够的关注和支持，并推动这项业务在中国的发展。

目前，我国拥有模拟彩电近 2 亿台，有线电视网络用户超过 1 亿，有线电视的入户率约 25%，预计今后每年将有 1500 ~ 2000 万户的家庭成为有线电视的新用户。我国有 1000 多家有线电视台，其中已有 20 多家在搞 VOD 实验。

计算机网已是比较普遍存在的一种专用于传输数字信号的通信网络，是仅次于 PSTN 网的第二大通信网络，因此在计算机网络上开展多媒体业务是一种切合实际的应用开拓。从某种程度上说，计算机网就在用户身边，尤其是计算机局域网。比电信网要来得便捷，花费也少。因此，随着计算机网的普及，基于计算机网的多媒体通信系统的数量正在逐步增加。在未来几年之内，计算机网上的多媒体通信系统将大大超过电信网。

计算机网和 CATV 网是实现 VOD 的两个基础网络，这些数字表明，开发 VOD 系统有群众基础和一定的物质基础。

随着信息传输技术和网络技术的进步，以及人们生活质量的提高，VOD业务必将得到普遍推广。只要网络费用和机顶盒等的价格大幅度下降，达到用户能承受的能力，那么VOD也许会像VCD一样火爆起来，从而形成电子信息产业一个新的经济增长点。

10．VOD的应用

视频点播系统已经发展成了一大类交互式业务的总称，在世界各国开展的VOD试验包括了多媒体业务，具体应用如电影点播、远程购物、卡拉OK点播、点播新闻、远程教学、家庭银行等。具体应用场合有宾馆、饭店、高级写字楼、家庭住宅等。以下列出VOD的一些具体应用：

（1）家庭：

①住宅小区影视点播服务；②游戏传送服务；③体育节目现场播放服务；④文化中心讲座点播；⑤气象信息传送服务。

（2）商业：

①卡拉OK点播系统；②酒店电影点播系统；③购物咨询服务；④市场情报；⑤点播电子资料室；⑥时装展示会点播；⑦大型网吧电影点播服务；⑧互动式产品展示系统。

（3）公共教育事业：

①电子图书馆；②远程教育；③校园网教育课件点播服务；④博物馆视频库服务；⑤美术馆视频库服务；⑥企业内部技能培训。

VOD只是描述了视频点播这一基本的业务特征，实现VOD业务的网络提供了交互式多媒体通信的能力，再充分发挥想像力，就可以构造出形形色色的应用形式来。如VOD在酒店宾馆中的应用：

用于宾馆酒店的VOD系统是个内部的宽带网络，对内自成系统，为内部共享，对外通过接口与外界联网，实现信息广泛的摄取和交流。借助现代高科技带来的优质服务，使顾客在饭店过得更舒适便捷，这不仅直接带来了点播收入，而且大大提高了该饭店的服务档次，增强了竞争力，以提高入住率而显著提高酒店的综合效益。酒店通常依靠VOD系统提供的服务，大致可分为3大类：视频点播业务、Intranet业务和Internet业务。

（1）视频点播业务：电影点播MOD（Movies On Demand）：所有用户都可以点播观看自己喜欢的节目，互不影响，自己控制播放、快进、后退，就好像在本机一样，服务端会自动记费。系统提供的经典、现代、言情、武打、灾难、恐怖、惊险刺激的、柔情浪漫的几十到上百部影片，再加上几千首国内外流行的、经典的、有民族风情的歌曲和音乐，能够满足各类客人的需求，详尽的影片介绍和方便的检索界面使客人的挑选过程轻松愉快。客人操作只需按动遥控器，选择菜单；系统运转完全自动，24h可无人值守，自动计费可计入客人总账统一结算。因此MOD功能极好地迎合了客人的消费心理，满足和挖掘了客人的消费意愿，不仅赢得客人的好感，提高潜在的入住率，而且，直接点播收入也较为可观。

（2）Intranet业务：

常用信息服务：通过服务器提供并且制作出相关信息软件，内容包括：电子广告和图书的检索；交通旅游、风景名胜、特色商品、商务机构、股市行情的资讯；健康医疗的查询等。这样使用户可以迅速的找到自己最常用的信息。

在线购物（Shopping Online）：用户通过终端，在家中就可逛商店，这是一个网络上的虚拟商店，商店里包括本地的土特产和流行商品，用户可以自由地浏览商店中的各类产品，对于感兴趣的商品还可以看到更详细的信息，对于选中的商品，还可以通过网络定货，甚至利用信用卡，通过网络直接付款。如果宾馆酒店自有商店，则可以发展其相关业务，纵向一体化经营会带给宾馆酒店更加丰厚的利益收入。

内部信息资讯（Local Information）：酒店的客人，首先想了解的是酒店内部的服务情况，旅游客人关心住宿、餐饮等信息。同时，可能随时定餐购物、查询个人账务等，这些要求，只要客人在客房里遥控电视，VOD 系统会随时给出详实、准确的信息。

饭店信息：饭店信息向客人介绍饭店的各种服务设施，如娱乐、健身、饮食、商务中心、购物中心、搬运、预定出租车、购买飞机票等，使客人入住房间后马上就了解整个饭店的服务系统，决定根据自己的需求预定各种服务，而饭店则可以通过该项信息向客人显示自己的周到服务，促使客人增加在本店内的消费。

定餐服务：客人可以在前一天晚上预定第二天的餐点，客人在电视机前就可以看到各种餐点的内容，并根据屏幕上的菜单点菜，定好在几点钟送来。VOD 提供的定餐服务给客人和服务人员提供了更大的灵活性，客人可以很容易地更改定单内的内容。

账目查询：顾客可以通过电视随时查阅自己的账单，对账单提出疑问，寻求服务员帮助自己解决对账单的疑问，另外还可以预约结账时间。这种服务使用户可以时刻了解自己的支出情况，在结账前就把问题解决，保证账单的正确性，使顾客对宾馆的印象大大改善。

服务员：这项服务是呼叫服务员的。顾客可以通过这一功能呼叫服务员，寻求服务，对于顾客的请求、房间号、帮助内容等，系统服务器会马上将其打印下来，提高了服务速度与服务的针对性，有利于改善服务质量。

客房信息：可以根据客人的入住登记和结账信息。自动更新客房信息，使客人和客房管理人员都可以及时方便地了解客房的利用情况，哪个房间哪几天是空的，房间的位置在哪里，价格如何。

电视指南：本地电视台的节目预报，利于顾客查看电视节目。

语种选择：客人可根据自己的需要选择服务信息的语言，解除语言障碍，给客人很大的方便。

（3）Internet 业务：VOD 系统，是“对内宽带共享、对外便捷通讯”，其中的“对外便捷通讯”，主要是指因特网访问。随着 Internet 的爆炸性的发展，酒店的客人越来越离不开 Internet，酒店为客人提供 Internet 服务也就是必然趋势。由于系统是借助机顶盒实现 Internet 功能，进行 WWW 浏览和收发 E-mail 等，操作起来跟遥控电视差不多，十分简单，无需计算机复杂的操作，使无计算机知识的人可轻松上网。酒店向客人提供的产品是服务，服务意味着收入，恰当的优质意味着应有的可观收入，Internet 直接的计费收入和服务好感带来的远期效益十分明显。

VOD 除了在酒店、宾馆及卡拉 OK 等场所外，在人们的住宅方面，拥有广阔的前景。目前许多宣传为“智能化住宅”的高档小区都已预留了宽带接入口和相应线路。而且有线网和电话已经走进了千家万户，广电网、电信网、以太网等宽带技术的应用正在如火如荼的应用中。

11．VOD 实例介绍——e-Player 系统

e-Player 是一种能够实现实时、交互式点播大容量的多媒体资料的网络点播、直播系

统，主要用于在各种计算机网络（如：10 兆以太网、100 兆交换网、ATM 网、WAN 广域网）上传送每秒 25～30 帧高质量全动态的视频图像及话音和数据。

本系统由视频服务器、视频点播系统、工作站 3 部分组成。如图 8－12 所示。采用标准的 Intel 和 Windows NT 平台服务器，结合 Web 技术，方便操作。

（1）e－Player 系统的最低配置如下：

①主服务器：PII 166 以上微机。

②节目储存：9G 硬盘可存 100 张 VCD 光盘；
50G 硬盘可存 500～700 张 VCD 光盘；
存储容量的大小根据需存储的节目而定。

③编辑工作站：双 CPU，PII400 以上微机。

④每一用户点播占网络带宽 300K，100M 局域网可容纳 120～300 个用户同时点播同一/非同一节目。

⑤客户端不用安装任何软件，使用 IE 浏览器观看。

⑥可允许摄像机采集的图像实时在网上直播，可用于教学、监控、小区里幼儿园、小学上课情况网上直播，用于网上教学、远程教学。

⑦整个系统惟一的要求是终端微机的显存必须 2M 以上。

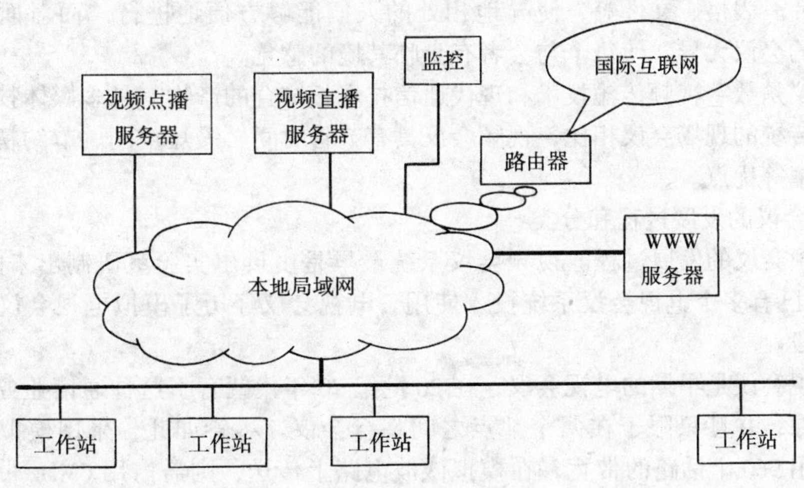

图 8－12　e－Player 系统

（2）e－Player 系统功能：

①网络点播：可以通过任一工作站点播节目，灵活地选择内容，并对所选节目进行提供如播放、暂停、快进、倒退等功能。

②多点同时点播：在同一时间可多点（工作站）同时点播相同的或不同的教育节目，即多个工作站可在不同的地点、不同的时刻实时、交互式播放同一视频文件，并分别对视频流进行控制而不互相影响。

③广播教学：工作站同时接收相同或不同节目频道，这时点播服务器类似一个小电视

台，各工作站就像是电视机，连在网上的每一台工作站都可实时接收9个不同的节目，且工作站不限点数。

④现场转播：可以实时广播领导讲话，转播有线电视节目，或监控信号、VCD，SVCD、录像机，摄像机等信号源。可用于现场讲课，领导讲话，实时监控，楼宇监控，电视会议及远程教学等。

（3）e－Player系统适用范围。本系统使用范围广泛，可应用于住宅小区、酒店宾馆、学校的视频信息点播、课件点播、远程教学、交互式游戏、培训等。

8.2.2 视频会议

视频会议是继电报、电话、传真及电子邮件之后的又一新的通信手段，它在同一条传输线路上承载了多种媒体信息：视频、音频和数据等，实现多点实时交互式通信，同时也可将不同地点与会人员的活动情况、会议内容及各种文件以可视新闻的形式展现在各个分会场。这是一种快速高效、日益增长、广泛应用的新的通信业务。

视频会议，也叫多媒体会议或电视会议，它不同于传统的单向广播电视会议，特指两个或两个以上不同地方的个人或群体，通过传输线路及多媒体设备，互送声音、图像的通信方式。它同时还可以附加静止图像、文件、传真等信号的传送，能达到即时且互动的沟通，以完成会议目的。在召开视频会议时，处于两地或多个不同地点的与会代表既可以听到对方的声音，又能看到对方的形象，同时还能看到对方会议室的场景，以及会议中展示的实物、图片、表格、文件等，使异地相处的人们能够方便地进行“面对面”的会议交流，与真实的会议无异，使每个与会者有身临其境的感觉。

视频会议是数字视频传输技术和现代通信技术相结合的产物，是多媒体技术的一个具体应用。同传统的现场会议相比，视频会议具有节省时间、缩短空间、节约精力、节约经费、提高效率等优点。

1. 视频会议的发展过程和分类

（1）视频会议的发展过程。视频会议系统最早是由贝尔实验室研制出来的，在20世纪70年代就已有多个电视会议系统投入使用。电视会议经历了模拟电视会议和数字电视会议两个阶段。

模拟电视会议是早期的电视会议，在20世纪70年代就有了这种通信业务。当时传送的是黑白图像，并且只限于在两个地点之间举行会议。尽管如此，采用模拟方式传递信息，需要占用960个话路的带宽，在模拟微波电路上传送，则需占用6MHz带宽，相当于收看一路电视节目的带宽。由于成本昂贵，不宜于推广，因此这种电视会议没有得到发展。数字电视会议是20世纪80年代出现的，随着超大规模集成电路、压缩算法及视觉生理研究的突破性进展，它占用频带比较窄，图像质量也比较好，使数字电视会议的传输成为可能。1988～1992年期间，国际电报电话咨询委员会在各国电视会议研究的基础上，形成了国际电视会议的统一标准（H.200系列建议），规定了统一的视频输入输出标准、编码压缩算法的标准、误码校正的标准以及一系列网上通信模式交换标准等，从此就出现了现在的国际统一标准的电视会议系统，为国际电视会议提供了条件。

电视会议技术的不断更新、功能的日臻完善，使其应用范围越来越广泛，主要包括远程商务会谈、医疗会诊、远程教学、政府办公、工程研讨、办公自动化、防洪抢险、提审监狱犯人、国防军事等多种环境。从此，数字电视会议就取代了模拟电视会议，目前，电视会议业务正以每年翻一番的速度发展。从 20 世纪 80 年代开始，我国开放了国际电视会议，国内电视会议业务也逐步投入商用。

(2) 视频会议的分类。视频会议系统的分类方法有多种，从不同的角度有不同的分法。

①从通信网络（或传输介质）角度来分，是最简单也是最通用的分类方法。会议系统采用的网络有通用电话网、局域网、综合业务数字网（ISDN)、异步传输网（ATM 网络)、因特网。这样就形成了 5 种视频会议系统，即基于 POTS、LAN、ISDN、ATM、Internet 的视频会议系统。

②从传输内容角度来分，是在实际的计算机会议系统中的几种不同形式：文件会议，数据会议，可视会议系统，桌面视频会议。

文件会议：与会者共享屏幕上的一个或多个窗口，通过这些窗口交换信息。这样的窗口称为共享白板，用户在这个白板上进行交互式的讨论或对文件进行修改等。文件会议系统可以传输图文，但不能传递语音。

数据会议：在文件会议系统的基础上，在相同的通信线路上增加同时传送声音的功能，就成为数据会议。

可视会议：在数据会议系统基础上，再增加静态图像或准动态图像传输的功能，便构成了可视会议系统。

桌面视频会议：可以支持语音、视频、文本、图形等多种媒体，因此也称为多媒体会议系统。桌面视频会议系统是视频会议系统发展的方向。

③从终端角度可将视频会议系统分为两种：多监视器系统，多窗口系统。

多窗口系统只需要一个监视器，每个会议场点的活动情况只体现为一个窗口。这种系统的通讯硬件成本和处理设备成本比较低。

而多监视器系统则恰恰相反，不需要窗口技术，远端每一个会议场点的活动情况在本地场点都体现为一个单独的监视器，而且还需要若干输入通道来接收所有会议场点的活动信息，对视频、音频信号也要做较复杂的处理，不仅导致了通信硬件成本和处理设备成本的增加，而且还显著地增加了运行成本。

④从媒体选择角度，可将视频会议系统分为两类：媒体可选系统，媒体固定系统。

对于媒体可选系统，每一个与会者（或会议场点）均有权选择（或授权选择和限制）在本地所需观察的特定场点的活动情况，这样，呈现在每个场点面前的会议活动情况是不尽相同的。在这种系统中，每个会议场点都需要一个特制的输入通道来接收外来信息，而且会议桥必须有足够的处理能力（或潜力）为每个会议场点处理各不相同的视频音频信息数据（包括合成视频信号，混合音频信号等功能)；从而导致了成本的上升，但却明显地增加了灵活性，有利于集中管理和授权控制，为各种存取保密、私有数据保密技术的实现提供了很强的硬件和软件设计基础。而在媒体固定系统中，呈现在每个与会者面前的会议活动情况都是相同的，虽然成本低，但灵活性很差，使各种保密技术的实现只能在高层协议中完成，且使这种实现复杂化，难于维护和设计。

⑤根据与会者参加的方式，视频会议系统可分为 4 种：单用户系统，拨号群组系统，点到点系统，多点可视系统。此外，有时也将视频会议系统分为室内型会议系统和桌上型会议系统，或分为预先安排型和即时召开型等。

会议室型：即终端设备都设在一个会议室内，与会者则坐在各地的会议室里。它用于跨地区的大、中型会议，可以连接多达几十个会议点，通常人们所指的电视会议多指这一类系统。这类设备种类较多，价格也较贵，在中国电视会议应用中，原邮电部的电视会议国家骨干网通过 9 台 12E1 端口的 MCU 汇接全国 33 个分会场，再通过分会场连接各省级网，从而成为当前世界上规模最大的电视会议网。

桌面型视频会议系统：与会议室型不同，与会者在办公桌前或在家中就可以通过自己的轻便终端设备或计算机参与电视会议，甚至是世界范围的电视会议，而不必特地跑到电视会议室去开会。所用的信道往往是码速率不高的窄带信道，例如普通电话线（PSTN）、窄带综合业务数字网（N－ISDN）等。用于领导、专家及企业家（开会人较少）之间的交流。国际市场上，桌面电视会议系统品种很多，性能也千差万别。共同之处在于，它们都属于个人之间的计算机多媒体通信产品。

桌面电视会议系统使用方便，终端设备价格便宜，传输费用低。由于具有这几个方面的优越性，利用 PC 机或工作站的桌面电视会议系统将成为视频会议市场的主流，是今后发展的方向，它将逐步取代传统的视频会议系统而成为真正的多媒体会议系统。

还有一类就是“家庭终端”型。利用家庭电脑，多媒体插卡和电话线路进行信息交流，可视电话就是属于这一类。

2. 视频会议系统结构

（1）视频会议系统组成。视频会议的系统结构如图 8－13 所示，它主要由视频会议终端、多点控制器、信道和控制管理软件组成。

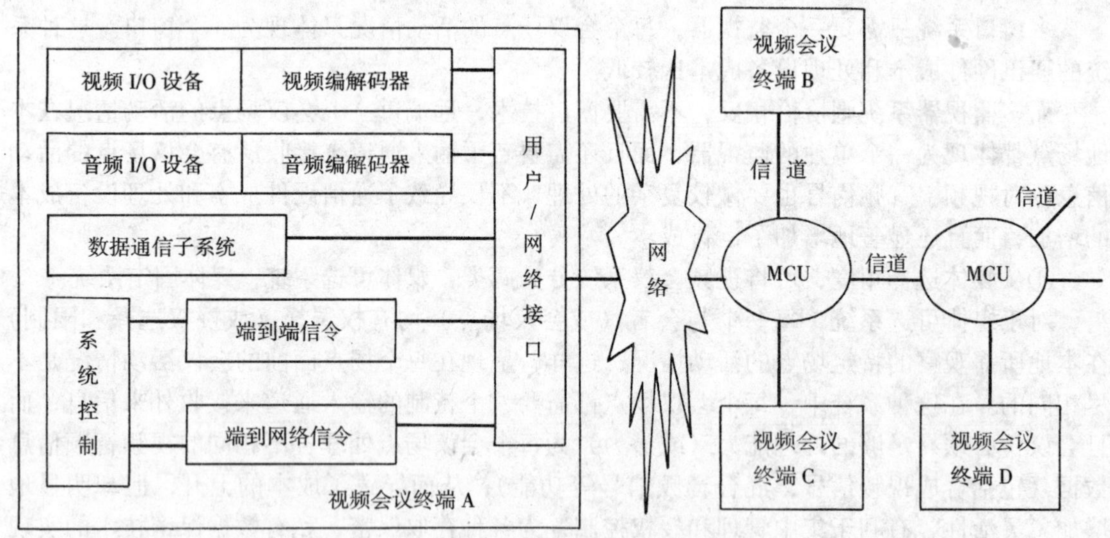

图 8－13 视频会议系统组成图

视频会议系统终端的主要功能是：完成视频信号的采集、编辑处理及显示输出、音频信号的采集、编辑处理及输出、视频音频数字信号的压缩编码和解码，最后将符合国际标准的压缩码流经线路接口送到信道，或从信道上将标准压缩码流经线路接口送到终端。此外，终端还要形成通信的各种控制信息：同步控制和指示信号、远端摄像机的控制协议、定义帧结构等。

较为常见的终端设备包括：摄像机、显示器、调制解调器、编译码器、图像处理设备、控制切换设备等。终端设备主要完成电视会议信号发送和接收任务。

视频音频的输入输出电路：视、音频（A、V）的输入设备基本为摄像机和麦克风，摄像机为数字摄像机，根据会场的规模1台到3台，视频信号同麦克风的声音信号经视音频分配器和视音频切换器，接入接口电路。视、音频输出电路根据输出信号和会场的规模不同而不同。当只有一台显示器时，输出信号直接接到显示器上；当有几台显示器时，用一台视音频分配器把一路A、V分成几路A、V供几台显示器或用调制器把A、V调制成射频信号（RF）用分配器分成几路供几台显示器；输出信号为RF时，直接用分配器把信号分成几路供几台显示器。最简单的系统只有下行信号而没有上行信号。图8-14为输入、输出电路示意图。

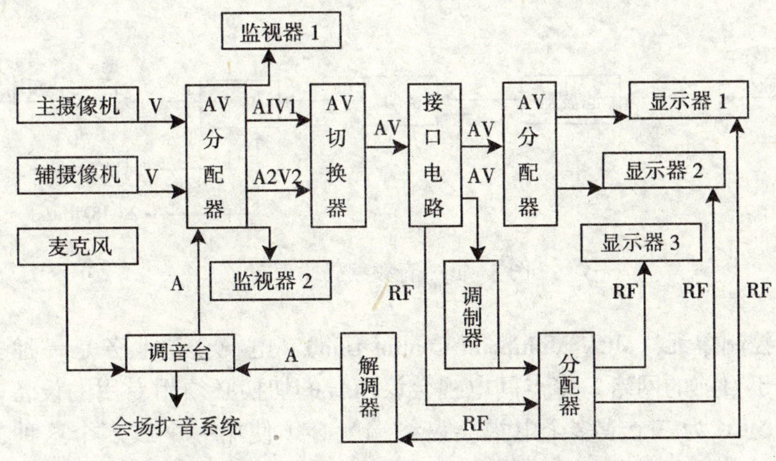

图8-14 音频视频I/O电路示意图

接口电路：接口电路根据网络中传输的信号不同而有很大差异，当网络传输数字信号时，接口电路就是编码器和解码器：当网络传输调频调幅模块信号时，接口电路就是调频、调幅光发射机和光接收机。视频编码器原理如图8-15所示。

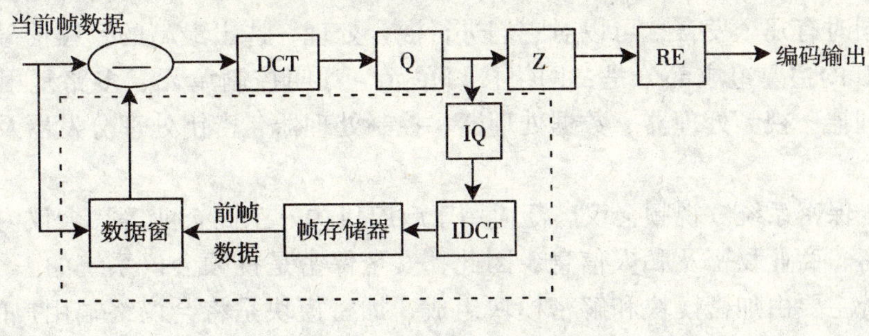

图8-15 视频编码器原理图

视频编码采用混合编码器，同时运用变换编码和预测编码两种。随着输入信号内容不同，它有两种基本工作状态可供选择。一是帧内编码方式，此时以块为单位的图像数据直接进入二维 DCT 单元，进行二维离散余弦变换。变换后的系数经过量化（Q）；二维游程变长编码（RE）后送到视频多种复用。另一种是帧间编码方式，此时，将当前图像块数据和前一帧重建图像相应几何位置的图像块数据一一对应相减，将减得的差值信号（帧间差）进行帧内编码；同时把输出信号进行反量化（IQ）、反 DCT（IDCT）获得重建的帧间差值，将重建的帧差值和前一帧重建图像值相加，就得到当前重建图像的值。

音频编码原理如图 8-16 所示，模拟语言信号首先经过放大和阻抗匹配，再经过低通滤波器，送到 A/D 变换器。在 A/D 变换器中，模拟语音信号先以 8kHz 频率取样，14 比特的精度进行量化得到数字音频，然后再将此数字音频经 μ 律或 A 律压缩，形成 8 比特 PCM 语音信号送到输出寄存器。在 2.048Mbit/s 线路时钟和时隙时钟共同作用下，将 8 位并行的 PCM 语音信号变为符合实际要求的串行语音信号，这种语音编码器的输出码率为 64kbit/s。

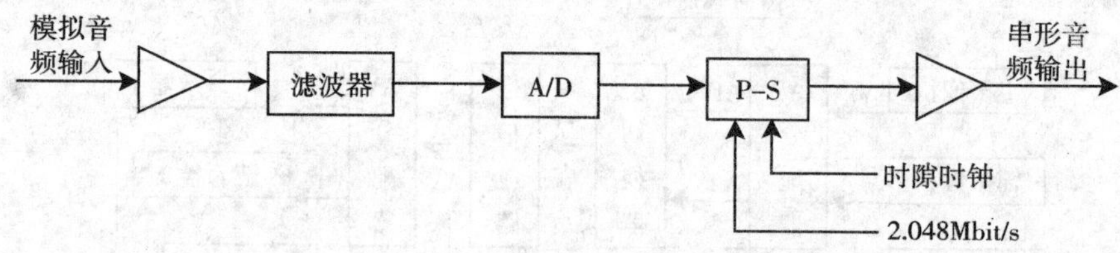

图 8-16　音频编码原理图

（2）多点控制单元（MCU Multipoint Control Unit）。电视会议业务是一种多点之间双向通信业务，限于目前的网络，多点间电视会议信号的切换必须用专用的设备多点控制单元 MCU 来完成。MCU 为三个或多个电视会议终端就必须使用一个或多个这种节点交换设备 MCU 和终端的连接网呈星形状态，通常放置在星形网络的中心处，即参加会议的各个终端都以双向通信的方式和 MCU 相连接。由于 MCU 端口数是有一定限制的，因此，在遇到会议点特别多的情况时，可以级连多个 MCU 来使用，但同一级级连一般不多于 2 级，处在上面的一层的 MCU 是上层 MCU，处在下层的 MCU 为从 MCU，从 MCU 受控于上层 MCU。多点控制单元 MCU 是视频会议系统的关键设备，它的主要功能是对视频、语音及数据信号进行切换，例如它会把传送到 MCU 某会场发言者的图像信号切换到所有会场。对于语音信号，若同时有几个发言，可以对它们进行混合处理，选出最高的音频信号，切换到其他会场。MCU 的主要组成部分是：网络接口单元、呼叫控制单元、多路复用和解复用单元、音频处理器、视频处理器、数据处理器、控制处理器、密钥处理分发器及呼叫控制处理器等。

（3）安全保密系统。视频会议广泛应用于政府机构、工商企业等，会议内容会涉及到许多国家机密、商业秘密及私人信息。因此，安全保密是视频会议系统的一个重要问题。安全保密系统主要由加密模块和解密模块组成，加密模块是将会议终端用户的数据加密，形成加密后的数据在网络上传输，解密模块接收加密数据进行解密得到用户数据。加密和解密模块的核心是密钥的生成和管理，密钥生成的核心是加密算法，加密算法不包含在国际标准中，它由视频会议系统设计者研制或选用。

从应用角度来看，一个安全密码系统应包含如下功能；

①秘密性（secrecy）：密文对非法接收者来说，不可被译；

②可验证性（authenticity）：可验证信息来源的合法性，检验信息是否伪造，或以前信息的全发；

③完整性（integrity）：可检验信息是否被更改、取代或删除；

④不可否认性（nonrepudiation）：发送方对发送的信息不可否认。

早在中世纪，古罗马皇帝凯撒就开始使用密码，早期的加密方式主要是简单的代替和置换，借助的工具则是一些表格等，这是与当时的手工加密方式相适应的，这些密码的强度很低，可用统计方法等进行攻击。

此后，数论、近似代数等数学工具的发展和信息理论研究的深入，特别是计算工具的改进，不断有新的加密思想和方法提出。现在，密码学的研究已取得了一系列较为系统的成果。密码系统按明文与密文的对应关系可分为序列密码和分组密码，其比较可见表8-4。

序列密码与分组密码的比较 **表8-4**

	序列密码	分组密码
含义	一个明文符号转化成一个密文符号	一组明文符号转化成一组密文符号
优点	没有译码延迟，变换速度快，低错误扩散。	扩散能力强，在密文中插入信息破坏分组结构
缺点	低扩散能力，有可能拼凑出假信息	变速度稍慢，错误将影响同一分组

密码系统按加密密钥与解密密钥的对称性可分为：对称密码系统（也称传统密码系统或私钥密码系统）、非对称密码系统（也称公钥密码系统）和混合密钥系统，其对比可见表8-5。

私钥、公钥及混合密码系统的比较 **表8-5**

	私钥密码系统	公钥密码系统	混合密码系统
含义	加、解密密钥相同	加密密钥公开	用公钥加密会话密钥
安全性基础	第三方不能获得密钥	依赖于计算复杂的问题	用公钥加密私钥
优点	加、解密速度快	多用户时，能减少密钥量对安全性有计算复杂性的估计	兼有私钥和公钥的优点
缺点	密钥传输依赖于保密信道多用户时密钥量大 安全性不易分析	加、解密速度较慢	
典型体系	DES FEAL-N IDEA Shipjack	RSA Rabin MeEliece EIGamal	MIX

电视会议系统涉及到加密算法范围极广，算法本身的说明并不包含在标准的建议中，但是加密算法的说明必须以某种方式给出，它必须包含下述细节：初始矢量的长度和会话

密钥；从初始化矢量生成起始变量等。

视频会议系统中允许多种加密算法并存，为此，必须有办法识别它们。可以采用一个字节表示算法标志，算法标志的缺省值为［00000000］，通信设备至少应能解密所指定的算法中的一个。如果具有解密几种算法的能力，那么需要系统的操作员来指定选用哪一种加密算法。在现有的电视会议系统密码体系下，加密和解密所用的密钥都是相同的。因而，密钥的管理就显得异常重要，这是因为密钥在使用了一定的时间以后就必须进行更改，否则就很难保证不失密，因为视频会议系统涉及的人员很多。而且加密方在每次启用新的密钥时，都要通过某种秘密的渠道把密钥传送给解密方，在传送过程中，密钥容易泄露，可以用非对称密钥体制也称为公开密钥体制解决上述难题。系统工作流程如下：每个通信实体 x，都有一个私人密钥 RX，该密钥仅为实体个人所知，和一个公共密钥 UX，公共密钥为大家所知。系统具有这样一个性质即一旦消息采用用户的公共密钥加密以后就只能用其私人密钥才能解开；反之亦然（但对于大多数的系统往往只是单向的动作）。所以如果发送方想向接收方发送一条消息的话，那么发送方首先查找接收方的公共密钥，然后计算密文 $C=E$（M，Ub）并将密文发送给接收方。接收方使用他的私人密钥 R，通过计算 $M=D$（C，R）而恢复出明文来，反之如果不知道密钥而想恢复出明文是不可能的。如果消息 M 就是我们视频会议系统使用的会话密钥 K 的话，那么它就解决了密钥管理的问题。

事实证明采用公开密钥体制来进行视频会议系统中的会话密钥的管理是一种行之有效的方法。它解决了现有公共密钥保密系统的有效性不够高，保密性不够强的缺点。

访问控制的任务是：防止非法用户进入系统及合法的用户对系统资源的非法使用。可以采取两种措施：身份鉴别和使用授权。在过去，鉴别差不多总是和口令系统是同义词，但在今天，鉴别要做的事更多。例如，在一个视频会议系统中，一个多点控制器面临的是多个会场，多个会议，这时多点控制器就必须能够鉴别出用户是否是一个合法的用户。进一步，鉴别系统还应提供单次登录的功能，这样用户就不用重复输入口令。虽然鉴别提供了身份的验证，但它并没有描述一个实体进程的优先权。例如，当你在加入到会议中来之前被鉴别并不意味着你有权去做任何事。后者的功能称之为授权。

对视频电视会议系统可以设立四级访问权限：超级、优先、一般及作废。

①超级，这是为视频会议系统的管理员而设立的，他可以进行系统范围的安全控制和资源使用情况的审计。

②优先，可以对系统的任何资源进行访问，可以申请作主席，可以申请数据令牌等。

③一般，访问操作受到一定的限制，根据需要才可以让他申请主席、数据令牌。

④作废，系统拒绝这一类的用户进行访问。

可以在每次会议预约的时候进行权限的分配，也可以在会议期间向系统管理员申请。

(4) 主要技术特点。视频会议技术的主要组成：声音，图像，数据应用，网络网桥，可用性/人机界面，国际标准。

①声音技术视频会议中的声音技术包括：声音压缩，回音消除，噪声消除，声音拾取，高效压缩，声音识别，发言人识别。声音的质量是一个重要的因素，要使送话声音更自然，首先要解决带宽的问题，其次是解决回音消除的问题，再次是噪声问题。

②图像技术视频会议中的图像技术包括：图像压缩，图像增强，图像后处理，技术发展趋势，摄像，显示普通电视信号数字化后，图像如果不作任何压缩，每秒传输量为 100～

200Mbit 之间。视频会议由于带宽有限，必须进行压缩，这会造成一定的质量下降，分辨率降低，图像有所失真。目前用于视频会议系统的传输速率一般从 64kbit/s 至 2Mbit/s 之间，能够基本上满足不同类型用户的需求。

③数据应用在数据传送中最为突出的问题，是实现“实时共享”，双方能够实现信息共享，即可以同时在桌面系统上修改和处理文件、资料。这要依靠国际电联标准 T.120。

④网络环境：关于网络环境，除了 ISDN、LAN 上的标准及普通电话线上的标准外，H.324 将起到广泛的市场推动作用，在 Internet 上已实现实时图像通。

⑤视频会议系统的国际标准作为最重要的多媒体应用之一，远程会议（包括视频会议）在过去十年间已在世界范围内得到广泛接受。这个进程的市场驱动力之一就是国际标准的发展，回顾远程会议的发展历程，可以看到，上述所提及的新标准才真正是该行业和市场发展的驱动力。

3. 视频会议标准

（1）标准介绍。自从 1990 年 ITU 颁布数字电视会议标准 H.320 之后，陆续又有新的标准出台如 H.321、H.323、H.324 和 H.310。这些标准适用于在不同传输网络中传送不同质量级别的电视会议。

H.320 标准：H.320 适用于在 ISDN 网络中传输电视会议，是应用较为普遍的一种标准。传输速率在 64kbit/s ~ 2Mbit/s 之间。当速率在 128kbit/s 以下时，图像会出现明显的不连续性和切换现象。如果希望传输高质量的电视会议，则速率需在 384kbit/s 速率以上，系统就必须增加使三路或多路 128kbit/s 合为一路信道的设备，从而使系统造价和复杂性增加很多。

H.321 标准：为了实现低成本、低复杂性，但达到 H.320 的质量要求，ITU 补充了 H.321 标准，传输网络基于 ATM，传输速率同 H.320 相同。主要优势在于 ATM 传输高质量图像时，造价低，复杂性小。而两者最大的不同是 ATM 具有 QoS 保证，是电视会议实现低时延，高清晰度的关键。

H.323 标准：另一个附加的电视会议标准是 H.323 标准。传输网络为以 TCP/IP 为传输协议的以太网、FDDI、Token - Ring。它不像 H.321 和 H.320 标准，可实现高级别的电视会议。由于自身不具备 QoS 保证，系统不可避免地存在抖动和延迟，因此大大降低了图像的质量。主要应用于一些特殊要求的场合中，如在以太网连接的台式机上进行小范围会谈。

H.324 标准：H.324 标准适用的传输网络是普通的电话网络 POTS。传输速率为 28.8kbit/s ~ 64kbit/s。一秒仅有几帧，但仍有它的市场，其一是用于娱乐性的电视会议，对图像质量要求不高；其二是目前电话网普及，不需网络投资，就可便捷实现电视会议业务。

H.310 标准：当 H.320 和 H.321 的传输速率达到 784kbit/s 以上时可提供高质量的电视会议。而 H.310 标准是在 ATM 传输网络中基于 MPEG - 2 视频压缩技术的电视会议标准。传输速率为 8 ~ 16Mbit/s，可以提供超高质量的电视会议，营造出一种面对面的交互式会议。

表 8 - 6 表示了国际标准的组成及应用：

（2）H.320 和 H.323 两种标准的对比：

①终端图像与声音的编解码技术。H.320 和 H.323 系统采用的是同一种图像和语音的

编解码技术，因此，在图像和声音的表现质量和还原上本质是相同的。

②组网结构。H.323总线型网络结构不会因为某一个终端出现临时故障而影响整个会议和网络。H.320主从星形汇接结构可能因为单点临时故障，而又没有重要节点上的容错备份机制导致许多网络会议出现运行不正常的现象。

国际标准的组成及应用　　表 8-6

终端类型	H.320	H.324	H.323/H.322	H.321	H.310
支撑环境	N-ISDN	PSTN/PSDN	LAN	ATM B-ISDN	ATM B-ISDN
音频编码	G.711 G.722 G.728	G.723 AV.25Y	G.711 G.722 G.728	G.711　G.722 G.728 H.262	MPEG-2
视频编码	H.261	H.263　H.264	H.264	H.261　H.264	MPEG-2
复用	H.221	H.223		H.221　H.222	
网络接口	N-ISDN	V.34	LAN	AAL ATM	ATM

③业务发展。H.320仅仅是对基于电路交换的电视会议系统进行了定义，因此，仅能在传输网络平台上开展标准的电视会议应用，而不能扩展为一个多媒体、多应用平台。H.323技术在网络上可以开发出许多与底层网络传输无关的多媒体应用，如多媒体视讯会议，多媒体监控，多媒体生产调度指挥，远程企业培训和教育，多媒体呼叫中心，网上IP电话，网上IP传真，网上视频点播和广播等，可以利用H.323技术将多种应用和业务叠加到同一个传输网络平台上，电视会议仅仅是它的应用之一。

④性能价格比。H.320由于受传统电视系统会议技术体制的限制，不具备灵活性和丰富的功能，而且，无论是H.320的终端还是H.320 MCU，它的用户单机成本和用户线路使用费用都较高。

H.323采用了先进的TCP/IP技术，在提供相同性能和更多功能的同时，大大降低了用户终端的成本以及用户线路使用费用，具有很高的性能价格比。

⑤数据功能。H.320系统运用T.120标准来实现数据会议功能（如电子白板、文件传送、应用共享），其数据应用是包含在H.320/H.221复用信道中的。H.320系统的T.120数据信道最高达到64kbit/s。在传送大容量文件、高质量图文时，由于视频信道被抢占，会出现图像表现质量下降和图像暂停现象。

H.323标准沿用T.120体系下的数据会议标准来实现数据应用功能（如电子白板、文件传输、应用共享）。但它的数据应用是独立于H.323会话进程的，其数据信道不需要经过复用过程，直接在TCP或UDP（广播时）开立单独的T.120数据信道，此信道带宽可以从每秒几千字节到每秒数兆字节或数10Mbit/s可调，表现了很大的优越性和灵活性。

⑥多点广播。H.323是基于TCP/IP协议之上的，而IP协议具备多点广播功能IP Multicast（RFC1112）。从而在网上轻松实现多媒体广播业务，如视频广播。H.320本身不具备多点广播功能，而且没有有效的下层协议进行支持。所以，H.320系统不具备多点广播功能——也就是建立广播频道。它可能会借助MCU来用交互多点实现准广播功能，而非广播频道。

⑦H.320 电视会议网络和 H.323 电视会议网络的互通。可以通过以下两种方法解决：

一是网关连接，H.323 电视会议网络可以通过网关与 H.320 网络互通。采用此方法的优点是转接是在协议层进行，对视频和音频转接前和转接后基本无影响。

二是 AV 视频音频模拟信号转接，采用这种转接方法实现 H.323 电视会议网络和 H.320 电视会议网络的互通，最为简单和有效。在转接地点，把 H.323 视频会议终端设备的视频和音频输出连接到参加 H.320 电视会议的 H.320 电视会议终端的视频和音频输入上，同时，把 H.320 设备的视频和音频输出连接到参加 H.323 电视会议的 H.323 电视会议终端的视频和音频输入上，从而实现 H.323 网络与 H.320 网络视频和音频信号的互通。

H.323 代表未来多媒体视讯会议以及其他网上多媒体应用的发展方向和潮流。H.320 作为传统的技术标准，由于新技术的出现，以及本身固有的局限性和高成本，已经开始逐渐退出历史舞台。

4. 视频会议的发展前景

视频会议是在数字通信网上开放的一种交互型的电信业务。它的广泛应用，会产生巨大的社会效益和经济效益。例如，在人类的交往中，有效性的 60%依赖于面对面的视觉效果，33%依赖于说话者的声音，只有 7%左右依赖于说话的内容。但传统的通信工具，如电话、传真等却无法达到面对面在一起的沟通效果。再加上我国地域广阔，人口众多，运输常年超负荷运转，到外地出差开会已成为令人望而却步的事。而电视会议正是一种以视觉为主的通信业务；采用电视会议的通信方式，既能达到参加会议的目的，又可避免到外地出差的苦恼，从而节省了时间和费用，也缓解了交通紧张情况。

商务交流在各行各业中，商务活动意味着要交流。无论涉及到的是同事、客户还是供应商，明白无误的交流在我们所参与的商务活动中都是最为重要的。当今商务上的交流通常是指从自己的计算机中取出信息后再将它们转交给别人。这一过程一般包括打印 PC 机文件、发传真、寄送文档、打电话、讨论并更正信息，最后完成对原 PC 机文件的修改。每一步都会花不少时间，还有可能产生误解。

视频会议系统改进了这一过程，就是让用户相互之间能够直接用自己的 PC 机进行交流，免去了中间的一切环节。使用视频会议系统，你用自己的 PC 机就能给同事打电话，而同事则可像你一样看到你的文档。很多种软件工具都能用来在讨论的时候标出重点信息并对其加以编辑，这些都可在产生该信息的应用软件中完成。用户只需敲一敲键盘，就能检索到清晰、快捷和完整的信息。

另外，如果充分发挥视频的功能，你和你的同事都能相互看到对方以及你们共同使用的文档。身体语言和面部表情的微妙之处都能得到充分的体现，这是用传真机和电话所无法做到的。这样，你就能避免浪费时间和在中间环节造成误解。要想保证高效地进行事务交流，视频会议系统是目前最被看好的技术。

商业会议视频会议系统最主要的功能，是在提供远端双方立即且面对面会谈，因此而达到会议目的。其最直接的效益是节省了因会议而造成的各种费用及时间支出。企业应用视频会议系统，可提高员工的生产率；对于分支单位较多的大型企业，多点间的会议需求也可以通过安装 MCU 来达到目的。

企业客户服务和产品开发公司客户使用视频会议系统不仅可以减少支出，而且可以避免重要职员频繁地出差，增进职工及业务部门间的交流，更好地实施内部管理及员工培训，最终全面提高公司的效率。

对于大型企业，其新产品开发组，往往由分散于不同地方的企业或研发单位共同参与，开发组人员经常要赴不同的开发地点举行专题讨论会议，视频会议系统不仅可节省因会议所造成的各种费用和宝贵时间，而且开发组的开发效率也可大大提高，同时各地的开发进度也可以有效地加以掌握和控制。

远程教学和技术培训，大型公司可以利用视频会议系统发展远程学习系统。通过视频会议系统，将全国各地的教室以互动式网络连接，当公司发表新产品或技术时，即通过此系统快速地让其全球各地工程师了解，并训练其如何使用相关的训练教材，各分公司的教室可立即以此有效的方式培训其讲师并提供客户最新的课程。利用此系统，每年除了可节省因为训练而造成的差旅费外，在课程内容的立即沟通，学员对课程的反应、课程的更新，以及训练计划的管理上更有难以估计的利益。

市场调查和情报收集，例如：连锁商店，命令各供货部门经理，应用视频会议系统，让其与各地区经理或客户进行面对面会谈。利用此方式，各供货部门经理可了解到其各连锁店的最新产品、销售状况等市场信息，帮助其进行货品采购决策。同时各地区经理也可由各部门经理处得到各产品特性及销售建议。

远程医疗和会诊医疗手段和诊断水平的高低将直接关系到全人类的身体健康。在分散于异地的医院之间部署视频会议系统，不仅可提高医疗质量，降低医院的运行成本，而且还可提高医疗诊断的及时性、准确性，最终达到远程“现场”协作会诊医疗的目的。

远程医疗可将各地医院及医疗设备相互连接起来，实现高清晰医疗信息传送、异地医疗诊断、疑难病症专家会诊、手术观摩教学等医疗卫生活动的现代化信息网络系统。远程医疗不仅能够节约大量时间及交通费用，更能充分利用大、中医院的人力和技术资源，提高医疗卫生条件不发达地区的医疗服务水平。1995 年，国家医疗卫生信息产业工程（即“金卫”工程）已纳入了国家“金”字系列工程；“金卫”工程提出的目标是影像资料信息化、远程会诊等，标志着我国医疗卫生信息现代化建设迈出了辉煌的一步。远程医疗和会诊的实现在我国具有广阔的发展前景和重要的现实意义。

科研合作和工程设计在科学技术转化为生产力的过程中，各种机构和部门之间的频繁交流是必不可少的。而视频会议系统彻底改变了人们之间信息相互交流的方式，而这种新颖的交流方式在科研合作和工程设计中有不可估量的作用和地位。例如可以通过视频会议进行学术讨论的协同工作，项目总体规划设计阶段的相互协作等。

跨国企业应用对于任何一家跨国公司来说，使用视频会议系统都会为他们节省巨额的差旅费支出。

企业招募员工时以往不是派人事主管或用人单位主管赴各学校对毕业生进行宣传，并直接在学校面试，就是要应试者集中到公司进行多次面试。对于招募者及应试者而言，重复且来回奔波的面试实在是一件苦不堪言的工作。采用视频会议系统进行员工招募工作，是以最经济的方式，协助公司找到最适合的人才。

总之，视频会议系统无论应用于什么场合、什么目的，其最终的、也是最直接的效益是节省开支，提高效率。近年来，由于压缩技术 CODEC 的飞速发展，通讯技术的巨大进步，提供了更大的频宽以容纳大量的会议多媒体数据（包括视频、音频）；而且伴随着 ITU

相关国际标准的陆续制定，使得视频通讯时代提前来临。况且，PC 对视频会议系统领域的介入，使得这一贵族化的技术具有了平民的价格，再加上许多基于 Internet 的视频会议系统的产品化，为视频会议系统进入广阔的商用和民用市场奠定了基础。

5. 几种主要的视频会议应用系统

(1) ISDN 视频会议系统。它可看作是目前网络上的一类增值业务，用户终端首先接入交换网，通过交换网的引导再接入 MCU，即用户终端必须通过数字方式（有多种接口方式，如 ISDN 基本速率 S/T 接口或 U 接口，程控交换的数字用户环路 G.703 接口等）接入网络，一般要求多个 B 信道接入。会议要建立多用户间多信道多点连接，连接的电话号码要通过 MCU 从会议召集人处得到，因此，MCU 要支持一个会议引导过程和有一个多点多级的选路算法。用户首先通过网络接入 MCU，再通过 MCU 实现不同目的的会议接入，如生成一个会议，参加某个会议或邀请某个用户等。用户终端将多种媒体数据流复用后经网络链路送往 MCU，因此在 MCU 看来，每个用户终端送来的码流中含多个媒体信道。网络和会议建立后，会议进程的动态控制由 MCU 完成，因此需要相应的信令通道。

(2) LAN 视频会议系统。多媒体产品对网络带宽的依赖是众所周知的，在传统的共享式以太网上运行多媒体产品几乎是不现实的，但在交换式以太网上，工作站点可以得到一个 10Mbit/s 的带宽用于多媒体数据（视频、音频、数据等）的传输。而对于快速以太网，100Mbit/s 的带宽即使工作在共享方式下，传输多媒体数据也足够了，这就使得 LAN 上视频会议系统的实现和部署有了很大的自由度和可选性。

(3) Internet 视频会议系统。Internet 是全球性的计算机网络，规模最大，用户最多，影响最广。因此基于 Internet 的视频会议系统将是未来发展的必然趋势，也是最理想的视频会议系统。视频会议中音频数据量还不及视频数据量的十分之一，为了实现一个较理想的实时或准实时的视频会议系统，视频传输的协调和处理将是一个关键的技术问题。目前视频数据均采用差分编码压缩，又因为相邻图像间需编码的信息量变化很大，因此视频的实时数据传输率也反复变化，对静止场景传输率几乎为零，而对于变化幅度较大的场景图像，数据传输率将很高，这种变化可通过统计方法与结构方法由计算机自动识别。而 Internet 是分组交换网，正适合于传输这类可变比特率的数据通信。然而视频会议需要一个质量保证的最低标准，但 Internet 却无法满足这个要求，即：QoS 保证。不过，通过运用阻塞控制机制以阻止共享资源的混乱，在 Internet 上有可能获得很好的 QoS（服务质量）。

(4) 利用 Windows Netmeeting 进行视频会议。

①NetMeeting 的设置：首次使用 NetMeeting 的用户，先要设置一些必要的初始信息。选择目录服务器：初次使用的时候，建议大家选择一个共同的服务器。输入使用 NetMeeting 所需的个人信息：姓名、电子邮件地址、城市和国家以及备注信息等。选择个人信息类型：有 3 种类别可供选择：私人使用、业务用途和只限成人使用。指定网络的连接速度，以便使用该网络进行呼叫。拨号用户一般选择“28800bit/s 或更快的 MODEM”。麦克风的检测：调整麦克风的录音音量，才能在通信中保持清晰的通话质量。使用 NetMeeting 用户界面比较友好，是采用类似 Internet Explorer 的界面。图标按钮的使用：在 NetMeeting 主窗口的左边有四个图标，选定不同的图标可改变窗体的显示内容、以便执行相应的功能。“目录”按钮：查看所选的目录服务器和在该服务器上的在线用户，以方便呼叫。“快速拨号”按钮：查看可进行快速呼叫的联系人列表。“当前会议”按钮：查看当前会议中的用

户列表。如果会议双方或多方有摄像头，还能显示出你和会议中其他用户的视频图像。“历史记录”按钮：查看被你呼叫过的用户的名称、对呼叫的响应以及接受呼叫的次数。双击用户名即可呼叫该用户。

②呼叫：尽管 NetMeeting 有很多呼叫的方法，最简单的办法就是事先通过其他方式约定好参与会议的伙伴同时登录到相同的服务器，当我们在同一个会议室里能互相看到对方名字的时候，剩下的事情就简单多了，用鼠标直接点击用户名或者右键，你就可以呼叫了。

③将视频发送给其他用户：单击“工具”菜单上的“选项”。确认已选中“视频”选项卡中的“在每次呼叫开始时自动发送视频”复选框。或者，如果不希望每次呼叫时都自动发送视频，可以在参加会议时单击“本地视频”窗口底端的按钮以发送视频。

④预览视频图像：发送呼叫之前，单击“本地视频”窗口底端的按钮可看到要发送的图像。“本地视频”窗口位于“当前会议”中，但有可能从“当前会议”中分离出去。

⑤接收其他用户发来的视频：在默认情况下，你可以在 NetMeeting 中自动接收视频。而其他用户必须发送你要接收的视频。

⑥调整视频属性：单击“工具”菜单上的“选项”。根据需要更改“视频”选项卡上的设置。要调整视频头的属性，必须先在“本地视频”窗口中预览图像，然后单击“视频”选项卡上的“源文件”按钮。可以在“本地视频”窗口中看到你所做的改动。

⑦分离视频窗口：指向“工具”菜单上的“视频”，然后单击“分离本地视频”或“分离远程视频”。视频窗口将从“当前会议”中移出，并按“选项”对话框的“视频”选项卡中指定的大小显示。

⑧将音频和视频连接切换到其他用户：指向“工具”菜单上的“切换音频和视频”，然后单击想接收音频和视频的用户的姓名。无法切换到已经与其他用户建立音频和视频连接的与会者。

⑨停止发送音频和视频：在“当前会议”中，指向“工具”菜单上的“切换音频和视频”，然后单击用户名称以删除复选标记。

局限于 Internet 带宽的限制，低成本的网络视频会议在图像的显示效果上较差，但是在互动性上，NetMeeting 的“交谈”、“白板”、“共享”有优势。

“交谈”：与其他聊天软件没太大的区别，在人多的会议中，你可以有选择地和某个人“交谈”，即文字交谈。在这个区域里，使用者不必频繁切换交谈对象，参与会议的人都可以看到并通过文字表达。“交谈”的结果可以很容易地保存成文本文件。

“白板”：当交流的双方在文字交流上出现障碍的时候，白板显得尤为重要。交流的双方可以在一块白板上显示共同的图形信息。在白板中可同时多个人一起任意涂鸦。白板还有以下应用功能：自动启动：会议中的任一台计算机启动白板时，在会议中的其他计算机都会自动启动；实时协作：利用白板，你能利用图形信息与他人进行实时协作；桌面信息的捕捉：你可以捕捉桌面和窗口信息，把它们粘贴到白板中，大家共享；远程指针：远程指针可以突出显示白板上的特定内容，每个与会者都有一个不同颜色的指针，当你使用远程指针在屏幕上突出显示不同区域时，其他与会者也将看到你的操作。

“共享”：利用“共享”，NetMeeting 的一方可以很容易地共享对方电脑的资源。我们可以将之用来做示范性的动作，可以在网络资源比较富裕的情况下调用对方 CD - ROM、硬盘里的资源。配合视频头的使用，是再合适不过了。

8.2.3 可视电话

电话作为人们日常生活、工作中不可或缺的通讯工具，以其方便、快捷等特点被广泛应用，但普通电话机只能是“只闻其声，不见其人”。希望在通话的同时能看到对方的音容笑貌成了许多人梦寐以求的愿望。可视电话使人们梦想成真。

1. 可视电话定义

可视电话是利用电话线路实时传送人的语音和图像（用户的半身像、照片、物品等）的一种通信方式。如果说普通电话是“顺风耳”的话，可视电话就既是“顺风耳”，又是“千里眼”了。可视电话属于多媒体通信范畴，是一种有着广泛应用领域的视讯会议系统，使人们在通话时能够看到对方影像，它不仅适用于家庭生活，而且还可以广泛应用于各项商务活动、远程教学、保密监控、医院护理、医疗诊断、科学考察等不同行业的多种领域，因而有着极为广阔的市场前景。

2. 可视电话系统组成

可视电话系统由以下几个部分组成，如图 8－17 所示。

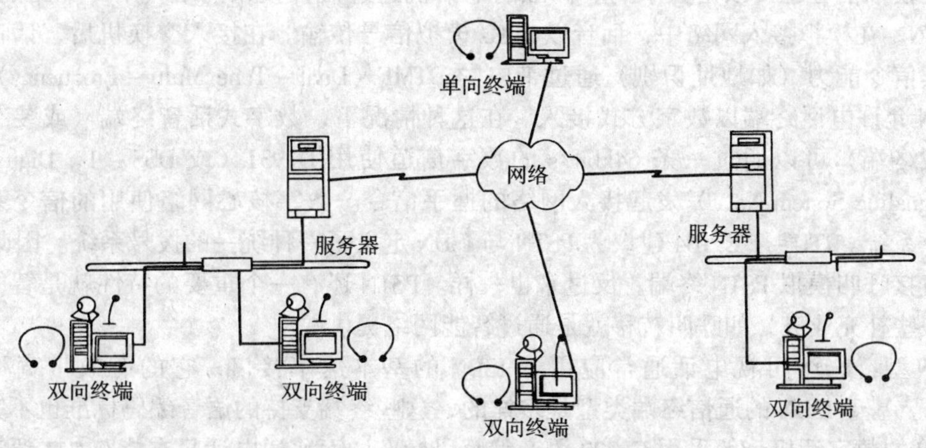

图 8－17　可视电话系统组成图

可视电话终端：终端是提供单向或双向实时通信的客户端。所有终端支持声音通信，视频和数据是可选的。

录像模块：通过录像模块实现对本地或远端视音频信号的本地存储，为可视电话提供通话记录。

流媒体服务器：流媒体服务器承担将本地视频向远端发布的功能。

认证模块：实现了对通话双方的身份认证，为计费提供接口。

计费模块：实现根据流量或通话时间的计费统计，通过计费模块和认证模块实现对可视电话的计费功能。

3. 可视电话分类

可视电话根据显示图像和传输信道的不同有以下两种分类：

(1) 根据图像显示的不同，分为静态图像可视电话和动态图像可视电话。静态图像可视电话在荧光屏上显示的图像是静止的，图像信号和话音信号利用现有的模拟电话系统交替传送，即传送图像时不能通话；传送一帧用户的半身静止图像需 5～10s。一部可视电话设备可以像一部普通电话机一样接入公用电话网使用。

动态图像可视电话显示的图像是活动的，用户可以看到对方的微笑或说话的形象。动态图像可视电话的图像信号因包含的信息量大，所占的频带宽，不能直接在用户线上传输，需要把原有的图像信号数字化，变为数字图像信号，而后还必须采用频带压缩技术，对数字图像信号进行“压缩”，使之所占的频带变窄，这样才可在用户线上传输。动态图像可视电话的信号因是数字信号，所以要在数字网中进行传输。静态图像可视电话现已在公用电话网上使用，而动态图像可视电话因成本较高尚未大量应用。但是可以预料，随着微电子技术的发展，大规模、超大规模集成电路的广泛使用，以及综合业务数字网的迅速发展，动态图像可视电话必然会在未来的通信中发挥重要的作用。

(2) 根据传输信道分为 PSTN（公用电话网）型、ISDN（综合业务数字网）型等多种方式。

PSTN 型：PSTN 是基于电路交换的，每条电路是一条 64kbit/s 的数字信道。PSTN 终端既可以是模拟信号也可以是数字的。标准的电话机通过模拟接入网络（用户环路的集合）连到 PSTN。在模拟接入网络中，话音以 3kHz 模拟信号传输。在接入交换机后，话音被数字化；其信令能力（如地址识别）通过带内的 DTMF（Dual - Tone Multi - Frequency）来实现。ISDN 允许电话终端以数字方式接入。在这种情况下，数字式话音终端（或装有适配器的模拟终端）可以通过一条 64kbit/s 的数字信道使用 Q.931（或 DSS - 1，Digital Subscriber Signaling System No.1）发起接入网络的握手信令。数字核心网络使用的信令系统是七号信令系统。ITU - T E.164 建议为 PSTN 与 ISDN 定义了一种统一的拨号系统。因此 ISDN 终端可直接呼叫模拟 PSTN 终端，反过来也一样。PSTN 还有一个重要的特性就是智能网络(IN)。一些补充业务，如呼叫转移就是通过智能网络提供的。

ISDN 型：ISDN 可视电话通常应用于 ISDN 的基本速率接口，它的有效带宽不大于 128kbit/s。基于 ISDN 的通信终端类型是多样的，这些终端支持的语音编码标准也不完全相同，ISDN 的数字话机一般采用 G.722 语音编解码标准，而普通电话只支持 G.711 语音编解码标准，对于 ISDN 可视电话，由于图像变长编码的特点，为尽量提高图像传输的带宽，采用 G.728 语音编解码标准。为了能与不同类型的终端通信，ISDN 可视电话应支持 G.711、G.722 和 G.728 3 种语音编解码的标准。ISDN 可视电话的工作模式是指它在通信过程中的工作方式，主要用以下几个方面来表示：语音的编码方式，是否支持图像，通信过程中使用的通道数。由前面分析可以看出，ISDN 可视电话在通信过程中还可以根据用户的要求来切换工作模式。所以 ISDN 可视电话工作模式的确认，是其功能强弱的一个方面，支持的工作模式越多，它的功能相对也越强。对于 ISDN 的 2B + D 基本速率接口，B 通道是用来传递用户数据的，而 D 通道主要用于网络信令的传输，不属于 H.320 系列协议的内容，所以只讨论 B 通道的帧结构。每个 B 通道的传输率是 64kbit/s，可以划分成 8 个子通道，每个子通道的传输率为 8kbit/s，其中第八个子通道为服务通道（SC，Sevice - channel）。从 64～1920kbit/s 的 ISDN 的传输率可以看作由多个 B 通道组合，在这一组合中第一个 B 通道称为初始化通道（IC，Initial - channel），而其他通道称为附加通道（additional - channel）。在使用多个 B 通道通信时，每个 B 通道均有相同的帧结构，由初始化通道控制和完成传输过程的大部分功能。

4. 主要技术

可视电话涉及的关键技术包括语音解码技术、语音识别技术、视频编码解码技术、数据复用技术、通信控制技术、采集处理与显示技术。

编解码芯片技术是可视电话发展的关键。语音和图像在传输时，必须经过压缩编码-解码的过程，而芯片正是承担着编码解码的重任，只有芯片在输出端将语音和图像压缩并编译成适合通讯线路传输的特殊代码，同时在接收端将特殊代码转化成人们能理解的声音和图像，才能构成完整的传输过程，让通话双方实现声情并茂的交流。语音识别：语音识别是指机器收到语音信号之后，如何模仿人的听觉器官辨别出所听到的语音内容或讲话人特征，进而模仿人脑理解出语音的含义或判别出讲话的人的过程。语音识别往往要用到人工智能技术来实现。

5. H.324 可视电话

可视电话这个术语早在 20 世纪 60 年代就已经出现，人们一直孜孜不倦地追求在模拟电话线路上实现视听通信。初期的可视电话产品需要使用 ISDN 电话线以高于普通模拟电话线的速率来传输电视图像和声音，这就使这种可视电话产品的推广应用受到限制。随着 28.8kbit/s 调制解调器的出现，世界上一些大公司立即就开发出了许多在模拟电话线上使用的第一代可视电话产品。而不同公司的产品不能相互协同工作，这就妨碍了产品的推广。H.324 就是为解决这个问题而开发的一个可视电话标准，现在已被国际电信联盟（ITU）采纳并作为世界可视电话标准。它指定了一种普通的方法，用来在用高速调制解调器连接的设备之间共享电视图像、声音和数据。H.324 是第一个指定在公众交换电话网络上实现协同工作的标准。

H.324 系列是一个低位速率多媒体通信终端标准，在它的旗号下的标准包括：

①H.263：电视图像编码标准，压缩后的速率为 20kbit/s；

②G.723.1：声音编码标准，压缩后的速率为 5.3kbit/s（用于声音+数据）或者 6.3kbit/s；

③H.223：低位速率多媒体通信的多路复合协议；

④H.245：多媒体通信终端之间的控制协议；

⑤T120：实时数据会议标准（可视电话应用中不一定是必须的）。

H.324 使用 28.8kbit/s 调制解调器来实现可视电话呼叫者之间的连接，这与 PC 用户使用调制解调器和电话线连接因特网或者其他在线服务的通信方式类似。调制解调器的连接一旦建立，H.324 终端就使用内置的压缩编码技术把声音和电视图像转换成数字信号，并且把这些信号压缩成适合于模拟电话线的数据速率和调制解调器连接速率的数据。在调制解调器的最大数据速率为 28.8kbit/s 的情况下，声音被压缩之后的数据率大约为 6kbit/s，其余的带宽用于传输被压缩的电视图像。

H.324 可支持各种类型的采用 H.324 标准的可视电话机。其类型可归纳成下面几种：

①标准型可视电话/单机型可视电话（standalone video phone）：这种产品与现在使用的非移动型和移动电话类似，但在电话机上安装有摄像机和 LCD 显像器；

②TV 基可视电话（TV-based video phone）：这种产品是一种放在电视机上的多媒体电话终端，它内置有摄像机，使用电视机作为可视电话的电视显示器；

③PC 基可视电话（PC-based video phone）：这种产品实际是给 PC 机添加一种功能而

已。利用 PC 机作为可视电话终端时，在 PC 机上需要安装执行 H.324 系列标准的可视电话软件，需要配置图像数字化卡和声音卡作为图像和声音的输入/输出设备，用彩色显示器显示电视图像，用计算机内部的处理器对电视图像和声音进行压缩解压缩，并且用 28.8kbit/s 或者 56K 调制解调器连接其他的可视电话终端，具备以上条件就可把 PC 当作一个可视电话终端。

H.324 可视电话的声音质量接近普通电话的质量。按 H.324 标准规定，电视图像的帧速率取决于显示的图像大小。例如，如果可视电话连接双方都使用 QCIF（176×132）的图像分辨率，电视图像的帧速率可达到 4～12 帧/s，接近于普通电视图像帧速率的一半。但其实际的帧速率将与多媒体终端的计算速度、用户选择的显示窗口大小以及当地的线路质量有关。

H.324 可视电话几乎不改变人们使用电话的习惯。与普通电话类似，把可视电话插入到办公室或者家庭的电话插座中，使用声音呼叫在先（voice call first）方式与使用可视电话的被呼叫方建立连接，这是最简单的连接方法。拨打可视电话与拨打普通电话相同，被呼叫方一旦响应呼叫，用户就可简单地在可视电话机上按一个“连接键”，或者在 PC 基可视电话机上按一个“连接”图标就可以选择可视电话方式，如何进行“面对面”的通话。

H.324 定义的多媒体电话终端可运行在公众交换电话网络上，尽管线路的速率受到极大的限制，但在两个多媒体电话终端之间可提供实时的电视图像、声音、数据或者任意组合的媒体。如果在公用电话交换网络上安装单独的多点控制设备（MCU），在网络上的多个 H.324 多媒体电话终端之间就可进行多点通信。H.324 定义的多媒体终端也可与综合业务数字网（ISDN）上的可视电话系统（定义在 H.323 系列标准中）和移动无线网络上的可视电话系统（定义在 H.324/M 系列标准草案中）联用。

H.324 多媒体可视电话终端系统如图 8－18 所示。从图 8－18 中可以看得，该系统由下面几个部件组成：H.324 多媒体电话终端、PSTN 网络、多点控制设备（MCU）和其他的输入/输出部件。

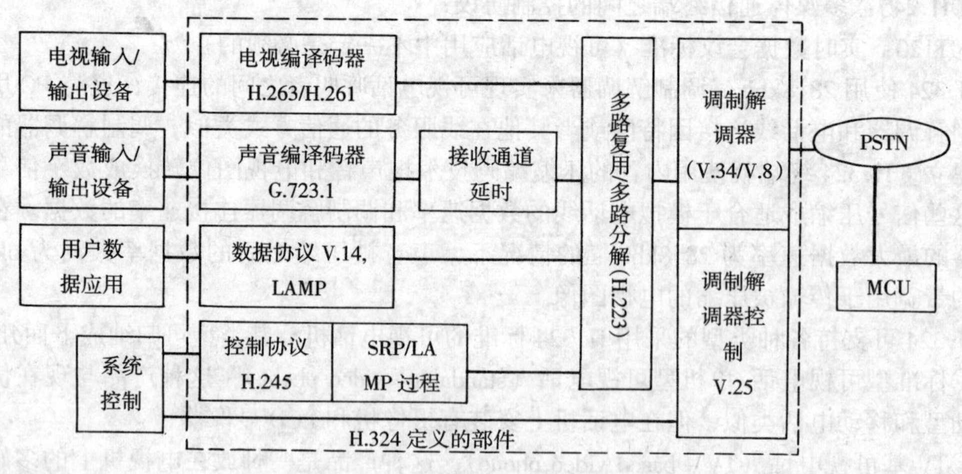

图 8－18　H.324 多媒体电话终端

H.324 多媒体电话终端由两个部分组成：H.324 本身定义的模块和非 H.324 定义的模块。

H.324 本身定义的模块包括：

①电视编译码器：使用 H.263 或者 H.261 标准对电视图像进行编码和解码。

②声音编译码器：使用 G.723.1 标准对来自麦克风的声音信号进行编码，然后传输到对方，并且对来自对方的声音进行译码，然后输出到喇叭。图中“接收通道延时”模块用于补偿电视信号的延时，以维持声音和电视的同步。

③数据协议（V.14，LAPM 等）：支持的数据应用可包括电子白板（electronic whiteboards）、静态图像传输、数据库访问、声图远程会议（audiographics conferencing）、远程设备控制、网络协议等。标准化的数据应用包括 T.120（用于实时的数据加声音的声图远程会议）、T.80（用于简单的点对点静态图像文件传输）、T.434（用于简单的点对点文件传输）、H.224/H.281（用于远端摄像机控制）、ISO/IEC TR9577 网络协议（包括 PPP 和 IP 协议）以及使用缓存的 V.14 或者 LAPM/V.42 的用户数据传输。LAPM/V.42 是定义使用调制解调器链路访问协议（Link Access Protocol for Modems）的错误校正方法标准。支持的其他协议可通过 H.245 协商。

④控制协议（H.245）：提供 H.324 终端之间的通信控制。H.245 是多媒体通信控制协议，它定义流程控制、加密、抖动管理以及用于启动呼叫、磋商双方要使用的特性和终止呼叫等信号。此外它也确定哪一方是发布各种命令的主控方。

⑤多路复合/多路分解（H.223）：它提供两种功能。一种是把要传送的电视、声音、数据和控制流复合成单一的数据位流；另一种功能是把接收到的单一位流分解为各种媒体流。此外，它还执行逻辑分帧（logical framing）、顺序编号、错误检测、通过重传校正错误等。

⑥调制解调器（V.34/V.8）：它提供两种功能。一种是把来自“多路复合/多路分解（H.223）”模块的同步的多路复合输出数据位流转换成能够在 PSTN 网络上传输的模拟信号；另一种功能是把接收到的模拟信号转换成同步数据位流，然后送给“多路复合/多路分解（H.223）”进行分解。“调制解调器控制（V.25 ter）”用于自动应答设备和自动呼叫设备的通信过程，其中的 ter 表示第三版本。V.8 是在 PSTN 网络上启动数据传输会话过程的协议。

下列系统模块虽不属于 H.324 标准定义的范围，但又是 H.324 所必须的。这些模块是：

①电视输入/输出设备：包括摄像机、监视器、数字化器和它们的控制部件；

②声音输入/输出设备：包括麦克风、喇叭和常规电话用到的部件；

③数据应用设备（如计算机）、非标准化的数据应用协议和像电子白板那样的远程信息处理可视化辅助模块；

④PSTN 网络接口：支持国际标准定义的信号传输法、响铃功能和信号电压规范等；用户系统控制、用户界面和操作等模块；

⑤H.324 标准定义的模块很多，有些模块在不同的应用环境中可以不选择，例如，“数据协议（V.14，LAPM 等）”模块。但必不可少的模块是支持 H.263、G.723.1、H.223 和 H.245 协议的模块。

6. 可视电话的发展

（1）可视电话发展中的困难。可视电话从概念提出、技术发展到市场启动，经历了种种坎坷和曲折。尤其在中国，可视电话市场长期处于雷声大、雨点小的境地，市场迟迟未能启动。早在20世纪五六十年代就有人提出可视电话的概念，认为应该利用电话线传输语音的同时传输图像。1964年，美国贝尔实验室正式提出可视电话的相关方案。但是，由于传统网络和通信技术条件的限制，可视电话一直没有取得实质性进展。直到20世纪80年代后期，随着芯片技术、传输技术、数字通信、视频编解码技术和集成电路技术不断发展并日趋成熟，适合商用和民用的可视电话才得以浮出水面，走向人们的视野。编解码芯片技术是可视电话的核心技术，语音和图像在传输时，必须经过压缩编码－解码的过程，而芯片正是承担着编码解码的重任，只有芯片在输出端将语音和图像压缩并编译成适合通讯线路传输的特殊代码，同时在接收端将特殊代码转化成人们能理解的声音和图像，才能构成完整的传输过程，让通话双方实现声情并茂的交流。

传输线路影响可视电话的通信质量。传统的电话线是普通的双绞线，主要用来传输语音，视音频同时传输时，其传输速率仅能达到33.6kbit/s，所以在普通电话线的支持下，不能传输清晰连贯的图像。

协议标准不统一，影响市场推广。长期以来，虽然有厂家推出可视电话，但由于他们各自为政，没有统一的行业标准，各种可视电话不能互通，影响了可视电话市场的拓展。在协议标准不统一的情况下，只有用户购买了同一型号的可视电话才能达到“可视”效果，如果甲用户买了甲厂家的可视电话，而乙用户买的是乙厂家的，那么他们通话就没法“可视”了。正因为技术、线路和行业管理等方面存在问题，所以造成了可视电话几十年仍远离用户，市场没有起色。

（2）可视电话发展条件：由于微电子技术一日千里，CPU处理速度越来越快。芯片、LCD器件的发展，尤其是软件突飞猛进，使可视电话得以较高速率、清晰重显图像和语音同步在传统的双绞铜线上驰骋，这在以往根本是不可想像的。

第一、通信市场消费升温，促进用户从BP机热、手机热、无线电话热、上网热、逐渐转变成向可视电话方向发展。往往一种新的通信方式的出现便会带动消费升温，何况可见面交谈的可视电话，其收费仅是普通市话的收费标准，很容易为广大用户所接受，因而下一轮的消费热点可能转向可视电话。

第二、电话普及率不断提升，尤其是大中城市的电话普及率迅速增长，给可视电话进入家庭创造了条件。而且可视电话普及率越高，需求则更大，因此市场前景看好。

第三、在通讯标准上，国际电联相继颁布了H.320、H.324、H.323等一系列统一标准，我国信息产业部也颁布了一系列的标准，其他有关的标准也在制订中，使可视电话生产厂家有章可循，利于互通。现在大多数生产厂家的可视电话，同一型号基本上实现了可视互通。PSTN可视电话之间可以互通，ISDN可视电话之间也可以互通。可视电话还可以与普通模拟电话、移动电话进行互通。

第四、有关H.324系列标准的视频与语音编码芯片、通信协议及帧结构芯片、V34芯片等在国外均已开发出来，芯片价格不断下降，从而使得整台设备价格降低。

第五、突破瓶颈：可视电话的遭遇，引起了科研、市场和用户等多方的关注。各种通信产品制造商、科研机构纷纷投入巨资进行科研开发，有的甚至将可视电话作为主攻方向和核心业务，取得了显著的成果。到目前为止，芯片、线路、标准等问题均得到了不同程度的解决，为可视电话在中国的快速发展打下了基础。到目前为止，国内基于PSTN的可视电话已经研制成功，并推向了市场。而上海贝尔有限公司更研制出了国内惟一拥有自主知识产权的可视电话——“视捷”ISDN可视电话，并投入小批量生产，引起业界关注。

第六、在核心编解码芯片方面，通过引进、消化、吸收国外先进芯片的研制技术，国内厂商初步掌握了芯片技术。通过改进和修改，国外芯片已经成功地运用到国内可视电话上，提高了可视电话的质量。

第七、在传输线路上，除了PSTN外，还有逐步普及的ISDN，其传输速率高达128kbit/s，基本相当于普通电话线的4倍，实现了用户终端之间的传输全程数字化（包括用户线部分），以数字形式统一处理各种业务，使用户可以获得数字化的优异性能。目前国内ISDN使用率越来越高，已经成为一种基本的接入方式。而宽带的出现，更使可视电话的传输线路问题得到了完美的解决。

近年来，可视电话在发达国家发展迅速。随着1996年国际电信联盟PSTN多媒体可视电话国际标准ITU-IH.324标准的公布，符合该标准的可视电话在美国、日本、德国纷纷开发出来并很快进入居民家庭；在国内因受多种因素制约可视电话一时难以普及，但在一些政府部门、企业、团体的使用率在逐渐提高。价格相对低廉的可视电话也在加紧开发研制之中。目前，我国有多家公司的新型可视电话产品面市。这些新品均采用了先进的数字压缩解压技术，符合ITU-T H.324标准，其利用覆盖面最广的PSTN（公用电话网）为载体，只需将可视电话机与普通电话线相连并接通电源，便可轻松拨打可视电话，在屏幕上显示己方和对方的动态影像，让通话双方充分享受身临其境的现场感觉，而通话费与普通电话一样。

7. 可视电话的应用

在目前发展初期，由于技术和价格的限制，市民还离可视电话有一段距离。这样，集团购买将成为可视电话市场发展的原动力。根据调查资料显示，大多数政府机关和企业将可视电话作为电视会议的一个终端使用，而外地办事处或分支机构较多的大机构、大企业，则希望通过可视电话进行同级、或上下级之间的沟通、交流等，以提高办事效率，节省旅费开支。无疑，这反映了高性能可视电话潜在的巨大市场。

对于企业，可视电话可用于公司之间的人性沟通与交流、产品采购与销售、生产现场监控。利用可视电话，可使公司总部与各地分公司、公司总经理与部门经理、部门经理与下属员工之间能够及时高效沟通，提高管理水平；外出的采购人员可以最直观、详尽地向领导介绍采购的产品，提高采购的效率，节约采购成本。而销售人员携带一部与公司互通的可视电话，就可以直观、动态、全面地向客户展示公司产品，促进产品销售。而在生产现场，可视电话的监控可以达到一览无余的效果，让管理人员轻松掌握现场情况。

电信：在可视电话尚未大规模进入普通市民家时，电信公司可以帮他们实现打电话时如见其人的美梦。开设公用可视电话亭、开通可视电话业务，既可以满足用户沟通的要求，又能拓宽服务领域，增加竞争力和利润。

对于政府机关：可视电话可用于电视电话会议、情况汇报和部门之间协调，在物质利益上，节约差旅时间和费用，而从长远看则可以提高办公效率，有助于部门之间的及时沟通。

对于公检法：可视电话将为异地办案提供方便。在异地现场勘查上，可以利用可视电话传送信息，供指挥中心勘查、录像、分析；对于异地指认涉案人，相关人员可以通过可视电话直接指认，误差比照片指认小得多。而亲属也可以利用可视电话异地探监，如见其人。

对于新闻采访：可视电话能给异地采访、摄像、报道和取证带来便利，既能节约时间和成本，又能提高新闻时效性。此外，军队、铁路、航空等各个领域，都有可视电话施展才能的用武之地，给工作带来方便。

可视电话应用范围广，市场蓄势待发。随着技术的创新、规模的扩张和由此带来的成本的降低，可视电话将得到越来越普遍的应用。

8.2.4 其他应用

智能建筑是人们工作、生活的场所，多媒体技术在智能建筑中的应用要服务于人们的工作、生活和学习，因此应更全面、更富有人性化、智能化。智能化的组成部分很多，但专家们认为，一个真正意义的智能化建筑必须具备以下素质：网络高速接入功能，即 Internet 网高速通道；家居办公符合在家办公的需求；办公自动化；家居娱乐，包括 VOD 自动点播、视频会议、远程教学、交互式电子游戏等；安全监控：如火警、煤气泄露、幼儿和老人求救、远程医疗与监护、开关门报警等；管理方面，如电子公告牌、远程三表传送收费；商务方面，如网上购物、网上商务联系等。

1. 多媒体电子出版物

电子出版物是指以数字代码方式将图、文、声、像等信息存储在磁、光、电介质上，通过计算机或类似设备阅读使用，并可复制发行的大众传播媒体。电子出版物的内容可分为电子图书、辞书手册、文档资料、报刊杂志、教育培训、娱乐游戏、宣传广告、信息咨询、简报等，许多作品是多种类型的混合。

随着光盘技术的发展，电子出版物已进入市场，并成为光盘软件的重要产品类型。多媒体电子出版物是计算机多媒体技术与文化、艺术、教育等多种学科完美结合的产物，将是今后数年内影响最大的新一代信息技术之一。

2. 办公室自动化

多媒体技术为办公管理增加了控制信息的能力和充分表达思想的机会，许多应用程序都是为提高工作人员的工作效率而设计的，从而产生了许多新型的办公室自动化系统。由于采用了先进的数字影像和多媒体计算机技术，把文件扫描仪、图文传真机、文件资料微缩系统等和通信网络等现代化办公设备综合管理起来，将构成全新的办公自动化系统，成为新的发展方向。

3. 教育培训

随着社会的发展，人们的受教育观念在不断的变革：教育的终身化、个性化、社会化、国际化。而教育手段也在不断更新，从函授教育、电化教育、广播电视教育到互动有线电视教育、多媒体网络教育。网络大学的规模在我国呈不断扩大的趋势。MPC 在教育培训中有着巨大的应用潜力。应用 MPC 提供的交互式多媒体技术来进行教学，在听和看的同时还可以完成各种练习，由于多种感官的刺激而加深了对学习内容的记忆。此外，用户还可以根据自己的情况自行掌握学习进度。

4. 多媒体公告牌

无论是工作场所还是居家小区，都可利用多媒体显示屏来发布信息。如发布通知，开辟宣传栏，设置讨论区甚至商业广告等。

例如住宅小区，传统的物业管理方式中，由于沟通渠道不畅，长期存在物业公司与业主的矛盾。智能小区可利用多媒体公告牌，设每周物业专栏，及时把物业公司的工作情况通报给住户，并将物业有关通知和服务情况告知住户，做好相互协调工作。另外，还可以开辟：

(1) 小区之窗：

①宣传小区的环境、房型、条件，辅助房产销售和招商；

②提供小区的实景地图，房型图等，以供购房者和业主随时查看。同时发布各种小区信息。

(2) 休闲兴趣协会（论坛）：

提供主题讨论服务。小区居民可以组织兴趣协会，发表有关文章和观点，发布协会活动信息等。

平时可以提供国内外时事新闻，天气预报等。多媒体广告牌用于商业服务，如零售商品展示、工程项目招揽等，为小区物业管理提供经济收入。

5. 安防监控

在小区的出入口、周界、车库以及重要场所设置监视点。所有摄像点的设置，要求做到可对小区实施全方位的监视布控并有助于小区的物业管理。在小区每一住户内安装防盗报警装置。当住户家中无人时，可把家庭内的防盗报警系统设置为布防状态，当窃贼闯入时，报警系统自动发出警报并向小区安保中心报警。

6. 家庭娱乐

MPC 配上不同自学内容的 CD－ROM 后，就成为很有效的自学系统。人们可以在家中利用 MPC 学习各种生活技能、发展业余爱好，丰富生活内容。例如，学习家用电器和房屋的修理，学习驾驶汽车的技能，家庭主妇可以学习烹饪、卫生保健等，还可以观看 VCD、DVD 等以消遣闲暇，欣赏名人名曲以提高艺术修养。画面色彩丰富、声音悦耳的交互式电子游戏，不但更具趣味性，而且可以寓教于乐。

7. 其他信息服务

多媒体电子邮件：发送和接收电子语音邮件、电子视频邮件、多媒体邮件。当然，电子邮件的功能远不只收发信件，还可以利用它传输文件、参与学术会议、订阅电子杂志、发送电子新闻，享受 Internet 提供的各种服务。

用户调查服务：提供针对小区居民的意见反馈和小区居民调查活动。

网上维修：一般情况下，住户在家的时间正好是物业公司下班的时间，如果需要维修房屋或设备，就不得不放下手中工作，提前回家到物业公司登记。在智能小区里，一切都变得简单了，只需按一下电脑的鼠标就行了。

家庭证券：居民通过登陆小区网站就可以拥有一个全功能的证券信息系统，可以查看实时股市行情，网上炒股，进行证券信息处理，还具备查阅有关的新闻信息、证券评论、上市公司资料的功能，各种资料数据完整、详实。

公共信息：利用 Internet 上的各大著名网站，迅速获得各种公共信息，如天气预报、中介介绍、家教中心、消费指南、交通信息、热点新闻等。

网上健康咨询：利用 Internet，登陆网上健康咨询服务网站，居民即可享受远程网上健康咨询，可以做到足不出户查询专家门诊的信息，进行在线咨询，学习健身方法、医疗保健知识等。

第 9 章　现代消防技术

9.1　大型体育场馆最新型的消防技术方案

美国 9·11 事件发生之后，各种人员密集的室内大型体育场馆，其消防防灾安全问题已经引起了全世界高度的关注和重视。面对北京即将投入兴建的 2008 年奥运会的各类大型体育场馆，无疑，研究并了解当今世界最领先的大空间现代消防防灾技术，已成了我们面前日益紧迫的课题!

本文着力向读者介绍一套概念全新、领先于 21 世纪的，已经成功被应用在日本最新兴建的各类大型体育场馆的消防防灾解决方案，以此引出大家共同的探讨并获得适合我们的大型体育场馆的消防防灾解决方案。大型体育场馆示意图见图 9－1。

图 9－1　大型体育场馆

9.1.1　室内大型体育场馆自动灭火的难度

1. 各室内大空间圆顶体育场馆，都具备有以下共同的建筑特征

(1) 顶棚超高，通常都在 20～60m 之间；

(2) 空间巨大，圆顶建筑体育馆，不少的直径能有 200m；

(3) 汇集人数通常都在数万人以上（一般小于 5 万人）；

(4) 疏散组织极其困难，因为不同特点的人群来自四面八方，一旦发生灾难时难以进行有效的统一指挥。

2. 自动灭火的难度

(1) 由于顶棚太高，即便是安装自动洒水喷头，也难以使喷淋头感触火灾温度而动作；

(2) 由于单位面积容纳人数密度大，危险性高，涉及的灭火范围也大（通常也被称为："火灾负荷量"大）由于灭火需要的洒水密度及大面积的喷水强度［要求 > 5L/（min·m²）］；即便是安装上开式的自动洒水喷头，也难以解决困难；

(3) 以空间跨度大为特点的圆顶体育馆，要把沉重的洒水配管设置在顶棚上，在设计和施工上也难以实现。

3. 我国现行自动喷水灭火喷头规范的设置高度只对 8m 以下考虑

系统设计基本系数 **表 9-1**

喷头种类	设置面积范围	设置高度均在 8m 以下			
		轻危险型	中危险型	危险型	严重型
标准型	180m²	3L/（min·m²）			
	200m²		6L/（min·m²）		
	300m²			10L/（min·m²）	15L/（min·m²）

4. 日本现行国家规范

自动洒水灭火设备高度的界限 **表 9-2**

喷头种类	设置间隔	设置高度界限	
		火灾负荷量 25kg/m²	火灾负荷量 50kg/m²
标准型	3.25m	10m	6m
	3.60m	10m	5m
	3.25m	10m	10m

9.1.2 日本大空间防灾系统设备的发展历程

(1) 对于人口密集、灾难多发的日本国，其对大空间消防防灾问题的解决一直投入着极大的研究投入，确切地讲，直到 1986 年，日本的大空间消防防灾还是一直沿用着封闭式的自动喷淋灭火保护手段，即便是高于 10m 以上的建筑空间也都如此，因此对于大空间防灾来讲，1986 年以前一直被认为是一个束手无策的问题。

(2) 1986 年，随着东京圆顶型体育馆的诞生，红外线火灾控测技术与水炮灭火的联动系统首次在东京圆顶型体育馆被选用，当时，由于是新技术，没有成文的消防法规，项目是由"日本消防安全中心"采用系统评价的方式，对该建筑的消防系统进行评价和消防检验。

(3) 相继经过了 10 年时间，到了 1997 年，大空间消防防灾法规在日本正式颁布（日本消防实施令第 12 条）大空间的探测及灭火设备被正式列入了消防法管辖内容。在该实施令中明确规定，对于顶棚高度超过 6m 的百货店，超市，展览中心和建筑高度超过 10m 以上的剧场，电影院，参观场所，饮食店都要设计安装火灾自动探测定位的水炮灭火装置。因此，在当时先后竣工的大阪体育馆，北九州体育馆，京都火车站，神户时装表演城，以及本届世界杯足球场两翼都依法配备了自动探测、自动定位的水炮灭火系统。

为了对我们2008年奥林匹克场馆大空间消防系统的技术方案研究和探讨借鉴，下面把技术先进的日本日探“自动定位自动灭火水炮系统”作一大概的介绍：

9.1.3 自动定位火炮系统的构成

自动定位火炮系统的构成图见图9－2。

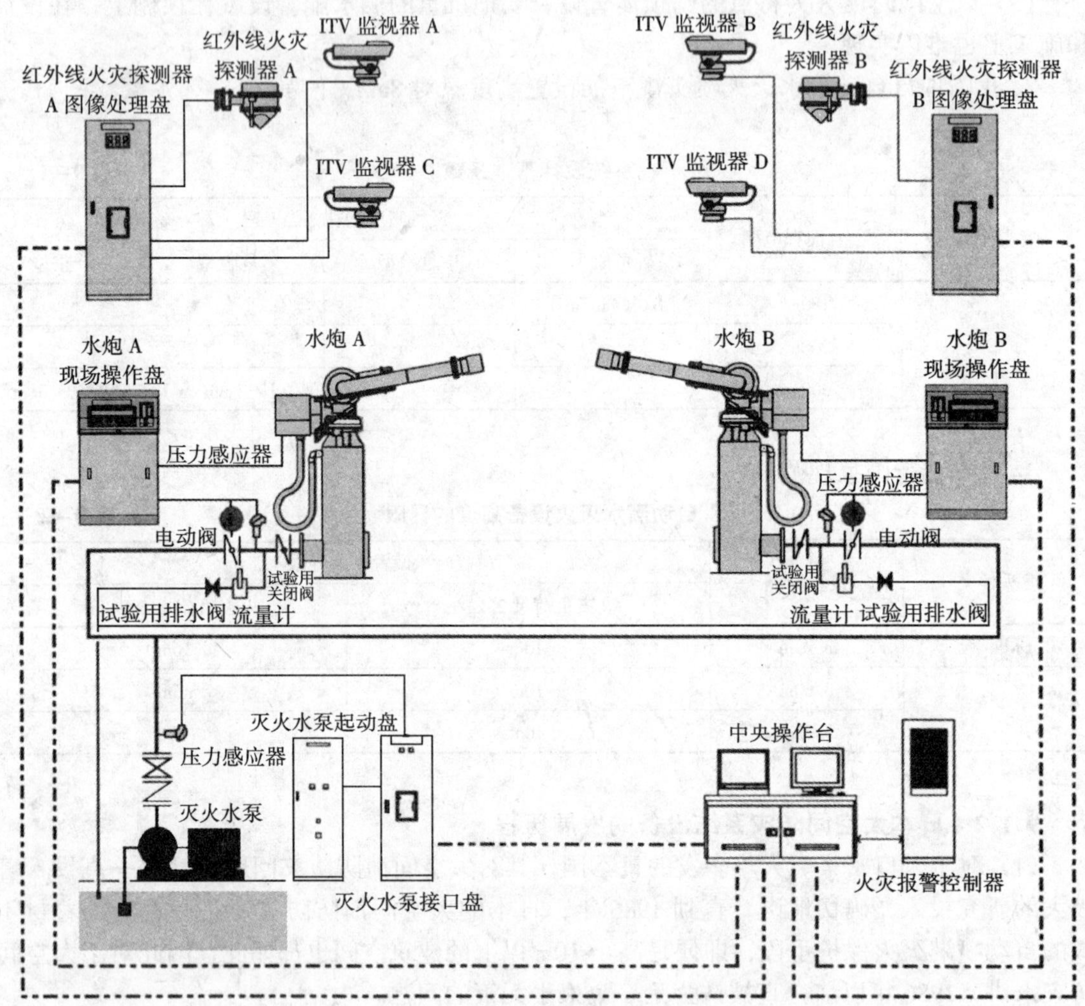

图9－2 系统构成图

1. 红外线火灾自动探测装置

采用红外线热感新技术，为自动探测火灾而设，在200m监视距离的大空间内，通常只须配上1～2台探测器即可。

2. 水炮灭火装置

这是当火灾发生时进行自动喷水灭火装置，通常按照喷射距离100m计算考虑，一个大型体育馆一般设1～4台系统。

3.ITV 图像监视器

依照探测系统发出的火灾定位信号，将镜头自动对准火灾部位，协助并监视现场火灾状况和灭火与喷水状况的装置，通常按 4 台/系统配设。

4. 中央操作台

火灾及灭火集中监视和控制的中央装置 1 台/系统。

（备注：现场还可配备就地手动操作台）

9.1.4 系统概述

由扫描型红外火灾探测器完成火灾的自动探测，当探测到火灾信号时，高速运行计算的电脑系统将向自动水炮设备和 ITV 图像监视系统发出高精度的火灾位置瞄准信号。红外线火灾探测器见图 9－3。

图 9－3 红外线火灾探测器

从火灾探测、水炮自动瞄准并启动的过程为全自动完成过程。

喷水方式为自动和手动两种选择，当设于自动时，由火灾报警确认至自动喷水，通常可设定几分钟的自动延迟时间。(在日本通常定在 3min)

9.1.5 系统的核心关键技术——火灾自动定位系统

用水炮的联动实施灭火并非新技术，本文探讨的是该系统在 21 世纪最为领先的火灾自动定位技术，对于一个能容纳几万人的巨大体育馆空间，该系统对着火点的探测分析能力为 0.5m，探测误差为 2m，下面对系统自动定位的重要部件，红外线火灾探测装置的工作原理及其特点进行描述。

1. 火灾探测原理

该火灾自动定位系统的火灾探测系统装置，使用了非接触式的温度感应技术，该技术可用彩图 9－1、彩图 9－2 中的几张温度感应拍摄记录到的图像给以说明。

2. 解决非火灾误报的关键要素——火灾温度波长的分析

仅靠探测器感应的温度图像来确定火源是根本不够的，因为在我们生活的空间里，有各种各样的由非火灾因素形成的各种热源和高热源，因此，系统对火灾的判断分析中加入了火灾判断的极其必要的技术，即火灾波长的探测和判断分析，因为火灾时，生成高温二氧化碳，而高温二氧化碳的共鸣放射波长为 4.4μm，而非火灾热源，不可能产生高温二氧化碳，因此，利用高温二氧化碳共鸣波长对探测到的热温进行分析，就可以有效地把火灾找出，把各种非火灾热源很好地给予区分，从而有效地解决了系统的非火灾误报问题。

彩图 9－3 是太阳光，各种 1000℃的高温物质，火灾高温二氧化碳共鸣波长在紫外域，近红外域，红外域，远红外域温度放射强度对应的波长分布图。

3. 红外线火灾探测装置：全数字化的立体热源图像扫描技术

对巨大的体育馆空间，该自动定位系统采用了现代数码相机的全景拍摄的数字扫描技术。

(1) 系统的探测元件的视角为 2.5 毫米弧度 (0.143°)。

(2) 探测元件按照垂直和水平方向进行步进式的空间切割的扫描，取得垂直 90°×水平 200°的热源图像数据（该数据直接适合于圆顶型体育场馆，根据建筑形状不同，垂直的仰角也可另行设定）。

(3) 彩图 9－4 为探测元件进行垂直和水平数据成像扫描时的动作示意图。

4. 着火点位置的确定

(1) 当使用 1 台探测器对着火点进行判断时，需要把中央电脑存储的该体育馆整体空间的 CAD 数据与探测器视线方向的数据进行交叉点计算，即可得出火灾着火点的位置数据。

(2) 如果在同一空间使用 2 台探测器，当他们探测到同一火灾时，其各自视线方向数据的交点即可方便得出火灾的着火点，彩图 9－5、彩图 9－6 是使用 1 台探测器和使用 2 台探测器确定火灾着火点的示意图。

9.1.6 灭火救援系统

ITV 监视器见图 9－4：

图 9－4 ITV 监视器

火灾发生时，高速运算的计算机系统将火灾的准确位置信号输出给 ITV 监视器，此时系统的 ITV 监视器将自动瞄准火灾位置，并进行火灾现场的图像显示，直接发挥灭火支援作用。

该 ITV 监视器拍照对象的最低发光强度为 0.015lx，通常标准以 4 台为 1 组。

9.1.7 中央集中监控系统

主要功能：进行火灾位置高速计算，并系统集中监视及控制。中央集中监控系统见图 9－5。

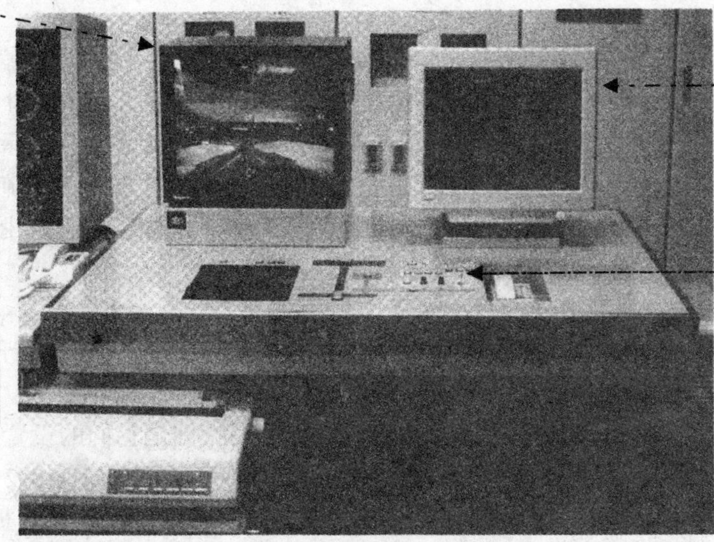

图 9－5 中央集中监控系统

9.1.8 系统火灾探测及灭火动作过程示意

1. 异常高温热源出现，探测到火灾注意报警信息（在中央操作台上显示出注意报警信息，在 ITV 彩色监视显示器上显示出图像见彩图 9－7）。

2. 探测到火灾时确认火灾程度及状况

(1) 探测到火灾时（见彩图 9－8）：

①在中央操作台上显示出火灾信息，在 ITV 彩色监视显示器上显示出火灾图像；

②水炮自动瞄准着火点。

(2) 确认火灾程度及状况（见彩图 9－8）：

①消防值班人员在通过 ITV 的图像确认火灾状况的同时应立刻奔赴现场目视确认火灾状况；

②确认后，再决定利用水炮进行灭火。

3. 自动喷水方式及手动喷水方式

(1) 自动喷水方式（见彩图 9－9）：

①3min 的延时时间过后，灭火水泵将起动，水炮将开始喷水；

②即使在 3min 之内，如果按下［喷水开始］开关，也可以开始喷水。

(2) 手动喷水方式（见彩图 9－9）：

如果按下中央操作台或者现场操作盘上的［喷水开始］开关也可以开始喷水。

9.2 蓄光自发光型消防安全标志

据有关统计材料分析：在大量高层建筑火灾伤亡事故中，因在逃生过程中没有得到及时疏散而被烟熏致死的，约占死亡人数的一半甚至更高，由此可以看出消防安全疏散设施是建筑防火中的一项重要内容，其设计是否完善、合理，日常维护管理是否良好，直接关系到火灾时人员的生命安全。

本文所介绍的蓄光自发光型材料是一种新型材料，它的研制成功和被各国不同行业所积极采用，为解决人员的安全疏散问题提供了一种良好的途径，这种材料在停电的情况下，能储存能量并在黑暗处以光的形式释放出来，蓄光自发光型疏散指示标志可以用形象的图文指明出口路线，楼梯和楼层，安全出口，疏散出口，消防设备，疏散警告或禁止提示等直观信息，形成一种连续的疏散指示路线，因此，十分适合建筑内用作安全疏散指示和其他标志。

9.2.1 国内外产品的相关标准及规范

1984年国际标准化组织ISO发布了TR7239“公共信息符合应用的设计与原理”技术文件，对各种公共信息符号的设计及设置原理提出了技术上的指导。美国、英国、日本、德国等发达国家也制定了一些标准，对消防安全标志产品特别是它们的设置作出了规定。

在船舶方面，1992年4月10日通过的第MSC24（60）号决议和1992年12月11日通过的第MSC.27（61）号决议特别要求除梯道和出口外，还应在不超过甲板之上0.3m的高度上设置脱险路线所有位置的灯光或光致发光条指示标志。

1993年11月4日国际海事组织通过的第A.752（18）号决议附件“客船低位照明的评估，测试和应用指南”中指出，除经修正的“1974年安全公约”规则第II1/42和III/11.5条的要求的应急照明外，包括梯道和出口在内的脱险通道还应在包括弯角和交叉口在内的脱险路线的原有位置用低位照明作出标志。此外，所有的脱险路线标志和消防设备位置标志均应是光致发光材料的，或由照明指示，或两者一同使用。

2000年2月27日中华人民共和国海事局在大连召开了蓄光自发光型安全标志系统应用技术鉴定会，会议认为，蓄光自发光型疏散指示标志系统产品的设计，生产和使用符合我国《船舶与海上设施法定检验技术规则》，以及《国际海上人命安全公约》的有关要求，适合在船舶领域推广使用。

1994年6月德国制定了用于疏散逃生的蓄光自发光型产品国家标准（DIN67510—3）该标准详细规定了蓄光自发光型疏散指示标志系统产品的性能要求及设置要求，该标准已经为欧洲各国强制采用。

美国消防协会于1994年发布了NFPA170《消防安全符号》，美国制定了有关这方面的标准（UL1994），加利福尼亚州建筑规范强制采用该标准，美国大部分州及加拿大的一些省也采用此标准。

日本1987年2月1日制定的JIS Z9100（蓄光安全标识板）标准，其中规定了避难，逃生标志产品的性能要求。

在我国，2001年4月中华人民共和国公安部消防局对《建筑设计防火规范》，《高层民用建筑设计防火规范》和《人民防空工程设计防火规范》等进行了局部条文修订，要求强制性设置发光疏散指示标志。

9.2.2 制定蓄光自发光型消防安全标志相关规范及标准的意义

国外发达国家在20世纪六七十年代相继发布了许多蓄光自发光型消防安全标志标准和设置规范。国际标准化组织在20世纪80年代初也发布了安全标志和消防安全标志标准，旨在规范、形象、准确、经济地用非语言的图形符号向人们表达安全信息。我国现行的有关国家标准，如《建筑设计防火规范》、《高层民用建筑设计防火规范》、《人民防空工程设计防火规范》等规范中均只有一些原则性的规定。公安部等国家有关部门于2001年组织《建筑设计防火规范》第4项国家标准管理组进行了有针对性的条文修订，并适当修改了有关消防安全疏散指示的内容，但仍是原则性的并且只涉及到歌舞娱乐、放映、游艺场所和商店建筑。

目前，许多公共场所设置了蓄光自发光型消防安全标志。这些标志对确保疏散通道的通畅，发生火灾时指示人们及时报警，方便寻找消防设备灭火和自救，有效地指示疏散途径以减少生命和财产损失等发挥着一定的作用，为适应形势的发展，国家正立项对蓄光自发光型消防安全标志的设计、施工和验收等方面的要求编制一个完整的国家规范。目前辽宁省，北京，天津等地开始制定这方面的地方标准。

9.2.3 产品研制情况的介绍

新型蓄光发光型材料是以稀土元素为激活剂，碱土铝酸为基质构成的新一代蓄光光致型发光材料，用该种材料制成的疏散指示，消防设备和救生器材等蓄光自发光型消防安全标志产品，已在消防安全领域（如建筑，船舶等）得到了极大的重视和应用。

产品的特点：用蓄光自发光型疏散指示标志设置的标志系统在船舶上的应用被称为低位照明系统（LLL），能够起到一定的低位照明作用，在建筑物中，系统运行时不依靠外部提供能源，即在停电的状态下它仍能处于发光状态，这就是蓄光自发光型消防安全标志具有的最大特点和功能。这种产品能很好的满足使用要求，并且免维护，可重复使用，安全系数高。

在黑暗中，储存于蓄光自发光型材料的能量能发生波长520nm的光，光的颜色为黄绿色，人能清楚地看到，黑暗中因无新能量提供，在完全黑暗的最初十几分钟，亮度下降最快，30~40min后，下降速度趋于平稳。

理论上0.3mcd/m^{2}是人眼可视值的百倍，严格的说，这种情况很难实现。第一要求可视距离非常近，否则标志要求非常大；第二要求人在黑暗中需要有足够长的时间才能够适应。

蓄光自发光型材料在发光前要进行激发，都有一定的激发强度和激发时间要求，如德国标准激发光强为1000lx，激发时间为10min，日本标准激发光强为200lx，激发时间为4min。

发光亮度是人们用肉眼能够直接体察到的，但人们容易忽视它的内在性能，如放射性，这个问题却更值得我们关注，蓄光自发光型材料的另一大特点是无放射性，因此，它对人体不会产生放射性危害，属环保型产品。

使用这种新型材料制成的消防安全标志，还具有更多的性能，如阻燃性，无毒性，在室外使用具有耐候性等。

9.2.4 蓄光自发光型消防安全标志的应用

1. 应用场所及部位

蓄光自发光型消防安全标志可以应用在船舶，建筑物内，它的合理设置对人员安全疏散具有重要的作用，国内外实际应用情况表明，在疏散走道和主要疏散路线的地面上或靠近地面的墙上设置发光疏散指示标志，对安全疏散起到很好的作用，可以有效地帮助人们在浓烟弥漫的情况下，及时识别疏散位置和方向，迅速沿发光疏散指示顺利疏散，避免造成伤亡事故。

蓄光自发光型消防安全标志的设置部位（以下主要参考德国标准 DIN67510—3）应当包括疏散通道、疏散楼梯、安全出口等疏散路线的墙面和地面上，根据具体环境（建筑，船舶）的情况，设置时应当使现场人员在最短时间内，沿最短路线逃离至安全地带。

2. 国内外产品的应用情况

目前发达国家的应用情况要比国内好，一些发达国家的商场、宾馆、机场、客船等采用了蓄光自发光型消防安全标志作为安全疏散的消防产品，因为有着较好的消防安全保障体系和产品规范制度，所以这种产品已经被广泛采用，如德国法兰克福机场，法国戴高乐机场，美国纽约世贸中心大楼，德国电信中心大楼，欧洲空中客车和美国的波音，麦道飞机，英国伦敦地铁，法国巴黎地铁，日本东京地铁，挪威船级社认可的船只等，都采用了大连路明生产的蓄光自发光安全标志指示产品。

在国内天安门广场，人民大会堂，三峡工程，上海地铁，东方明珠电视塔等国家重点工程，大连家乐福，大连沃尔玛，大连胜利百货 12m^2 大型地下广场也采用有这种自发光型的安全标志指示产品。

据国外报道，“9·11”事件中，18000 人成功疏散，其中一个很重要的大楼被炸后，楼梯内安装的蓄光自发光型疏散指示系统起到了很大的作用。

9.2.5 应用前景

“中华人民共和国消防法”中明确指出，对于消防产品积极推陈出新，多研制，多开发高科技的产品，蓄光自发光型消防安全标志产品的诞生正是这一指导思想的集中体现，随着人们生活水平，安全意识的提高，以及相关法规制度的健全，尤其是加入 WTO 后，这种蓄光自发型消防安全标志的高科技产品将为人们生命和财产的保护作出更大的贡献。

9.3 新型环保气体灭火剂哈龙替代品的最新进展

当前，保护人类健康、爱护生物生存环境是人们最关注的重要课题之一。目前世界各国大力开展的洁净消防产品就是指不产生环境污染、符合环保要求的消防产品。众所周知，哈龙灭火剂在灭火和防爆、抑爆方面具有很优越的性能，20 世纪 70 年代至 90 年代曾经风靡一时，得到广泛的应用；就其灭火、防爆、抑爆性能来讲，目前仍无其他灭火剂可以与其媲美。但致命问题在于哈龙灭火剂属于溴氟烃物质，是破坏大气臭氧层的元凶。试验证明，散逸到大气中的哈龙分子进入大气平流层后，受太阳光中紫外线辐射影响足以将卤素中的溴、氯原子从哈龙分子中分离出来，形成有害的链式反应，从而破坏臭氧分子。据理论分析：一个氯原子可以破坏上万个臭氧分子，而溴原子可以破坏高达 10 万个臭氧分子。

1974 年有的科学家就提出哈龙是破坏大气臭氧层的罪魁祸首。

联合国环境规划署对大气臭氧层的保护问题进行了多方协商，1985 年在奥地利首都的维也纳召开了“保护臭氧层外交大会”。

1985 年 9 月在加拿大的蒙特利尔召开了“保护臭氧层公约关于含氯氟烃协定书全权代表大会”，有 24 个国家在关于淘汰臭氧耗损物质的《蒙特利尔协定书》上签了字，到目前为止，全世界已有 173 个国家签字，我国已于 1991 年签署了《蒙特利尔协定书》。

《蒙特利尔协定书》及其他保护大气臭氧层的国际性公约签订后，世界各国尤其是发达国家在停止使用耗损臭氧物质及替代技术的开发研究方面取得了较大的发展。我国严格履行国际公约，在 1992 年制订了周密的哈龙淘汰工作计划，开展了有关哈龙替代技术的大量的研究工作，积极推进了哈龙淘汰的进程，取得了一定的成效。但应该看到，目前我国的哈龙替代工作中尚存在着以下几个方面的问题：

(1) 对哈龙替代工作的一些基本概念还缺乏明确的认识，有将哈龙灭火剂替代品与哈龙灭火系统替代技术混为一谈的现象。

(2) 对现阶段出现的哈龙替代品灭火剂的性能缺乏全面、系统的研究。

(3) 对哈龙灭火系统替代技术的选择、应用和开发缺少认真慎重的工作态度，近年来一些商家出于市场需求，在没有开展全面、系统性的应用技术研究的情况下，就推出了某些“新型”的灭火系统替代技术，加之又缺少正确合理的设计标准去规范，势必在适用性和安全性方面留下隐患。

因此，正确认识哈龙替代工作的难度和复杂性。用科学求实的态度解决目前存在的上述问题，已成为现阶段哈龙替代工作的当务之急。

9.3.1 哈龙灭火剂替代品的概念及性能对比

哈龙灭火剂的基本特征是：不导电、易挥发、释放后不留残余物。因此，选择哈龙替代品灭火剂也必须严格满足上述基本要求。在某些哈龙灭火系统应用的场所，采用其他灭火系统加以替代，这和选择哈龙灭火剂替代品完全是两个概念。一方面，哈龙灭火剂替代品可以完全应用于哈龙产品使用的一切场所，而其他种类的替代技术和替代产品只是在某一方面或某些方面能达到与哈龙产品同样的效能，两者是截然不同的。

近一段时间以来，少数商家在推销自己产品的时候，往往将这两个概念不加区别的混为一谈，从而产生了一些误导作用。如目前应用的气溶胶类灭火剂，由于其本身存在污染性，对电子设备及其他敏感设备造成间接损害，加之也不能满足抑爆和惰化的技术要求，不能被称作哈龙灭火剂替代品。

进行哈龙灭火剂替代产品研究开发的目的是为了得到“灭火性能基本等同于或高于哈龙产品，制造成本基本相同或低于哈龙产品，使用特性和安全性能基本等同于或优于哈龙产品，对生态环境无任何危害作用”的产品。鉴于作为替代品之一的 CO_2 气体灭火剂在手提式灭火器及灭火系统上已经得到较为广泛的应用。因此，目前国际上对哈龙灭火剂的替代研究工作着重在：

(1) 具有哈龙灭火剂基本特征的“合成类”产品；

(2) 非液化的惰性气体灭火剂。非液化的惰性气体灭火剂本身存在着一定的局限性(灭火效率低、不能用于灭火器技术及局部应用系统、充装压力高，在某些特定场所的使用受到限制)。因此，寻找更佳的哈龙灭火剂替代品仍为这一领域内的主要研究课题。

ISO/FIDS 14520—1 中列出了目前允许作为过渡性替代品使用的"洁净"气体灭火剂，见表 9 - 3。

"洁净"气体灭火剂 **表 9 - 3**

灭火剂	化学名称	分子式	商品名
CF_3I	三氟一碘甲烷	CF_3I	Triodide
FC - 2 - 1 - 8	全氟丙烷	$CF_3CF_2CF_3$	FC308
FC - 3 - 1 - 10	全氟丁烷	C_4F_{10}	FC410
FC - 5 - 1 - 14	全氟已烷	$CF_3(CF_2)_4CF_3$	FC614
HCFC 混合物 A HCFC - 123 HCFC - 22 HCFC - 124	 三氟二氯乙烷 二氟一氯甲烷 四氟一氯乙烷	 $CHCl_2CF_3$ $CHClF_2$ $CHClFCF_3$	NAFS - III
HCFC - 124	四氟一氯乙烷	$CHClFCF_3$	FE - 241
HCFC - 125	五氟乙烷	CHF_2CF_3	FE - 25
HFC - 227ea *	七氟丙烷	CF_3CHFCF_3	FM - 200 *
HFC - 23	三氟甲烷	CHF_3	FE - 13
HFC - 236fa	六氟丙烷	$CF_3CH_2CF_3$	FE - 36
IG - 01	氩	Ar	Argon
IG100	氮	N_2	Nitrogen
IG55	氩（50%） 氮（50%）	Ar N_2	Argonite
IG541 *	氮（52%） 氩（40%） 二氧化碳（8%）	N_2 Ar CO_2	INERGEN * （烟烙尽）

对于"洁净"气体灭火剂，通常从 10 个方面进行评价：

①蒸发后不留残渣，无任何污染；

②ODP 值应为零或尽可能小；

③较好的灭火效能，较低的灭火浓度；

④低毒或无毒；

⑤合成物在大气中存留寿命（ALT）短；

⑥温室效应潜能值（GWP）小，或无；

⑦良好的电气绝缘性；

⑧储存容易，使用压力适中，系统稳定性好；

⑨用量和设计要求尽量接近哈龙产品；

⑩经济合理。

表 9 - 3 列出的 14 种替代品中，完全满足上述要求的几乎没有，也就是说，迄今为止，还没有一种灭火剂替代品在所有性能上能完全达到哈龙的水平。鉴于在今后较长的一段时间内哈龙替代主要想从这 14 种替代品中选取，因此，对其进行全面的分析、比较以及系统的试验研究，是十分必要和非常紧迫的任务。

1. 灭火效能的比较

卤代烷烃类替代品的灭火效能是按氟、氯、溴、碘的次序增加的。另外，如其分子结构中存在 CF_3 基团，或有同一卤素的二原子结合，其灭火效能会更高。这一规律在表 9－4 所列出的各种替代品的灭火效能的比较中可以清楚地看出。

替代物灭火效能对照表 **表 9－4**

名　称	分子式	灭火浓度％（V/V）	灭火时间要求（s）
FIC－13I1 三氟一碘甲烷	CF_3I	3.2	≤10
HBFC－22B1 二氟一溴甲烷	$CHBrF_2$	4.4	≤10
FC－5－1－14 全氟已烷	CF_3（CF_2）$_4CF_3$	4.4	≤10
FC－3－1－10 全氟丁烷	C_4F_{10}	5.0	≤10
HFC－236fa 六氟丙烷	CF_3（CF_2）CF_3	5.8	≤10
HFC－227ea 七氟丙烷　*	CF_3CHFCF_3	6.3	≤10
HCFC－123 三氟二氯乙烷	$CHCl_2CF_3$	7.2	≤10
HCFC－124 四氟一氯乙烷	$CHClFCF_3$	8.2	≤10
HCFC－125 五氟乙烷	CHF_2CF_3	9.4	≤10
HCFC－22 二氟一氯甲烷	$CHClF_2$	11.6	≤10
HFC－23 三氟甲烷	CHF_3	12.6	≤10
IG－541 混合气体　*	N_2、Ar、CO_2	29.1	≤60

灭火效能不仅涉及灭火浓度，同时也与灭火速度、有效降低火场温度的速度，以及减少燃烧物自身毒性产物的能力等因素密切相关。上述替代品中的合成类产品，其灭火机理均为化学和物理作用，因此在灭火浓度、降低火场环境温度的速度、抗复燃以及有效抑制火场燃烧物毒性产物的能力等方面远优于 IG－541；但由于各自分子结构的差异，这些产品本身的灭火效能也有很大不同。

以上分析是针对保护封闭空间的全淹没系统而言的，对于手提式灭火器、移动式（推车类）灭火器等用于开放空间的通用型灭火装置，目前由于各种原因尚无较成熟的替代产品。美国杜邦公司自 20 世纪 90 年代初以来一直进行这方面的研究，最近有报道说其在将来某类替代品用于手提式灭火器的应用性实验上已经取得了较大进展。

2. 对环境的影响因素

表 9－5 列出了不同哈龙替代品的 ODP 值。HFC，PFC 类产品的 ODP 值均为零，而含有氯、溴、碘元素的化合物的 ODP 值均不为零。淘汰 ODP 值不为零的替代品是替代品发展的必然。另有研究分析报道，CF_3 基团的增多，也有可能导致臭氧层的细微损耗，因此，联合国环境署哈龙替代技术方案选择委员会（HTOC）认为，HCHC 及其混合物 A，FIC 类替代品应被列入受控物质之列，而鉴于 FC 类化合物中所含的 CF_3 基团较多，也应尽量考虑其对臭氧层的影响而不被选用。

替代品的 ODP 值　　　　表 9-5

名称	分子式	ODP 值
HFC-23	CHF_3	0
HFC-125	CHF_2CF_3	0
HFC-227ea　*	CF_3CHFCF_3	0
HFC-236fa	$CF_3CH_2CF_3$	0
FC-3-1-10	$CF_3CF_2\ CF_2\ CF_3$	0
FC-5-1-14	$CF_3CF_2\ CF_2\ CF_2\ CF_2\ CF_3$	0
HCFC-123	$CHCl_2CF_3$	0.02
HCFC-124	$CHClFCF_3$	0.022
HCFC-22	$CHClF_2$	0.05
FIC-1311	ClF_3	0.008
IG-541　*		0

环境因素的第二个问题是 ALT（大气存留寿命）及 GWP（温室效应潜能值）。毫无限制地让人工合成物质在自然环境中积累，势必造成某些已知的和未知的潜在危险。这不仅仅表现在合成物质的使用中，对其在生产过程中有可能造成的生态破坏也必须加以重视。由于氟在卤素中是稳定性最强的物质，因此 PFC 类化合物（全氟类化合物）在大气中存留寿命最长，温室效应潜能值也最大，HFC 类化合物次之。美、英政府在"气候改变计划"中提出的控制使用全氟类产品及考虑控制使用 HFC 类产品的有关计划，与哈龙替代品的选用是相关联的。

3．毒性因素

毒性因素应从 3 个方面考虑：第一是灭火剂本身的毒性；第二是灭火剂在火场环境下本身分解产物的毒性；第三是火场燃烧产物的毒性。

灭火剂本身的毒性分为急性毒性和慢性毒性两种，慢性毒性只与生产过程有关，本文不作讨论。灭火剂的急性毒性常以 NOAEL 值，即"未观察到不良反应浓度"（心脏过敏作用阈值）来表示，可用于评价灭火剂以全淹没方式应用时，是否可用于保护有人场所。有关研究表明，心脏过敏反应会出现在最低浓度下，是最早的反应类型，以其制定标准对人员是最安全的。评价某种灭火剂是否可用于保护有人场所，只需将其 NOAEL 值与系统的最小灭火设计浓度相比较，便可得出结论。见表 9-6。

合成类灭火剂自身产生的热分解物质，主要以酸性气体 HF（氟化氯），HC1（氯化氢）或 HBr（溴化氢）为主，HCFC-化合物 A 的分解产物中还包括卤化碳酰 $COCl_2$（俗称光气）。美国 FM 和英国 LPC 分别在不同的试验条件下做过测试，尽管所得出的结论不同，但有一点是一致的，即此类物质的分解物产量均高于哈龙 1301 的分解物产量。为减少灭火剂本身热分解产物的生存，国内、外研究机构均作了大量工作。由于分解产物的产生与灭火剂接触高温环境的时间成正比，因此，提高探测灵敏度，争取在火灾的早期灭火，改进喷头结构、提高均化性能，缩短喷射时间和灭火时间就成为减少这类分解产物的有效手段。美国 Fessisa 的试验报告指出，适当提高灭火浓度，使之达到灭火浓度阈值的 1.4 倍，分解产物 HF 即可减少 50%以上，这一点在我们的研究工作中也基本得到了证实，当灭火时间等于或短于喷射时间时，分解产物的量可显著减少。

NOAEL 值与灭火设计浓度的相对比较 **表 9-6**

名称	NOAEL%（V/V）	最小灭火设计浓度%（V/V）	结 果
FIC-13I1	0.2	4.48	不可用于有人场所
HCFC-123	1.0	10.08	不可用于有人场所
HCFC-124	1.0	11.48	不可用于有人场所
HFC-125	7.5	13.16	不可用于有人场所
HFC-227ea	9.0	8.0	可用于有人场所
HCFC-化合物 A	10.0	15.4	不可用于有人场所
HFC-236fa	10.0	7.0	可用于有人场所
FC-3-10	40.0	7.0	可用于有人场所
FC-5-1-14	40.0	6.16	可用于有人场所
HFC-23	50.0	17.64	可用于有人场所
IG-541	43.0	38.0	可用于有人场所

注：此表指灭火剂以全淹没方式使用。

联合国环境计划署哈龙技术方案选择委员会的报告指出：目前所使用的哈龙替代品所产生的毒性产物的浓度，是否会引起问题尚在研究中，在确定全淹没系统的设计浓度时，取杯式燃烧器阈值的 1.4 倍，便会使这些替代品的毒性分解产物大大减少。减少灭火剂本身毒性的目标，是最终减少酸性气体特别是 HF 的生成量，使之接近 50×10^{-6}这一安全性标准。

另外，也不能忽视火场燃烧物产生的有毒物质，其主要包括一氧化碳、二氧化碳、氯化氢、氰化氢和氮氧化物。由于燃烧物种类及量的差异，有毒物质的生成量对不同的火灾来讲各不相同。灭火时间越长，有毒物质的生成量越大；这些有毒物质对保护对象的损害程度丝毫不低于、基本高于灭火剂本身分解产物带来的危害。故而在哈龙替代品的研究与选择中，强调抑止灭火剂有害分解产物产生与强调提高灭火效能，抑制火场本身毒害物质的产生同样重要。

4. 经济性和市场适用性问题

鉴于目前哈龙灭火剂替代品仅使用于灭火系统中，故涉及对象主要有两类：一是已建成使用，面临替代要求，而又不能用传统方式替代的场所；二是新建项目属非必要场所且必须使用哈龙替代品的。对于第一类情况，由于目前所有的替代品灭火浓度均高于哈龙，用量和单位成本也高于哈龙，从技术角度及市场的可接受程度上讲，其中的 HFC 类替代品更接近于哈龙产品，因而较容易被接受。对于第二类情况，由于目前所使用的替代品均属过渡性质，性能上又无太大的差异，但工程造价相差很大，应根据实际情况，从国情出发，慎重考虑选择。

9.3.2 哈龙替代灭火系统的选择与使用

哈龙灭火系统替代工作依据的主要原则：

(1) 在可以使用其他灭火系统，如水、干粉、泡沫、CO_2、蒸发系统……的场所，应采用上述相宜的系统。

(2) 对于不允许造成污渍损害的场所，如精密仪器、航空航天设备、微电子设备产业、图书馆、档案馆、博物馆、文物馆，以及不宜采用其他灭火技术的场所，必须采用气体灭火系统。

(3) 尽快开发新型灭火系统技术，如超细水雾灭火系统等。

应该强调的是，哈龙替代系统的建设与使用必须严格按相关设计规范并结合系统的技术特性进行。这就是说：灭火技术的使用不单涉及产品本身的性能，同时也与系统的应用技术密切相关，而且还要考虑被保护对象的建筑结构、周围环境、防护特性，防护条件以及系统工作的可靠性与储存的安全性等一系列因素。因此，只凭产品通过性能检验就准入市场是不够的，还要对各类哈龙替代系统的工程应用技术、典型场所的应用进行试验研究，并在此基础上制定系统的设计规范。否则，非但起不到保护作用，还会造成新的安全隐患，这一点必须引起我们高度重视。在过去的哈龙替代工作中，由于不重视上述要求已经出现过许多惨重的教训，如在有人场所以及移动通讯基站使用气溶胶类灭火器系统造成了人身事故、通讯中断和财产的重大损失等，中国移动通讯总公司在于2000年8月下发的《关于加强消防安全及维护工作的紧急通知》中要求，在所有的移动基站中立即停止使用EBM气溶胶灭火系统。那种片面强调某些替代系统使用“纯天然”灭火剂而就将其作为最佳替代方式，在地下建筑及一般民用建筑内设立储瓶间，储存数以百计的高压惰性气体储瓶（属三类高压容器）的做法也是不科学的，欠妥当的。因为有些厂家对高压惰性气体灭火系统的使用特性及储存安全性不作深入研究，就盲目设计、制造产品，其不但达不到灭火的技术要求，相反还会带来安全隐患，例如，对储瓶不考虑温升后的工作压力，就会酿成极大的事故；再比如，减压装置、喷头以及喷射设计不合理，也都有可能造成保护区或储瓶间的压力急剧升高，而导致围护结构破坏、仪器设备的损坏甚至人员伤亡。还需指出，IG－541高压混合惰性气体（烟烙尽）灭火系统不适用于像图书、档案类火灾的保护，因该类火灾有可能发展为浅度的深位火灾，需采用的灭火设计浓度高，而IG－541的最高使用浓度为43%，若超过此浓度就违背开发该系统的实际意义了。对HFC类灭火系统，在设计工程中如不对早期探测控制、灭火浓度、喷射时间等相关因素作严格要求，不能有效抑制灭火剂分解物的产生，同样也会产生较为严重的隐患。因此，哈龙替代灭火系统的选择工作必须慎重，必须在严格的设计规范要求下进行应该尽快结束目前存在的混乱和无序的状况。

9.3.3 哈龙替代品及哈龙替代灭火系统发展前景的展望

1. 我国哈龙灭火剂替代品和哈龙替代灭火系统研究概况

目前，我国七氟丙烷（HFC－227ea）灭火剂和三氟甲烷（FE－13）灭火剂的生产已实现国产化，并达到年产千吨级的能力；但国内尚未见批量生产六氟丙烷（HFC－236fa）灭火剂的报道。我国每年出口七氟丙烷灭火剂近千吨，国内七氟丙烷灭火剂的年消费量为400t左右。

对于IG－541惰性气体（烟烙尽）灭火剂，国内较大规模的综合性化工企业均可生产。

在灭火系统替代技术的研究方面，公安部天津消防科学研究所于1996年研制成功七氟丙烷（HFC－227ea）灭火剂系统，1998 年研制成功 IG－541 灭火系统。在哈龙替代系统的严重过程中，进行了大量的系统应用性研究，例如，如何有效减少七氟丙烷灭火系统灭火时热分解产物的研究，七氟丙烷灭火系统灭火剂喷放时间和灭火时间对灭火效率的研究，七氟丙烷灭火系统喷嘴和容器阀流量特性的研究等；其中，对 1500m^3 大型保护空间进行七氟丙烷灭火系统应用性灭火试验研究；以及对 IG－541 灭火系统减压装置、匹配定量喷嘴装置的研究是国内其他单位尚未涉及的。针对目前在使用高压惰性气体灭火系统中出现的问题，近期我们的工作重点是，在严格遵循国家现行的管理规范、规程的前提下，研究、确定该系统安全、可靠的储存方式；同时对系统的泄压方式（泄压口和泄压装置）、系统适宜的喷射时间、扑救 A 类火灾的种类及浓度等方面开展深入研究，从而为 IG－541 灭火系统的工程应用和编制规范提供可靠的技术依据。

此外，公安部天津消防科学研究所已完成预置型高压细水雾灭火系统的应用试验研究和产品开发，现在进行典型场所应用性试验，并为编制相应的规范作技术上的准备。

目前，由广东省公安消防局、公安部天津消防科学研究所等单位编制的地方型消防规范《七氟丙烷洁净气体灭火系统设计规范》已于 2000 年颁布实施，为正确的开展哈龙固定灭火系统替代工作提供了可靠的技术依据。

2. 哈龙灭火剂替代品研究的发展展望

国内外研究人员正在进行“第二代”哈龙替代灭火剂的开发研究，其研究目标为：

（1）“第二代”替代灭火剂的灭火基理为化学作用，比第一代产品应有更好的灭火和抑爆效能。

（2）大气存留寿命短，GWP 值接近为零。

（3）在其他方面的特性优于第一代产品。

目前已初步确定的几类产品是：氟碘烃类的化合物，溴代烯烃类的化合物，带有某些极性基团的烯烃类化合物等。由于对这些新替代品的毒性、稳定性、储存特性等尚须进行相当长时间的研究，其应用性技术的探索也必须经过大量的工作才能有确切的结论。因此，在今后较长一段时间内不会在有机合成类产物的研制上取得突破性的进展，更多的研究机构还是将精力放在了改进现有产品的使用性能的研究上，如采取措施（加入抑制剂）减低分解产物的生成，采用适当的方法提高灭火效能等。

3. 哈龙灭火系统研究的发展展望

目前，对哈龙灭火系统的研究工作正在朝着实用性、多样化的方向发展。其中最有代表性的就是超细水雾灭火系统的研究开发和投入使用。此外，虽然是传统型的灭火系统，但 CO_2 灭火系统仍具有强大的生命力。美国目前 CO_2 消防装用量已超过 40000t，其中很大一部分应用于灭火系统之中。当然，在经常有人的场所应尽量避免使用 CO_2 系统，如果用于有人工作场所时，必须配置安全操作系统。另外，由于低压 CO_2 灭火系统在喷放时，固相干冰的产生量达 40%～50%，故而对其有可能造成的对精密仪器、设备产生的“冷激”损害问题应加以注意。另外，对于这几年发展的各种新型的水灭火系统，如，快速响应自动喷水灭火系统、循环启闭灭火系统、预作用灭火系统、水－泡沫喷联用灭火系统、水添加剂灭火系统等的适用范围和应用场所也应重新进行评价，使它们在哈龙替代中发挥应有的作用。

9.4 钢结构防火涂料浅析

随着经济建设的高速发展，愈来愈多的钢结构构件被高层建筑和工业建筑、大型体育馆、影剧院所采用，其防火问题也越来越突出，按照《建规》第7.2.8条，二级耐火等级的丁、戊类厂（库）房的柱、梁均可采用无保护层的金属结构，但使用甲、乙、丙类液体或可燃气体的部位，应采用防火保护设施。

《高规》第5.5.1条中规定：屋顶采用金属承重结构时，其吊顶、望板、保温材料均应采用不燃烧材料，屋顶金属承重构件应采用外包不燃烧材料或喷涂防火涂料等措施，并应符合本规范第3.0.2条规定的耐火极限，或设置自动喷水灭火系统。

《高规》第5.5.2条中规定：高层建筑的中庭屋顶承重构件采用金属结构时，应采取外包敷不燃烧材料、喷涂防火涂料等措施，其耐火极限不应小于1.00h，或设置自动喷水灭火系统。

一级耐火等级建筑的柱要求耐火极限3.00h，梁要求耐火极限2.00h，楼板、疏散楼梯、屋顶承重构件要求耐火极限1.50h，而无保护层的钢柱、钢梁，其耐火极限仅有0.25h。

这是因为，当钢材受热时强度会迅速降低，大约在540℃，其弹性模量和抗拉强度损失40%，600℃时其抗拉强度降低70%左右。在钢结构建筑中发生火灾，火场温度可达800~1200℃，钢材的热力学特性就会导致钢结构构件由于丧失承载能力而破坏。

本文针对这一问题提出如下方法提高钢构件的耐火极限，以达到规范要求。

9.4.1 钢结构防火涂料保护法

1. 薄涂型钢结构防火涂料（又称钢结构膨胀防火涂料），其基本组成

①胶粘剂（有机树脂或有机与无机复合物）10%~30%；

②有机和无面膨胀、绝热材料30%~60%；

③颜料和化学剂5%~15%；

④溶剂和稀释剂10%~25%。

它分为底层涂料和面层（装饰层）涂料，使用时涂层一般不超过7mm，高温时膨胀增厚，可将钢构件的耐火极限由0.25h提高到1.5h左右。

代表产品有：

（1）LB钢结构膨胀防火涂料。以水乳胶树脂作胶粘剂，配以多种防火隔热材料和化学助剂，以水作溶剂和稀释剂，采用特殊的工艺制成，分为底层涂料和面层涂料。涂层薄，粘结力强，耐火隔热性好。底层涂料为灰白色膏状流体，pH值7~8，干燥时间（小时）：面层表干≤1，实干≤8，底层表干≤4，实干≤24。

固体含量（%）面层≥50，底层≥65。粘结强度（兆帕）≥0.15，抗弯性能：挠曲达L/100，无开裂、脱落，抗震性能：挠曲达L/100，无开裂、脱落。耐冻融循环性（次）≥15，耐水性（小时）≥24。耐火性能涂层厚度≤6mm可达1.5h。

（2）SG-1钢结构膨胀防火涂料。该涂料以有机树脂和磷酸盐、硅酸盐等多种防火绝热材料与颜料、化学助剂等构成，用水作溶剂和稀释剂。分为底层涂料和面层涂料。具有膨胀隔热性能突出、涂层薄、装饰性和耐湿热性好等优点pH值7~8，干燥时间（小时）

面层表干≤1，实干≤12，底层表干≤12，实干≤24。固体含量（%）面层≥50，底层≥65，粘结强度（兆帕）≥0.15，抗震、抗弯同 LB，耐水、耐冻融、耐火性能同 LB，涂层厚（5.5±0.5）mm，可达 1.5h。

(3) SB－2 钢结构膨胀防火涂料。由水性树脂、有机和无机复合阻燃防火材料构成。水为溶剂和稀释剂。抗震性能：挠曲 L/100，涂层不开裂、脱落，抗弯性能：挠曲 L/200，涂层无裂纹发生。涂层厚度 7mm 时，可达 1.5h。

(4) SS－1 钢结构膨胀防火涂料。该涂料由热塑性水乳胶作胶粘剂，由多种硅酸盐、磷酸盐和富磷材料构成膨胀阻燃体系，水为溶剂和分散介质。

这类防火涂料具有防火与装饰功能，主要用于喷涂保护室内裸露钢结构、轻型屋盖钢结构及有装饰要求的钢结构，如体育馆、工业厂房等。

施工的规定是：

①施工前，应按产品说明书规定调配和搅拌均匀，使稠度适宜，喷涂不发生流淌和下坠现象；

②底层涂料宜用重力式喷枪，配约 0.4MPa 的空气压力进行喷涂。局部修补可用抹灰刀抹涂。面层涂料宜用毛刷刷或油漆枪喷涂；

③底层涂料一般喷 2～3 遍，每次喷涂厚度不超过 2.5mm，必须在前一遍基本干燥后再喷涂后一遍；

④施工时要确保钢结构的接头和转角处闭合完整。操作者要携带测厚针检测厚度，至达到设计规定的厚度时，方可停止喷涂；

⑤当设计规定涂层表面应平整光滑的，喷完最后一遍底涂层后，应作抹平处理；

⑥面层施工必须在底涂层厚度达到规定厚度并基本干燥后进行。而涂料一般涂饰 1～2 次，以全部覆盖底层即可，其用量约 0.5～1kg/m^2；

⑦罩面后涂层应颜色均匀，轮廓清晰，接槎平整。

2. 厚涂型钢结构防火涂料（钢结构防火隔热涂料）的基本组成

①胶结料（硅酸盐水泥或无机高温胶粘剂等）10%～40%；

②骨料（膨胀蛭石，膨胀珍珠岩或空心微珠，矿棉等）30%～50%；

③化学助剂（增稠剂，硬化剂，防水剂等）1%～10%；

④自来水 10%～30%。

涂层厚度一般在 7mm 以上，干密度小，热导率低，耐火隔热性好，耐火极限由 0.25h 提高到 1.5～4h。

代表产品有：

(1) LG 钢结构防火隔热涂料。由改性无机高温胶粘剂和膨胀珍珠岩、粉煤灰、空心微珠等隔热材料，加自来水混合而成。粘结性好、强度高、干燥固化快。主要性能指标：

pH 值 10～12，干燥固化时间（小时）：表干≤4，实干≤48。湿密度≤800kg/m^3，粘结强度≥0.05MPa，抗压强度≥0.4MPa，耐水性≥48h，耐火性能：涂层厚度为 37mm 时耐火极限为 3h。

(2) STI－A 钢结构防火涂料。由硅酸盐水泥与膨胀蛭石等加水拌合而成，耐火更好。耐火性能：当涂层厚度为 30mm 时耐火极限为 3h。

(3) JG276 钢结构防火涂料。由膨胀蛭石与硅酸盐水泥配制而成，抗压强度＞0.2MPa，耐火性能涂层36mm，耐火极限≥4h。

(4) ST－86钢结构防火涂料。由特制轻质保温骨料，复合化学胶结料，防火外加剂配制而成。强度高，粘结力好。粘结强度＞0.185MPa，抗压强度1.9MPa，耐水性＞120h，耐火性能：涂层厚14mm，耐火极限≥1.5h。

(5) SB－1钢结构防火涂料。由无机和有机复合胶粘剂与 Al_2O_3 和 SiO_2 的高温绝热材料、化学助剂等，加水调配而成。施工干燥快，涂层粘结力强，并能在0～10℃的条件下施工获得满意的涂层。

pH值10～12，施工温度－10～40℃，干燥固化时间（小时）表干≤4，实干≤48，粘结强度≥0.05MPa，抗压强度≥0.5MPa，耐火性能，当涂层厚度为32mm时，耐火极限为3h。

(6) SG－2钢结构防火涂料。由耐高温胶粘剂、膨胀珍珠岩等高温绝热材料和化学助剂等构成，水为溶剂和稀释剂。当涂层厚度为33mm时，耐火极限为3h。

该类涂料用于喷涂保护室内隐蔽的无装饰要求的钢结构以及耐火极限要求在1.5h以上的钢结构，如商贸大厦、百货楼、宾馆、影剧院等的钢结构。

施工的规定是：

①采用压送式喷涂机，配约0.4～0.6MPa的空气压力进行湿式喷涂。喷机口径宜为6～10mm；

②喷涂施工应分遍成活，第1遍喷涂5～10mm厚，必须在前一遍基本干燥固化后再喷涂后一遍，喷涂遍数及涂层厚度应根据施工设计厚度要求而定；

③施工操作者应携带测厚针检测涂层厚度，直至符合设计规定的厚度，方可停止喷涂施工；

④喷涂后的涂层，应作适当维护，用抹灰刀剔除溶状部分。

9.4.2 硅酸钙防火板包裹法

硅酸钙防火板是一种板状硅酸钙绝热制品，是将二氧化硅粉状材料、石灰、纤维增强材料和大量的水经搅拌、凝胶化、成型、蒸压、养护、干燥等工序制作而成。

由于硅酸钙制品具有容重轻、异热系数小、强度高、不燃和允许使用温度高等特点，广泛用于冶金、化工、电力、造船、机械、建材等热面大于650℃的各类设备、管道及附件上，作隔热保温。

最新研制出的超级硅酸钙防火板保护钢构件耐火极限可达4h。它的最高使用温度可达1000℃。超级硅酸钙板以 SiO_2 和 CaO 为主要原料，经高温高压反应，配以增强纤维和无机辅料（不含石棉）压制成型。

生产时将原材料按规定比例进行配料，活化处理，在搅拌情况下加入外加剂，料浆打入高压釜后，边搅拌边升温，升到所需按规定进行保温，反应制得的硬硅酸钙石料浆冷却，泵入贮料罐内备用。在压制成型前，加入5%左右的纤维，搅拌均匀。

将混有增强纤维的硬硅酸钙石料浆经成型机制成板材，然后送入干燥窑进行脱水干燥，经干燥窑烘干后的制品含水率控制在7%以下。

使用超级硅酸钙板保护钢结构，具有施工方便，装饰性能好、成本低、损耗小、干法施工无环境污染、施工不受季节和气候影响、施工周期短和耐久等优点。

从目前我国钢结构保护发展趋势看，薄型及超薄型涂料应用越来越多。当然，良好的装饰效果和较低的工程造价是应用的优点，但必须考虑钢结构涂料的时效性问题，即由于长期暴露在外而导致老化失效的问题。第二个问题是在大面积的工程施工中，因为钢结构涂料是采用人工喷涂或用毛刷刷，如何真正保证每处地方的厚度均匀达到标准要求，避免流淌、滴落，厚薄不均的问题是经常要考虑的。

而超级硅酸钙防火板保护钢结构，由于其具有施工方便，成本低，干法施工和耐久等优点，正成为钢结构防火保护新的发展方向。但要关注的是其安装方法的采用和胶粘剂或钢件（如铁钉、铁箍）固定在钢结构构件上，因此在包覆保护之前对钢结构构件必须作防锈和表面处理特别重要，以免日后造成应力腐蚀。

附件 9－1　火灾报警设备专业术语

Terms in connection with fire alarm equipments

1.　一般术语

1.1　监视状态 monitoring state 又称警戒状态。火灾探测器或火灾报警装置未发出火灾报警信号或故障信号时的工作状态。

1.2　火警状态 state of alarm

火灾探测器或火灾报警装置发出火灾报警信号时的状态。

1.3　故障 fault

火灾报警系统中某环节（火灾探测器、火灾报警装置、火灾警报装置、电源、信号传输线路等）不能正常工作的情况。

1.4　故障状态 state of fault

火灾报警系统中某环节发生故障时，该系统所处的状态。

1.5　故障信号 fault signal

火灾报警系统在故障状态发出的信号。

1.6　故障率 rate of fault

火灾报警系统中的各装置在规定使用的条件和期限内发生故障的次数。通常以百万小时的故障次数表示。即：故障率 = 故障次数/百万小时。

1.7　监视电流 standby current

火灾探测器或火灾报警装置处于监视状态时的工作电流。

1.8　报警电流 current consumption at alarm

火灾探测器或火灾报警装置处于报警状态时的工作电流。

1.9　误报 false alarm

实际上没有发生火灾，而火灾报警装置等发出了火灾报警信号。

1.10　误报率 rate of false alarm

指火灾报警系统中的各装置在规定使用的条件和期限内发生误报的次数。通常以百万小时的误报次数表示。误报率 = 误报次数/百万小时。

1.11　线制 wiring system

火灾报警装置与火灾探测器及其他器件之间的连接线制式。

1.12　警报信号 warning signal

一种在火灾发生时由警报装置发出的提醒有关人员立即采取行动的特定声、光信号。

1.13 报警信号 alarm signal

火灾报警装置发出的接收到火灾信息的声、光信号。

1.14 复位 reset

使火灾探测报警系统恢复到监视状态的操作。

1.15 探测信号 detected signal

来自探测器的指示火灾探测现场状态的信号。

1.16 预报警状态 pre - alarm state

火灾报警装置接收到探测信号，尚待确认是否为火灾信号的一种报警指示状态。

1.17 编码信号 coded signal

系统中采用调频、调幅、调脉宽等调制手段给出的代表火灾报警系统中各部件地址或状态的信号。

1.18 地址码 addressable code

表征探测器等部件地址的编码信号。

2. 火灾探测术语

2.1 探测范围 detected area per a fire detector

一只火灾探测器能有效探测火灾参数的区域。

2.2 感温火灾探测器响应时间 response time of a heat detector

感温火灾探测器在响应时间试验中从规定的温度开始升温至动作时的时间间隔。

2.2.1 感温火灾探测器响应时间上限值 upper limit of the response time of a heat detector 划分

划分感温火灾探测器灵敏度级别时，同一级别中允许的最大响应时间值。

2.2.2 感温火灾探测器响应时间下限值 upper limit of the response time of a heat detector 划分

划分感温火灾探测器灵敏度级别时，同一级别中允许的最小响应时间值。

2.3 响应阈值 response threshold value

使火灾探测器刚好能动作的火灾参数值。

2.4 灵敏度 sensitivity

火灾探测器响应火灾参数的敏感程度。

2.5 灵敏度级别 sensitivity rating

按灵敏度划分的若干等级。

2.5.1 感烟灵敏度 sensitivity to smoke

火灾探测器响应烟参数的敏感程度。

2.5.2 感温灵敏度 sensitivity to heat

火灾探测器在火灾条件下响应温度参数的敏感程度。

2.6 最有利方位 best orientation

火灾探测器方位试验中对应于最小响应阈值（或响应时间值）的方位。

2.7 最不利方位 worst orientation

火灾探测器方位试验中对应于最大响应阈值（或响应时间值）的方位。

2.8 γ 值 γ value

表示烟粒子对电离室中电离电流作用的一个参数。对一定尺寸的电离室来说，γ 值与烟粒子的粒径和烟粒子的浓度成正比。γ 值按下式计算：

$$\eta \cdot \gamma = Z . \overline{d}$$

$$\gamma = l_0/l - l/l_0$$

式中 l_O ——空气中无烟粒子时的电离电流；

l ——空气中含烟粒子时的电离电流；

η ——电离室常数，l/m^2；

Z ——烟粒子数浓度，l/m^3；

$\overline{d}$ ——烟粒子的平均粒径，m。

2.9 减光系统 obscuration coefficient

又称吸收系数，吸收指数。表示烟雾密度对光吸收和散射能力的一个参数。它按下式计算：

$$m = 10/d \cdot \lg P_0/P$$

式中 m ——减光系数，dB/m；

d ——试验烟的光学测量长度，m；

P_0——无烟时接收的辐射功率，W；

P ——有烟时接收的辐射功率，W。

2.10 确认灯 alarm indicator

安装在火灾探测器上用以表示火灾探测器是否响应的指示灯。

3. 火灾报警术语

3.1 容量 capacity

火灾报警控制器能够容纳的传输火灾报警信号的部位总量。

3.2 部位 location

接入火灾报警控制器一个报警单元（分路）中的火灾探测器所监视的场所。

3.3 部位号 code of monitored location

火灾报警控制器监视部位的编号。

3.4 总线索 bus

火灾报警系统中控制单元与探测单元等相关部件占用同一线路进行信号传输，此公共通道称为总线。

3.5 巡检 polling

火灾报警控制器以某一周期依次反复检测各部件工作状态的过程。

3.6 巡检速度 polling rate

火灾报警控制器每秒种巡检火灾报警系统中各部件工作状态的次数。

3.7 巡检周期 polling period

火灾报警控制器巡检一次火灾报警系统中各部件工作状态所用的时间。

3.8 点 point

反映火灾报警探测器等部件的地理位置。一个点对应一个安装位置。

3.9 分路 branch loop

分路是回路的一个分支，分路占用一个部位号，一个分路可以由一个或多个探测部件组成。

3.10 回路 loop

将探测器等部件连接到火灾报警控制器的传输通路。

3.11 区 zone

火灾报警系统中，一组探测器等部件所监控的点的范围。

3.12 隔离 isolation

靠火灾报警控制器的软件控制或硬件线路的作用，关断不使用的部件，使火灾报警控制器对它的故障和火警状态不予反应。这种使用手段叫隔离（即部件关断）

3.13 隔离部件 isolating parts

系统中被隔离的部件。

3.14 火灾判断 fire determination

火灾报警控制器根据烟升速率、烟浓度大小、温度、温差、温升速率等因素排除环境干扰后判断真实火灾的技术。

4. 火灾探测器

4.1 感烟探测器 smoke detector

对悬浮在大气中的燃烧和/或热解产生的固体或液体微粒敏感的探测器。

4.1.1 离子感烟探测器 ionization smoke detector

对能影响探测器内电离电流的燃烧产物敏感的探测器。

4.1.2 光电感烟探测器 optical smoke detector

对能影响红外、可见和/或紫外电磁波频谱区辐射的吸收或散射的燃烧产物敏感的探测器。

4.1.2.1 减光型光电感烟探测器 obscuration - type photoelectric smoke detector

应用光被烟雾粒子吸收而被减弱的原理的光电感烟探测器。

4.1.2.2 散射型光电感烟探测器 scatter - type photoelectric smoke detector

应用光被烟雾粒子散射而变化的原理的光电感烟探测器。

4.1.2.3 红外光束型感烟探测器 infra - red beam line - type smoke detector

应用红外光束被烟雾粒子吸收而减弱的原理的线型感烟探测器。

4.1.2.4 激光光束线型感烟探测器 laser beam line - type smoke detector

应用烟雾对激光光束的吸收、散射和遮挡作用使接收的激光信号强度变化的原理的激光光束感烟探测器。

4.2 感温探测器 heat detector

响应异常温度、温升速率和温差等参数的探测器。

4.2.1 定温探测器 fixed temperature detector

温度达到或超过预定值时响应的感温探测器。

4.2.1.1 易熔合金定温探测器 fusible alloy – type fixed temperature detector

以一种能在额定温度时迅速熔化的易熔合金为敏感元件的定温火灾探测器。

4.2.2 差温探测器 rate of – rise detector

升温速率达到预定值时响应的感温探测器。

4.2.2.1 双金属差温探测器 bimetal strip – type rate – of – rise detector

以具有不同热膨胀系数的双金属片为敏感元件的差温探测器。

4.2.2.2 膜盒差温探测器 diaphragm chamber – type rate – of – rise detector

以膜盒为敏感元件的差温探测器。该探测器利用膜盒气室内空气在火灾时迅速膨胀，推动全室底部的波纹板而使电接点通驱动电子线路来报警。

4.2.3 差定温探测器 rate – of – and fixed temperature detector

兼有差温、定温两种功能的感温探测器。

4.2.3.1 膜盒差定温组合式探测器 combined diaphragm chamber – type rate – of – rise and fixed temperature detector

以膜盒（内的膜片）为差温部分敏感元件，以两种不同膨胀系数的金属作为定温部分敏感元件的差定温探测器。

4.2.3.2 半导体差定温探测器 semiconductor sensor type rate – of – rise and fixed temperature detector

以半导体感温器件作传感器的差定温组合式探测器。

4.3 火焰探测器 flame detector

一种对火焰中特定波段中的电磁辐射敏感的探测器，又称感光探测器。

4.3.1 紫外火焰探测器 ultra – violet flame detector

一种对火焰中特定波长的紫外光敏感的探测器。

4.3.2 红外火焰探测器 infra – red flame detector

一种对火焰中特定波长的红外光敏感的探测器。

4.3.3 紫外红外复合式点型火焰探测器 combined ultra – violet and infra – red point – type flame detector

兼有紫外火焰探测器和红外火焰探测器功能的火灾探测器。

4.4 复合探测器 combination detector

将多种探测原理应用在同一探测器中，将其探测结果进行复合，给出一个输出信号的探测器。

4.5 多参数探测器 multi – reference detector

将多种探测原理应用在同一探测器中，并有多参数的独自输出，这多参数送到火灾报警控制中，由软件进行综合分析作出判断。

4.6 定值探测器 detector with fixed value

在规定时间内被测量的大小超过一个固定的或静止的值时启动报警的探测器。

4.7 差分探测器 differential detector

在规定时间内两个或多个点上被测量的大小之差（正常很小）超过某一值时启动报警的探测器。

4.8 点型探测器 point type detector

响应一个小型传感器附近的被监视现象的探测器。

4.9 多点型探测器 multipoint type detector

响应多个小型传感器（例如热电偶）附近的被监视现象的探测器。

4.10 线型探测器 line type detector

响应某一连续路线附近的被监视现象的探测器。

4.10.1 线型感温探测器 line – type heat detector

对警戒范围中某一路线周围的温度参数响应的探测器。

4.10.1.1 缆式线型定温探测器 cable line – type fixed temperature detector

采用缆式线结构的线型定温探测器。

4.10.2 线型感烟探测器 line – type smoke detector

对警戒范围中某一路线周围的烟参数响应的火灾探测器。

4.10.2.1 发射器和接收器 emitter and receiver

在线型感烟探测器中，发射器和接收器相对安装在被保护区间的两端。接收器接收发射器发出的平行光束。当平行光束通过的区间有烟粒子通过时，接收器接收的辐射通量减弱。当减弱到一定值时，接收器发出火灾报警信号。简言之，发射器是发出平行光束的部件，接收器是接收辐射通量的部件。

4.11 可复位（可恢复）探测器 resettable detector

在响应后和在引起响应的条件终止时，不更换任何组件即可从报警状态恢复到监视状态的探测器。

4.11.1 自动复位（自动恢复）探测器 self – resetting（self – restoring）detector

能自动恢复到正常监视状态的可复位探测器。

4.11.2 可远处复位（恢复）探测器（遥控复位探测器）remotely resettable（restorable）detector

可从远处操纵使其恢复到正常监视状态的可复位探测器。

4.11.3 可就近复位（恢复）探测器 locally resettable（restorable）detector

可对探测器实行手动操作使其恢复到正常监视状态的可复位探测器（即手动复位探测器：manually resettable detector）。

4.12 不可复位（不可恢复）探测器 non – resettable detector

在响应后不能恢复到正常监视状态的探测器。

4.12.1 可更换元件的不可复位（不可恢复）探测器 non – resettable（non – restorable）detector with exchangeable elements

在响应后，需要更换一个或多个部件才能使其恢复到正常监视状态的探测器。

4.12.2 不可更换元件的不可复位（不可恢复）探测器 non – resettable（non – restorable）detector with out exchangeable elements

在响应后，不能从报警状态恢复到正常监视状态，必须予以更换的探测器。

4.13 可拆卸和不可拆卸探测器 detachable and non – detachable detector

维修保养时，易于从其正常位置上拆下的和不易从其正常工作位置上拆下的探测器。

4.13.1 可拆卸探测器 detachable detector

维修和保养时，易于从其正常工作位置上拆下的探测器（或：维修保养时可拆卸并不影响其使用性能的探测器）。

4.13.2 不可拆卸探测器 non-detachable detector

维修和保养时，不易从其正常工作位置上拆下的探测器（或：维修保养时不能拆卸，一经拆卸会影响其使用性能的探测器）。

4.14 双态探测器 tow-state detector

能给出与“正常”或“火警”状态有关的两个输出态的探测器。

4.15 多态探测器 multistate detector

给出与“正常”或“火警”以及其他非正常状态有关的有限个（大于两个）输出态的探测器。

4.16 模拟量探测器 analogue detector

该种探测器给出代表探测到的现象值的输出信号。该信号可以是一个真实的模拟信号，也可以是一个同探测到的值等效的数字信号。这种探测器本身不判断火警。

4.17 防爆探测器 explosion-proof detector

这种探测器除有探测火灾功能外，还增加了防爆功能。可用于各种易燃易爆场合，而不会因自身原因引爆。

5. 火灾报警控制器

5.1 单路火灾报警控制器 single loop fire alarm control unit

只有一个火灾报警回路的火灾报警控制器。

5.2 多路火灾报警控制器 multiple loop fire alarm control unit

有两个或两个以上火灾报警回路的火灾报警控制器。

5.3 区域火灾报警控制器 zone fire alarm control unit

能直接接收某保护空间的火灾探测器或中继器发来的报警信号的单路或多路火灾报警控制器。

5.4 集中火灾报警控制器 central fire alarm control unit

能接收区域火灾报警控制器（含相当于区域火灾报警控制器的其他装置）或火灾探测器发来的报警信号并能发出某些控制信号使区域火灾报警控制器工作的火灾报警控制器。

5.5 通用火灾报警控制器 general fire alarm control unit

既可作区域火灾报警控制器又可作集中火灾报警控制器用的火灾报警控制器。

5.6 火灾显示盘 fire display panel

火灾报警指示设备的一部分。它是可显示发出火警或故障的部位或区域和能发出声光火灾及故障信号的装置。

5.7 短路隔离器 short circuit isolator

用在传输总线上，对各分支线作短路时的隔离作用。它能自动使短路部分两端呈高阻态或开路状态，使之不损坏控制器也不影响总线上其他部件的正常工作，当这部分短路故障消除时，能自动恢复这部分回路的正常工作。这种装置叫短路隔离器。即总线隔离器。

5.8 编码底座 addressable base

具有编码功能的探测器底座，作用是确定探测器或回路中其他部件的地址，使探测器分时占用总线，有的还要识别系统控制和操作命令。

5.9 中继器 relay device

控制器离现场较远，在信号远距离传输中，为加强信号起中转作用以及用来转接其他类型探测器等所加的装置。

5.9.1 地址码中继器 addressable relay device

带有地址码，占一个地址部位号的中继器，便于控制器掌握每个中继器的工作情况。

5.10 编码部件 addressable parts

带有地址码的，占有地址部位号的探测器、中继器、短路隔离器等控制器可查巡的部件统称为编码部件。

5.10.1 输入模块 input module

把联动设备状态通过总线送到火灾报警控制器的装置。

5.10.2 输出模块 output module

接收火灾报警控制器的信号，通过总线启动联动设备的装置。

5.11 编码开关 addressable switch

能代表回路部件地址号的可设置的拨码开关。

5.12 编码接口 addressable port

非编码的探测器、部件、设备等与可编址的控制器之间的适配电路。

5.13 总线驱动器 bus driver

在总线信号传输中，为增强信号所加的装置。

5.14 报警显示器 alarm display panel

显示报警信息，直观显示火灾现场区域或部位的装置。

5.15 楼层显示器 floor indicator

显示一个楼层或其中一部分区域的火灾报警装置的状态，当有火警时能发出声、光报警信号。楼层显示器与集中控制器连接。

5.16 模拟显示屏 simulating display screen

用来模拟现场火灾探测器等部件的环境布局，能如实反映现场火灾故障状况的装置。

5.17 自动消防设备 automatic fire equipment

能够接收启动信号控制火灾或扑灭火灾的设备。像防火门、防火阀、排烟阀、挡烟垂壁、排烟风机等的控制器或自动灭火设备。

5.18 自动消防设备控制装置 device for controlling automatic fire equipments

在收到来自探测器或控制和指示设备的信号后，能发出动作显示和启动自动消防设备的自动控制装置。

5.19 消防联运控制装置 integrated fire control device

在接收火灾信号后，能自动（或手动）启动有关自动消防设备的装置。

5.20 消防控制台（盘、柜）fire control console（panel、cabinet）

装在消防控制中心室的、装有火灾监视接收器装置、对讲电话、紧急事故广播等提供火灾信息、指挥灭火工作的设备。

6. 火灾自动探测（和报警）显示系统

6.1 模拟量探测报警系统 analogue detection and system

探测器向控制器提供的探测信号为模拟量信号或等值数字量信号，这种（模拟量）信号大小与被探测的火灾情况成对应关系，反应现场火灾情况，火灾发生时该系统能判断是否发生火灾的报警系统。

6.2 可编程（址）报警系统 addressable alarm system

在火灾报警、控制、联动系统中，在开通调试、运行过程、设备维护及启动灭火设施等过程中可根据实际情况需要随时改变各部件地址及相互逻辑关系的系统。

6.3 火灾计算机图形显示系统 computer fire figure displaying system

接到火警或故障信号时，计算机自动显示火警或故障区域、建筑平面（或其他）图形及其事先输入计算机的有关资料。

7. 火灾讯号无线传输系统

7.1 发射装置 transmitting apparatus

将探测器提供的信息进行处理后，以电磁波方式再发送到空间的装置。

7.2 接收装置 receiving apparatus

将空间的电磁波信号选择接收后并将信息进行处理的装置，经过处理的信号也可以是直接报警信号。

7.3 传输距离 transmission distance

发射单元（天线）与接收单元（天线）之间能正常、可靠地传输信号的直线距离。

8. 电源

8.1 主电电源 main power supply

市电交流供电经整流滤波稳压等变换送出的供火灾自动报警系统使用的电源。

8.2 备用电源 secondary power supply

当主电电源不能正常工作时，供火灾自动报警系统继续工作的备用电池组。

8.3 欠压 voltage shortage

8.3.1 主电源欠压 voltage shortage of main power supply

当主电源电压低于额定电压下限值时叫主电源欠压。

8.3.2 备用电源欠压 voltage shortage of secondary power supply

当备用电源电压低于额定电压下限值时叫备用电源欠压。

8.4 充电故障 charge fault

火灾报警控制器在给备用电源充电中发生故障。

9. 对讲电话

speaker – phone（or two – way telephone）

专门用于消防控制室（值班室）与建筑物各处对讲通话的电话系统。

9.1 对讲电话主机 the main telephone set for two - way telephone

专门用于消防系统的双工电话通话主机。

9.2 对讲电话插孔 jack for two - way telephone

安装于建筑物各处，插上电话手柄能和对讲电话主机通话的插孔。

10. 火警广播系统

public - fire alarm address system

用于火灾情况下的专门的广播系统。

第10章　产品和系统的介绍

10.1　××电信广场综合布线工程

本文主要介绍了由德国KRONE参与的某电信广场结构化综合布线系统的设计、产品选择和系统架构，以供各位同行交流与参考。

10.1.1　工程概述

××电信广场是一座集电信生产、营业办公、会议、写字楼出租等多种功能于一体的综合性大楼。楼高247m，共68层，包括地下6层，地上65层和裙楼8层，总建筑面积约14.5万m^2。整个广场是将语音通信、计算机网络、安全防范和智能控制高度集成的智能大厦。

××电信广场中智能大厦技术的引入，对我国电信工作起到了积极的推动作用，同时也在全国电信部门及相关行业中起到了先进的科学技术示范作用。

整个工程针对该广场内信息流通的神经枢纽——综合布线系统提出的需求，通过对信息点分布表及图纸参考和分析，同时结合大楼的功能性质，确定了具体适用的产品和完善的系统解决方案。

该工程实际统计信息点数为：非屏蔽超五类话音信息点2700个；非屏蔽六类话音信息点2016个；非屏蔽六类数据信息点3140个；光纤信息点70个。

此次项目采用KRONE所独有的PremisNET™综合布线解决方案。PremisNET™结构化综合布线系统，包括六类零误码（C6T），超五类（C5E）和全光纤3种结构化布线系统解决方案。其采用了全模块化结构的设计，是真正意义上面向未来的全面通信系统解决方案。同时，其操作界面友好，比传统的110型打线模块布线连接方式更加易于操作与维护。

10.1.2　设计标准和规范

依照建筑单位所提出的网络需求，整个综合布线系统设计与施工遵循以下标准和规范：

1. GB/T 50311—2000建筑与建筑群综合布线系统工程设计规范
2. GB/T 50312—2000建筑与建筑群综合布线系统工程验收规范
3. GB/T 50314—2000智能建筑设计标准
4. MC欧洲电磁兼容性标准
5. N50173欧洲大楼综合布线系统标准
6. 中国建筑电气设计规范
7. ISO/IEC 11801用户楼宇通用布线标准
8. EIA/TIA-568工业标准及国际商务建筑布线标准
9. EIA/TIA-569国际商务建筑布线管理标准
10. NSI/EIA/TIA-569（CSA T530）楼宇路径和空间结构标准
11. NSI/EIA/TIA-607（CSA T527）楼宇接地线和耦合线标准

12. NSI/EIA/TIA－606（CSA T528）楼宇通讯布线结构管理标准

13. EIA/TIA－TSB－67 无屏蔽双绞线 UTP 端到端系统功能检测

10.1.3 系统设计

1. 系统总体结构

××电信广场分为办公和公共楼层及出租楼层。整个项目全面集中了当今通信技术的最新发展，并考虑到了今后通信的发展趋势。按照全局考虑、合理分配的原则，主要选用超五类非屏蔽线缆、六类非屏蔽线缆、五类大对数非屏蔽线缆、多模光纤及其相应连接件构成大楼布线系统。出于对整个大楼安全性的考虑，此次项目所用的铜缆及光缆所用护套材料都为低烟无毒无卤阻燃型材料。为了保证系统应用和管理的灵活性，除出租楼层话音部分采用超五类方案外，其余区域的子系统数据及话音部分均采用了六类方案。另外，从经济性出发，干线子系统选用多模光纤、五类大对数非屏蔽线缆混合组成，符合了经济性与适用性的原则。

（1）出租楼层预留话音信息点在配线架侧安装，线缆预留在本楼层的通信电缆井内，方便使用单位接入；

（2）话音主配线管理间设置在大楼的十三层，用于安装综合布线系统的话音主配线架。此外，该机房宜预留足够的空间安装话音与数据的接入设备；

（3）数据主配线管理间设置在大楼的十三层，用于安装综合布线系统的数据主配线架；

（4）主配线管理间和分配线间的配线设备均安装在 19 英寸机柜内。

2. 子系统描述

（1）工作区子系统。工作区子系统包括由终端设备连接到信息插座的连线及相关连接器、适配器。

工作区子系统绝大部分工作区设置六类非屏蔽话音信息点和六类非屏蔽数据信息点，出租楼层语音部分设置超五类非屏蔽话音信息点。

本设计中，每个工作区配置为 1 个数据信息点加 1 个语音信息点。六类信息点采用 KRONE KM8 六类 RJ－45 非屏蔽模块，超五类信息点采用 KRONE 超五类 Keystone Inline 非屏蔽模块。数据信息点配置 KRONE KM8 六类 2m 低烟无卤阻燃跳插线。

为了保护跳线，减少弯角上的辐射和衰减，减少插座内积灰影响电气性能和防水，本投标方案所采用的信息插座（包括 RJ45 插座和光纤插座）全部使用 45°斜口面板如图10－1 所示。墙面型（使用 86 型底盒）一般安装在墙壁或隔断上。也可以根据实际情况，将它安装在家具屏风上或地面插座盒内。

此项目中，领导办公室，大会议室，演示厅信息点采用了光纤到桌面。所有的光纤到桌面信息点使用了 SC 熔接的方式。这种做法比端接方式损耗更小，性能更好。使用 KRONE 光纤墙面安装盒（双口 SC）如图 10－2 所示，可以很方便的盘纤，以及对光纤进行熔接。SC 双口适配器可以直接插入盒子中。盒子上带有安装打印面板纸的位置，可以非常方便的表示信息点。墙面安装盒的安装采用预埋 146 型底盒的方法，安装盒中带有光纤的盘纤槽。每一个安装盒带用两个熔接槽，允许 8 芯的光纤熔接。

KRONE KM8 六类 RJ－45 非屏蔽模块，采用 KRONE 独有的 TrueNET™技术。每个 KRONE 的模块化插座都印有 568A 和 568B 两种端接方式的线缆排列，采用免打线设计，在安装时仅需要剪刀就可以完成端接，为端接人员提供了方便，同时也通过简化了的施工工艺，使端接时出错概率明显下降。运用 KRONE 专利的 LSA－PLUS® IDC 连接技术（45°卡接，卡接簧片镀银），与一卡通技术实现快速安装；采用无错定位技术；错位（交叉）性能补偿；独立设计的线缆管理系统可固定线对及单根导线，确定线对之间的距离如图 10－3 所示。

KRONE 超五类 Keystone Inline RJ－45 非屏蔽模块，运用 KRONE LSA－PLUS® 专利连接技术，IDC 接触点为镀银，采用 45°卡接技术。Keystone Inline 模块制造采用了 KRONE LeadFrame™ 专利技术，内部无须 PCB 板连接，有效地提高了产品的性价比。PCB 板连接容易造成虚焊，在潮湿的地区或长期使用后，PCB 板容易腐蚀、生锈，甚至造成线路短路如图 10－4 所示。

RJ45 埋入式信息插座与其旁边电源插座应保持 20cm 的距离，信息插座和电源插座的低边沿线距地板水平面 30cm。

为了保证线缆端接后不会因拉力而造成脱落，在所使用的模块袋中配有尼龙扎带，在端接前将双绞线与模块绑扎成一体，使端接后的任意长时间后线缆都不会脱落，确保了系统长期安全可靠地工作。

实验证明，90%以上的双绞线串绕产生于跳线上。KRONE KM8 跳线采用超长护套跳线，将跳线弯曲部分对信道的影响降低到最低点，以满足串绕和阻抗匹配对零误码系统整体信道传输的要求。除此而外，这种跳线采用特殊的 7 芯结构，保证了数据传输的稳定性如图 10－5 所示。

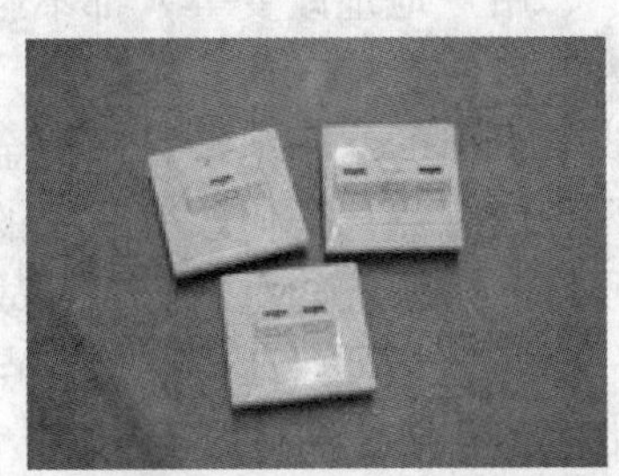

图 10–1

图 10–4

图 10–2

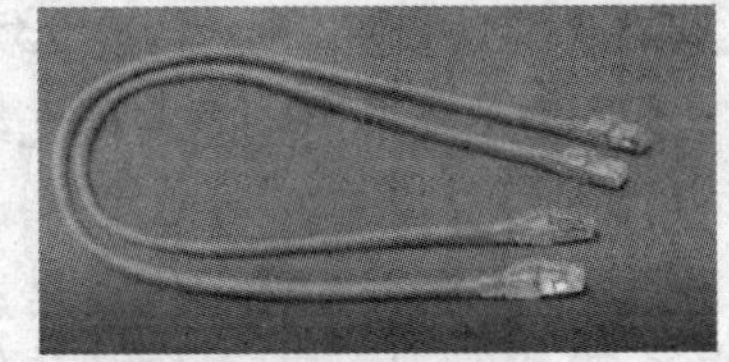

图 10–5

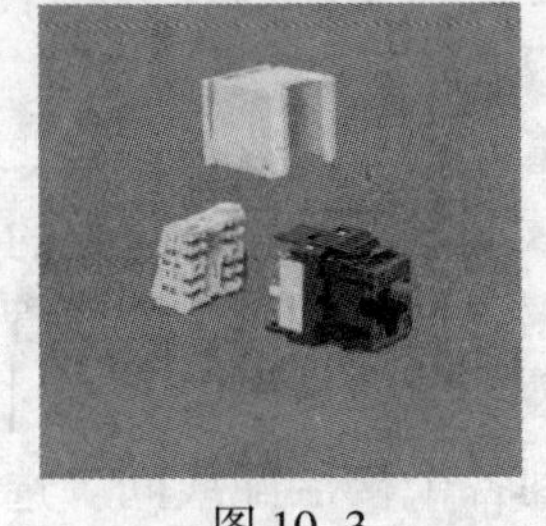

图 10–3

图 10–6

（2）水平区子系统。水平区子系统的作用是将干线子系统线路延伸到用户工作区，即实现管理子系统（各个配线管理间配线架）和各个用户工作区信息插座间的连接。

水平区子系统除出租楼层话音部分应用的传输介质选用超五类非屏蔽电缆外，其余区域的非屏蔽话音、数据类应用的传输介质均选用六类非屏蔽电缆；光纤到桌面信息点采用2芯62.5/125μm多模室内光纤。并且所有的线缆，光缆都使用低烟无毒无卤阻燃护套。

此次项目所采用的KRONE TrueNET™六类4对非屏蔽双绞线，它运用了KRONE专门为TrueNET™开发的线缆制造技术TrueMatch™ Technology，通过控制线缆的导体中心偏离度、导体圆度（每根导线各不相同）、导体直径（每根导线各不相同）、绝缘材料厚度（每根导线各不相同）、线对的绞率（每对导线各不相同）和线对之间的结构（增加型骨架）对线缆电气性能的影响，改进传统的线缆制造工艺如图10－6所示。

这种电缆采用了专利的固定技术，使电缆中的4对双绞线的固定得到了可靠的增强，避免了因外力弯曲时所导致的电缆双绞线间距破坏，减少了线对间相互串绕的产生。采用这项专利技术，可以保证电缆的传输频率达到550MHz，超过现有五类标准的5倍，超过现有六类标准的3倍，接近现有七类标准（草案）的水平。为了得到信道的阻抗匹配，将信道阻抗波动范围降至3Ω范围以内，普多星电缆采用了独特的线对阻抗匹配技术，使TrueNET布线系统上进行的千兆位数据通信易如反掌。

水平电缆从楼层配线、线槽及管线引向工作区各信息点，配线间内接线端子与信息插座之间均为点到点端接，任何改变系统的操作（如增减用户、用户地址改变等）都不影响整个系统的运行，为系统的重新配置和故障检修提供了极大的方便。

水平走线方式采用电缆桥架敷设。通信电缆井内从配线架引出的水平电缆，采用金属线槽敷设到房间外走廊吊顶内，用钢管沿墙暗敷设至工作区各信息点；任何改变系统的操作（如增减用户、用户地址改变等）都不影响整个系统的运行，为系统的重新配置和故障检修提供了极大的方便。依据园区平面布置图计算，设置一个弱电井可保证楼层信息点到弱电井内IDF的水平布线长度不超过90m，以满足高速设计对水平长度限制的要求。

(3) 垂直子系统。干线子系统实现计算机设备、程控用户交换机（PABX）、控制中心与各管理子系统配线间的连接，提供了建筑物中主配线架与分配线架连接的路由。具体采用25对大对数铜缆、62.5/125多模光纤来实现这种连接。

干线子系统采用室内多模光缆来传输高速率数据信号，采用五类大对数电缆来传输模拟话音信号。

62.5/125多模光纤的优点是：光耦合率高，纤芯对准要求相对宽松。当弯曲半径大于其直径20倍时不影响信号的传输。它用于计算机数据传输距离超过100m时的应用，其传输距离可达2km。在保密性要求高的场合，采用光纤传输较好。对于距离强电磁干扰源较近的情况，亦需要利用光缆的抗干扰性好的优点。

垂直干线使用25对大对数铜芯电缆传输话音；使用光缆传输高速数据信号。话音方面，每个话音信息点对应1对UTP干线电缆，并按照每个配线间总话音信息点数的20%比例预留主干对数，由此可推算出每一层主干电缆的对数。数据方面，到每个配线管理间使用12芯多模光缆作为主干。

垂直主干采用星型结构，从主机房以点到点的形式铺设到各个楼层配线间。选择垂直子系统拓扑结构为星型拓扑结构，这是因为星型拓扑结构：

①便于管理,星型拓扑结构的所有通信都要经过中心节点来支配,所以维护管理比较方便。

②便于重新配置。用户可以在楼层配线架上任意增加、删除或移动、互换某个或某些信息插座，而且仅仅涉及它们所连接的终端设备。

③便于故障隔离与检测。由于各信息点都连接到楼层配线架，相互之间保持相当大的独立性，因此可以方便地检测故障点，并清除。

④便于系统的分段、级连与扩充。

(4) 管理间子系统。管理间子系统由交连、互连配线架组成。管理点为连接其他子系统提供连接手段。交连和互连允许将通讯线路定位或重定位到建筑物的不同部分，以便能更容易地管理通信线路，使在移动终端设备时能方便地进行插拔。

为了保证系统未来使用和管理的灵活性，除出租楼层语音部分的非屏蔽话音应用方面，采用快接式超五类非屏蔽配线架管理信息点，其余区域的非屏蔽话音、数据应用方面，均采用快接式六类非屏蔽配线架管理信息点，其中：

超五类语音信息点采用 HK 24 口超五类非屏蔽跳线盘，六类语音、数据信息点采用 KM8 24 口非屏蔽跳线盘，并且跳线盘都配备标签条来标识各个 RJ45 端口。

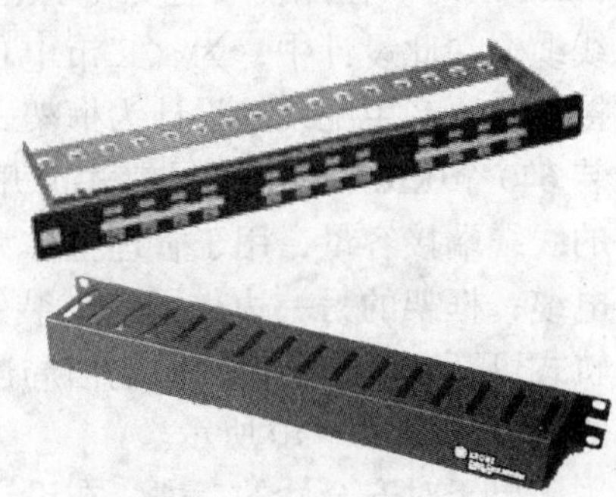

图 10-7

KRONE 24 口超五类及六类非屏蔽跳线盘上的模块直接端接水平线缆。该系列跳线盘高度为 1U，为全模块化设计，其上所安装的模块与工作区面板相同。任何一个 RJ-45 模块出现故障都可以随时更换，这样也使得今后在维护过程中成本大大降低。跳线盘背面带有便于线缆安装的理线架，另外每一个跳线盘设计一个 1U 理线器用来管理跳线，保证跳线的弯曲半径，也使得整个机柜更加美观如图 10-7 所示。

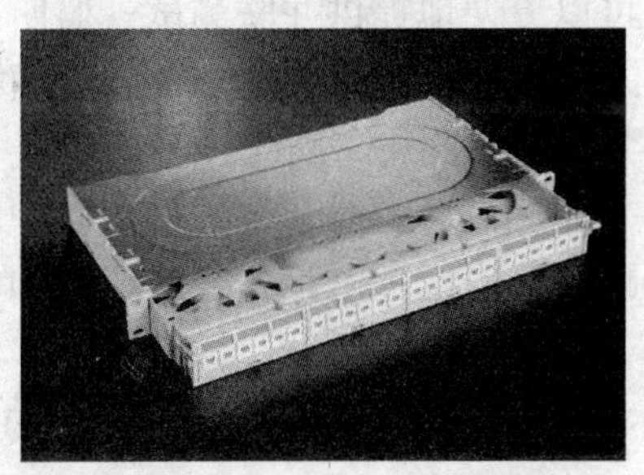

图 10-8

光缆传输系统，采用光纤互连装置机架式光纤跳线盘管理光缆的垂直/水平接续。它将自主设备间引出的光缆引入，通过光纤跳线可与计算机网络设备相连，由计算机网络设备上的 UTP 端口经 UTP 跳线与快接式数据配线架相连如图 10-8 所示。

此项目使用 KRONE 24 口机架式光纤跳线盘（双口 SC），其带有 12 个 SC 双工连接器安装孔。该跳线盘使用塑料制造，轻巧而牢固，便于安装；滑动式箱体、集中式的光纤管理，同时满足端接或熔接操作。该设备除支持连接器外，还直接支持束状光缆和跨接线光缆。在本工程中，每层楼的光纤互连场大部分均使用一个互连模块，该模块可使 24 芯输入光纤连至 24 芯输出光缆。

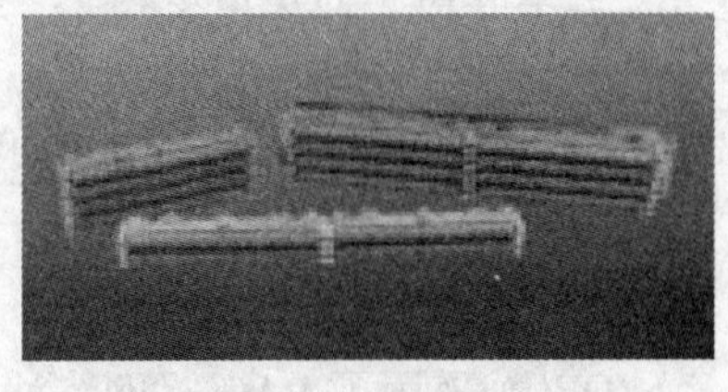

图 10-9

管理区和设备间中大对数电缆的端接使用 19 英寸 200 对直通式配线架和 19 英寸 100 对直通式配线架。这两种配线架都满足超五类的性能要求，都可以直接安装在标准 19 英寸机柜中如图 10-9 所示。200 对配线架安装高度为 2U，

100对为1U。200对配线架可用于端接8根25对大对数电缆，100对配线架可端接4根。电话的跳接使用三类一对式跳线（蓝白跳线）。

(5) 设备间子系统。设备间子系统由设备间中的电缆、连接器和相关支撑硬件组成，它把公共系统设备（如PABX、主控制台、网络设备等）的各种不同设备连接起来。它既是布线系统星型结构的汇接点，又是和外界通信的出入口。

本项目中的设备间子系统包括一个话音主配线管理间和一个数据主配线管理间（设在十三层）。

该系统具体配有话音主配线架和数据用大型光缆配线架。话音主配线架采用KRONE多功能话音主配线架。该配线架为敞开式金属机架，外形尺寸为2400mm×2800mm×900mm（高×长×宽），可正面安装楼层主干配线架，背面安装外线配线架；总容量可达到18200线对。在配线架上安装KRONE 10对导轨式可开断模块用于端接外部进线及大对数线缆。在此设计中，为××市电信局提供了6400对外线的容量。为了方便与电信局的连接，将语音主配线架设计为框架式结构。框架的一边安装640个KRONE 10对导轨式可开断模块，提供6400对的线缆端接容量，用于管理主体大楼的所有语音大对数电缆；框架的另一边也同样安装640个KRONE 10对导轨式可开断模块，用来与电信局连接，方便于电信系统的端接如图10-10所示。

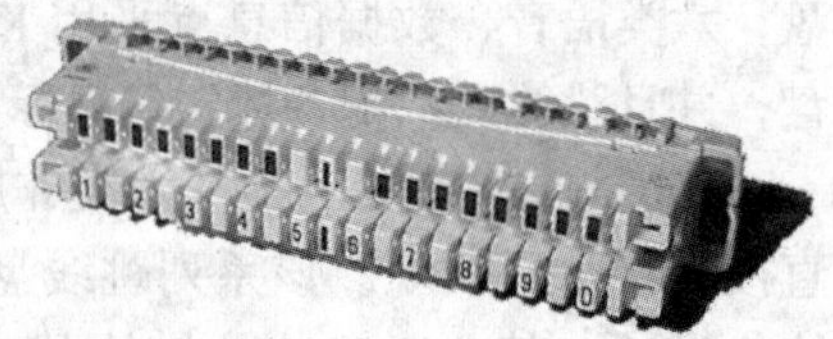

图10-10

出于对安全性的考虑，在设计上为配线架外部进线部分的模块加装了保安座和三级避雷子，以提供防雷保护。通过使用KRONE 10对导轨式可开断模块，用户在使用过程中还可以方便地提供并联测试、监听、单向和双向隔离，或者通过快速跳插线进行快速跳线。并且可以选择多种标志条，方便标识和管理线对。

设备间中，对于来自各配线管理间光缆的端接，使用与管理区相同的机架式跳线盘，并通过光纤跳线和计算机网络中心交换机相连。它的模块化设计允许灵活地把一个网络线路直接连至一个设备线路或者利用短的互连光缆把二个网络线路连接起来。

10.2 Delta公司的ORCA系统——典型的BACnet系统1

10.2.1 ORCA系统概述

关于开放，业界已经讨论多年。到底什么才是“开放”？是不是公开几种数据接口就可以称为“开放”？也许曾经是这样的，但是ORCA系统的出现给我们提供了另一种思路。

ORCA是Delta控制公司的控制产品所采用的结构，含义是开放实时控制结构（Open Real-time Control Architecture）。

1. 公开的网络协议

ORCA采用了BACnet网络协议。该协议不是Delta控制公司私有的，它已经是国际标准，任何生产商都可以获得。Delta控制公司不仅采用公开的网络协议，而且也在努力推广这种公开的网络协议，Delta控制公司欢迎包括中国生产商在内的任何厂家开发基于BACnet的产品，接入ORCA系统。

2. 采用通用的通讯媒介

ORCA兼容多种网络连接方式，其中包括：同轴电缆以太网，五类线以太网、光纤以太网、ARCnet、EIA-485（MS/TP）、EIA-232（PTP）、电话线+调制解调器、国际互联网等。对于工作站和系统控制器，以太网是主要的高速连接方式。对于小系统或局部的控制单元，通常使用EIA-485双绞线连接。对于远程连接，可以使用专线模式，即电话线+调制解调器，也可以直接通过国际互联网。

3. 具有灵活的扩展能力

用户只需要考虑当前的需要，对于将来的扩展根本不用担心。ORCA的模块化设计已经保证了这一点。而且扩展的设备不必一定是Delta控制公司的产品，只要支持BACnet，任何生产商的产品均可接入到ORCA，与Delta控制公司的产品协同工作。

ORCA的网络结构为三级金字塔型：

①一级网络（区域级）

采用的协议：BACnet IP。

应用：远程区域互联。

②二级网络：（系统级）

采用的协议：BACnet Ethernet。

应用：高速本地互联。

③三级网络：（子网级）

采用的协议：BACnet MS/TP。

应用：本地互联。

ORCA产品按功能分为3类：暖通空调、照明和门禁，这3类功能的产品天然集成在一个网络结构中。

10.2.2 系统硬件

1. 真正的BACnet

Delta的ORCA硬件是遵循真正BACnet协议的硬件，所谓真正的BACnet协议是指控制器中被控对象的数据库可在其他支持BACnet协议的系统中通用，在其他BACnet系统中，可直接进行数据的交换而无需使用网关（网关是控制数据流在不同协议间进行通讯的硬件），由于Delta的硬件产品实现了全部标准的BACnet属性，并提供编辑命令对其直接进行编辑，使得其产品可很方便地连接到其他供应商提供的系统中，有关内容请查阅硬件的PICS（协议通用手册），以确定硬件的兼容性。

2. 无主从通讯

Delta的DSM（系统管理器）、DSC（系统控制器）及DAC（应用控制器）都支持无主从的数据通讯方式并且都能够发送请求。例如：在一个BACnet MS/TP网段中的应用控制器能够直接访问另外一个BACnet MS/TP网段中的应用控制器。

3. 暖通空调、照明及门禁系统的集成

在设计所有的Delta Controls产品及控制系统时，我们都基于这样一个原则“集成的管理解决方案，简单易用”。在这个基础上，Delta设计了真正的BACnet暖通空调控制、照明控制及门禁控制系统，这些系统可方便地集成在一起，而不会产生不兼容的问题。最终用户可以从Delta的供应商处购买单独的系统产品用于已有的系统中，这充分体现了Delta高度的集成度和兼容性。

使用 Delta 的 ORCAview OWS（工作站操作系统）可以操作所有子系统，实现了楼宇自控系统操作的整体性及方便性。

4. I/O 应用

(1) 输入类型：

①通用输入。通用输入通过跳线可以选择使用 10kΩ 的电阻、4 ~ 20mA、0 ~ 5VDC 或 0 ~ 10VDC。

可使用这种输入监视传感器的温度、湿度、干接点、电压等信号。如在控制器的测量范围内，这些信号便可转换成适当的工程数值。

②专用输入。门禁系统控制器（AMD - 2W704）上就有这种专用输入。虽然，这种输入也是干接点，但是它可始终监视通过其电流的状态。

这是一种对安全性的监测，是为确保线路始终处于正常状态。依据连接方式不同，这些专用输入有多种不同的类型可选。详细情况请查阅 ADM - 2W704 手册。

(2) 输出类型：

①模拟量输出。模拟量输出都是 0 ~ 10VDC 的，最大承载电流为 20mA。这些输出可用于驱动执行机构、固态继电器及向各种各样的设备提供控制信号。

②数字量双向可控硅输出。数字量双向可控硅输出只能控制 24VAC 信号，其最高承载电流为 0.5A。这种输出不能控制直流信号。这种输出的典型应用是控制 24VAC 继电器。由于存在漏电流，这些输出不能用来控制固态电路。例如：不能使用它实现对变频器使用端的控制。当你想“关闭”时，漏电流可能使输出变成“开启”状态。

③数字 FET 晶体管输出。数字 FET 晶体管输出能够工作在 24VAC 或 24VDC 下。这种输出的最大承载电流是 0.5A。这种输出可以作为 24VAC 控制继电器或使用在固态控制回路中。

④继电器输出。门禁系统控制器（ADM - 2W704）有 4 个继电器输出，可工作在 24VAC 下。

10.2.3 控制器的嵌入软件

1. 真正的 BACnet

Delta Controls 的 ORCA 硬件设备是真正的 BACnet 设备，在 BACnet/IP、以态网、BACnet MS/TP 及 BACnet PTP 网络间支持无主从的数据通讯。

2. 暖通空调、照明及门禁系统的集成

所有的这些产品都可运行在单一的网段中。在门禁系统中建立的对象，在暖通空调系统的用户程序中也可以使用。

3. 可闪存装载

当使用 BACnet MS/TP 协议（EIA - 485 标准）进行连接时，Delta 的系统控制器及应用控制器无需断开网络连接，就可实现闪存的升级。这样，用户在将来升级现有的 Delta ORCA 网络时可以节省获取参数的时间。

4. 可实时编程

所有的 Delta 系统控制器及应用控制器都支持使用 GCL + 进行动态的实时编程。这些程序被放置在控制器中，通过这些控制器的名称可以很容易地浏览程序。当改变程序后，使用 GCL 编辑器中的“确认”或“应用”键便可立即将程序下传到控制器中。这些功能使得编程和纠错变得十分便捷。

5. 远程 I/O 模块

远程 I/O 模块有两种嵌入软件：真正的 BACnet MS/TP 和 LINKnet。DFM－200 和 DFM－400可使用在任何 BACnet MS/TP 网络中，通讯速率最高可达 76.8kbit/s，它们也可使用在 LINKnet 网络中。这种控制器经常被用于远程监控，可减少网络性能方面的负面影响，这种控制器支持 COV 数据转换。当连接到 BACnet MS/TP 网络中时每个 DFM－200/400 都能独立提供自己的被控对象和数据库。当连接到 LINKnet 网络中时，控制器被控对象将体现在所连接的系统/应用控制器上。

DFM－202/220 和 DFM－404/440 只能被连接到 LINKnet 网络中。它们的输入、输出映像可在其所连接的系统/应用控制器中创建。

6. 门禁控制器

ADM－2W704 是 LINKnet 设备。它必须连接在 ASM－24（门禁系统管理器）或系统控制器上。这种控制器的 I/O 是在其所连接的系统管理器/控制器中创建被控对象以实现操控。

10.2.4 系统网络结构

ORCA 硬件系统结构是一种分级式的设计。这样，无论是在一个大型的网络中还是一个小型的独立系统中，都可以保证通讯的简便、高效。同时，ORCA 的这种结构又是十分灵活的，能够实现多种形式的配置。

1. 结构化设计

共有 4 种级别的 ORCA 硬件：区域级、系统级、子网级和 I/O 扩展级。区域级控制器主要用于将广域网（WAN）分成需要的网段。DSM－050 就是其中的一种区域控制器；系统级控制器用于将网络按建筑物进行分段。对主要的被控设备系统而言，系统级控制器是 I/O 控制器，如：AHU 系统设备。系统级控制器有实时计时器，EIA－232 串口及备用电池。这些配置将能够保证在网络线路被损坏或系统级控制器之间通讯产生故障的情况下，各独立网段内保持正常的数据处理。只有 DSC 和 DSM 控制器可归类到系统级控制器的行列。任何一种 DSC 控制器都可组建相应子网实现控制。DAC 控制器不属于系统级控制器如图 10－11 所示。

2. DNA（逐级继承的网络地址）

DNA 是 Delta 为了尽可能简单地实现控制器地址定义所开发的。在大型网络中，编制许多产品的地址属性是自动完成的，如 MAC（中型门禁控制）的地址和网络编码。这样就可以尽可能地提高构成一个网络的工作效率。

子网的控制器连接到更高一级的控制器时，自动将更高一级的控制器的地址作为自己地址的一部分继承下来。同时，高级别控制器将为其分配独立的网络编码。MAC 的地址是从控制器的物理地址自动继承而来的。

任何控制器地址的格式都是 AAASSDD。“AAA”指在结构中直对其上的区域级的控制器赋予的地址单元（如果区域级控制器不存在，那么“AAA”将是“000”）。“SS”是指在结构中直对其上的系统级控制器赋予的地址单元。“DD”是指在结构中子网级上独立设备的地址单元。

独立的地址单元决定于控制器的物理地址。多数的控制器通过它的 DIP 开关设定物理地址。如果控制器有一个 LCD/LED 屏幕，那么地址可由键盘设定。当使用 DNA 配置时，控制器物理地址的范围是 1～99。

在每个控制器中 DNA 都可设置为无效。在 BACnet 指定允许的范围内（0～4，194，302），软件可以分派任何地址。这种特性使得其可以在需要时易于与其他供应商的产品实现集成。

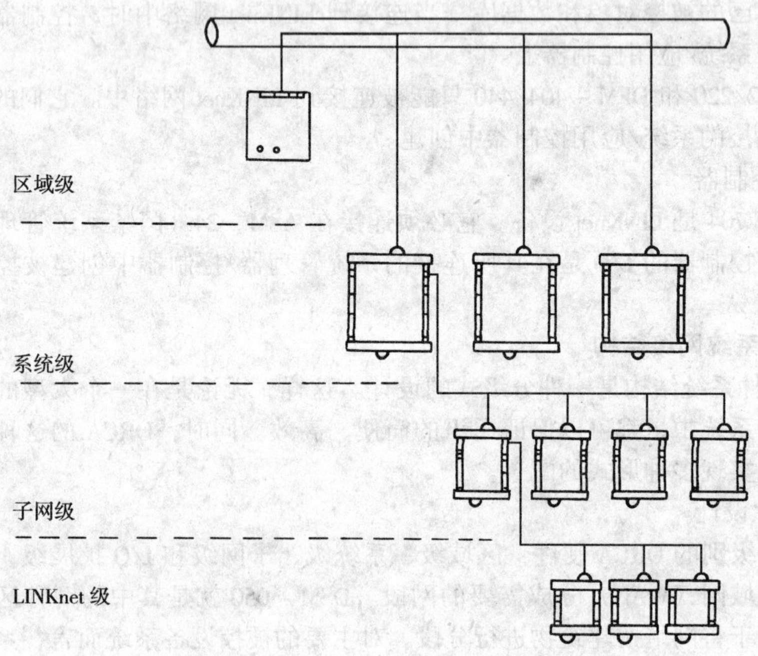

图 10－11

3．典型结构

Delta 的 ORCA 系统支持多种设计结构。我们的理念：集成的管理解决方案，简单易用。

图 10－12 展示的是一个典型的网络结构。在这种情况下，2 个 LINKnet 设备被连接到 DAC－606 上。LINKnet 设备上的输入/输出被控对象是在 DAC 控制器中创建的。DAC 具有 GCL 程序，它用来读取输入信号并控制依赖于 GCL 策略的输出信号。LINKnet 设备为 DAC 控制器提供简易的输入/输出扩充。

LINKnet 设备通常被连接到 DAC 控制器的 NET2 端口。它在 DAC 中的地址是基于 LINKnet 设备的物理地址和所提供的被控实际对象。例如：建立一个 LINKnet 设备 2 上模拟量输入 1 的对象，就可以在 DAC 控制器中建立模拟输入 201。要建立 LINKnet 设备 4 上模拟量输出 3 的对象，就要在 DAC 控制器中建立模拟输出 403。LINKnet 被控对象的第一个数字表示 LINKnet 设备的物理编码，接下来的第二个数字代表在 LINKnet 设备上的确定的被控对象实际编码如图 10－13 所示。

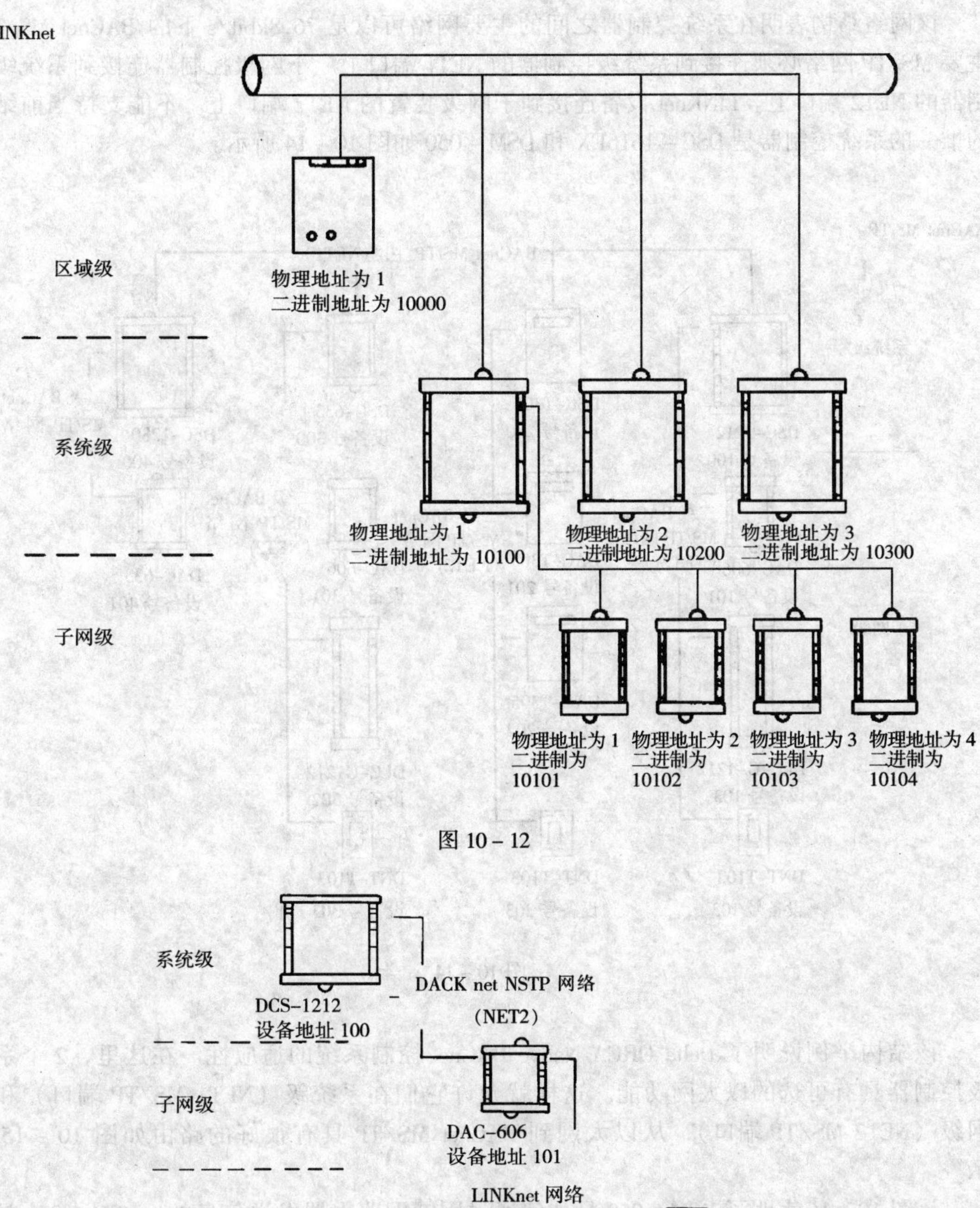

LINKnet
区域级
物理地址为 1
二进制地址为 10000
系统级
物理地址为 1
二进制地址为 10100
物理地址为 2
二进制地址为 10200
物理地址为 3
二进制地址为 10300
子网级
物理地址为 1
二进制为
10101
物理地址为 2
二进制为
10102
物理地址为 3
二进制为
10103
物理地址为 4
二进制为
10104

系统级
DCS–1212
设备地址 100
DACK net NSTP 网络
（NET2）
子网级
DAC–606
设备地址 101
LINKnet 级
LINKnet 网络
通讯速率为
76.8kbit/s
DNS–24
虚拟的受控对象设备地址为 101
DFM–202
设备地址 101

图 10－12

图 10－13

该网络结构表明在系统控制器之间的主要网络可以是 76.8kbit/s 下的 BACnet MS/TP。主要 MS/TP 网络必须连接到系统级控制器的 NET1 端口上。子网级控制器连接到系统级控制器的 NET2 端口上。LINKnet 设备连接到子网级装置的 NET2 端口上。不能支持当前结构的惟一的系统控制器是 DSC－1616EX 和 DSM－050 如图 10－14 所示。

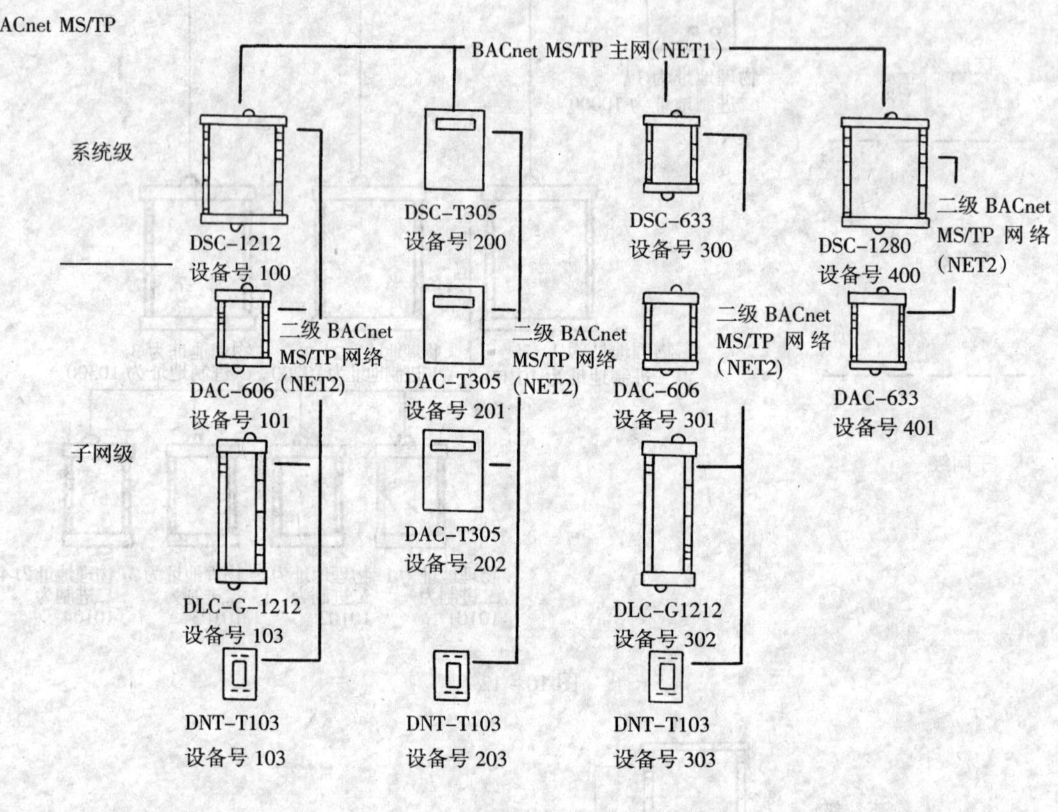

图 10－14

该结构举例说明了 Delta ORCA Native BACnet 控制系统的适应性。在这里，2 个系统级控制器具有可选的以太网功能。这样就允许它们在系统级（NET1 MS/TP 端口）和子网级（NET2 MS/TP 端口），从以太网到 BACnet MS/TP 具有很好的路由如图 10－15 所示。

该图 10－16 表明了 DSM－050 是如何通过因特网路由器发送信息的。DSM－050 具有 BACnet/IP 协议，并且能够通过广域网、局域网和因特网给另一个 DSM－050 传送数据。在网络中，想要拥有独立的 IP 地址就需要有 DSM－050。当 2 个 DSM 相互查询到对方 IP 地址时，这 2 个网络节点就可以互相通讯了。

4. 操作员工作站连接

图 10－17 示可行的工作站连接。其中，特殊的连接点为 BACstat 服务端口。由于应用 Delta 的 232/485 转换接口（CON－768），可以将任何一台运行 ORCAview 软件的笔记本电脑同 BACstat 服务端口连接起来，并且可以看见完整的 Delta Controls 网络。这样使得试运行、

工程师可以通过距离问题区域最近的服务端口调试。

接口模式。例如：EIA－232 端口，它应用 BACnet PTP 协议，可

调器连接。

在 ORCAview PC 机上的标准以太网络接口卡直接连接到以太网。

硬件上都有一个服务器端口。该服务器端口可为 EIA－232/485

避免操作者为转换器额外提供电源。

通过 BACnet/IP 协议可将 ORCAview 连接到因特网上。

10.2.5 ORCAview™操作员工作站

ORCAview 是 Delta Controls 的操作员工作站。针对使用者而言，它的图形化人机界面异常简单，但同时也为高级用户准备了强有力的实时系统工具。ORCAview 在 Windows 平台（Windows 95/98/ME/2000/NT）上运行，并结合了许多 Windows 易于使用的特性，例如：右键下拉菜单和按 F1 键打开帮助菜单。

ORCAview 内置被控对象的导航和操作工具，被称作导航浏览器。它可对控制器进行程序的实时编制和编辑，并且通过托拽和链接技术同 Delta 的图形编辑器（ILLUSTRATOR）一起使用。

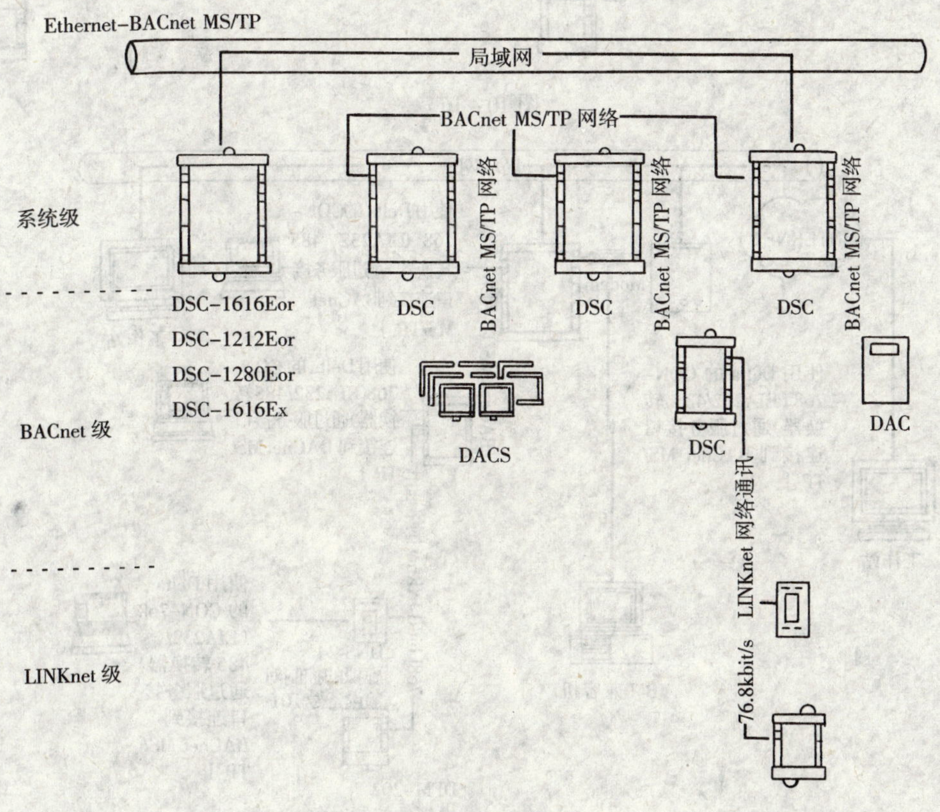

图 10－15

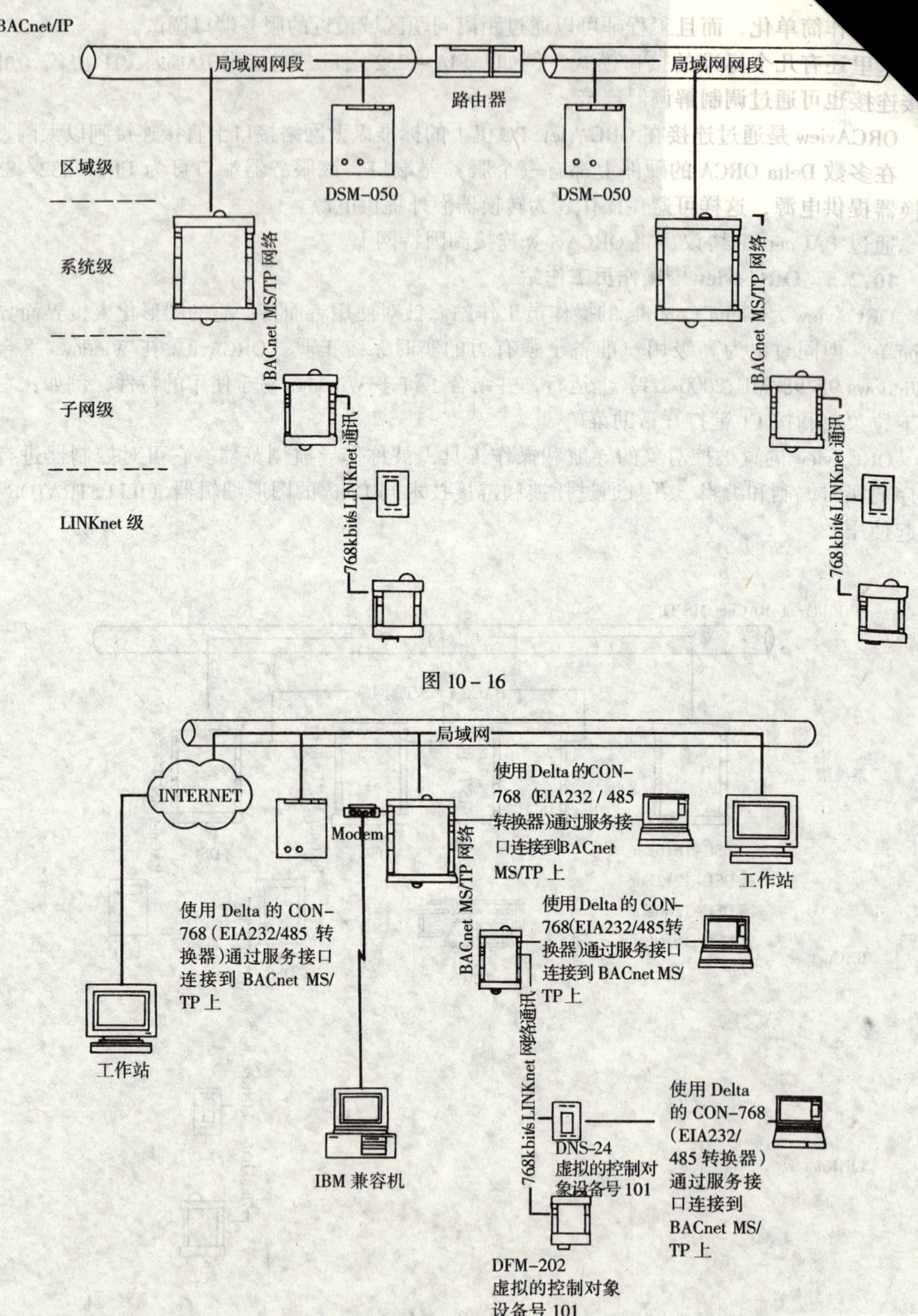

BACnet/IP
局域网网段
路由器
局域网网段
区域级
DSM-050
DSM-050
系统级
BACnet MS/TP 网络
BACnet MS/TP 网络
子网级
768kbit/s LINKnet 通讯
768kbit/s LINKnet 通讯
LINKnet 级

局域网
INTERNET
Modem
BACnet MS/TP 网络
使用 Delta 的 CON-768 (EIA232 / 485 转换器)通过服务接口连接到 BACnet MS/TP 上
工作站
使用 Delta 的 CON-768(EIA232/485 转换器)通过服务接口连接到 BACnet MS/TP 上
BACnet MS/TP 网络
使用 Delta 的 CON-768(EIA232/485 转换器)通过服务接口连接到 BACnet MS/TP 上
工作站
768kbit/s LINKnet 网络通讯
IBM 兼容机
DNS-24
虚拟的控制对象设备号 101
使用 Delta 的 CON-768 (EIA232/485 转换器)通过服务接口连接到 BACnet MS/TP 上
DFM-202
虚拟的控制对象
设备号 101

图 10-16

图 10-17

ORCAview的通讯是遵循BACnet网络服务器的标准和Delta的INTELL-sys协议的。这有利于集成BACnet第三方设备以及Delta的前一代产品。应用BACnet IP性能，ORCAview可以在局域网和因特网之上连接的广域网（WANs）中进行通讯。ORCAview同样也可在以太本地网上通讯。使用BACnet PTP协议，ORCAview可以通过EIA-232串口直接或者经由调制解调器实现远程访问与任何DSC控制器连接。

10.2.6 ORCAweb

ORCAweb是基于广域网的针对Delta Controls、集成商和用户使用的人机接口软件，使用基于PC机的广域网服务器，用以连接建筑物自控网络和相关本地网。ORCAweb根据客户服务器结构建立，这种软件对用户的数量没有限制。根据用户的访问级别，可以查看到从视图、设备结构、被控对象属性到用户登录页面等不同内容。

ORCAweb有若干用户使用功能，这些功能极大地方便了连接到相应局域网上多用户的使用。用户登录页面允许每个用户查看他们自定义的网页，网页中显示他们办公区域内某些机电和照明系统的状态。虚拟温控器是基于Windows基础的简单应用，显示用户所在区域的当前温度，双击虚拟温控器图标，将得到一个更大、更详细的用户界面。ORCAweb具有导航器视窗，它显示当前系统的结构，并允许操作者修改被控对象的属性。

10.3 美国奥莱斯楼宇自控系统——典型的BACnet系统2

10.3.1 美国奥莱斯公司简介

Automated Logic Corporation（ALC，美国奥莱斯公司）1977年创立于美国乔治亚州亚特兰大市。成立宗旨是为复杂的楼宇管理系统带来便捷，服务并满足客户的需求。基于对此宗旨持续地重视，使奥莱斯所研发的家族产品达到了效率化的楼宇控制管理，通过简易操作赋予使用者最大的功能，摆脱了复杂及无序，并且走入了简易及有序。

通过市场的实现，成功的案例使奥莱斯的产品迅速地被楼宇管理系统市场所接受，也证明了奥莱斯所提供解决方案的优越性。仅就年代简述如下：

（1）1985年，提出系统化的“System 20/20”。System 20/20可提供完整的直接数字控制器（Direct Digital Controller，DDC）及全功能的使用者图形接口。

（2）1990年，开发图形控制程序——EIKON，并提供完整的网络控制器——LANGATE。

（3）1996年，提供硬件平台大幅升级的智能型直接数字控制器，包括使用一个32位的主处理器及一个通讯协处理器，使处理速度及通讯效能大大提升。

（4）1997年，应用开放通讯协议——BACnet，导入BA系统。

（5）1998年，推出“InterOp System”，包括不同点数搭配的BACnet控制器、BACnet网关及32位的操作图形接口及系统建构工具。

（6）2000年，架构应用于互联网时代的BA系统——WebCTRL，成功应用至今。

（7）2003年，体现Web Services的应用及建构新一代更好更快速的数字控制器。

今日奥莱斯已拥有广大的客户基础，包含政府及公共设施、医疗机构、娱乐场所、商务大楼、学校、健康设施、工业厂房、数据库中心等方面，而销售网络涵盖美国、加拿大、南美洲、英国、西欧、中东、东亚、中国大陆、澳大利亚等，并分别在英国的伦敦、德国的法兰克弗、阿拉伯的杜拜、中国的北京及澳大利亚的悉尼设有分公司或办事处，得以迅速支持及管理区域内的技术及销售网络。奥莱斯会持续地加强各区域的投资，不断地强化其技术支持及市场管理，以踏实的脚步逐渐地扩大市场份额。

10.3.2 开放标准通讯协议

楼宇自动化系统（BAS，Building Automation System）出现于20世纪70年代末期。由于各个生产厂家开发的都是自己专有的通信协议（Proprietary Communication Protocols），因此，不同厂家控制设备之间的通信需要“网关”（gateways）来解决；这使得应用工程师和用户在同一个BAS系统中选用不同厂家的产品变得非常复杂和昂贵，应用工程师、用户的选择范围和灵活性也受到了很大限制，甚至被“锁”在一个供货商的产品上，最终是用户的系统性能和投资效益受到损失。

社会需求推动着技术向前发展。人们期待着开放的，统一的通信协议，亦即不同厂家的产品能够采用共同的“语言”和“语法”轻松地进行“交谈”。最终的目标则是希望形成一个“即插即用”（plug – and – play）的环境，使得BAS系统可以容易地进行组态和变更。并且BACnet通讯协议也应运而生，在1995年由ASHRAE（美国采暖冷冻空调工程师协会）开发，并成为美国国家标准。现在该协议已是国际标准，并成为楼宇自控行业内的主流采用的协议。

美国奥莱斯公司（Automated Logic Corporation or ALC）是促进BACnet标准的先驱者之一，致力于BACnet标准的应用，力图实现使整个系统从底层到顶层全部符合BACnet标准，是目前市场上少数具备完整BACnet标准产品的制造商。

10.3.3 WebCTRL系统说明

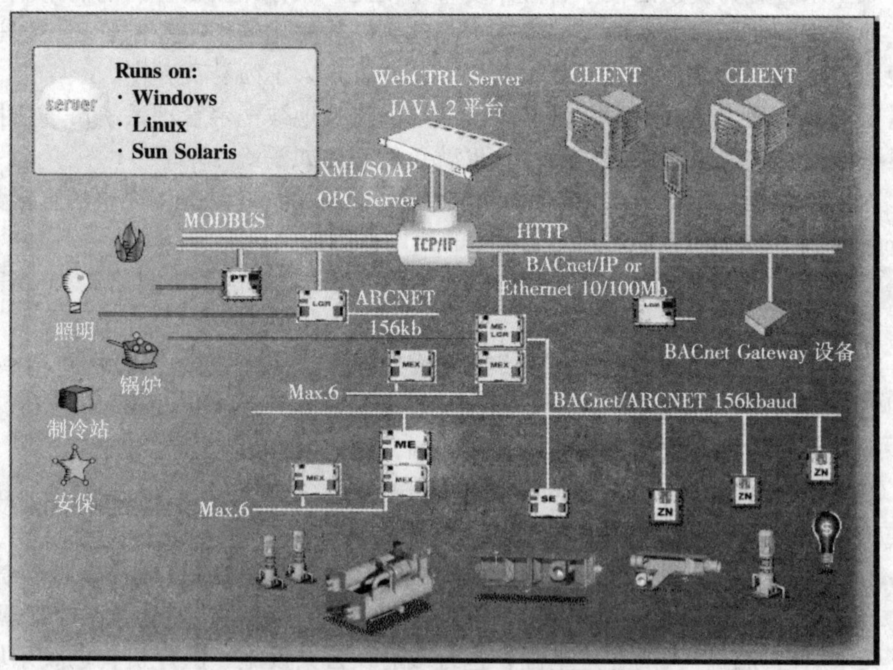

图10－18 WebCTRL系统网络结构图

ALC 系统技术的思路可以体现在以下 4 个层面。

(1) 提升网络效能，走向简易的二层式系统结构，使控制器效能总体大幅提升。

(2) 建构新一代高效能以太网应用网络型现场控制器，加强以以太网为主流环境下的楼控应用。

(3) 在系统的软件平台上使用面向 Internet 或 Intranet 的技术，迎向新时代 IT 的发展，采用开放标准的技术如 Java2，XML，JSP，JDBC，HTTP，SSL，XML/SOAP 等 Web Based Control 技术。在 WebCTRL Software 里融入这些技术，让楼宇设备的监视及控制可在 Internet 或 Intranet 的通讯网路中实现。也因为使用了这些标准技术，从而为软件集成创造了一个好的平台。

(4) 系统控制器间的通讯协议使用了 BACnet 协议，并把这协议捆绑到现场控制设备和软件上，即 Native BACnet；而并非是网关支持。此 BACnet（全称 Building Automation Control Network）协议是美国暖通协会于 1995 年所制定的开放及标准的协议，现在已经是世界标准。

网络采用了二层式的结构即管理层及控制器层。管理层支持 BACnet/IP 及 BACnet/Ethernet 通讯协议，可完全间融于市场上结构化网络系统，运行于 10/100Mbyte 的网络速度。控制器层支持 BACnet/ARCnet 或 BACnet/MS/TP 通讯协议，ARCnet 协议下网速为 156kbaud，MS/TP 协议下网速为 9600baud ~ 76.8kbaud。采用总线布线网络形式，在各层次中且提供不同的控制器种类，包含上位机软件、路由控制器家族、现场控制器家族、集成网关家族。

1. 上位机软件

上位机软件——WebCTRL Server 于安装后可运行于服务器上，该服务器位于管理层网络，可以和同在此层的路由控制器、集成网关及操作工作站相互通讯，而通讯方式支持不论是透过近端的或是远程的、有线的或是无线的、互联网或是企业网都可以来完成。同时也可以支持无线设备（WAP）、掌上计算机（Pocket PC）、各人数字助理设备（PDA）、手机（GPRS/CDMA）等透过网络和服务器查询系统信息及进行控制。

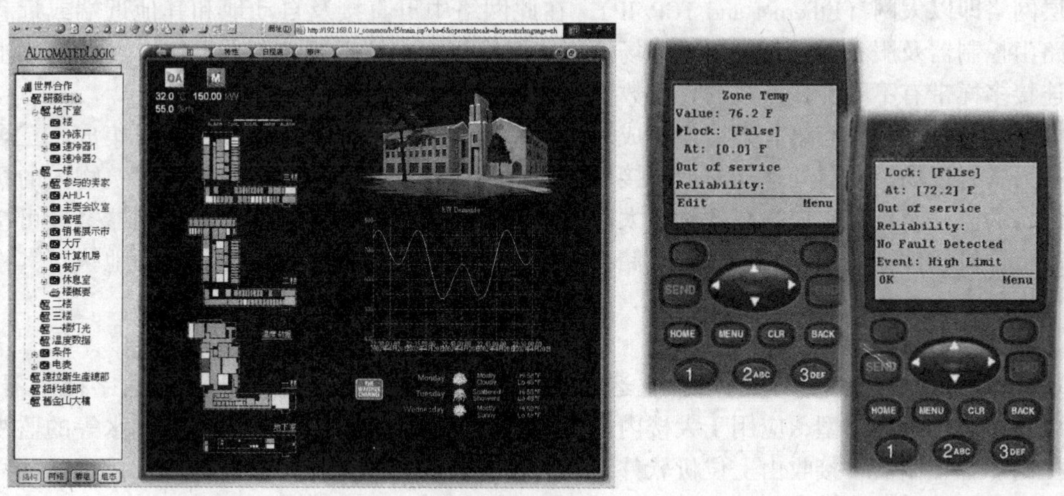

图 10-19 系统应用界面（WEB 和 WAP）

WebCTRL Server 可由路由控制器、集成网关及经由路由控制器和各现场控制器通讯，取得所需资料并把资料封包以网页标准格式经 HTTP 协议传递给所需的操作工作站、无线设备（WAP)、掌上计算机（Pocket PC)、各人数字助理设备（PDA)、手机（GPRS/CDMA）等。同时可接收来自于各操作工作站及各操作装置操作员的指令，对相关控制器进行操作。操作工作站不需要安装任何 ALC 软件，只运行一般浏览器即可，故在网络中有多少操作工作站并不重要，重要的是不管多少操作工作站都必须同时和 WebCTRL Server 保持通讯及交流。此标准的 B/S（浏览器/服务器）结构，任何与 WebCTRL 系统服务器联网的工作站均可以通过。

Web 浏览器进行全功能的系统操作包括：

（1）操作员权限管理；

（2）动态图形，数据显示及操作；

（3）趋势图显示；

（4）系统组态设定及管理；

（5）时间表群组设定；

（6）树状地理层次引导；

（7）设定时间表；

（8）察看及确认警报及事件；

（9）控制网络及控制器管理；

（10）控制器程序下载。

系统可支持多用户，并使用 SSL 数据保护协议进行信息保护，任何具有合法 ID 和 Password 的用户均可以登录 WebCTRL 系统。系统可同时支持英文/中文/韩文/西班牙文/德文/法文操作菜单和描述显示；通过用户的国别设定即可对语言进行选择。

2. 路由控制器家族

此族群产品的基本型备有以太网络及现场控制器网络接口。以太网络接口可连接至管理层网络即以太网（Ethernet and TCP/IP)，在此网络中可直接及自动地和其他近端或远程的路由控制器及服务器进行通讯。现场控制器网络接口支持现场控制器网络，在此网络上可连接多样带有不同 I/O 点数的直接数位型现场控制器（DDC)。

而二合一型另备有第三方协议集成通讯口，用于第三方机电设备数字通讯集成。三合一型另备有现场控制器处理能力，有接口可连接带 I/O 点数的控制器，进行建筑物内的机电设备的监视及控制，成为高效能以太网应用网络型现场控制器。此路由控制器家族可接收由上位机软件下载的控制程序，并储存于控制器记忆体中，独立自主且自动地执行其控制程序要求。

3. 现场控制器家族

此族群产品包括了多样的可独立运作（stand - alone)、微处理器平台的数字控制器。可以是多应用及特用型，应用于大楼内设备如空调、通风、电力、灯光、给排水等的监视及控制。各控制器可接收由上位机软件下载的控制程序，并储存于控制器记忆体中，独立自主且自动地执行其控制程序要求，包括可透过系统网络和所在或其他控制器网点的其他控制器达成程序连锁及数据共享，完全不需要上位机软件的介入。共分为三大类：

（1）ME/MX 型控制器：可扩展式控制器，具有不同 I/O 点数的控制器可供自由选配，最大点数可扩展至192点。控制器采用32位摩托罗拉Power PC微处理器带快速缓冲贮存区（Cache）、高性能32位通讯协处理器，ARCnet通讯协处理器及I/O扩展CAN通讯协处理器。配有8Mbyte闪存，16Mbyte电池后备非易失随机存取内存（SDRAM）。可支持远程Firmware及内存下载，升级不需置换芯片。

（2）SE型控制器：单元控制器，用于空调机组的常规控制。控制器采用Hitachi CPU具高速32－bit internal architecture及16－bit external bus及通讯协处理器CPU。配有1Mbyte闪存，1Mbyte电池后备非易失随机存取内存。可支持远程Firmware及内存下载，升级不需置换芯片。

（3）ZN型控制器：区域控制器，用于末端机电设备及变风量箱的控制。控制器采用Hitachi CPU具高速32－bit internal architecture及16－bit external bus及通讯协处理器CPU。配有1Mbyte闪存，512kbyte电池后备非易失随机存取内存。可支持远程Firmware及内存下载，升级不需置换芯片。

4.集成网关家族

此族产品用以实现集成的需求，建立一个融合的内部连接，利用通讯协议间的转换实现信息交互，以实现对第三方设备进行监视及控制功能。网关可接收由WebCTRL Server下载的控制程序，并储存于内存中，自动完成第三方系统中数据的转换，转换后的数据可在网关中进行各种运算及逻辑判断，并产生警报、打印及各式输出。并可和其他控制器实现程序联动及数据共享，而无需系统软件的介入。

上述所有家族产品皆支持图形化控制程序的下载，图10－20为一范例。在图形化控制程序编译环境下，选择功能方块，连接功能方块，建立所需控制逻辑。此图形化控制程序具直观性及易诊断性，同时可有效地缩短控制程序编写时间。同时编译完成的图形化控制程序可载入WebCTRL Server，供操作者在线查看该程序，而且每一功能方块旁可显示动态的在线读值，有效地掌握整个控制程序的运作。

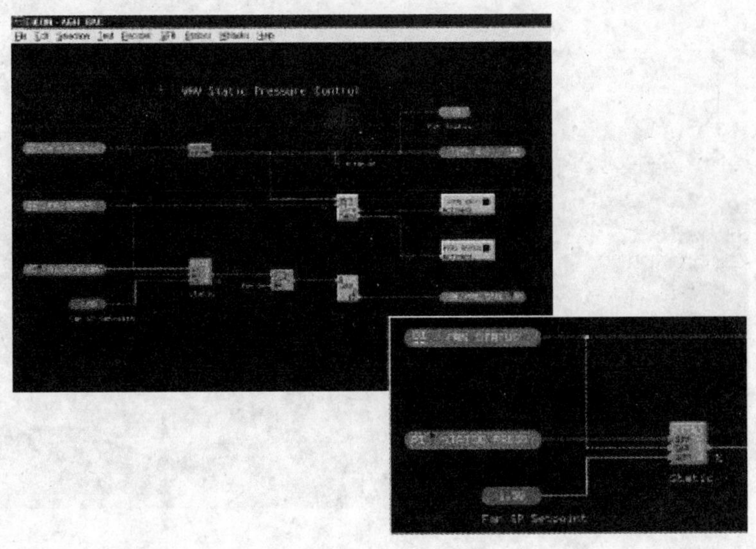

图10－20

10.3.4 经典案例

1. 美国思科（CISCO）总部

美国硅谷 CISCO 公司办公建筑群（共 19 栋）如图 10－21 所示，于 1998 年建造。建筑面积：315800m^2，楼宇自控系统监控点数多达50000点。

图 10－21 美国思科（CISCO）总部

2. 上海科技城

上海科技城如图 10－22 所示，是上海市政府投资 15 亿元人民币在浦东新区兴建的重大社会文化项目，总建筑面积 10 余万平方米，是亚太地区经济首脑会议主会场之一，且该项目是跨世纪的重点工程，上海科技城的 I/O 控制总点数为 4603 点，其中空调部分就有 3652 点。

图 10－22

在该项目中的楼宇自控系统项目选用的是美国 ALC 公司的 BACnet 楼控产品 WebCTRL 系统，经过半年的方案设计、论证、审核、修改后终于在强手如云的竞标单位方案中脱颖而出，以技术先进、性能优越，得到业主及设计院方面的认可。上海科技城项目建成后，将成为以 BACnet 协议为技术核心的代表智能建筑系统集成发展趋势的一个样板工程。

10.4 现代智能小区可视对讲系统的应用与发展

10.4.1 前言

21 世纪的今天，科学技术迅猛发展、日新月异。一幢幢智能化建筑在世界各地拔地而起，小区智能化建设也势不可挡。随着人们生活水平的不断提高，人们对“家”的概念已经不再是简单的饮食起居了，而是在满足物质生活的前提下，逐步把自己的家作为通往外界的一个信息平台。如今智能化技术已从大厦走向小区，可视对讲系统作为住宅小区智能化系统的一个子系统，也无不例外地得到了飞速发展。可视对讲系统发展至今已不再是发展初期简单的对讲及开门，而是逐步走向了功能多元化之路，如系统联网管理、户户对讲、门禁、防盗、多表抄集、小区信息发布等均可基于可视对讲系统来实现。因此，可视对讲系统是丰富和完善智能化住宅小区内涵不可缺少的一部分。

10.4.2 可视对讲系统的发展及现状

20 世纪 90 年代初，随着智能建筑的发展，智能建筑技术逐渐融入到了住宅小区建设之中。作为住宅小区智能化系统的一部分，可视对讲系统从此也在不断地发展与进步。从直按式到数字编码式，从数字编码式到联网集中管理。随着宽带网络的迅速发展、信息时代的到来，可视对讲系统也将逐步走向规范化，而且将会得到更广泛的应用。

1. 发展初期

早在 1993 年我国就已经出现楼宇对讲系统。但当时楼宇对讲系统的功能较单一，仅仅具备对讲及遥控开锁功能，基本以非可视居多(如图 10－23)。

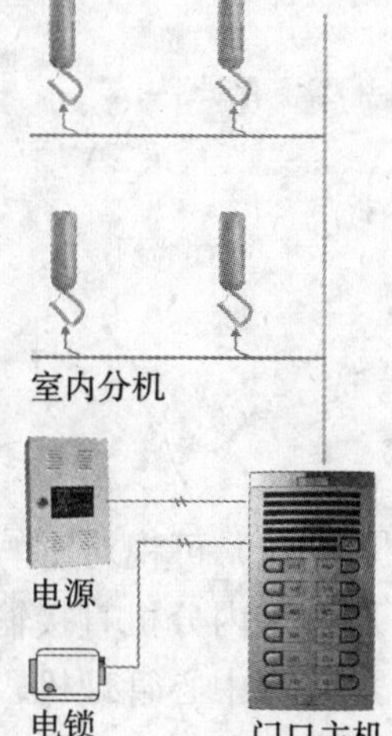

图 10－23 楼宇对讲系统

工作原理：当单元门口有访客呼叫某住户时，住户分机振铃，主人提机后通过对讲确定其身份，并决定是否遥控开锁。此阶段的对讲系统具有以下不足之处：

(1) 由于不具备可视，访客身份的确定不明确；

(2) 某住户分机未挂好，则门口主机一直处于对讲状态；

(3) 布线复杂烦琐、维护困难；

(4) 系统稳定性和安全性差；

(5) 不具备任何智能功能，如密码开锁等。

2. 发展与应用阶段

由于直按系列存在上述诸多不足，到了 20 世纪 90 年代中后期，随着国内单片机技术的广泛应用，数字编码式对讲系统应运而生，它采用 4 芯总线式布线，系统结构简单、性能较稳定。通过门口主机可设置一个公用密码，住户在门口主机上输入此密码可以实现密码开锁功能。同时，可视系列也在此阶段逐渐推出。从而直按对讲系统所存在的不足也逐步得到解决。因此数字编码式可视对讲系统的应用日益广泛。但由于直按式系列的价格优势，至今直按式系列仍然得到广泛应用。

3. 现阶段的应用

随着住房制度的改革及国内房地产业的迅速发展，住宅小区的智能化建设得到了进一步的发展。因此原有的直按式及数码式对讲系统越来越不能满足 21 世纪住宅小区智能化的要求。在 20 世纪 90 年代后期，国内一些厂家纷纷开发出了联网可视对讲系统，这是住宅小区可视对讲系统智能化建设的一次重大转变。经过近几年的发展，智能小区可视对讲系统从黑白可视到彩色可视、从单门对讲到小区联网、从功能单一到功能多元化和集成化，已经成为小区智能化系统不可缺少的一部分。

智能小区可视对讲系统发展至今，已经逐步具备了以下功能（如图 10－24）：

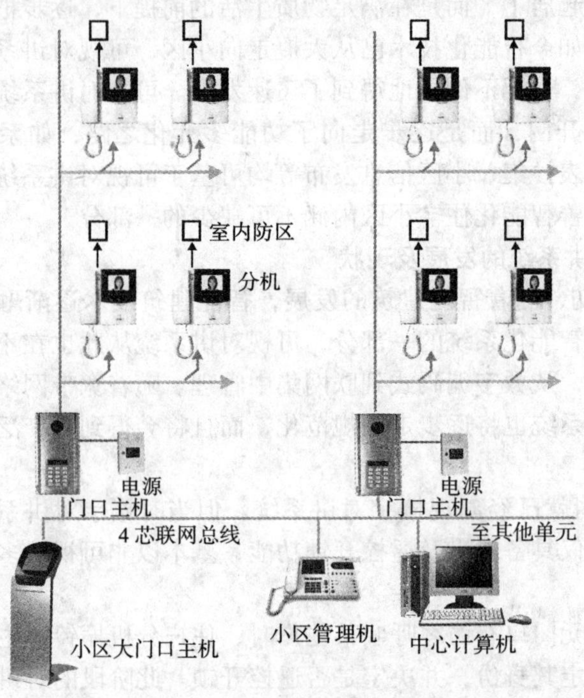

图 10－24　智能小区可视对讲系统

（1）可视对讲。在原始的对讲和遥控开锁的基础上，实现了小区内户与户对讲（住户通过室内分机直接输入对方室内分机的地址编码），从而加强了小区居民之间的沟通。通过管理中心管理机，用户与小区保安可实现互相呼叫对讲，使得可视对讲系统为社区服务提供了方便。

（2）监视功能。单元楼内住户可按室内分机监视键，就可看到本单元楼门口的情况。另外，管理中心保安员在管理机上输入单元门口主机地址码可监视小区内任何一台门口主机前的情况。从而，为小区住户的安全提供了一定的保障。

（3）安防报警与紧急求救功能。通过现有对讲系统，在住户终端增加各种探头（如门磁、窗磁、红外、监控等探头）即构成一个家庭防盗报警系统。

布防报警：当住户外出时，通过遥控器或分机键盘可对室内各防区进行选择性的布防。当室内有非法侵入或发生煤气泄漏、火灾等异常情况时，用户分机立即将报警信息通过对讲系统总线传送至管理中心，中心管理机立即发出报警声，使得异常情况能得到及时处理。当住户发生有紧急情况时，可按下紧急按钮，管理机同样会立即响应报警信号，同时显示该住户的地址编码。

若在室内安装一台电话拨号器接至室内分机报警接口，当报警触发时，电话拨号器会向预先设置好的电话号码拨号，使主人能及时了解到自己家中的情况。

(4) 门禁一卡通功能。门禁一卡通功能是在可视对讲系统门口主机中集成读卡模块，利用门口主机已有的开锁电路实现开锁功能。当持已授权的非接触 IC 卡至读卡头感应区域刷卡，通过门口主机内部微处理器的认证后发出控制信号至开锁电路实现刷卡开锁功能。同时可将对应的住户报警防区进行撤防，因此业主进入屋内无需通过分机进行撤防步骤了。另外利用门禁主机及可视对讲系统总线可实现在线式电子巡更的功能。

现阶段，我国的小区智能化系统大部分还是采用现场总线技术，如 485 总线、LonWorks 总线、Can 总线，其中后两者主要应用于工业自动化控制及楼宇自动化控制等领域。智能化小区可视对讲系统基本上还是采用 485 总线，然而随着总线上数据流量的增加，总线上很容易出现各种冲突。因此，这种现状下可视对讲系统的发展也受到了极大的约束。

10.4.3 可视对讲系统发展新趋势

随着智能小区数字化建设的飞速发展以及小区宽带网的接入、单片机技术的发展，一种基于宽带网络技术的可视对讲系统在市面上逐渐推广，可以预见可视对讲系统在应用领域上将得到更加广泛的应用。如广州安居宝科技有限公司率先在国内推出了 DF2003 型可视对讲系统，它将信息发布、多表抄集、家庭防盗、家电远程控制等集成在一个信息平台上综合管理，因此在可视对讲系统的基础上实现了家居智能化功能。

下面对该系统作简单介绍：

1. 系统组成

该系统主要由管理中心 PC 机、10/100M 自适应以太网交换机、单元门口机、室内对讲分机及室内安防智能节点组成（如图 10 - 25）。系统的核心是采用了 32 位 ARM 微处理器的可视对讲分机，它通过宽带网可与户外的门口机及管理中心 PC 机相连，通过总线方式与户内各智能节点相连，户内智能节点由单片机控制。此处的智能节点可理解为家庭内各终端设备（各种探头、家电、三表）接入家居智能系统的一个连接模块。

2. 系统布线

系统采用现场总线 + 宽带网方式布线。宽带网主要用来传递信息发布数据、抄表数据、家电控制数据、安防报警信息等，可视对讲部分此时数据流量较少，故依然采用现场总线布线。室内所有智能节点采用总线方式连至室内分机微处理器串行口，因此这对室内安防监控点的扩展与安装提供了极大的方便。系统的报警数据、信息发布数据、三表数据均基于宽带网络由室内分机直接传送至管理中心 PC 机进行分析处理。

3. 功能特点

(1) 室内分机采用了功能强大的 32 位微处理器构建家居智能终端信息平台，不但能实现可视对讲功能，还可储存图片或接收各类信息以及家电控制和多表抄集。

(2) 室内分机具备了可视化中文操作菜单。

(3) 由于分机与各智能节点采用了令牌环方式的总线协议，因此室内分机除了能及时响应各防区报警信号外，还具备了防剪线功能。

(4) 保安员通过管理中心 PC 机可向小区内任何一家在线分机发送 3 类信息，分别是公共信息、用户信息、紧急信息，每类信息可存贮 50 条，为小区的社区服务提供了极大的方便。

(5) 系统实现了集中式管理。通过以太网可进行远程遥控、监视及控制家庭设备，甚至可实现远程对用户分机在线升级。

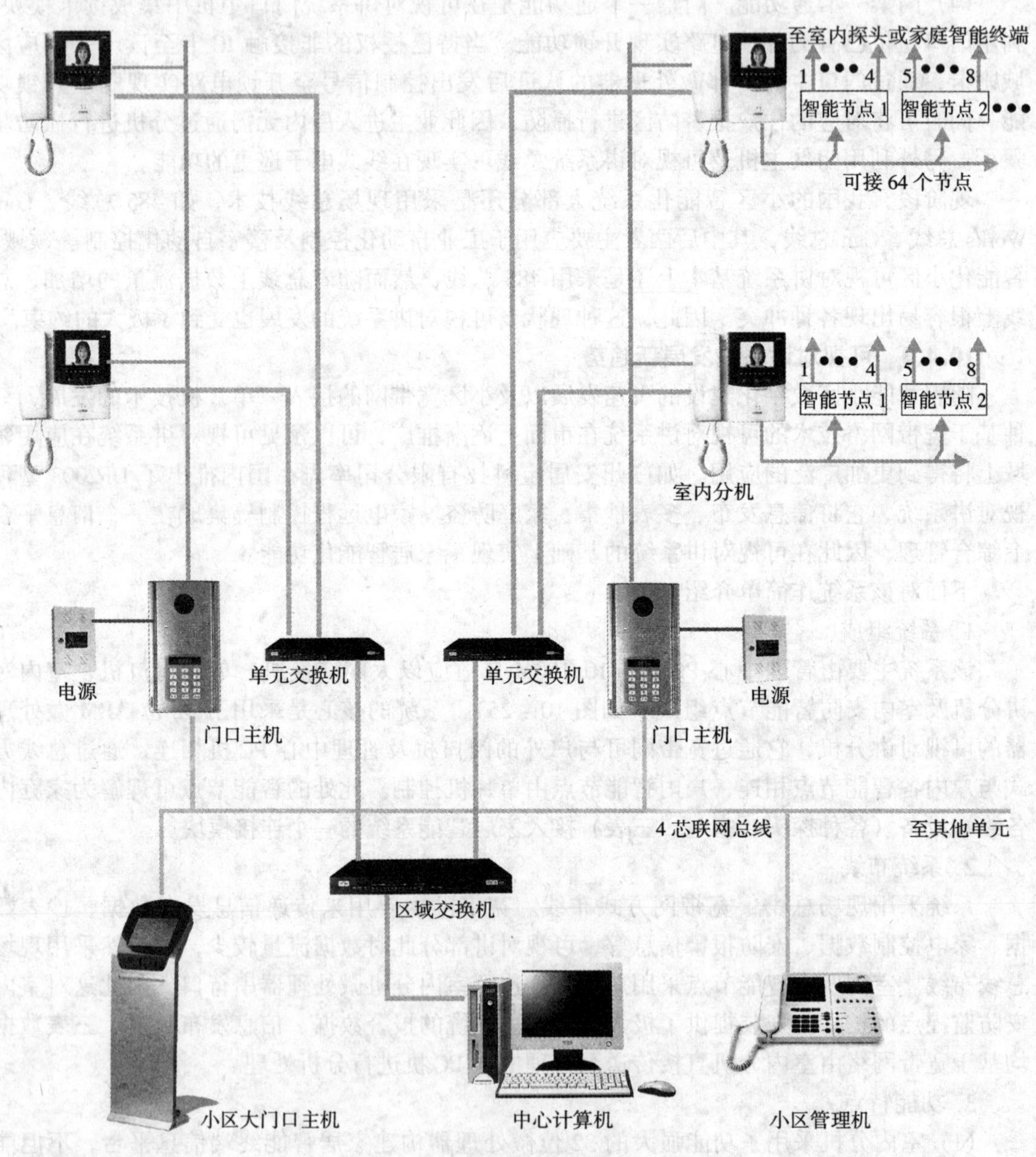

图 10-25

从上述可知，基于宽带网技术的可视对讲系统已经进一步体现出住宅小区的智能化，这标志着智能小区可视对讲系统向数字化小区迈进了重要的一步。在此基础上，广州安居宝科技有限公司又逐步推出了数据、声音、图像均基于 TCP/IP 协议传输的可视对讲系统，这将是可视对讲系统向数字化小区更深层次的发展。

10.5 用先进安全的网络系统，构筑可靠安心的防灾系统

21 世纪是 IT 网络的年代，每天包围着我们生活的，除了是生存所必须的空气外，无线或有线的数码电波网络信息，与我们的生活也是息息相关的。在网络年代中，各式各样的电子产品都离不开网络的适应性，而自动火灾报警系统在早年已经开始了网络的年代。

日本的建筑规划与中国有很多相同的地方，但对于建筑物的防灾系统有着不同的规范。最明显的是在大规模建筑物的防灾系统中，控制中心只有一个，而且在内的防灾主机亦只能有一台。因此在对应大规模建筑物时，在日本早已经采用分散型集中控制式网络防灾系统。日探在 20 世纪 90 年代，已开发了第一代的分散集中型防灾系统，分散集中型系统的设计概念，是通过一台集中监控防灾主机与多台外置式安装的分散型分机（或称主中继器），以高速的网络传输干线连贯起来，在国内的成功案例如北京中旅大厦。防灾主机只是负责监控各主中继器的火灾或故障等状态信息，主机是不会连接末端设备的。

至 20 世纪 90 年代中期，日探已开发出第二代的分散集中型系统，名为 NF－7 系统。该系统不但大幅度增加了地址的容量，而且网络传输速度已高达 1Mbit/s，传输介质可以采用光纤电缆、或同轴电缆等，在当时是同业中最先进最高速的防灾系统。在国内的成绩案例有北京东环广场，北京地铁复八线、北京城市轻轨等。

在 2000 年初，日探决意研发适合用在中国的新一代防灾网络系统，终于，在 2003 年为中国市场而开发的 NF－8 系统登场。日探 NF－8 系统是以无主从对等式网络为架构，传输骨干以今天最成熟可靠的快速以太网（Fast Ethernet）为核心通讯协议，传输速度达 100Mbit/s。网络的拓扑方式，可采用星型、环型、或混合使用。而传输介质可根据传输距离以采用 5 类电缆或光纤电缆，最远的传输距离可达至 40km。NF－8 的网络系统构成简易灵活，而且成本低，相当适合今天的用户需求。

为加强防灾网络的安全性和可靠性，NF－8 系统还采用了最先进的快速以太网冗余环网网络，此网络会建立备份的环网拓扑。如果一个网段在逻辑上被阻断，并且假设另一个网段被断开，冗余环网网络将自动重新连接，恢复时间少于 300ms（网络流量在全负载下），增加了正常运行时间，并且保证了系统连续运行。

除了优异的网络机能外，日探在 NF－8 系统的开发上，加入了很多为满足国内用户需求的功能。

1. 先进的硬件性能

（1）回路灵活扩展：控制机的架构是以模块式组成，是可随意扩展的回路，以 4 回路（基本）＋2 回路＋2 回路＋2 回路方式扩展主机的固路容量，最大至 10 回路。

（2）高亮度大屏幕彩色触摸屏。LCD 尺寸：26cm（10.4in）英寸 TFT 彩显，分辨率：VGA（640×480），显示机能：简体中文（GB2312）、全角/半角英数字，显示色彩：256 色、光亮度调整机能。

(3) 新型双色热敏式打印机。NF－8 主机具备有最先进可打印 2 色（红、黑）的中文热敏式打印机，可实时打印主机的各类警报各操作记录等信息。主机采用宽纸中文热敏打印机，一旦打印纸没有，主机会显示故障信息，由于采用了热敏打印方式，因此没有了油墨干枯带来的丢失打印的苦恼。

(4) 以 IC Card 内存方式储存系统数据。利用计算机市场上标准的快速内存（Compact Flash）为系统数据的储存媒体，更新数据更方便。

2. 体验用户需求的操作方式

(1) 全动作履历记忆机能。具备有强大的信息履历容量，最多可记存 2000 条信息，以中文文字信息记存主机的火灾、故障及操作等履历，可详细显示事件发生的时间和场所，亦可随时查询和打印。而且当主机因故关闭，履历信息亦可保存在主机内。信息履历可以通过计算机取读作备份管理之用。

(2)“控制机训练”画面机能。对应值班人员的频繁流动性，主机增加了人机对话式操作训练功机，可提供新上岗的人员熟练主机操作的平台。

(3)“火灾警报模拟训练”机能。以一问一答形式对值班人员模拟火灾警报时的对应方式，有效加快发生真正火灾时的应变效率。

(4) 迅速安全的避难诱导。当发生火灾报警时，值班人员可以根据 LCD 画面上所提供的非常时辅导信息，令值班人员可准确掌握紧急时应通知有关人员和附近的消防分局，并采取适当的疏散引导。

(5) 多层操作级别。主机具备有三级操作级别，分别以锁匙和多数位暗码输入实现，能有效按职权分配系统使用权限。

在信息化高速发展的今天，我们深信，日探 NF－8 系统将以其先进安全的网络功能，为中国用户构筑可靠安心的防灾保障。

结束语

虽然国内的智能小区发展迅速，但住宅小区智能化建设的相关规范及标准有待于逐步完善。现阶段，国内智能小区可视对讲产品在技术上日益成熟，但还没形成标准化、统一化，但我们坚信：随着科学技术的不断创新，智能小区可视对讲产品及应用将会逐步走向正规化、规范化，最终成为住宅小区智能化系统的一个重要信息平台。

参 考 文 献

1 张公忠．现代网络技术教程．第2版．北京：电子工业出版社，2004

2 苏斌．社区数字化系统设计与工程实施．北京：清华大学出版社，2003

3 郭维钧，俞洪等．智能建筑技术基础．北京：中国计量出版社，2001

4 阳宪惠．现场总线技术及其应用．北京：清华大学出版社，1999

5 邬宽明．CAN总线原理和应用系统设计．北京：北京航空航天大学出版社，1996

6 李亚芬．CEBUSD在智能化住宅小区中应用模式的分析．北京：北京工业大学出版社，2003

7 郭维钧．新一代计算机控制技术及应用．北京：北京工业大学出版社，1997

8 胡晓峰等．多媒体技术教程．北京：人民邮电出版社

9 朱秀昌等．多媒体网络通信技术及应用．北京：电子工业出版社

10 刘甘娜等．多媒体应用基础．北京：高等教育出版社

11 钟玉琢等．多媒体计算机技术及其应用．大连：大连理工大学出版社

12 钱昆明．多媒体应用技术教程．北京：高等教育出版社

13 美国采暖制冷和空调工程师协会．BACnet楼宇自动控制网络数据通讯协议．广州：广东经济出版社，2001

14 方甲松．ENC系统——智能建筑一体化集成的一种完整的解决方案．智能建筑，2002（8）

15 刘晨吉等．关于现场总线技术发展的思考．自动化博览，2002（5）

16 陈嘉．自动化系统底层通信网络的以太网实现．自动化博览，2002（5）

17 赵哲身．工业以太网在智能建筑控制系统中的应用背景．智能建筑，2002（8）

18 刘晨吉等．关于现场总线技术发展的思考．自动化博览，2002（5）增刊

19 陈嘉等．自动化系统底层通信网络的以太网实现．自动化博览，2002（5）增刊

20 丁文武，张艳．现场总线技术PROFIBUS-DP及其应用．工程设计CAD与智能建筑，2002（10）

21 鲁鸣雁．EIB系统原理及应用研究．智能建筑与城市信息，2003（3）

22 郭维钧，刘文博．基于LonWorks的一体化集成系统．智能建筑（27）

23 郭维钧，刘运基，单洪典．用无线扩频技术实现LonWorks网络的互联．信息与控制，1998增刊

24 INTERBUS BASIC．http：//www．interbusclub．com

25 FOUNDATION Fieldbus Technical Overview FD-043 Revision 3.0．http：//www．fieldbus．org

26 现场总线指导-基金会现场总线技术概要．http：//www．smar．com

27 PROFIBUS DP PROFIBUS DP INTRODUCTION．http：//www．smar．com

28 IEEE.802．3af-2003

29 美国VACOM公司．扩频无线互联LonWorks控制网及在热力系统远程监控管理中的应用，1998

30 郭维钧．关于智能建筑的系统集成

31 西安协同数码股份有限公司．OPC技术介绍

32 北京楼宇自动化控制中心．智能建筑的最终解决方案

33 美国埃施朗公司资料．LonWorks 技术介绍

34 王其龙，程大章．信息、控制与管理——上海浦东国际机场的BA系统

35 毛剑瑛．综合管理系统与控制网络

36 唐济扬．以太网与现场总线技术，2003
37 中国普天信息产业集团公司．VoIP 技术的发展，2000
38 华南理工大学网络中心．广州大学城校区弱电系统集成，2003

后　记

《现代智能建筑技术》一书，是依靠业内长期从事教学、科研和工程建设的资深专家张公忠、郭维钧等组织编写的，现在已与业内广大同行见面，望能有助于推动智能建筑的发展。

回顾我国自20世纪90年代初在北京、上海、广州、深圳等地相继建成一批智能型的大型公共建筑以来，建设部科技委与中国建筑业智能建筑专业委员会（2003年成立）为引入高科技于建筑工程，提高行业的技术水平，提高各类建筑的质量与功能，始终依靠学科（计算机、通信、自动控制等）的专家，围绕各类建筑工程，指导智能建筑技术的开发应用工作；为培训技术人才，举办“智能建筑培训班”，编著了《建筑智能化技术基础》一书（由郭维钧、贺智修、施鉴诺等编写）；为提高建筑智能化水平，组织专家进行“智能建筑发展的现状与对策”等课题的研究，积极开展了“建筑行业智能建筑试点工程”并承担了对一些国家重大工程建筑智能化系统的评审与咨询等工作；在此基础上与北工大举办了多期授予工程硕士学位的“智能建筑技术在职研究生班”。

总之，专家们在不断研究、不断实践、不断总结的同时，积极为建筑行业的智能化水平提高做了大量的服务工作，为之做出了重要贡献！在此，谨向您们致以诚挚的谢意！

建设部科技委智能建筑技术开发推广中心

中国建筑业协会智能建筑专业委员会

2004年9月